清华计算机图书·译丛

Foundations of Computer Vision

计算机视觉基础

[加] 詹姆斯·彼得斯（James F. Peters）著

章毓晋 译

清华大学出版社

北 京

北京市版权局著作权合同登记号　图字：01-2018-8799

图书在版编目（CIP）数据

计算机视觉基础 /（加）詹姆斯·彼得斯（James F. Peters）著；章毓晋译. —北京：清华大学出版社，2019
（清华计算机图书译丛）
书名原文：Foundations of Computer Vision—Computational Geometry, Visual Image Structures and Object Shape Detection
ISBN 978-7-302-52995-8

Ⅰ. ①计…　Ⅱ. ①詹…　②章…　Ⅲ. ①计算机视觉　Ⅳ. ①TP302.7

中国版本图书馆 CIP 数据核字（2019）第 096670 号

责任编辑：龙启铭
封面设计：傅瑞学
责任校对：徐俊伟
责任印制：丛怀宇

出版发行：清华大学出版社
网　址：http://www.tup.com.cn, http://www.wqbook.com
地　址：北京清华大学学研大厦 A 座　**邮　编：**100084
社 总 机：010-62770175　**邮　购：**010-62786544
投稿与读者服务：010-62776969，c-service@tup.tsinghua.edu.cn
质 量 反 馈：010-62772015，zhiliang@tup.tsinghua.edu.cn
课 件 下 载：http://www.tup.com.cn,010-62795954
印 装 者：小森印刷（北京）有限公司
经　销：全国新华书店
开　本：185mm×260mm　**印　张：**21　**字　数：**513 千字
版　次：2019 年 8 月第 1 版　**印　次：**2019 年 8 月第 1 次印刷
定　价：98.00 元

产品编号：081740-01

译 者 序

本书是一本介绍计算机视觉基础内容，并辅以相关 Matlab 程序（部分还提供了 Methermaica 程序）的书籍。

本书原内容主要总结自作者为本科生讲授计算机视觉课程的讲义和笔记。有些主题是作者（及同事、学生）研究工作的介绍。两者的结合对撰写计算机视觉这种既有较长的历史，又在近期得到广泛关注的领域非常适合。此书也比较适合作为相关课程的教材。

本书除介绍基本的图像处理和计算机视觉的内容外，重点是对计算几何和目标检测的介绍。作者借助德劳内三角剖分和沃罗诺伊镶嵌来研究图像及目标的几何信息，以帮助发现图像中隐藏的模式和嵌入的目标形状。书中对图像网格的构建和叠加、多边形拼贴、拓扑邻域等都有比较全面深入的介绍，并对图像结构给出了直观可视的描述。

本书具有实用教材的一些特点。书中所介绍的大多数图像处理和计算机视觉技术都提供了相应的 Matlab 程序，读者不仅能了解基本原理，还可以实现相应技术的算法并获得可视的结果。书中给出的问题，既有思考题，也有练习题，其难度也分了不同的档次，方便了选择使用。书中还介绍了一些深入学习或应用的参考文献。

本书从结构上看，共有 9 章正文和两个附录，包括 128 节、70 小节。全书共有编了号的图 354 个、表格 6 个、例 141 个、注释 53 个、引理 4 个、定理 8 个、问题（练习题或思考题）117 个、算法 10 个、列表（Matlab 程序）105 个以及 Mathematica 程序 8 个。另外还有参考文献、作者索引和主题索引。本书可作为相关专业本科生和其他专业研究生学习图像技术的课程教材，也可供从事相关领域科技开发和应用的技术人员自学参考。

本书的翻译基本忠实于原书的描述结构和文字风格。对明显的印刷错误，直接进行了修正。将原书混合编号的例和问题（以及仅在个别章节出现的引理和定理）分别按各自顺序重新进行了编号，将原来由于排版原因而没有依次出现的图，按文中引用的顺序进行了重排，将原来按全书编号的算法改为分章编号以与其他图表等标号一致。另外，对原书附录 B 的词汇表和书后的主题索引，均重新按中文拼音顺序进行了排列，以方便读者查阅。最后，根据中文书籍规范，将矢量和矩阵均改用了粗斜体标注。

感谢清华大学出版社编辑的精心组稿、认真审阅和细心修改。

最后，作者感谢妻子何芸、女儿章荷铭在各方面的理解和支持。

章毓晋

2019 年元旦于书房

通信：北京清华大学电子工程系，100084

电话：(010) 62798540

传真：(010) 62770317

邮箱：zhang-yj@.tsinghua.edu.cn

主页：oa.ee.tsinghua.edu.cn/~zhangyujin/

前　　言

本书介绍计算机视觉基础。计算机视觉（也称为机器视觉）的主要目标是基于由各种相机捕获的图像内容来重建和解释自然场景（参见 R. Szeliski[187]）。计算机视觉系统包括诸如卫星测绘、机器人导航系统、智能扫描仪和遥感系统之类的东西。在计算机视觉研究中，重点是从图像中提取有用的信息（参见 S. Prince [159]）。计算机视觉系统通常模仿人类视觉感知。计算机视觉系统中选择的硬件是某种形式的数码相机，被编程为近似视觉感知。因此，计算机视觉、数字图像处理、光学、光度学和光子学之间存在密切联系（参见 E. Stijns 和 H. Thienpont [184]）。

从计算机视觉的角度来看，**光子学**是捕捉视觉场景中光的科学。**图像处理**研究数字图像形成（如从模拟光学传感器信号到数字信号的转换）、操作（如图像滤波、去噪、裁剪）、特征提取（如像素强度、梯度方向、梯度幅度、边缘强度）、描述（如图像边缘和纹理）和可视化（如像素强度直方图）。可以参见 B. Jähne [85]和 S.G. Hoggar [81]的图像处理数学框架，并扩展到许多相关人员对图像处理的看法，如 M. Sonka、V. Hlavac 和 R. Boyle [183]，W. Burger 和 M. J. Burge [21]，R. C. 冈萨雷斯和 R. E • 伍兹[57]，R. C. 冈萨雷斯、R. E. 伍兹和 S. L. 埃丁斯 [58]，V. Hlavac [80]，C. Solomon 和 T. Breckon [181]。这些有用的信息，即可以检测、分析和分类的图像目标形状和模式，为计算机视觉研究者的关注点提供了基石（如[140]）。实际上，**计算机视觉**是对数字化图像结构和模式的研究，而这是在图像处理和光子学之上一层的图像分析。计算机视觉将图像处理和光子学包括在其追求图像几何和图像区域模式的技巧集合中。

此外，培养数字图像的智能系统观点可帮助发现隐藏的模式（如图像区域的重复凸轮廓）和嵌入的图像结构（如图像中感兴趣区域的点聚类）。通过量化器可以发现这种结构。量化器将一组（通常是连续的）值限制为离散值。量化器在其计算机视觉里最简单的形式中，观察特定的目标像素强度并在目标邻域中选择最接近的近似值。量化器的输出被 A. Gersho 和 R.M. Gray 称为码本[55，5.1 节，p.133]（另见 S. Ramakrishnan、K. Rose 和 A. Gersho [161]）。

在图像网格叠加的上下文中，Gersho-Gray 量化器被替换为基于几何的量化器。**基于几何的量化器**将图像区域限制在其外形轮廓中并在图像中观察特定的目标形状轮廓，与其他具有近似形状的目标轮廓进行比较。在计算机视觉的基础上，基于几何的量化器观察并比较大致相同的图像区域，例如将最大核聚类（MNC）与其他核聚类进行比较。**最大核聚类**（MNC）是围绕称为核的网格多边形的图像网格多边形的集合（参见 J. F. Peters 和 E. İnan 在 Edelsbrunner 神经中的沃罗诺伊图像镶嵌[147]）。一个**图像网格核**是一个网格多边形，它是相邻多边形集合的中心。事实上，每个网格多边形都是一个多边形聚类的核。然而，只有一个或多个网格核是最大的。

最大图像网格核是具有最高数量的相邻多边形的网格核。MNC 在计算机视觉中很重要，因为 MNC 轮廓能近似所考虑图像目标的形状。对图像的沃罗诺伊镶嵌是用多边形对图像的拼贴。图像的**沃罗诺伊镶嵌**也称为沃罗诺伊网格。对图 0.1（a）中音乐家图像的拼贴样本图如图 0.1（b）所示。在每个拼贴多边形内的红点（●）是沃罗诺伊区域（多边形）生成点的示例。更多的信息参见 1.22.1 小节。这个音乐家网格核是如图 0.2（b）所示最大核聚类的中心。这是图 0.1（b）中音乐家图像网格中唯一的 MNC。该 MNC 也是沃罗诺伊网状神经的一个例子。对图像 MNC 的研究将我们带到图像几何和图像目标形状检测的入门处。更多内容可见 1.22.2 小节。

（a）音乐家　　（b）音乐家拼贴

图 0.1　音乐家图像的沃罗诺伊镶嵌

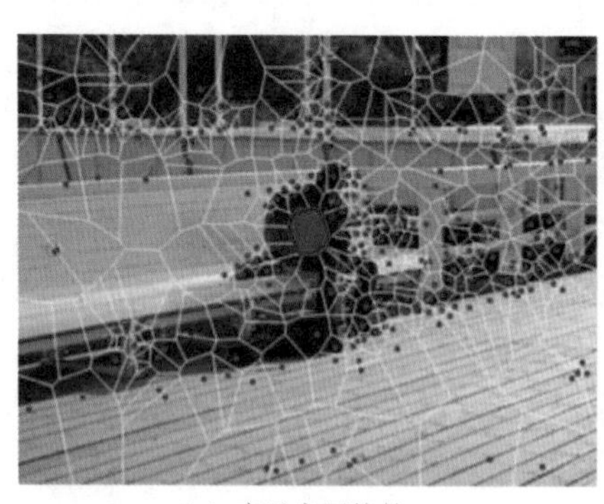

（a）音乐家网格核

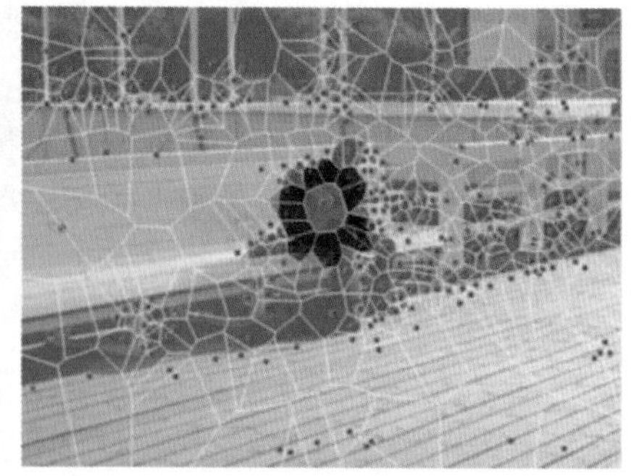

（b）音乐家最大网格核

图 0.2　音乐家图像的最大核聚类

每个**图像拼贴多边形**是内部和顶点像素的**凸包**。一组图像点的凸包是该组点的最小凸集。一组图像点 A 是**凸集**，只要集合 A 中任意两点之间每条直线段上的所有点都包含在集合中。换句话说，知识发现是计算机视觉的核心。知识和对数字图像的理解可用于计算机视觉系统的设计。在视觉系统设计中，需要理解数字图像的组成和结构以及用于分析捕获图像的方法。

本书的重点是对光栅图像的研究。本书的续集将集中在由点（矢量），线和曲线组成的矢量图像。每幅光栅图像基本由像素（典型的像素称为网点或网格生成点），边缘（共同的、平行的、交叉的、凸的、凹的、直的、弯曲的、连通的、不连通的），角度（矢量角度、矢量之间的角度、像素角度），图像几何（沃罗诺伊区域[139]、德劳内三角剖分[138]），颜色，形状和纹理组成。许多计算机视觉和场景分析中的问题可通过找到某些隐藏或未观察到的图像变量核结构的最可能值来解决（参见 P. Kohi 和 P. H. S. Torr [94]）。这样的结构和变量包括像素的拓扑邻域、像素集合的凸包、图像结构的接近度（和分离度）、像素梯度分布以及描述捕获场景元素的特征矢量。

其他计算机视觉问题包括图像匹配、特征选择、最佳分类器设计、图像区域测量、兴趣点识别、轮廓组合、分割、配准、匹配、识别、图像聚类、模式聚类，见 F. Escolono、P. Suau、B. Bonev [45]和 N. Paragios、Y. Chen、O. Faugeras [136]，地标点形状匹配、图像变形、形状梯度[136]，假着色、像素标记、边缘检测、几何结构检测、拓扑邻域检测、目标识别和图像模式识别。

在计算机视觉中，重点是检测数字图像中常见的基本几何结构和物体形状。这导致了对图像处理和图像分析基础知识以及对矢量空间和图像计算几何观点的研究。图像处理的基础包括彩色空间、滤波、边缘检测、空间描述和图像纹理。数字图像是欧几里得空间（2-D 和 3-D）的示例。因此，数字图像的矢量空间观点是其基本特征的自然结果。**数字图像结构**本质上是几何或视觉拓扑结构。图像结构的示例包括图像区域、线段、生成点（例如，洛韦关键点）、像素组、像素的邻域、半空间、像素凸集和图像像素集合的凸包。例如，这种结构可以根据最接近选定点的图像区域或具有指定直径范围的图像区域来查看。一个图像区域是数字图像内部的一组图像点（像素）。任何图像区域的直径是该区域中一对点之间的最大距离。这样的结构也可以在由 2-D 和 3-D 图像中选定点之间连接的线段所形成的三角形区域中找到。

这种结构也常见于 2-D 和 3-D 图像中由封闭的半空间所形成的点集凸包里、或如 G. M • 齐格勒所称的**多面体**[217]里。**图像半空间**是一条线上方或下方的所有点的集合。在所有这三种情况下都能获得对数字化图像的区域视图。更多有关多面体的信息参见附录 B.14。

每个图像区域都有一个形状。一些区域的形状比其他区域的更有趣。有趣的图像区域形状包含感兴趣的目标。这些图像的区域视图导致各种形式的图像分割，它们在识别图像中的目标时具有实用价值。此外，检测感兴趣图像区域的形状可帮助发现图像模式，它们超越了图像处理中对纹理元的研究。纹理元是一个由像素组表示的区域。更多有关形状的信息参见附录 B.18 关于形状和形状边界的介绍。

图像分析侧重于各种数字图像测量（例如，像素大小、像素邻接、像素特征值、像素邻域、像素梯度、图像邻域的接近度）。图像分析中三种基于区域的标准方法是等值线阈值化（二值化图像）、分水岭分割（使用从前景像素到背景区域的距离图计算）和非最大抑制（通过抑制所有比周围像素更不可能的像素来找到局部最大值）[208]。

在图像分析中，前景和背景像素具有不同的邻接（邻域），见 T. Aberra [3]。有三种基本的邻域类型：即罗森菲尔德邻接邻域[101，169]、豪斯多夫邻域[73，74]，以及 J. F. Peters [140]和 C. J. Henry [75，76]的描述性邻域。使用不同的几何形状，像素的邻接邻域由与给定像素相邻的像素限定。一个像素 p 的**罗森菲尔德邻接邻域**是一组与 p 邻接的像素。邻接邻域常用于数字图像中的边缘检测。

一个像素 p 的**豪斯多夫邻域**由与 p 的距离小于一个正数 r（称为邻域半径）的所有像素构成。一个像素 p 的**描述性邻域**（由 $N(\mathrm{img}(x, y), r$ 表示）由一组具有特征矢量的像素构成，这些特征矢量与描述 $\mathrm{img}(x, y)$的特征矢量匹配或相似，且在规定的 r 半径内。

与邻接邻域不同，描述性邻域可以拥有其中的孔，即具有与邻域中心不匹配和不属于邻域的特征矢量的像素。其他类型的描述性邻域在[140，1.16 节，pp.29-34]中介绍。

本书的章节源于过去若干年中自己教授过的本科生计算机视觉课程的笔记。本书中的许多主题源于自己与一些研究生和其他人员的讨论和交流，尤其是 S. Ramanna（很多形状，特别是在水晶中）、Anna Di Concilio（邻近性、区域自由几何和如图 0.3 的海景形状）、Clara Guadagni（花神经结构）、Arturo Tozzi（Borsuk-Ulam 定理的见解和 Gibson 形状，Avenarius 形状）、Romy Tozzi（记得 8，∞）、Zdzisław Pawlak（波兰乡村绘画中的形状）、Lech Polkowski（那些纯粹的，拓扑的和粗糙集结构）、Piotr Artiemjew（蜻蜓翅膀）、Giangiacomo Gerla（那些 UNISA 庭院三角形和空间区域的指示（点））、Gerald Beer（Som Naimpally's 生活中的时刻）、Guiseppe Di Maio（关于邻近性的见解）、Somashekhar (Som) A. Naimpally（拓扑结构）、Chris Henry（色彩空间，颜色形状集）、Macek Borkowski（3-D 空间观点）、Homa Fashandi，Dan Lockery，Irakli Dochviri，Ebubekir İnan（接近关系和接近组）、Mehmet Ali Öztürk（优美的代数结构）、Mustafa Uçkun、Nick Friesen（住宅的形状）、Özlem Umdu、Doungrat Chitcharoen、Çenker Sandoz（德劳内三角化）、Surabi Tiwari（许多类别）、Kyle Fedoruk（计算机视觉应用：斯巴鲁 EyeSight®）、Amir H. Meghdadi、Shabnam Shahfar、Andrew Skowron（Banacha 的接近性）、Alexander Yurkin、Marcin Wolksi（束或滑轮）、Piotr Wasilewski、Leon Schilmoeler、Jerzy W. Grzymala-Busse（关于粗糙集和 LATEX 提示的见解）、Zbigniew Suraj（Petri 网）、Jarosław Stepaniuk、Witold Pedrycz、Robert Thomas（倾斜的形状）、Marković G. oko（多形体）、Miroslaw Pawlak、Pradeepa Yahampath、Gabriel Thomas、Anthony（Tony）Szturm、Sankar K. Pal、Dean McNeill、Guiseppe（Joe）Lo Vetri、Witold Kinsner、Ken Ferens、David Schmidt（集合论）、William Hankley（基于时间的规范）、Jack Lange（黑板拓扑涂鸦）、Irving Sussman（定理和证明中的金块）和 Brian Peters（在墙壁上稍纵即逝的几何形状一瞥）。

图 0.3　沿意大利维耶特里海岸线的海景形状

我们系的技术人员非常乐于助人，尤其是 Mount-First Ng，Ken Biegun，Guy Jonatschick 和 Sinisa Janjic。

我的很多学生提出了有关本书主题的重要建议，特别是 Drew Barclay、Braden Cross、Binglin Li、Randima Hettiarachchi、Enoch A-iyeh、Chidoteremndu（Chido）Chinonyelum Uchime、D. Villar、K. Marcynuk、Muhammad Zubair Ahmad 和 Armina Ebrahimi。

各章的问题已被分了类。以标记的问题可以迅速地回答。以标记的问题有可能需要用喝一杯茶或咖啡的时间来完成。解决剩下的问题所需的时间各不相同。

詹姆斯 F.彼得斯
温尼伯，加拿大

目　　录

第 1 章　通往机器视觉的基础知识

1.1　什么是计算机视觉

计算机视觉的主要目的是基于数码相机拍摄的图像内容重建和解释自然场景[186]。**自然场景**是视场的一部分，视场是由人类视觉感知或**基于光学传感器阵列**而获取的。

基于光学传感器阵列的自然场景或者是用相机获取的单幅图像，或者是用摄像机（如**网络摄像机**）获取的视频帧图像。

每个图像场景的基本内容包括**像素**（相邻的、不相邻的）、边缘（共同的、平行的、交叉的、凸的、凹的、直的、弯曲的、连通的、不连通的）、角度（矢量、矢量之间、像素）、图像几何（沃罗诺伊区域[139]，德劳内三角剖分[138]）、颜色、形状和纹理等。

1.2　分而治之的方法

通过用已知几何形状，如三角形（德劳内三角剖分方法）和多边形（沃罗诺伊图方法），来拼贴（镶嵌）场景图像更容易重建和解释自然场景。这是一个分而治之的方法。在计算机视觉中，这类方法的例子包括如下。

形状检测：使用**德劳内三角剖分**的视频帧形状检测见 C. P. Yung、G. P.-T. Choi、K. Chen 和 L.M. Lui [211]（参见图 1.1）。

剪影：使用轮廓查找**极线**以对**摄像机网络**进行**校准**是 G. Ben-Artzi、T.Halperin、M.Werman 和 S. Peleg 使用的方法[14]。这里的基本目标是实现双目视觉并确定场景中一个 3-D 物体点在一对 2-D 图像上的位置（单个相机所见）。这里使用**极点**（在成像平面上连接光学中心的直线的交点）以从一对 2-D 图像中提取 3-D 目标。光学中心之间的连线称为**基线**。**极平面**是由 3-D 点 m 与光学中心 C 和 C' 定义的平面。参见图 1.2 中的一对极点和极线。

图 1.1　[211]中三角化的视频帧

视频点画：点画使用点集、基本形状和彩色来绘制/渲染图像。视频点画的核心技术是视频帧的**沃罗诺伊镶嵌**。这是 T. Houit 和 F. Nielsen 的方法[83]。该文包含对叠加在视频帧图像上沃罗诺伊图的一个很好的介绍（见[83，2 节，pp.2-3]）。沃罗诺伊图在图像分割中很有用。它导致所谓的 Dirichlet 镶嵌图像，引领一种新形式的 ***k*-均值**图像区域的聚类（参见图 1.3，了解沃罗诺伊分割方法中的方法）。这种形式的**图像分割**使用聚类中心逼近图像聚类。这是 R. Hettiarachchi 和 J. F. Peters 使用的方法[78]。沃罗诺伊流形由 J. F. Peters 和 C. Guadagni 在[144]中介绍。**流形**是一个局部欧几里得**拓扑空间**，即

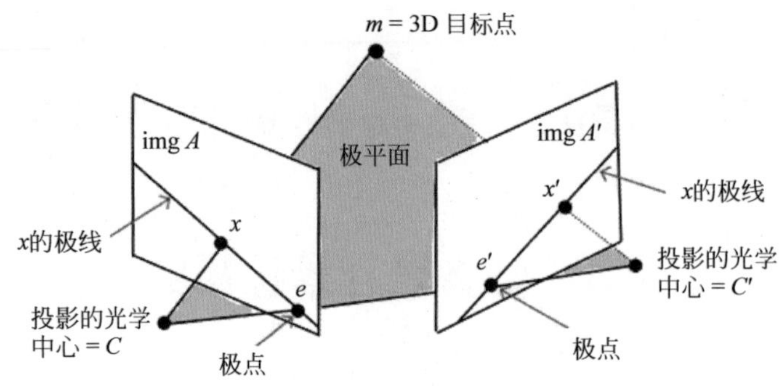

图 1.2 极点和极线

在流形的每个点周围都有一个开放的邻域。具有拓扑结构τ在其上的非空集合 X 就是一个**拓扑空间**。在一个非空开集 X 上的开集集合τ是 X 上的**拓扑**，只要它具有某些属性（参见附录 B.9 节对于开集和拓扑结构的定义）。一个**开集**是空间 X 中点 A 的非空集，包含所有足够接近 A 的点但不包括它的边界点。

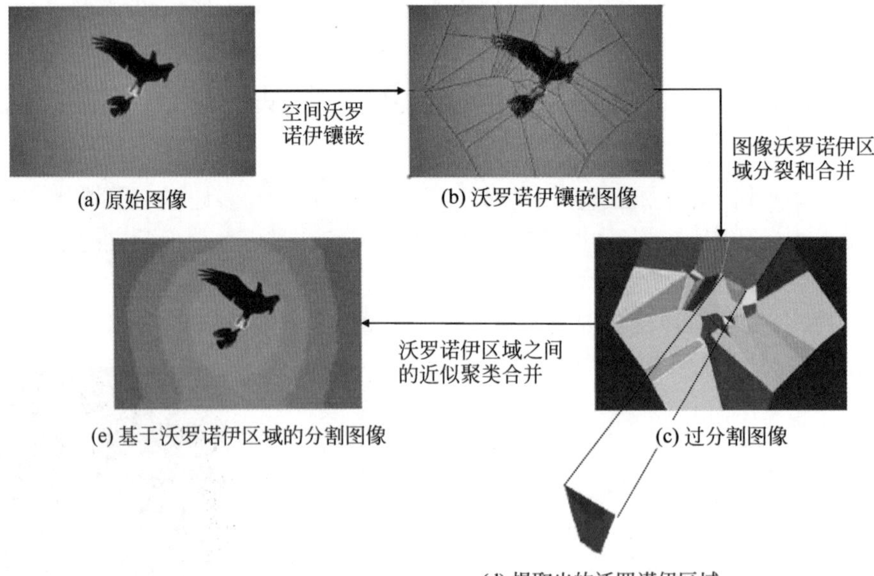

图 1.3 [78]中沃罗诺伊分割方法的步骤

例 1.1 开集示例

苹果果肉：没有外皮的苹果。

鸡蛋内部：没有蛋壳的蛋黄。

无墙房间：没有墙壁的房间。

开子图像：不包括其边界点的子图像。图 1.4 所示为一幅处在 4 × 5 的数字图像 Img 中的 2 × 3 子图像 A。集合 A 是开集，因为它仅包含黑色方块■且不包含沿其灰色像素■表示的边界。

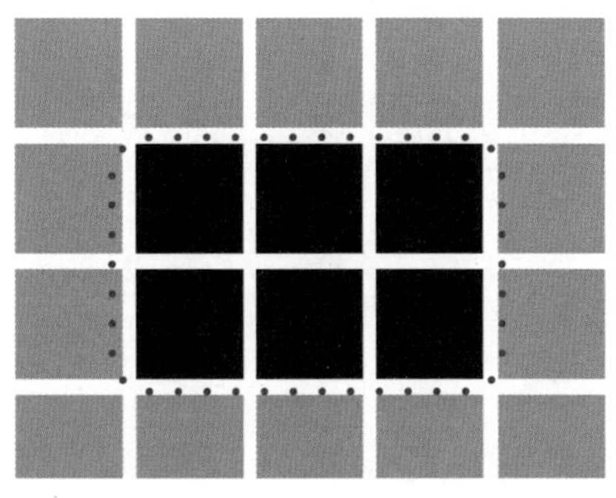

图 1.4　开集 $A = \{\blacksquare, \blacksquare, \blacksquare, \blacksquare, \blacksquare, \blacksquare\}$　□

如果流形 M 是一个沃罗诺伊图，则 M 是**沃罗诺伊流形**。任何其上定义了拓扑结构的数字图像或**视频**帧图像都是沃罗诺伊流形。这在计算机视觉中很重要，因为是沃罗诺伊流形的图像具有几何结构，它能帮助研究图像中目标形状的特性。

结合测地学的德劳内和沃罗诺伊镶嵌：德劳内三角剖分和**沃罗诺伊图**被 Y.-J. Lin、C.-Xu Xu、D. Fan 和 Y. He 结合在**测地学**和图论的研究中[110]。一个图 G 是一个**大地测量图**，如果对于 G 上的任意两个顶点 p 和 q，最多只有一个 p 和 q 之间的最短路径。一条**大地测量线**是一条直线，因为一条直线端点之间的最短路径就是直线本身。更多信息可见 J. Topp [191]。例如，见附录 B.4 节。

凸包：点集 A 的凸包（记为 convhA）是包含 A 的最小**凸集**。在 n-D 欧几里得空间中的非空集合 A 是一个凸的集合（记为 conv$A$），只要集合中任意两个点之间的直线段都包含在集合中。对数字图像的沃罗诺伊镶嵌给出形状检测中和复杂系统（如宇宙网）分析中很有用的图像区域聚类，该方法可见 J. Hidding、R.van deWeygaert、G.Vegter、B. J. T. Jones 和 M. Teillaud [79]。图 1.5 给出一对 3-D 凸包。有关凸包的更多信息见附录 B.16 节。

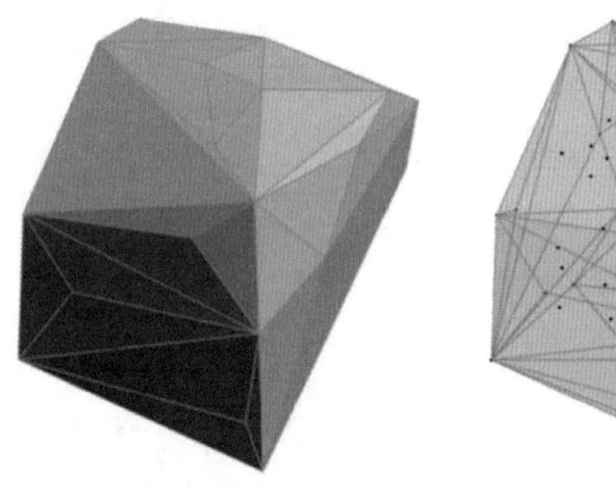

(a) 3-D顶点凸包形状

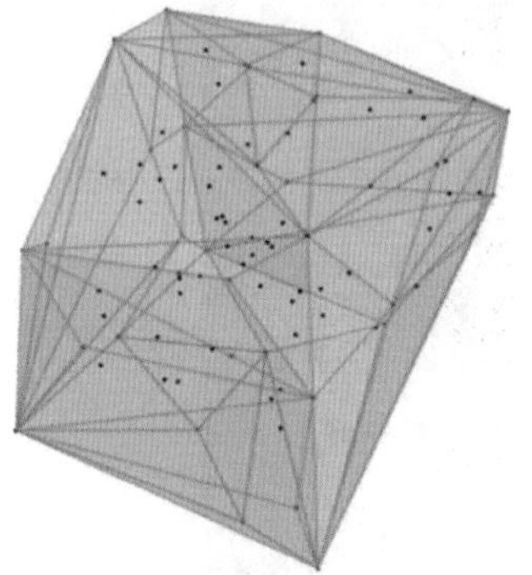

(b) 89个点的3-D形状凸包

图 1.5　包含 89 个点的集合的 3-D 凸包示例

这些方法使用图像区域而不是像素来提取图像**形状**和目标信息。换句话说，在对场景图像的解释和分析中使用了计算几何。

1.3 覆盖在图像上的沃罗诺伊图

设 S 是数字图像中的任何一组选定的像素，并且让 $p\in S$。S 中的像素称为**网点**（或**生成点**），以区别于图像中的其他像素。在欧几里得平面上，一对点 x、y 之间的欧几里得距离定义为：

$$\|x-y\|=\sqrt{\sum_{i=1}^{n}(x_i^2-y_i^2)}$$

对 $p\in S$ 的**沃罗诺伊区域**（记为 V_p）定义为：

$$V_p=\left\{x\in E:\|x-p\|\leqslant\|x-q\| \quad \text{对所有} q\in S\right\}$$

S 中的每个**网点**只属于一个沃罗诺伊区域。被沃罗诺伊区域覆盖的数字图像称为**镶嵌图像**。请注意，每个沃罗诺伊区域都是一个**凸多边形**。这意味着所有在连接沃罗诺伊区域中一对点的直线上的点都属于该区域。覆盖一幅图像的所有沃罗诺伊区域称为**沃罗诺伊图**或**沃罗诺伊网格**。

例 1.2　沃罗诺伊和德劳内图像网格示例

一幅功能磁共振图像的沃罗诺伊区域如图 1.6（a）所示，从其中提取的沃罗诺伊网格如图 1.6（b）所示。这里，每个处在围绕图像角点的网格中的沃罗诺伊区域都是凸的多边形。通过连接邻近的沃罗诺伊区域的网点就构成**德劳内三角形**。一个德劳内三角网可见图 1.7（a）。这提供了另外一种围绕每个德劳内三角形的网格生成器的内部点而形成的**图像几何**视图。图 1.7（b）所示为提取出来的**德劳内三角剖分**结果。

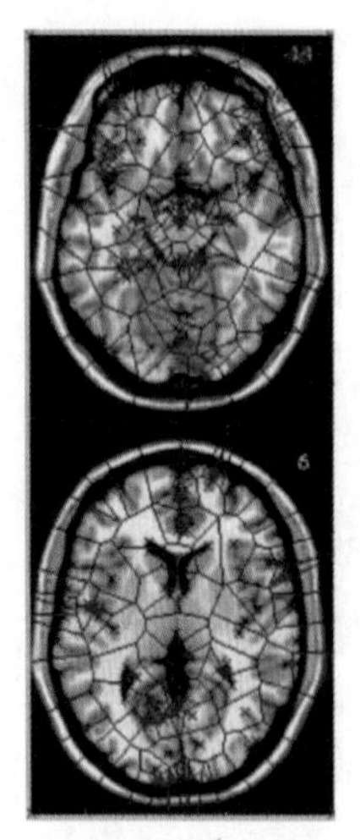

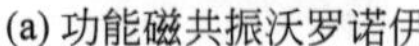

(a) 功能磁共振沃罗诺伊

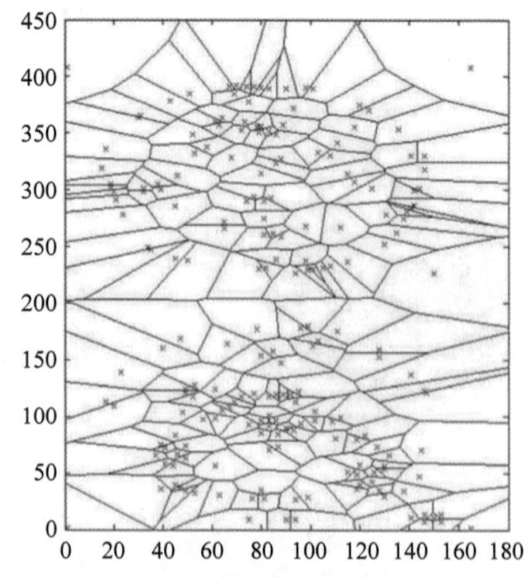

(b) 功能磁共振沃罗诺伊网格

图 1.6　图像结构的沃罗诺伊几何视图

通过找到某些隐藏或未观察到的图像变量和结构的最可能值，计算机视觉和场景分析中的许多问题可能得到解决[94]。这些变量和结构包括沃罗诺伊区域、德劳内三角形、像素的邻域、图像结构的接近度（和分离度）、像素梯度分布以及场景所需属性的编码值。

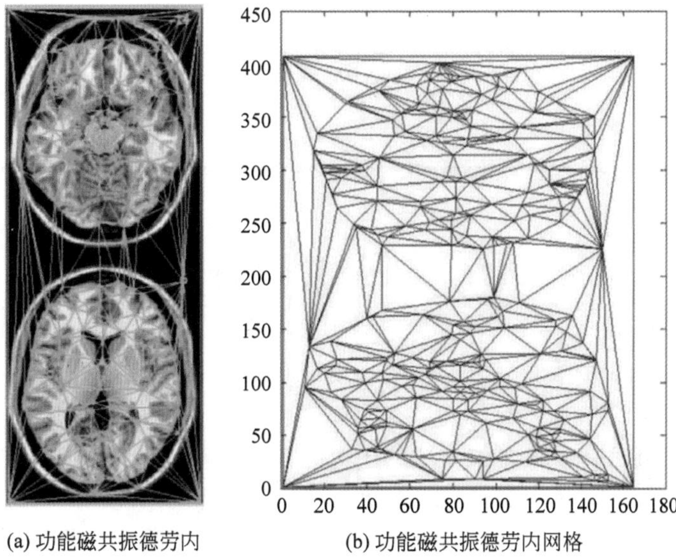

(a) 功能磁共振德劳内　(b) 功能磁共振德劳内网格

图 1.7　图像结构的德劳内几何视图　□

其他计算机视觉问题包括图像匹配、特征选择、最佳分类器设计、图像区域测量、兴趣点、轮廓分组、分割、配准、匹配、识别、图像聚类、模式聚类[46，136]、地标点形状匹配、图像变形、形状梯度[136]、假彩色着色、像素标注、边缘检测、几何结构检测、拓扑邻域检测、目标识别和图像模式识别。计算机视觉的典型应用包括数字**视频稳像**[49，9 节，p.261 开始]和**机器人导航**[91，5 节，p.109 开始]。

术语**相机**来自拉丁语相机暗箱（暗室）。很多不同形式的相机提供了计算机视觉的“游乐场”，例如**仿射相机**、**针孔相机**、普通**数码相机**、**红外相机**（也是**热成像相机**）、**伽玛断层扫描相机**设备（3-D 成像）。一台仿射相机是一个线性数学模型，它近似来自理想针孔相机的透视投影[214]。针孔相机是透视投影装置，在其内部背板上有一个带有感光膜的盒子并通过针孔吸收光线。

在本书，重点关注检测数字图像的基本内容和结构。对图像内容的兴趣导致对图像处理和图像分析以及**矢量空间**和图像计算几何视图的基础知识的研究。**图像处理**的基础包括**彩色空间**、**滤波**、**边缘检测**、**空间描述**和**图像纹理**。对**图像结构**的研究导向对数字图像的计算几何视图。基本的想法是从不同的角度检测和分析**图像几何**。

数字图像是**欧几里得空间**（2-D 和 3-D）子集的示例。因此，对数字图像的矢量空间视图是其基本特性的自然结果。数字图像结构基本上是几何结构。这样的结构可以根据最接近选定点的图像区域来查看（参见最接近以位于图 1.8 中位置（5.5，2.5）的突出显示像素为中心的小区域）。这样的结构也可以查看所选点之间的线段连接而成的三角形区域。在涉及识别图像中的目标和分类图像时，对图像结构的区域视图和三角视图都导致具有实用价值的各种

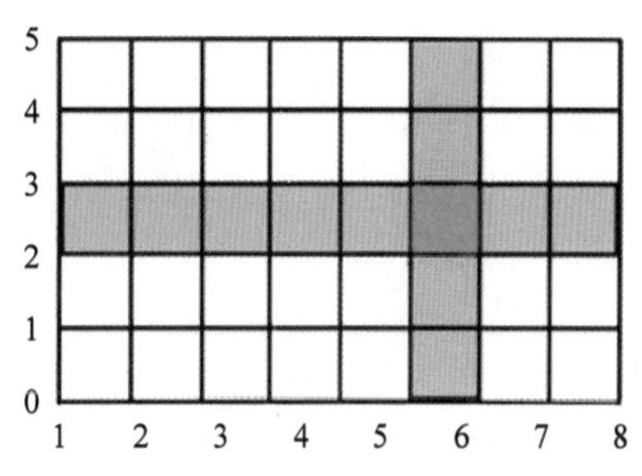

图 1.8　以很小的图像网格中（5.5，2.5）为中心的像素

形式的图像分割。此外，区域视图和三角视图都可以发现隐藏在数字图像中的**模式**。

图像计算几何的基本方法

基本方法是用已知的几何结构来描述数字图像目标。

1.4 计算几何简介

要分析和理解图像场景，有必要识别场景中的目标。这些**目标**可以在几何上被视为连接的**边缘**（例如，**骨架**或属于目标的边缘或多边形的边）或被视为由某种意义上彼此靠近的像素或在某个固定点附近的像素组成的图像区域（例如，沃罗诺伊区域中接近网点（也是种子点或生成点）的所有点[38]））。因此，将一幅图像中的几何结构与源自图像基元的网格生成点（**网点**）关联起来非常有利。图像边缘、角点、**质心**、临界点、强度和关键点（被视为特征矢量的图像像素）或它们的组合提供了理想的**网格生成器**以及图像几何信息的来源。

计算几何是罗森菲尔德大脑的孩子，他建议用距离函数测量像素[165]和图像结构（像素集合）[166，167]之间的分离性以进行图像分析。罗森菲尔德的工作最终导致了拓扑算法引入图像处理[97]和全尺寸数字几何引入图片分析[92]。

场景分析基础

数字图像**场景分析**的基础建立在罗森菲尔德**数字拓扑**方面的开拓性工作[96，165-169]（后来称为**数字几何**[92]）和其他工作的基础之上[39，97，100，102，103]。该数字拓扑的工作与由 M. I. Shamos [172]和 F. P. Preparata [155，156]引入的计算几何工作并行，后者建立在 G.Voronoï[197，199]和其他人[27，53，63，101，122，192]的空间镶嵌工作之上。

计算几何（CG）是几何结构研究中的一种算法方法。在 CG 中，引入了算法（逐步方法）以构造和分析目标（尤其是真实世界目标）的线条和表面。CG 的焦点是如何使用计算机来构建或检测和分析点、**线**、多边形、（2-D 中）平滑曲线和（3-D 中）多面体和光滑表面。有关从线几何角度对 CG 更一般的见解，参见 H. Pottmann 和 J. Wallner [154]。

对数字图像，计算几何关注于构造并分析图像上各种类型的网格叠加。在底层，两种主要类型的**网格**来自对图像像素集的德劳内三角剖分和沃罗诺伊镶嵌。**德劳内三角剖分**是对数字图像用内部不相交的三角形的覆盖。德劳内三角剖分的重点是根据选定像素集合派生的网点或生成点而构建三角形网格，它们覆盖 2-D 或 3-D 数字图像。图像三角测量的主要好处是检测由三角形网覆盖的图像目标的形状。借助三角形的已知特性（例如，均匀的形状、内角之和、周长、面积、边长），可以用非常准确的方式描述目标形状。有关德劳内三角剖分的更多信息见 J. A. Baerentzen、J. Gravesen、F. Anton 和 H. Aanaes [8，14 节]。

图像目标的形状也可以通过**沃罗诺伊镶嵌**，用沃罗诺伊多边形的集合（也称为沃罗诺伊区域）来密切近似。**2-D 沃罗诺伊图**表示用凸多边形对平面区域的镶嵌。**3-D 沃罗诺伊**

图表示用凸多边形对 3-D 表面区域的镶嵌。

凸多边形是凸集的一个例子。点 A 的**凸集**（记为 conv$A$）具有的属性是，对 conv$A$ 中的每对点 p 和 q，所有在 p 和 q 之间连接直线段上的点也属于 conv$A$。更多有关凸集的信息参见附录 B.16 节。

由于**目标形状**趋于不规则，典型的沃罗诺伊图中的多边形形状各异，能给出更精确的目标形状的表达。重要的是要注意德劳内三角形有空的内部（只有三角形的边是已知的）。相比之下，沃罗诺伊多边形具有非空的内部。这意味着每个沃罗诺伊多边形的边和内部内容都知道。图像沃罗诺伊镶嵌的主要好处是检测网格多边形所覆盖的图像目标形状。借助沃罗诺伊多边形的已知特性（例如，形状、内角、边缘像素梯度方向、周长、直径、面积、长度和边数），可以以非常精确的方式描述目标形状。因此，覆盖包含目标的图像邻域的沃罗诺伊多边形提供了非常详细的图像目标形状和内容。

一个可用于数字图像三角测量或镶嵌的**图像几何算法**如算法 1.1 所示。

算法 1.1　基于网格覆盖图像的数字图像几何

```
Input  : Read digital image img.
Output: Mesh ℳ covering an image.
MeshSite ← MeshGeneratingPointType;
img ⟼ MeshSitePointCoordinates;
S ← MeshSitePointCoordinates;
/* S contains MeshSitePointType coordinates used as mesh generating points (seeds or
  sites). */ ;
MeshType ← MeshChoice;
/* MeshType identifies a chosen form of mesh, e.g., Voronoï, Delaunay, polynomial. */ ;
S ⟼ MeshType ℳ;
MeshType ℳ ⟼ img ;
/* Use ℳ to gain information about image geometry. */ ;
```

算法 1.1 给出覆盖数字图像的网格。图像网格可能会有很大差异，具体取决于图像类型和所选的网格生成点类型。如果生成点的选择准确地反映了图像视觉内容和图像场景中的目标结构，图像几何就会显现出来。例如，当场景包含建筑物或具有急剧变化轮廓的目标（例如手或面部轮廓）时，角点会是逻辑的选择。

例 1.3　萨勒诺邮政车场景

基于角点的沃罗诺伊网格覆盖了在意大利萨勒诺火车站外面包含邮政车停放的图像场景，如图 1.9（a）所示。这个沃罗诺伊网格也被称为 Dirichlet 镶嵌。使用同一组角点生成点，覆盖相同场景的德劳内三角剖分图如图 1.9（b）所示。一个关于功能磁共振图像的德劳内三角剖分图如图 1.7 所示。更多有关德劳内三角剖分的信息参见 6.1 节。

对于相同功能磁共振图像的沃罗诺伊镶嵌，参见图 1.6。这里重要的是：在图像的沃罗诺伊镶嵌中有网格多边形的**聚类**，每个聚类中心的多边形具有最大数量的邻接多边形。网格聚类的中心多边形称为**聚类核**。此时，聚类称为**最大核聚类**（MNC）。图像网格 MNC 逼近由 MNC 所覆盖的图像目标的形状。更多有关 MNC 的信息参见 7.5 节。 ❑

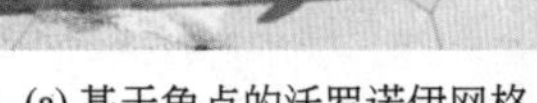
(a) 基于角点的沃罗诺伊网格

(b) 基于角点的德劳内网格

图 1.9　场景信息的狩猎场：基于角点的德劳内和沃罗诺伊网格

1.5　数字图像的框架

一幅**数字图像**是对视场目标的离散表达，包含了空间（布局）和强度（彩色或**灰色调**）信息。

从表观的角度来看，**灰度数字图像**[1]由 2-D 光强度函数 $I(x, y)$表示，其中 x 和 y 是空间坐标而(x, y)处的 I 值与影响光学系统的光强度成正比并记录在该点对应的图像元素（像素）中。

对一幅多色图像，那么在(x, y)处的像素是 1×3 数组，每个数组元素指示该像素在色带（或色彩通道）中红色、绿色或蓝色的亮度。一幅灰度数字图像 I 由单个 2-D 数组表示，而一幅彩色图像由 2-D 数组的集合表示，每个数组对应一个色带或通道。例如，这就是 Matlab 表示彩色图像的方式。**二值图像**完全由黑色像素（像素强度= 0）和白色像素（像素强度= 1）组成。为简单起见，可使用术语二值图像来指代黑白图像。相比之下，**灰度图像**是有黑色、灰色和白色像素的图像。

二值图像和灰度图像是 2-D 强度图像。相比之下，RGB（红绿蓝）**彩色图像**（是 3-D 或**多维图像**），因为每个彩色像素由 3 个彩色通道表示，每种彩色一个通道。RGB 图像存在于所谓的 RGB 彩色空间中。还有许多其他形式的彩色空间。对 RGB 空间最常见的替代空间是 Matlab 实现的 HSV（色调，饱和度，值）空间或由 Mathematica 实现的 HSB（色调、饱和度、亮度）空间。

数字图像中一个**图像点**（简称**点**）称为**图片点**或像素或**点样本**。

一个**像素**是**光栅图像**中的物理点。在本书中，术语图片点、点和像素可互换使用。每个像素都带有表示光学传感器对视野（也称视场）内的物体反射光子响应的信息。**视场**或**视野**是在特定时刻可见世界（摄像机前场景的一部分）的范围。就数字化光学传感器值而言，**点样本**是灰度图像中的单个数字或彩色图像中的 3 个数字的集合。通常使用小方形模

1　灰度图像包含可视为黑或白、或灰度（处在黑白之间）的像素的图像。

型，将像素表示为**几何方形**。

例 1.4　锯齿现象

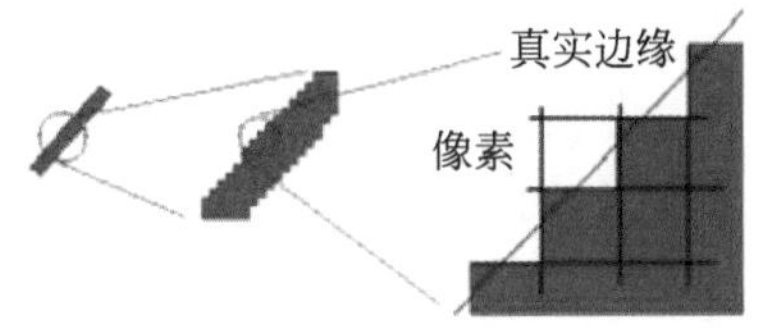

由于在光栅图像中使用微小的方形来表达像素，如果放大镜头以获得对图像接近（放大）的观察，边缘在图像中不再光滑而呈现锯齿状。这种锯齿状的出现被称为**混叠**或**锯齿现象**[1]。❑

例 1.5　从 Matlab 实验 cpselect

进行如下 Matlab 实验：使用类似图 1.10 的一对彩色图像。为此，将 cpselect 窗口移动到图 1.10（a）示例图像中的枫叶上并设置缩放为 600%。然后注意图 1.11 中沿着枫叶放大边缘的小方块。尝试使用第二幅图像在 cpselect 窗口右侧进行类似的实验，例如图 1.10（b）（或相同图像）。在 cpselect 窗口右侧选择相同图像的优点是可以比较与 cpselect 窗口左侧放大倍数不同时发生的情况。

(a) 样例图像gems2.jpg

(b) 样例图像cup.jpg

图 1.10　使用 cpselect 比较的样例图像

注意： 人眼可以识别每度视弧 120 个像素，即如果 2 个点之间的夹角小于 1/120°，那么眼睛就分不清楚。在距离 2m 时（与电视机的正常距离），眼睛无法区分相距 0.4mm 的 2 个点（如图 1.12 所示）。

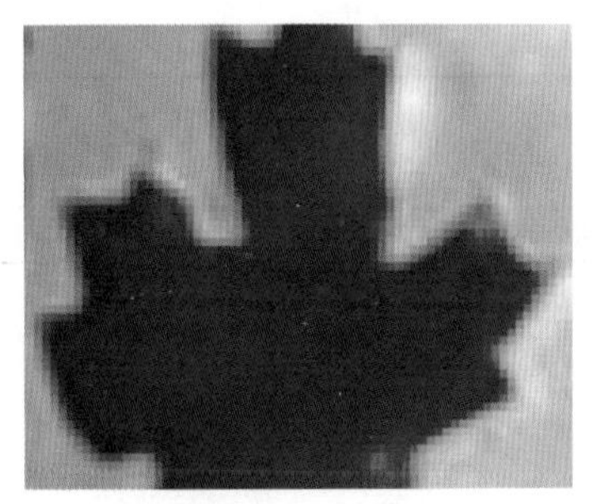

图 1.11　在枫叶边缘上的微小方块像素

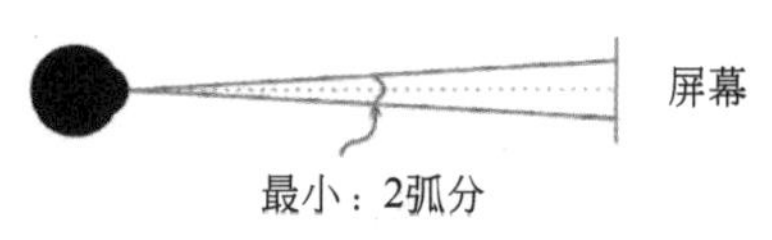

图 1.12　人眼与电视屏幕的联系

❑

1　Doug Baldwin, http://cs.geneseo.edu/~baldwin/reference/images.html.

换句话说，要识别一个数字图像中以(i, j)为中心的像素 p，其正方形的边长要达到 0.5mm，即

$$p=\{(x,y): i-0.5 \leqslant x \leqslant i+0.5,\ j-0.5 \leqslant y \leqslant j+0.5\}$$

考虑图 1.8 中表示为正方形的、以(5.5, 2.5)为中心的像素 p，其中

$$p=\{(x,y): i-0.5 \leqslant 5.5 \leqslant i+0.5,\ j-0.5 \leqslant 2.5 \leqslant j+0.5\}$$

A. R. Smith 指出这是误导[176]。实际上，在一幅图像的 2-D 模型中，像素是仅存在于平面中一个点处的**点样本**。对一幅彩色图像，像素包含三个点样本，每个彩色通道一个。一般情况下，像素是图像分析的最小单位。**亚像素**分析也是可能的。更多有关像素的信息参见附录 B.18 节。

在**摄影**中，视场是物理世界中通过相机在特定位置和空间方向可见的一部分。视野是用视锥或视角来辨别的。在 Matlab 中，一个灰度像素 $I(x, y)$表示在图像 x 行和 y 列的光强度（没有彩色）。x 和 y 的值从图像左上角的原点开始（例如，参见图 1.13 中摄影师的灰度图像）。

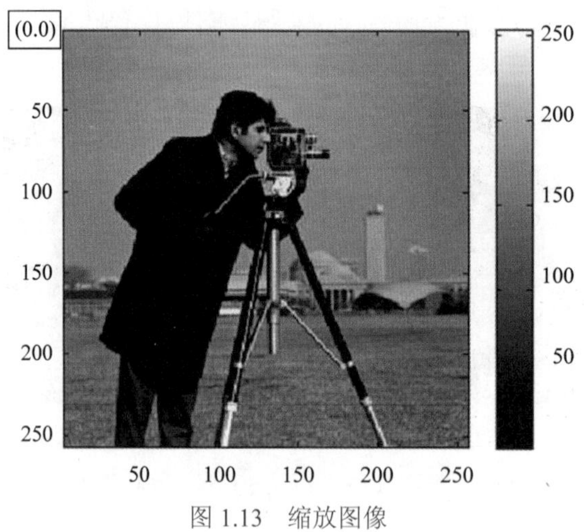

图 1.13　缩放图像

图 1.13 给出对包括图像灰度彩色条的坐标系的显示示例，使用了列表 1.1 中的代码。函数 imagesc 用于缩放灰度图像的强度。函数 colormap（灰色）和 colorbar 用来在所显示图像的右侧创建一个彩色条。

```
A=imread('cameraman.tif'); % Read in image
figure, imagesc(A);  %scale intensities & display to use colormap
colormap(gray); colorbar;  %
imfinfo('cameraman.tif')
```

列表 1.1　eg_01.m 中用于产生图 1.13 的 Matlab 代码

在图 1.13 中，左上角坐标为(0, 0)，即表示数组的图像的原点。要查看摄影师图像的信息，可如下使用函数 imfinfo（参见列表 1.2）：

```
>>imfinfo('cameraman.tif')
```

```
imfinfo('cameraman.tif')

ans =

                        Filename: 'cameraman.tif'
                     FileModDate: '20-Dec-2010 09:43:30'
                        FileSize: 65240
                          Format: 'tif'
                   FormatVersion: []
                           Width: 256
                          Height: 256
                        BitDepth: 8
                       ColorType: 'grayscale'
                 FormatSignature: [77 77 42 0]
                       ByteOrder: 'big-endian'
                  NewSubFileType: 0
                   BitsPerSample: 8
                     Compression: 'PackBits'
       PhotometricInterpretation: 'BlackIsZero'
                    StripOffsets: [8x1 double]
                 SamplesPerPixel: 1
                    RowsPerStrip: 32
                 StripByteCounts: [8x1 double]
                     XResolution: 72
                     YResolution: 72
                  ResolutionUnit: 'None'
                        Colormap: []
             PlanarConfiguration: 'Chunky'
                       TileWidth: []
                      TileLength: []
                     TileOffsets: []
                  TileByteCounts: []
                     Orientation: 1
                       FillOrder: 1
                GrayResponseUnit: 0.0100
                  MaxSampleValue: 255
                  MinSampleValue: 0
                    Thresholding: 1
                          Offset: 64872
                ImageDescription: [1x112 char]
```

列表 1.2　使用列表 1.1 中的 imfinfo 得到的图像信息

图 1.13 中的图像是灰度（greyscale）[1]图像的示例。灰度图像 A 由具有对应像素强度的如下数组来表示。

$$\boldsymbol{A}=\begin{bmatrix} A(1,1) & A(2,1) & \cdots & A(450,1) \\ A(1,2) & A(2,2) & \cdots & A(450,2) \\ \vdots & \vdots & \ddots & \vdots \\ A(1,350) & A(2,350) & \cdots & A(450,350) \end{bmatrix}=\begin{bmatrix} 50 & 52) & \cdots & 50 \\ 50 & 152 & \cdots & 250 \\ \vdots & \vdots & \ddots & \vdots \\ 100 & 120 & \cdots & 8 \end{bmatrix}$$

在图像 A 中，注意像素 $A(450, 350)$的灰度值为 8（接近黑色），而像素 $A(450, 2)$的灰度值为 250（接近白色）。

1　使用 Mathworks（Matlab）的拼写为 grayscale。本书一般使用加拿大通用的拼写。

1.6 数字视觉空间

数字视觉空间是由数字图像中的点组成的非空集。一个空间是一种具有某种结构的非空集合。

历史注解 视觉空间

庞加莱引入了相似感觉来表达 G. T. Fechner 的感觉敏感性实验结果[50]，并引入了在表达性空间研究相似性的框架，以作为他称之为物理连续性的模型[151-153]。视觉空间在庞加莱描写的空间类型中占有突出的地位。

物理连续体（PC）的元素是感觉集。物理连续体的概念和各种代表性空间（触觉、视觉、运动空间）由庞加莱在 1894 年发表的一篇关于数学连续统的文章中所介绍[153]，并在 1895 年发表的一篇关于空间和几何的文章中所介绍[152]。 ❑

从历史记录中，要注意的重要一点是数字图像可以被视为具有某种结构形式的视觉空间。注意这个想法能扩展到数字图像的集合，其中对每个集合都可通过其中图像里点邻域的接近度或分离度来定义结构。实际上，具有某种结构形式的数字图像的集合构成了**视觉空间**。

数字图像分析的秘密

计算机视觉和数字图像分析的重要秘密之一是发现能揭示图像模式的图像结构。

注释 1.1 光栅图像的托马西模型

将普通相机图像 im 视为从 2-D 图像位置到 1-D **欧几里得空间**（用于二值或灰度图像）或 3-D 欧几里得空间（用于彩色图像）的一个映射 f，即

$$f\colon \mathbb{R}^m \to \mathbb{R}^n,\ m=2,\ n=1\ (\text{二值，灰度}),\ n=3\ (\text{彩色})$$

例如，如果 p 是 2-D RGB 彩色图像中的一个像素的位置，则 $f(p)$ 是具有 3 个分量的矢量，即像素 p 的红色、绿色和蓝色强度值。这就是**光栅图像**的**托马西模型**[190]。 ❑

1.7 创建你自己的图像

任何在[0, n]，$n \in N$（自然数）范围内的 2-D 自然数数组都可以被视为灰度数字图像。每个自然数指定一个**像素强度**。强度范围的上限 n 通常为 255。

图 1.14 给出一幅灰度图像的例子，其中近似**蒙娜丽莎**绘画的数组是由一系列正整数构成的，每个正整数都表示像素灰度强度。Matlab 在内部用微小的子图像代表一个单一的强度（子图像中的每个像素具有相同的强度）。列表 1.3 可被看作一个灰度值强度的集合（如图 1.14 所示）。

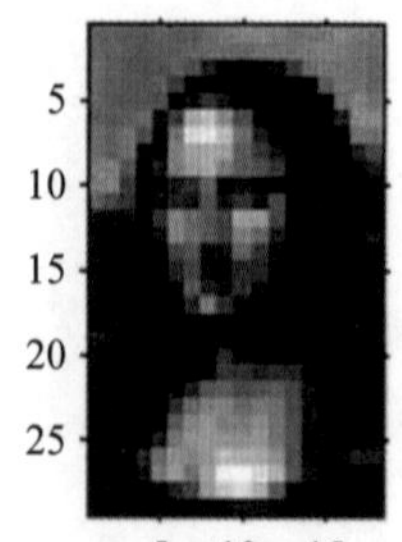

图 1.14 灰度图像

```
% 数字图像示例
132 128 126 123 137 129 130 145 158 170 172 161 153 158 162 172 159 152;
139 136 127 125 129 134 143 147 150 146 157 157 158 166 171 163 154 144;
144 135 125 119 124 135 121 62 29 16 20 47 89 151 162 158 152 137;
146 132 125 125 132 89 17 19 11 8 6 9 17 38 134 164 155 143;
142 130 124 130 119 15 46 82 54 25 6 6 11 17 33 155 173 156;
134 132 138 148 47 92 208 227 181 111 33 9 6 14 16 70 180 178;
151 139 158 117 22 162 242 248 225 153 62 19 8 8 11 13 159 152;
153 135 157 46 39 174 207 210 205 136 89 52 17 7 6 6 70 108;
167 168 128 17 63 169 196 211 168 137 121 88 21 9 7 5 34 57;
166 170 93 16 34 63 77 140 28 48 31 25 17 10 9 8 22 36;
136 111 83 15 48 69 57 124 55 86 52 112 34 11 9 6 15 30;
49 39 46 11 83 174 150 128 103 199 194 108 23 12 12 10 14 34;
26 24 18 14 53 175 153 134 98 172 146 59 13 14 13 12 12 46;
21 16 11 14 21 110 126 47 62 142 85 33 10 13 13 11 11 15;
17 14 10 11 11 69 102 42 39 74 71 28 9 13 12 12 11 18;
18 19 11 12 8 43 126 69 49 77 46 17 7 14 12 11 12 19;
24 30 17 11 12 6 73 165 79 37 15 12 10 12 13 10 10 16;
24 40 18 9 9 2 2 23 16 10 9 10 10 11 9 8 6 10;
43 40 25 6 10 2 0 6 20 8 10 16 18 10 4 3 5 7;
39 34 23 5 7 3 2 6 77 39 25 31 36 11 2 2 5 2;
17 16 9 4 6 5 6 36 85 82 68 75 72 27 5 7 8 0;
4 8 5 6 8 15 65 127 135 108 120 131 101 47 6 11 7 4;
2 9 6 6 7 74 144 170 175 149 162 153 110 48 11 12 3 5;
11 9 3 7 21 127 176 190 169 166 182 158 118 44 10 11 2 5;
8 0 5 23 63 162 185 191 186 181 188 156 117 38 11 12 25 33;
3 5 6 64 147 182 173 190 221 212 205 181 110 33 19 42 57 50;
5 3 7 45 160 190 149 200 253 255 239 210 115 46 30 25 9 5;
9 4 10 16 24 63 93 187 223 237 209 124 36 17 4 3 2 1;
7 8 13 8 9 12 17 19 26 41 42 24 11 5 0 1 7 4;
%
```

列表 1.3　生成图 1.14 的 lisa.m 中的 Matlab 程序

下面是生成图 1.14 中图像的程序。

```
% 创建一幅图像

fid=fopen('lisa2.txt');
A = textscan(fid,'%d','delimiter','\b\t;');
B=reshape(A{1},[18,29]);
B=double(B);
B=B';
figure; imshow(B,[]);
```

列表 1.4　生成图 1.14 的 Matlab 程序 readTxt.m

问题 1.1 ☕ 通往 UXW 的路径

已经知道无限数字图像是可能的。这需要走**未经探索世界**（UneXplored Worlds，UXWs）的路。设$\mathbb{N}$表示从 0 到∞（无穷大）的自然数集。在一些 UXW 中，有数码相机可以产生$\mathbb{N}\times\mathbb{N}$数组的图像，其中 $m\times n$ 图像具有 $m\in(0,\infty]$和 $n\in(0,\infty]$。顺便说一下，城市公共汽车拥有无限数量的座位。下面是思考问题。设计一个在 UXW 中产生 $m\times n$ 的数码相机。 ❑

使用 rand(n) 生成 $n \times n$ 图像

Matlab 函数 rand(n)（n 是正整数）在 $n \times n$ 数组里生成[0, 1]中的伪随机数。在 Matlab 中

```
rand(n).*m
```

在 $n \times n$ 数组里生成[0, m]中的伪随机数。rand(n)产生的值是 double 类型。通过改变 rand(n)中的 n，可以改变在 Matlab 中所实现数组的大小以得到 $n \times n$ 图像。

1.8 随机生成图像

本节说明使用随机数生成数字图像。这可用 Matlab 的函数 rand 实现。图 1.15 中的图像表示随机生成的强度范围从 0 到 100 的数组，所使用的代码见列表 1.5。以下是由代码生成的 8 个双精度类型的示例：81.4724、70.6046、75.1267、7.5854、10.6653、41.7267、54.7009、90.5792。

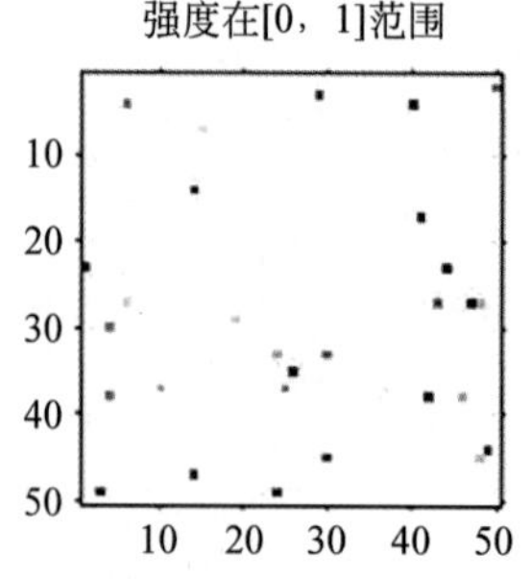

图 1.15 具有稀疏背景的灰度图像

```
% 生成数字范围在0到max的数组

I = rand(50).*100; % max = 100
%I = rand(100).*1000; % max = 1000
%I = rand(150).*1000;
%I = rand(256).*1000;
figure, imshow(I); title('bw');
figure, image(I,'CDataMapping','scaled');
axis image; title('colours');
colorbar
```

列表 1.5 生成图 1.15 和图 1.16 的 Matlab 程序 eg_02.m

在 Matlab 中，函数 image 将矩阵 I 显示为图像。使用此函数，矩阵 I 的每个元素指定一个矩形块的彩色（参见图 1.16 以查看函数 image 如何将随机数值矩阵显示为包含彩色块的图像）。列表 1.6 包含产生图 1.15 中灰度图像的代码行。因为由列表 1.5 中产生第二张图片的代码已经缩放，图 1.16 中右侧图像的彩色栏显示的强度（彩色量）在 0 到 100 的范围内，而不是范围 0 到 1（如图 1.15 所示）。

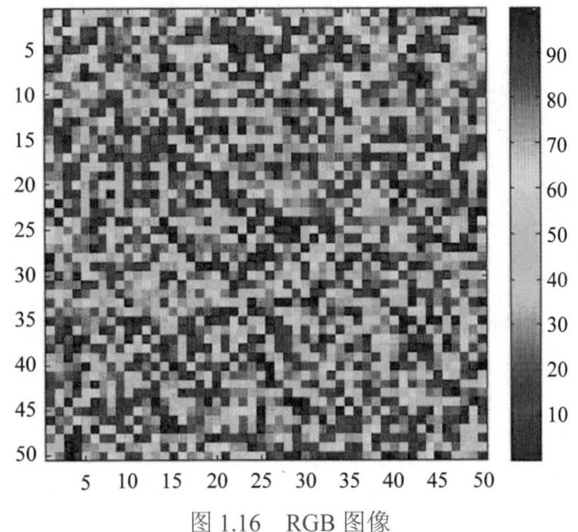

图 1.16　RGB 图像

```
figure, imshow(I); title('intensities in [0,1] range');
```

列表 1.6　生成图 1.15 的 Matlab 代码

参数 CDataMapping 告诉 Matlab 使用 colormap 条目来选择矩阵元素彩色。对于缩放的 CDataMapping，矩阵 I 的值被处理成 colormap 的索引。

问题 1.2

（1）🚲 编写 Matlab 代码以生成图 1.17。

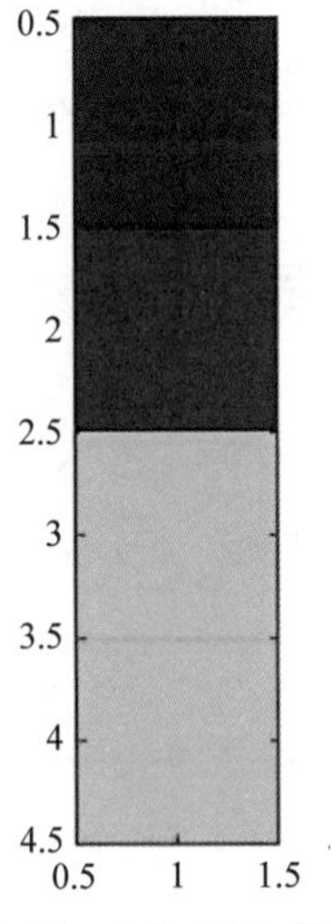

图 1.17　小的 RGB 图像 ❑

（2）🚲 编写 Matlab 代码以生成对应图 1.14 灰度蒙娜丽莎图像的彩色图像。该彩色图像应该与图 1.16 的彩色图像相似。

对问题 1.2 可采取下面的有用技巧。为了将图 1.18（a）的彩色数组转换成图 1.18（b）的较窄的显示，使用>>axis image。

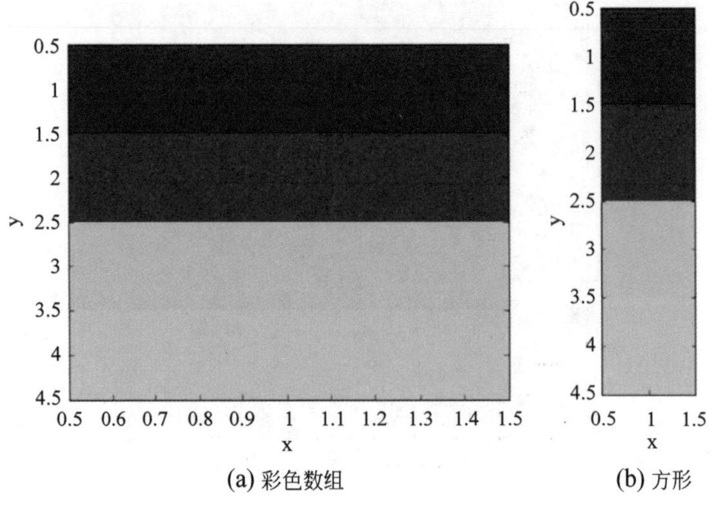

(a) 彩色数组　　(b) 方形

图 1.18　设置长宽比得到方形像素

使用 `randi(m, n)` 生成 $n \times n$ 图像

Matlab 函数 `randi` 生成正整数的伪随机数。为在 100 × 100 数组里获得正好 80 个强度，使用

```
I=randi(80,100)-1
```

其中 $I = 100 \times 100$ 是一个值在[0, 79]中的数组。

1.9　显示图像的方法

通过控制或不控制图像的缩放，可获得许多不同的图像显示方法。这里给出一个示例。图 1.19 中的图像使用列表 1.7 中的 Matlab 代码来显示。注意，使用 `subplot(r, c, i)` 在 c 列中显示（或绘制）r 行图像，其中 $1 \leqslant i \leqslant r*c$。列表 1.7 使用了函数 `rand`，其功能是产生 n 个在[0, 1]范围内的随机数。

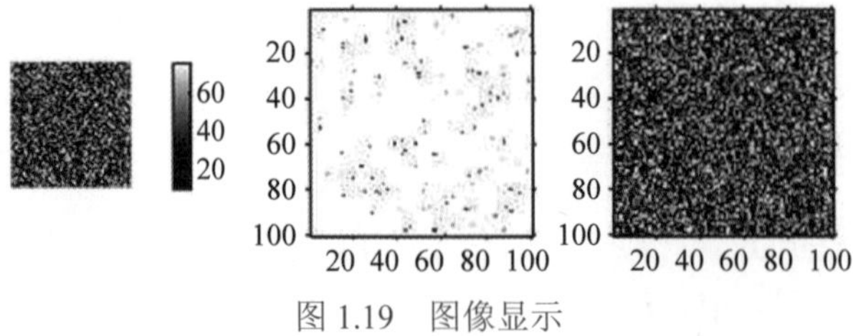

图 1.19　图像显示

```
% 显示图像对比度

                    % what's happening?
I = rand(100).*80; %generate random image array
% with 80 intensities in range 0...100
subplot(1,3,1); imshow(I);
imagesc(I); % scale colormap to data
axis image; axis off; %range
colormap(gray); colorbar; % produce colorbar
subplot(1,3,2); imshow(I); % do not specify range
subplot(1,3,3); imshow(I,[0 80]); % specify range
```

列表 1.7　生成图 1.19 中图像的 Matlab 程序 eg_03.m

考虑图像显示的第二个示例，这里用三种不同的方式显示三幅不同的图像。列表 1.8 给出产生图 1.20 的方法。

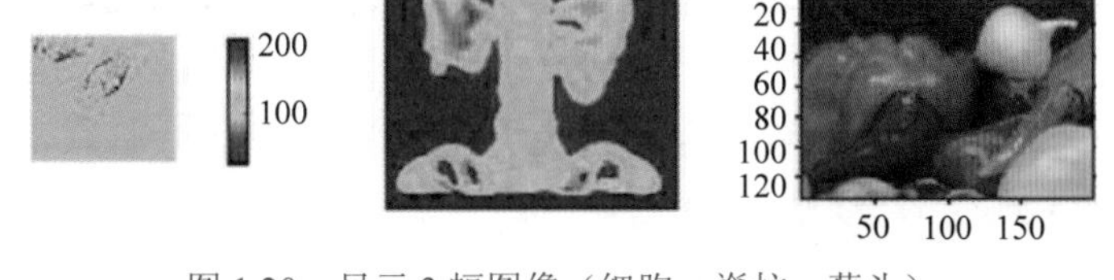

图 1.20　显示 3 幅图像（细胞、脊柱、葱头）

```
% 显示多幅图像

                          % what's happening?
I = imread('cell.tif'); % choose .tif file
J = imread('spine.tif'); % choose 2nd .tif file
K = imread('onion.png'); % choose .png file
%
subplot(1,3,1); imagesc(I); axis image; % scale image
axis image; axis off; % display first image
colormap(gray); colorbar; % produce colorbar
subplot(1,3,2); imagesc(J); axis image; % 2nd image
axis off; colormap(jet); % set colormap to jet (false colour)
subplot(1,3,3); imshow(K); % display colour image
```

列表 1.8　生成图 1.20 中图像的 Matlab 程序 eg_04.m

1.10　数字图像的格式

存在许多种重要的、常用的**数字图像格式**。下面是简短的概述。

（1）.bmp（**位图图片**）：基本图像格式，一般有限制，无损压缩（存在有损变型）。.bmp 起源于 Microsoft Windows 的开发。

（2）.gif（**图形交换格式**）：限制为 256 色（8 位），无损压缩。**无损数据压缩**是一类压缩算法的名称，从压缩数据可以精确重建原始数据。相比之下，**有损数据压缩**只允许从压缩数据近似地重建原始数据。

（3）.jpg 与.jpeg（**联合摄影专家组**）：当前最常用的文件格式（如在大多数相机中），无损压缩（存在有损变型）。

（4）.png（**便携式网络图形**）：一种位映射图像格式，采用无损数据压缩。

（5）.svg（**可缩放矢量图形**）：与光栅图像格式（描述每个像素的特征）不同，矢量图像格式给出几何描述且可以在任何显示屏尺寸上绘制。.svg 图像提供了多功能、可编写脚本和全能的矢量格式，可用于 Web 和其他发布应用。要获得使用矢量图像的经验，请下载和尝试使用名为 Inkscape 的公共域工具。

（6）.tif 与 .tiff（**标记图像文件格式**）：为高度灵活、详细、适应性强格式，具有压缩和未压缩变型。

.png 设计来取代.gif，是一种新的无损压缩格式。缩写词 png 可以读取为 *png not gif* 的首字母。这种格式 1996 年得到了互联网工程指导小组的批准，并发布为 2004 年的一个 ISO/IEC 标准。这种格式支持灰度和全色（RGB）图像。这种格式专为互联网传输而设计，不适合专业品质的图形打印。.png 格式的历史记录可见 http://linuxgazette.net/issue13/png.html。

通过网络传输图像和识别对应数字图像数据主体的需求导致了不同图像格式的引入。在这些格式中，.jpg 和.tif 是最流行的。通常，.jpg 和.tif 格式更适合拍摄的照片。.gif 和.png 格式更适合于彩色、细节有限的图像，例如图标、手写体、线条图、文本。

1.11 图像数据类型

在大多数情况下，不仅可以通过图像内容来确定图像格式，也可以通过存储所需的图像数据类型来选择图像格式。这里有一些不同的**图像类型**。

（1）**二值**（逻辑）图像。**二值图像**用 2-D 数组来表达，其中每个数组元素给每个像素赋一个[0, 1]的数。黑色对应 0（关闭或背景像素）。白色对应 1（开启或前景像素）。传真图像是二值图像的示例。对 RGB 图像 *I*，Matlab 使用 `im2bw('I.rgb')`将 *I* 转换为二值图像。更多详细信息可在 Matlab 工作区中输入以下行：

```
>>help im2bw
```

（2）**强度**（**灰度**）图像是 2-D 数组，其中每个数组元素给每个像素赋一个$\mathbb{N}^{0+}$中的数值（自然数加零，通常自然数是从 0 到 255 的 8 比特数（或缩放到从 0.0 到 1.0 的范围）。对具有从 0 到 65535 共 16 比特的灰度图像，可以尝试列表 1.9 中的 Matlab 程序，使用函数 `im2uint16` 和函数 `rgb2gray` 将彩色图像转换为灰度图像。使用 `imtool`，可以检查所得到图像的强度（参见图 1.21），在(2959, 1111)的强度为 6842。

```
% 16比特灰度图像

g = imread('workshop.jpg'); % a 4.7 MB colour image
g = im2uint16(g);
g = rgb2gray(g);
imtool(g)
```

列表 1.9 生成图 1.21 中图像的 Matlab 程序 eg_im2unit1604.m

图 1.21　具有 16 比特强度值的灰度图像

分配给像素的各个强度表示特定点的光强度，即强度表示从视场中一个点处反射的且由相机传感器捕获的光。注意很多 Matlab 函数表示图像特征，如边缘检测和像素梯度的方法，需要灰度强度作为输入（这意味着必须将 RGB 图像转换为灰度图像）。

对于 RGB 图像 *I*, Matlab 在计算像素梯度之前使用 `rgb2gray('I.rgb')`将 *I* 转换为灰度图像。从计算机视觉的观点，参见 http://homepages.inf.ed.ac.uk/rbf/CVonline/LOCAL_COPIES/DIAS2/了解机器人导航系统的详情。这对于检测图像目标形状和实现 R.M.Haralick 和 L.G.Shapiro 于 1993 年提出的**角点检测**方法非常重要[69]。

（3）**真彩色**[1]图像（例如，.rgb 图像）为每个像素分配 3 个数值，其中每个指定的值对应于一个特定彩色通道（红色或绿色或蓝色图像通道）的彩色量。

（4）假彩色图像描绘目标的彩色与照片（真彩色图像）的彩色不同。**假彩色**这个词是指用于显示（电磁光谱的非视觉部分所记录的）图像彩色的一组方法。**伪彩色**、**密度切片**和**等位线**是假彩色的变型，用于可视化单个灰度通道中目标的信息，例如浮雕图和磁共振成像中的组织类型。在数字图像的拓扑中，将一个点邻域中的像素绘制成单一彩色很有用，可以帮助区分一个点的邻域与其他点的邻域（参见图 1.22 所示的对无界描述邻域中像素的假彩色绘制）。

（5）**浮点**图像与其他图像类型非常不同。这些图像中的像素存储表达强度的浮点数而不是整数像素值。

问题 1.3 ☕

列表 1.9 中的代码给出一个通向 UXW 的路径，即强度在[0,∞）范围内的灰度图像的世界。为查看这个未探索世界的图像，需要发明一个 Matlab 函数 `im2uint∞`，它给出灰度图像无界限的强度范围。 ❑

1　这是文献中常见的、且被 Matlab 和如打印机等设备使用的真彩色图像。

图 1.22 $I(x, y)$的具有 $\varepsilon = 10$ 的无界描述邻域

问题 1.4

在彩色图像中选择几个不同的点并对每个选定的点显示彩色通道值。如何仅使用一个 Matlab 命令以打印（显示）该图像红色通道的所有值？如果做对了，在 peppers.png 图像中将只显示红色。 ❑

问题 1.5

为看到一幅浮点数的图像，试一下列表 1.10 的代码。

```
% 创建一幅浮点数图像

C = rand(100,2);
figure, image(C,'CDataMapping','scaled')
axis image
imtool(C)
```

列表 1.10 使用 Matlab 代码以创建一幅浮点数图像

修改代码以生成宽度等于 3，然后是 4，然后是 10 的图像。为确定 `rand` 如何在 Matlab 中工作，输入

```
>>help rand
```

并输入

```
>>help image
```

以确定在使用列表 1.10 的代码以生成图像时参数 CDataMapping 和 scaled 的作用。为获得 Matlab 图像格式的更多信息，输入[1]

`>>help imwrite` 或 `>>help imformats`

---

1 当需要创建包含已处理图像的新文件时，如列表 1.9 的图像 g，则 `imwrite` 很有用。要看到这点，请尝试`>>imwrite(g, 'greyimage.jpg')`。

1.12 彩色图像

本节重点介绍（在 Matlab 中）Mathworks 使用的彩色查找表，目的是将像素强度与 **RGB 彩色空间**中的像素彩色数量关联起来。冈萨雷斯和伍兹给出了不同彩色空间的概述[57，第 6 章，p.394]。对于面向 Matlab 的色彩空间，见冈萨雷斯、伍兹和埃丁斯[58，第 5 章，p.272]。

1.12.1 彩色空间

本节简要介绍一种在 RGB、HSB 和 CIE LUV 色彩空间中生成彩色样例的方法。

注释 1.2　彩色空间和光子学

从 RBG 色彩空间开始，对各种色彩空间进行全面的研究可见 M. Sonka、V. Hlavac 和 R. Boyle [183，2.4.3 小节]。对彩色物理学的简要考虑见[182，2.4.1 小节]，从**光子学**角度的全面介绍见 E. Stijns 和 H. Thienpont [184，2 节]。 ❑

例 1.6　三色空间

HSB（色调、饱和度、亮度）彩色空间是 HSV（色调、饱和度、值）彩色空间的变型。1931 年，CIE（Commission Internationale de l'Eclairage）定义了三个标准原色 X、Y、Z 以代替 R、G、B，并引入 LUV（L 代表亮度）彩色空间（如图 1.23 所示）。

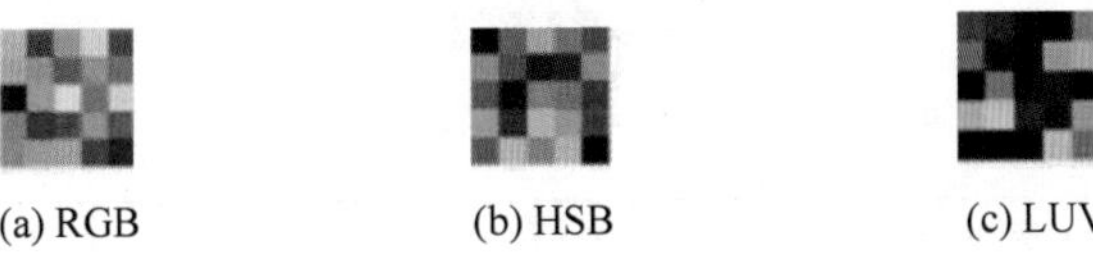

(a) RGB　(b) HSB　(c) LUV

图 1.23　通过 Mathematica 从三色空间得到的样本 ❑

1.12.2 彩色通道

在数学上，彩色图像的彩色通道由三个不同的 2-D 数组表示，对于具有 m 行和 n 列的图像，数组的维度是 $m \times n$ 维度。每种彩色对应一个数组，即红色（彩色通道 1），绿色（彩色通道 2），蓝色（彩色通道 3）。**像素彩色**被建模为 1 × 3 数组。以图 1.24 为例：

$$I(2, 4, :) = [I(2, 4, 1), I(2, 4, 2), I(2, 4, 3)] = (■, ■, ■)$$

其中 $I(2, 4, 1)$的数值由■表示。对 Matlab 中的图像 I，具有坐标(x, y)的像素的彩色通道值如下显示：

$I(x, y, 1)\%$ = 图像 I 的红色通道值

$I(x, y, 2)\%$ = 图像 I 的绿色通道值

$I(x, y, 3)\%$ = 图像 I 的蓝色通道值

图 1.24 给出图像 I 的 3 个 2-D 彩色平面。每个彩色平面都显示了一个位于$(x, y) = (2, 4)$的样例像素，即

$I(2, 4, 1)\%$ =红色通道像素值

$I(2, 4, 2)\%$ =绿色通道像素值

$I(2, 4, 3)$% =蓝色像素通道值

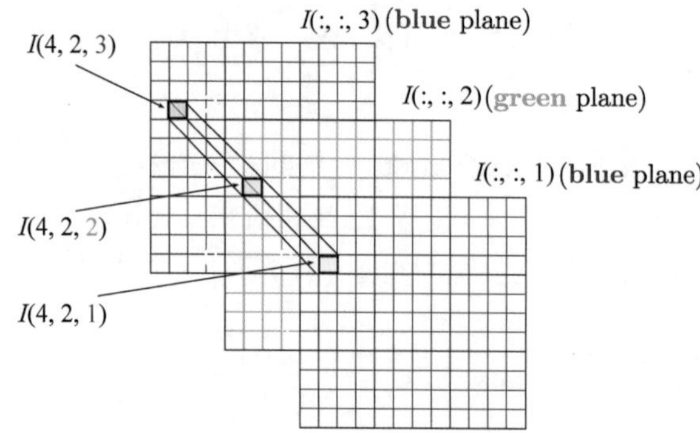

图 1.24 彩色图像 I 中 2-D 平面上的样例像素

图 1.25 的 RGB 彩色立方体是用列表 1.11 的 Matlab 代码生成的。

图 1.25 RGB 彩色立方体

```
function rgbcube(x,y,z)
vertices = [0 0 0;0 0 1;0 1 0;0 1 1;1 0 0;1 0 1;1 1 0;1 1 1];
faces = [1 5 6 2;1 3 7 5;1 2 4 3;2 4 8 6;3 7 8 4;5 6 8 7];
colors = vertices;
patch('vertices',vertices,'faces',faces,...
    'FaceVertexCData',colors,'FaceColor','interp',...
    'EdgeAlpha',0)
if nargin == 0
  x = 10;y = 10;z = 4;
elseif nargin ~= 3
  error('wrong no. of inputs')
end
axis off
view([x,y,z])
axis square
%
% >> rgbcube   %sample use of this function
%
```

列表 1.11 生成图 1.25 中图像的 Matlab 程序 rgbcube.m

列表 1.11 的 Matlab 代码使用了补丁函数。简单地说，`patch(X, Y, C)` 对当前轴添加由 X 和 Y 定义的“贴片”或填充的 2-D 多边形。如果 X 和 Y 是相同尺寸的矩阵，每列添加一个多边形。参数 C 指定加到表面的彩色。为获得补丁功能的详细说明，输入

```
>>doc patch
```

问题 1.6

使用函数 rgbcube 到以下彩色平面，使用特定的(x, y, z)值作为函数的参数：

彩色平面= (x, y, z)

蓝-品红-白-青 = (?, ?, ?)，$-10 \leqslant x, y, z \leqslant 10$

红-黄-白-品红 = (?, ?, ?)

绿-青-白-黄 = (0, 10, 0)

黑-红-青-蓝 = (?, ?, ?)

黑-蓝-青-绿 = (?, ?, ?)

黑-红-黄-绿 = (0, 0, −10)

例如，图 1.26 的绿-青-白-黄彩色平面可使用下面的代码产生：

```
>>figure, rgbcube(0, 10, 0)
```

要解决此问题，请为每个(?, ?, ?)提供缺失值，并显示和命名相应的彩色平面。

图 1.26　绿-青-白-黄彩色平面 □

表 1.1 显示了**可见光谱**中的六种主要彩色以及它们的典型**波长**值和**频率**[1]范围。波长以纳米（10^{-9}m）为单位，频率以太赫兹（10^{12}Hz）为单位。

表 1.1　波长间隔和频率间隔

彩　色	波长/nm	频率/THz
红色	700～635	430～480
橙色	635～590	480～510
黄色	590～560	510～540
绿色	560～490	540～610
蓝色	490～450	610～670
紫色	450～400	670～750

1　频率：高频射频信号（3～30 GHz）和极端高频射频信号（30～300 GHz）与半导体中的电子空穴等离子体相互作用[175，1.2.1 小节，p.10]，也可参见[209]。用飞秒光学脉冲照射的皮秒光电导偶极天线辐射从直流到太赫兹频谱的电脉冲[175，1.4.1 小节，p.16]。

1.13 彩色查找表

Matlab 函数 colormap 用于指定彩色内置彩色表中的一个彩色。在数学上，色彩图是一个 $m \times 3$ 的实数矩阵，其值介于 0.0 和 1.0 之间（或整数级介于 0 和 255）。第 k 行定义图像中的第 k 个彩色。为获取函数 colormap 的详细说明，输入>>doc colormap 为获得色彩图的示例。

输入：

```
>>I= imread('peppers.jpg');
>>I= rgb2gray(I);
>>figure, image(I)
>>colormap(bone)%greyscale colour map
>>colormap( pink)%pastel shades of pink colormap
>>colormap(copper)%colours from black to bright copper
```

彩色转换表或彩色查找表（LUT）将像素强度值（0～255）关联到彩色值。此彩色值表示为三元组(i, j, k)；这很像使用某种彩色模型来表示彩色。一旦设置了所需的彩色查找表，显示在彩色监视器上的图像自动地将每个像素值根据 LUT 转换为一种彩色，然后显示在该像素点的位置。在 Matlab 中，LUT 称为色彩图。

表 1.2 给出了一个彩色查找表。该表基于 RGB 彩色立方体，并逐渐从黑色(0, 0, 0)经黄色(255, 255, 0)经红色(255, 0, 0)到白色(255, 255, 255)。因此，像素值（彩色表的下标）对黑色为 0，对黄色为 84 和 85，对红色为 169 和 170，对白色为 255。在 Matlab 中，彩色表的下标将从 1 到 256。

表 1.2 彩色表

强度	红色 ■	绿色 ■	蓝色 ■	强度	红色 ■	绿色 ■	蓝色 ■
0 (0.0)	0	0	0	⋮	⋮	⋮	⋮
1	3	3	0	167	255	6	0
2	6	9	0	168	255	3	0
3	9	9	0	168	255	0	0
4	12	12	0	170	255	0	0
⋮	⋮	⋮	⋮	171	255	3	3
81	245	245	0	172	255	6	6
82	248	248	0	⋮	⋮	⋮	⋮
83	251	251	0	251	255	248	245
84	255	255	0	252	255	248	248
85	255	251	0	253	255	251	251
86	255	248	0	254	255	255	255
87	255	245	0	255 (1.0)	255	255	255

请注意，因为表中只有 256 个条目，所以并非所有可能的 256^3 RGB 色调都被表示了。例如，蓝色(0, 0, 255)和绿色(0, 255, 0)都缺失。这是因为像素可能只有 256 个 8 比特值中的一个。这意味着用户可以选择将哪种色调放入他的彩色表中。

基于色调、饱和度和值模型（HSV）或色调、饱和度、亮度（HSL）模型的彩色转换表有可能具有实数而不是整数的条目。HSV 模型的基本表示使用圆柱坐标表示 RGB 彩色模型中的点。第一列将包含指定色调的度数（0 ～ 360°）。第二列和第三列将包含介于 0.0 和 1.0 之间的值。

当然，一般总自动提供一个标准的或缺省的彩色表。在 Matlab 中输入>>`help color` 可看到它预先定义的彩色表。更多细节见 https://csel.cs.colourado.edu/~csci4576/SciVis/SciVisColor.html。

注释 1.3　彩色空间和光子学

要查看像素的彩色通道值，请尝试列表 1.12 的实验。

```
% 实验彩色图像中的一个像素
%
                              % What's happening?
g = imread('rainbow-shoe2.jpg');   % read colour image
figure,imagesc(g), colorbar; % display rainbow image
g(196,320)                   % display red channel value
g(196,320,:)                 % display 3 colour channel values
```

列表 1.12　生成图 1.27 中图像的 Matlab 程序 band.m

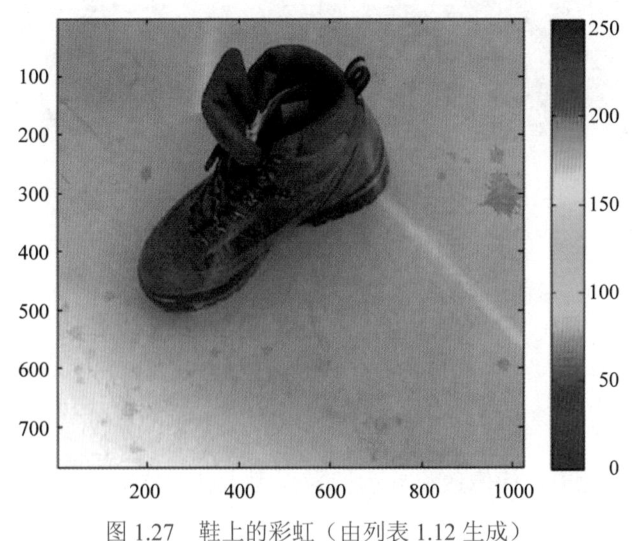

图 1.27　鞋上的彩虹（由列表 1.12 生成）　❑

问题 1.7

解下面的问题：

（1）☕比较和对比 RGB 和 HSV 彩色模型。

提示：查看有关这两种彩色模型的维基百科介绍和 Matlab 文档。

（2）🚲使用 Matlab 函数 `rgb2hsv`，编写一个程序来分别显示两幅彩色图像（peppers.png 和自选彩色图像）的各个色调、饱和度和值的彩色通道。

提示：为起步，在 Matlab 中尝试如下命令:

```
>>  g=imread('peppers.png');
>>hsv=rgb2hsv(g);
>>imtool(hsv)
```

当在 imtool 窗口中显示 HSV 版本的图像 peppers.png 时，将光标移动到图像上以查看对应于每个 HSV 彩色的实际值。注意图 1.28 中 hsv(355,10)处像素的 HSV 彩色通道值。此外，可以对 HSV 彩色空间进行自定义解释，例如，用整数表示的 HSV 彩色对应圆周中的度数。

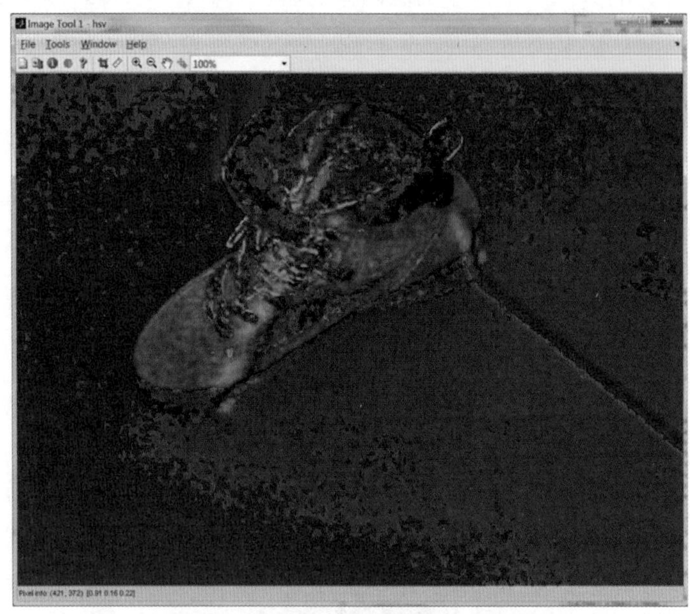

图 1.28 使用 imtool 显示 HSV 图像

（3）使用 Matlab 函数 imtool 显示 HSV 图像的彩色通道值。提供三个原始 RGB 图像和新 HSV 图像中像素的彩色通道值。 ❑

1.14 图像几何初步

现在来试验在图像中**访问像素**和显示像素强度。以下技巧用于查看单个像素、修改像素值和显示图像。

技巧 1：使用%表示注解。

技巧 2：Matlab = %赋值操作符。

例 1.7 在指定的坐标之间画一条线段

```
>>r1 = 450, c1 = 20, r2 = 30, c2 = 350; %像素坐标
```
❑

技巧 3：Matlab imread(image) %将图像移入工作区。

技巧 4：Matlab imtool(image) %交互查看图像。

例 1.8

```
>>imtool(imread('liftingbody.png')) %参见图 1.29
```

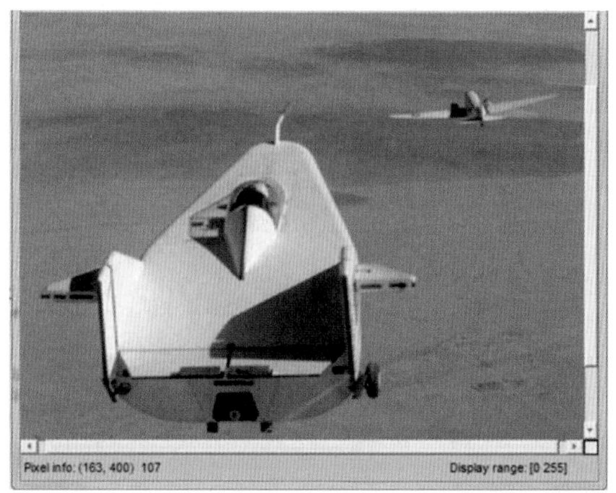

图 1.29　使用 imtool 显示像素值 ❑

技巧 5：`I(x,y)`%在位置(x, y)显示像素值。
技巧 6：`I(x,y, :)`%显示 RGB 图像中的彩色通道值。
技巧 7：`I(x,y)=255`%将最大强度值赋给在位置(x, y)的像素。
技巧 8：Matlab `imshow()` %显示图像。
技巧 9：`I(25, 50)`%显示像素的彩色通道值。
技巧 10：`I(x,y,:) = 255`%将各个彩色通道赋成白色。
技巧 11：Matlab `line` %在当前图像中画一条线段。

例 1.9　在指定的坐标间画一条线段

```
>>line([450,20],[30,350]); %参见图 1.30
```

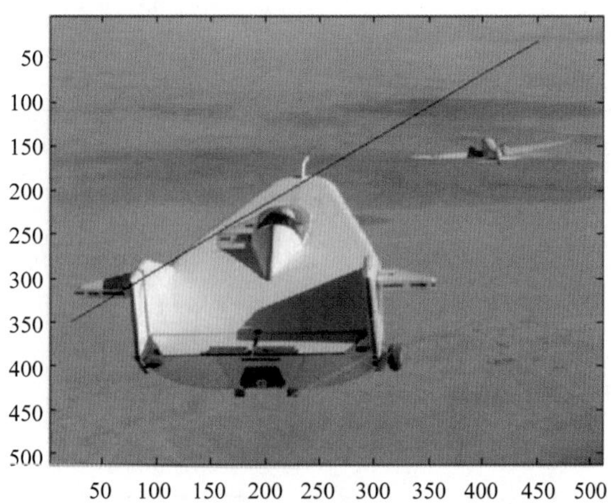

图 1.30　线段显示 ❑

技巧 12：Matlab `improfile`%沿图像中一条线段或多条路径计算强度值。

例 1.10　画出沿图像中一条线段的强度值

```
>>improfile(im,[r1,c1],[r2,c2]); %参见图 1.31
```

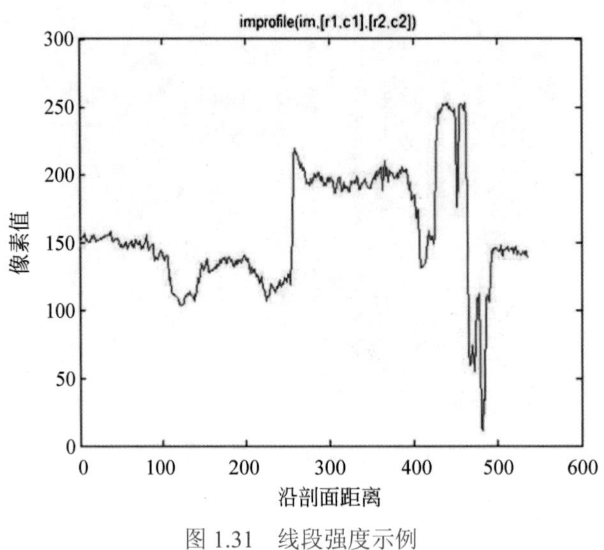

图 1.31　线段强度示例 ❑

列表 1.13 汇总了沿线段访问和绘制像素值的基本方法。注意可以将属性参数添加到该线方程中以更改显示的彩色和宽度。例如，尝试

```
>>improfile(im,[r1,c1],[r2,c2],'Color','r','LineWidth',3); %红线
```

```
% 沿一条线段的像素强度剖面
clc, clear all, close all
im = imread('liftingbody.png');              % built-in greyscale image
image(im), axis on, colormap(gray(256));     % display image
r1 = 450; c1 = 20; r2 = 30; c2 = 350;        % select pixel coords.
line([r1,c1],[r2,c2]);                       % draw line segment
figure,
improfile(im,[r1,c1],[r2,c2]),               % plot pixel intensities
ylabel('Pixel value'),
title('improfile(im,[r1,c1],[r2,c2])')
```

列表 1.13　生成图 1.31 中图像的 Matlab 程序 findIt.m

请注意，线段中的像素集是简单凸集的示例。通常，一组点是一个**凸集**，条件是连接集合中每对点的直线段都包含在集合中。**线段**是一个单侧**凸多边形**的例子。函数 line 和函数 improfile 的组合给出了所谓**图像纹理**的一瞥。图像中周期性地重复出现的微小基本模式构成所谓的图像纹理。对图像线段的研究导致了数字图像的**骨架化**，它向物体识别和描绘**图像区域**（如地形图中感兴趣的区域）迈出了一步，它也是计算机视觉的重要组成部分（参见[173，5.2 节]）。对图像线段的研究也促进了数字图像和计算**几何**的结合[41]。

> 数字图像的几何视图近似于眼睛所看到的和相机从视觉场景中捕获的内容。

问题 1.8　关于图像中的线段

给出解决下面问题的 Matlab 代码：

（1）在灰度图像中构造一对线段。

提示： 参考图 1.32 和列表 1.14。

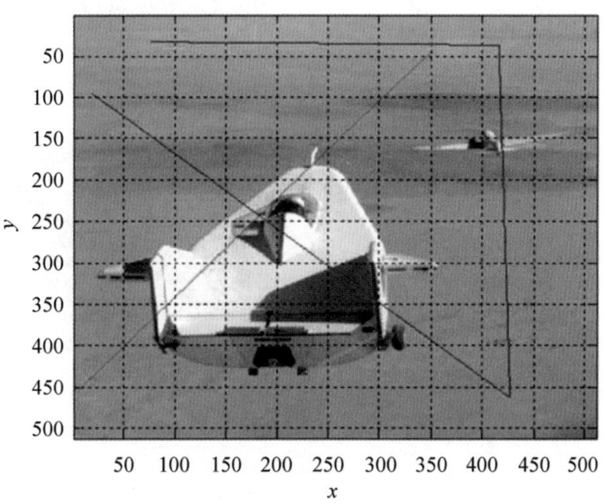

图 1.32　图像中的多条线段

```
% 沿一条线段的像素强度剖面
clc, clear all, close all
im = imread('liftingbody.png');          % built-in greyscale image
figure
image(im), axis on, colormap(gray(256)); % display image
hold on
seg1 = [19 427 416 77];                  % define line segment 1
seg2 = [96 462 37 33];                   % define line segment 2
r1 = 8; c1 = 350; r2 = 450; c2 = 45;     % select pixel coords.
line([r1,c1],[r2,c2],'Color','r');       % draw line segment
improfile(im,seg1,seg2), grid on         % multiple line segments
```

列表 1.14　生成图 1.32 中图像的 Matlab 程序 findLines.m

（2）对（1）中每个线段画出像素强度图。

提示： 在列表 1.14 中插入 `hold off`（替换 `hold on`）。在像素强度的 3-D 视图中，要在垂直轴上插入适当的 xlabel 和 3-D 视图标题。

（3）根据凸集的定义，给出两个非直线段的凸集示例。 ❑

问题 1.9　更多关于图像中的线段

🚲用一行 Matlab 代码解决问题 1.8。 ❑

1.15　访问和修改图像像素值

可以访问、修改和显示图像中的修改**像素值**。使用列表 1.15 中的代码可得到图 1.33（原始图像）和图 1.34（修改图像）中的图像。

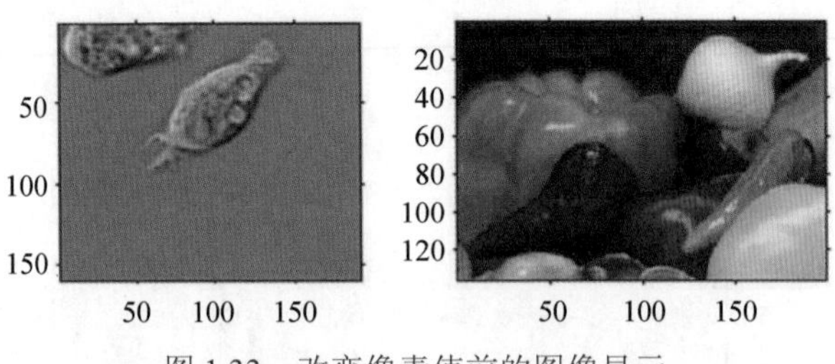

图 1.33 改变像素值前的图像显示

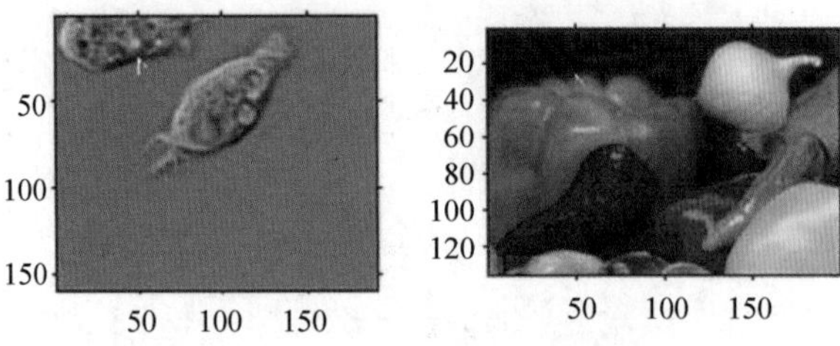

图 1.34 改变像素值后的图像显示

```
% 转换图像成为灰度图度

                          % what's happening?
I = imread('cell.tif'); % choose .tif file
imtool(I);                % use interactive viewer
%
K = imread('onion.png'); % choose .png file
imtool(K);                % use interactive viewer
subplot(2,2,1); imshow(I);  % display unmodified greyscale image
subplot(2,2,2); imshow(K);  % display unmodified rgb image
%
I(25,50)                  % print value at (25,50)
I(25,50) = 255;           % set pixel value to white
I(26,50) = 255;           % set pixel value to white
I(27,50) = 255;           % set pixel value to white
I(28,50) = 255;           % set pixel value to white
I(29,50) = 255;           % set pixel value to white
I(30,50) = 255;           % set pixel value to white
I(31,50) = 255;           % set pixel value to white
I(32,50) = 255;           % set pixel value to white
I(33,50) = 255;           % set pixel value to white
I(34,50) = 255;           % set pixel value to white
I(35,50) = 255;           % set pixel value to white
%
I(26,51) = 255;           % set pixel value to white
I(27,52) = 255;           % set pixel value to white
I(28,52) = 255;           % set pixel value to white
I(29,54) = 255;           % set pixel value to white
I(30,55) = 255;           % set pixel value to white
subplot(2,2,3); imshow(I);  % display modified image
imtool(I);                % use interactive viewer
%
K(25,50,:)                % print rgb pixel value at (25,50)
K(25,50,1)                % print red value at (25,50)
K(25,50,2)                % print green value at (25,50)
K(25,50,3)                % print blue value at (25,50)
K(25,50,:) = 255;         % set pixel value to rgb white
K(26,50,:) = 255;         % set pixel value to rgb white
K(27,50,:) = 255;         % set pixel value to rgb white
K(28,50,:) = 255;         % set pixel value to rgb white
K(29,50,:) = 255;         % set pixel value to rgb white
K(30,50,:) = 255;         % set pixel value to rgb white
```

列表 1.15 生成图 1.33 和图 1.34 中的图像的 Matlab 程序 eg_05.m

```
%
K(26,51,:) = 255;        % set pixel value to rgb white
K(27,52,:) = 255;        % set pixel value to rgb white
K(28,52,:) = 255;        % set pixel value to rgb white
K(29,54,:) = 255;        % set pixel value to rgb white
K(30,55,:) = 255;        % set pixel value to rgb white
%K(31,56,:) = 255;        % set pixel value to rgb white
K(25,50,:)
subplot(2,2,4); imshow(K); % display modified 2nd image
imtool(K);               % use interactive viewer
```

列表 1.15（续）

运行列表 1.15 中的代码将显示以下像素值。

```
ans(:,:,.1)=46 %像素 I(25, 50)没有修改的红色通道值
ans(:,:,.2)=29 %像素 I(25, 50)没有修改的绿色通道值
ans(:,:,.3)=50 %像素 I(25, 50)没有修改的蓝色通道值
ans(:,:,.1)=255 %像素 I(25, 50)修改后的红色通道值
ans(:,:,.2)=255 %像素 I(25, 50)修改后的绿色通道值
ans(:,:,.3)=255 %像素 I(25, 50)修改后的蓝色色通道值
```

此外，列表 1.15 中的代码显示了各个（未经修改和修改的）图像查看器。图 1.35 给出使用 imtool(image)得到的图像查看器的外观。

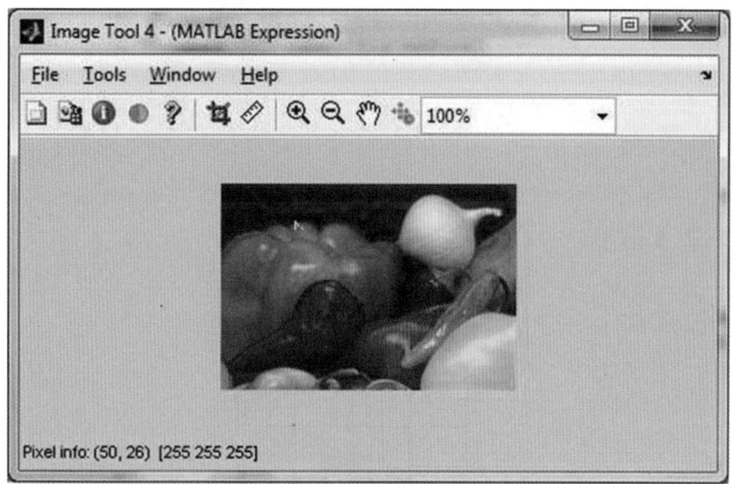

图 1.35　修改后的 RGB 葱头图像的图像查看器（注意箭头处）

1.16　彩色、灰度和二值图像

使用列表 1.16 可生成图 1.33 和图 1.36。

```
% 转换图像成为灰度图像
                                % What's happening
I = imread('onion.png'); % input png (rgb) image
```

列表 1.16　生成图 1.33 和图 1.36 中图像的 Matlab 程序 binary.m

```
%
Ig = rgb2gray(I);          % convert to grayscale
Ibw = im2bw(I);            % convert to rgb to binary image
%
subplot(1,3,1); imshow(I); axis image; title('png (rgb) image')
subplot(1,3,2); imshow(Ig); title('greyscale image');
subplot(1,3,3); imshow(Ibw); title('binary image');
```

列表 1.16（续）

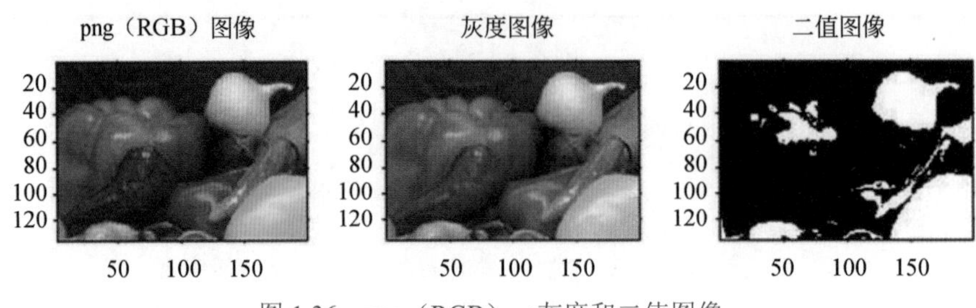

图 1.36 png（RGB）→灰度和二值图像

1.17 像素的罗森菲尔德 8-邻域

在 20 世纪 70 年代，罗森菲尔德[166]引入了像素 p 的 **4-邻域**，$N_4(p)$，它是与一个像素相邻的 4 个像素的集合。设 p 在图像 I 中的坐标为(x, y)。则 $N_4(p)$是像素 p 的十字形邻域，定义为：

$$N_4(p) = \{p(x, y), p(x-1, y), p(x+1, y), p(x, y-1), p(x, y+1)\}$$

设 B 是图像 I 中的一组像素。图 1.37 给出了一幅 4 × 4 图像中的像素 p 的 4-邻域。位于(x, y)的像素 p 的 4 个相邻像素用蓝色标出。$N_4(p) \cup B$ 是 $N_4(p)$中像素与第二个像素集 B 的并集。例如，设 B 由图 1.37 中的角点像素定义，即：

$$B= \{p(x-1, y-1), p(x+1, y+1), p(x+1, y-1), p(x-1, y+1)\}$$

也就是说，B 是图像 I 中包含 $N_4(p)$的子图像的 4 个角落像素的集合。

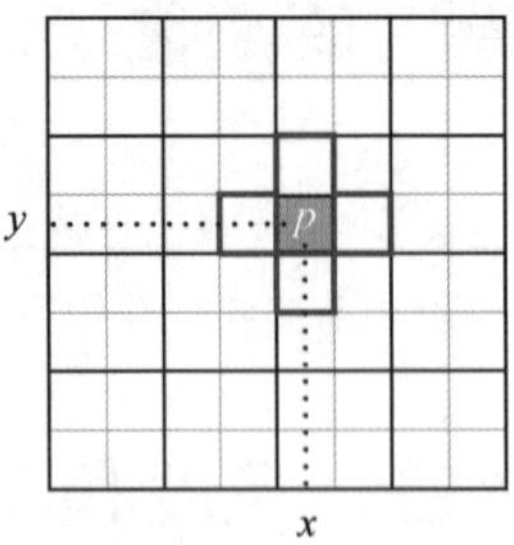

图 1.37 包含一个 4-邻域 $N_4(p)$ 的 3 × 3 子图像

然后，像素 p 的罗森菲尔德 **8-邻域**（记为 $N_8(p)$）定义为 $N_4(p)$和 B 的并集，即：

$$\begin{aligned}N_8(p) &= N_4(p) \cup B=N_4(p) \cup \{p(x-1, y-1), p(x+1, y+1), p(x+1, y-1), p(x-1, y+1)\}\\ &= \{p(x, y), p(x-1, y), p(x+1, y), p(x, y-1), p(x, y+1)\} \cup \{p(x-1, y-1), p(x+1, y+1),\\ &\quad p(x+1, y-1), p(x-1, y+1)\}\end{aligned}$$

有关 8-邻域的示例，请参见图 1.38。有关罗森菲尔德 4-邻域和 8-邻域的更多信息参见凯莱特和罗森菲尔德[92，1.1.4 小节，p.9]。

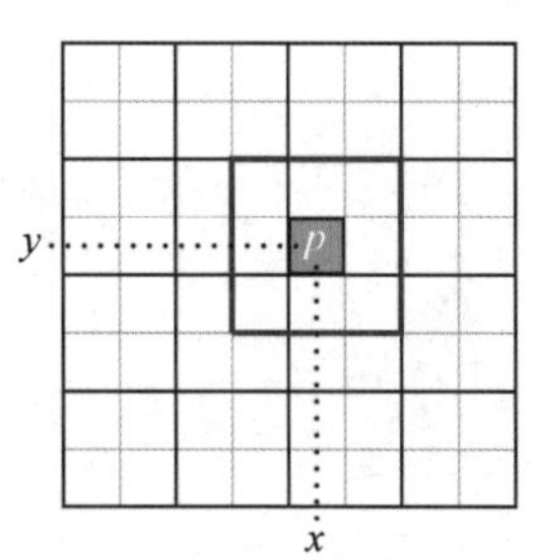

图 1.38　包含一个 8-邻域 $N_8(p)$的 3 × 3 子图像

在没有缩放的普通数字图像中，代表个体像素的小方块通常不可见。为解决这个问题和避免使用缩放镜头，可使用 Matlab 函数 `imcrop` 来选择一个微小的子图像。

例 1.11　从一幅图像中提取一幅子图像

使用 Matlab 中的 peppers.png 图像（见图 1.39），使用 `imcrop` 以选取一个小的子图像，如▇（图 1.39 中心下部的绿青椒的一部分）。这可用列表 1.17 中的 Matlab 代码完成，所得到的 9 × 11 子图像见图 1.40。

图 1.39　peppers.png

```
% 使用imcrop来选择一个小图像
clc, clear all, close all
a = imread('peppers.png');          % built-in greyscale image
im = imcrop(a);                     % select tiny subimage
figure                              % display subimage
image(im), axis on, colormap(gray(256));
```

列表 1.17　生成图 1.40 中的图像的 Matlab 程序 RosenfeldTinyImage.m

将这些想法放在一起，就可以开始在任何数字图像中找到一个像素的 8-邻域。

例 1.12　在一幅子图像中显示一个 8-邻域

需要若干个步骤以在一幅图像中确定一个可视的 8-邻域。

（1）使用 `imcrop` 提取图像中小的子图像。

（2）在 8-邻域中选取中心像素的坐标。

（3）对中心像素的每个 8-邻域像素赋一个**假彩色**。

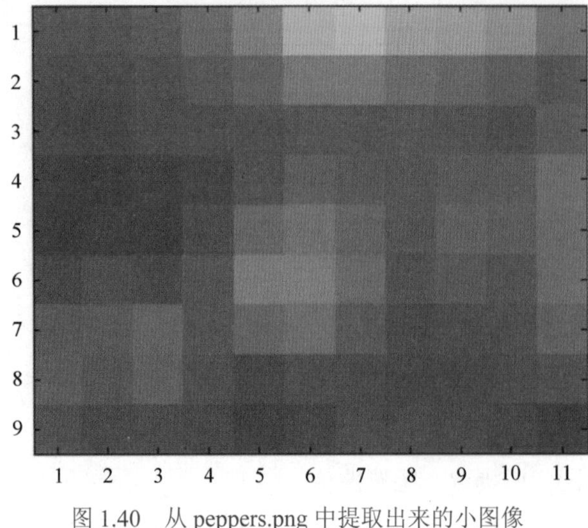

图 1.40 从 peppers.png 中提取出来的小图像 □

使用列表 1.18 的 Matlab 程序就可执行这些步骤。例如，可得到图 1.41 所示的假彩色 8-邻域。

```
% 一个像素的罗森菲尔德8-邻域
clc, clear all, close all
a = imread('peppers.png');             % built-in greyscale image
im = imcrop(a);                        % select tiny subimage
figure                                 % display subimage
image(im), axis on, colormap(gray(256));
row = 4, col = 5;                      % select 8-Nbd center
im(row,col,:) = 255;                   % paint center white
im(row-1,col-1:col+1,:) = 155;         % point border grey
im(row, col-1,:) = 155;
im(row, col+1,:) = 155;
im(row+1,col-1:col+1,:) = 155;
figure                                 % display 8-Nbd
image(im), axis on, grid on, colormap(gray(256)); % display image
```

列表 1.18 使用 Matlab 程序 Rosenfeld8Neighbours.m 显示图 1.41 中的 8-邻域子图像

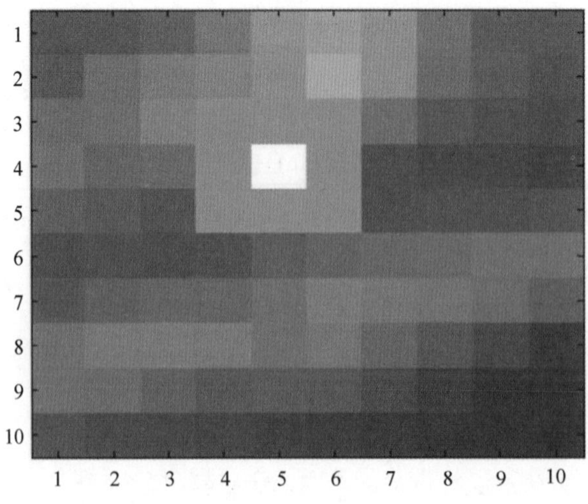

图 1.41 peppers.png 中 10 × 10 子图像里的 8-邻域 □

可以构建像素更多的罗森菲尔德邻域。例如，图像中的一个像素 p 的 **24-邻域**（记为 $N_{24}(p)$）包含包围中心像素的 24 个相邻像素。在图 1.42 中，具有角点(4, 3)和(5, 4)的内部蓝色框表示像素 p。图 1.42 中的外部蓝色框表示像素 p 的邻域 $N_{24}(p)$。

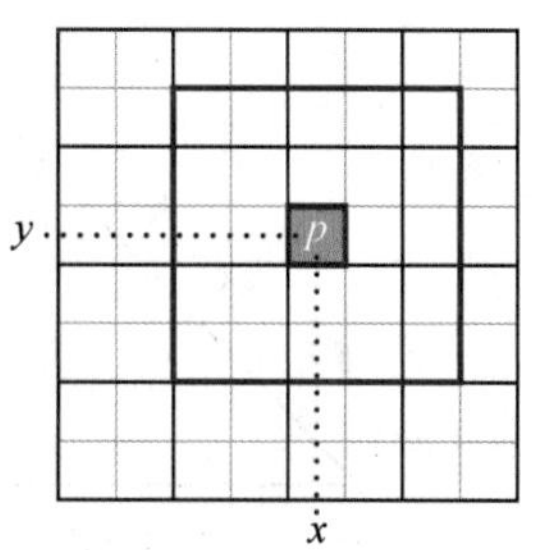

图 1.42　包含 24-邻域 $N_{24}(p)$的 5×5 子图像

问题 1.10　图像中一个像素的 24-邻域

给出解决下面问题的 Matlab 程序：

（1）在（你选的图像中）确定一个小的子图像。

（2）对（1）中子图像的一个像素的 24-邻域 $N_{24}(p)$，确定中心像素 p 的坐标。

（3）对围绕中心像素的 24-邻域中的每个像素赋一个假彩色。

（4）显示原始图像。

（5）显示（1）中的子图像。

（6）显示（1）中子图像里的 24-邻域。　❑

1.18　距离：欧几里得和出租车测度

本节简要介绍两种最常用的**距离**测量方法，即**欧几里得距离**度量和**曼哈顿距离**度量。令$\mathbb{R}^n$表示真实的欧几里得空间。在$\mathbb{R}^n$的欧几里得空间中，一个矢量也称为一个点（也称为具有 n 个坐标的矢量）。对于 $n = 1$ 等于$\mathbb{R}^1$，通常写为$\mathbb{R}$，称为**欧几里得实线**。实线上点 x_1 和 x_2 之间线段 $\overline{x_1x_2}$ 的长度是 x_1-x_2 的绝对值，参见图 1.43 中水平轴上点之间的距离。

欧几里得平面（或 2-空间）$\mathbb{R}^2$ 是具有 2 个坐标的所有点的空间。**欧几里得 3-空间**$\mathbb{R}^3$是所有具有 3 个坐标的点的空间。更一般地，**欧几里得 n-空间**是一个 n-D 空间$\mathbb{R}^n$。$\mathbb{R}^n$的元素是点（也称为矢量），每个点都有 n 个坐标。

例如，令点 $x, y\in\mathbb{R}^n$ 都有 n 个坐标，那么 $\boldsymbol{x}= (x_1, ..., x_n)$，$\boldsymbol{y} = (y_1, ..., y_n)$。$\boldsymbol{x}\in\mathbb{R}^n$ 的范数（记为$\|\boldsymbol{x}\|$）是：

$$\|\boldsymbol{x}\| = \sqrt{x_1^2 + x_2^2 + \cdots + x_n^2} \quad \text{(从原点出发的矢量长度)}$$

矢量 $\boldsymbol{x}$ 和 $\boldsymbol{y}$ 之间的距离是 $\boldsymbol{x-y}$ 的范数（记为$\|\boldsymbol{x-y}\|$）。平面中的欧几里得范数$\|\boldsymbol{x-y}\|$是用欧几里得测度定义的：

$$\|\boldsymbol{x} - \boldsymbol{y}\| = \sqrt{\sum_{i=1}^{n}(x_i^2 - y_i^2)} \quad \text{(欧几里得距离)}$$

有时，欧几里得距离写成$\|\boldsymbol{x-y}\|_2$（如见[34，5 节，p.94]）。

例 1.13

对图 1.43 中的点 p 和 q，**欧几里得范数**$\|p-q\|$是直角三角形中斜边的长度。

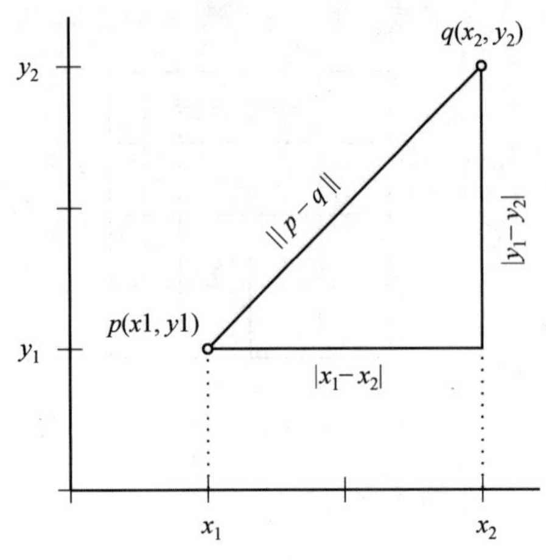

图 1.43 欧几里得平面上的距离 ❑

出租车测度是沿着平面网格的垂直轴和水平轴使用点之间差异的绝对值来计算的。设$|x_1-x_2|$等于 x_1 和 x_2 之间距离的绝对值（沿数字图像的水平轴）。两个点 $p(x_1, y_1)$和 $q(x_2, y_2)$之间的出租车测度 d_{taxi}，也称为曼哈顿距离，是由下式定义的平面距离：

$$d_{\text{taxi}} = |x_1 - x_2| + |y_1 - y_2| \quad (\mathbb{R}^2\text{中两个矢量之间的出租车距离})$$

通常，$\mathbb{R}^n$ 中两点之间的出租车距离模仿了乘出租车沿着一条街走向另一条街，直至到达目的地所记录的距离。在**欧几里得 n-空间**$\mathbb{R}^n$ 中，两点 $x = (x_1, ..., x_n)$和 $y = (y_1, ..., y_n)$之间的出租车距离定义为：

$$d_{\text{taxi}} = \sum_{i=1}^{n} |x_i - y_i| \quad (\mathbb{R}^n \text{ 中的出租车距离})$$

例 1.14 平面上的出租车距离

对图 1.43 中的点 p 和 q，**出租车距离**是直角三角形中两条直角边长度的和。 ❑

欧几里得距离和出租车距离是最常用的两个测量数字图像中距离的测度。例如，查看在 Matlab 中用列表 1.19 计算的距离。

```
% 像素间的距离
clc, clear all, close all
im0 = imread('liftingbody.png'); % built-in greyscale image
image(im0), axis on, colormap(gray(256)); % display image
% select vector components
x1 = 100; y1 = 275; x2 = 325; y2 = 400;
im0(x1,y1),im0(x2,y2),              % display pixel intensities
p = [100 275]; q = [325 400];       % vectors
norm(p), norm(q),                   % 2-norm values
norm(p-q),                          % norm(p-q)=Euclidean dist.
EuclideanDistance = sqrt((x1-x2)^2 +(y1-y2)^2),
ManhattanDistance = abs(x1-x2) + abs(y1-y2)
```

列表 1.19 使用 Matlab 程序 distance.m 计算像素之间的距离

例 1.15　图像像素之间的距离

尝试使用列表 1.19 的 Matlab 程序计算**像素之间的距离**。 ❑

问题 1.11

🚲在计算图像像素之间的欧几里得或曼哈顿距离中，测量单位是什么？例如，给定像素 p 在(x_1, y_1)和 q 在(x_2, y_2)，距离$\|\boldsymbol{x}-\boldsymbol{y}\|$可以是无量纲或有单位的测量。 ❑

1.19　假彩色：点彩派绘画

本节简要介绍点彩派绘画的方法，以使用**假彩色**修改数字图像中模式的外观。点彩派（来自法语 pointillisme）是由 G. Seurat 和 P. Signac 在 19 世纪 80 年代介绍的一种新印象派艺术[171]。**点彩派**是一种绘画形式，其中将纯色小点应用于画布，使其在观察者的眼中混合。

点彩画中纯色的小点以**视觉图案**排列以形成一幅画。使用纯色小点的点彩绘画方法对数字图像中隐藏图案的所选像素进行**假彩色**着色。

1.19.1　假彩色 RGB 图像模式

对于数字图像，基本方法是用假彩色替换所选像素以突出隐藏的图像模式。通常这样的**图像模式**不进行假彩色着色一般不可见。将假彩色应用于数字图像模式中像素的步骤如下。

对 RGB 图像的图片模式的假彩色着色

（1）确定一幅数字图像（**RGB 图像**）。

（2）选择要用假彩色绘制的图像模式。为此，制定一个模式规则，定义在所选图像中的某些重复形式。

（3）确定一个假彩色绘制像素的方法。

（4）确定方法中参数的值，如初始像素坐标。

（5）使用步骤（2）中的方法。

（6）**假彩色步骤**。如果彩色像素 q 的强度满足模式规则，那么最大化 q 的强度。

（7）显示具有假彩色的图像。

（8）重复步骤（2）显示不同的图像模式。

例 1.16

选择一个特定的像素 p。**彩色模式规则**为：如果在所选图像中有任何其他像素 q 具有与 p 相同的强度，那么 q 属于该模式。 ❑

例 1.17　用假彩色着色突出显示 RGB 图像模式

图 1.44 的彩色图像中给出一个模式（用假彩色突出显示）。此时，该模式包含了与所选像素具有相同强度的所有子图像像素。例如，选择图 1.44 中在(25, 50)处的像素 p。在此例中，$p \rightarrow$ ■。■中看起来像一个红色圆点的部分实际上是一个 **8-邻域**，该邻域中的每个像素都赋了一种假彩色。8-邻域的中心像素是唯一一个属于像素强度重复模式的像素。

在这个图像模式中，每个在图像中矩形内的像素都赋了一种假彩色。列表 1.20 中的 Matlab 代码解释了如何实现这一点。

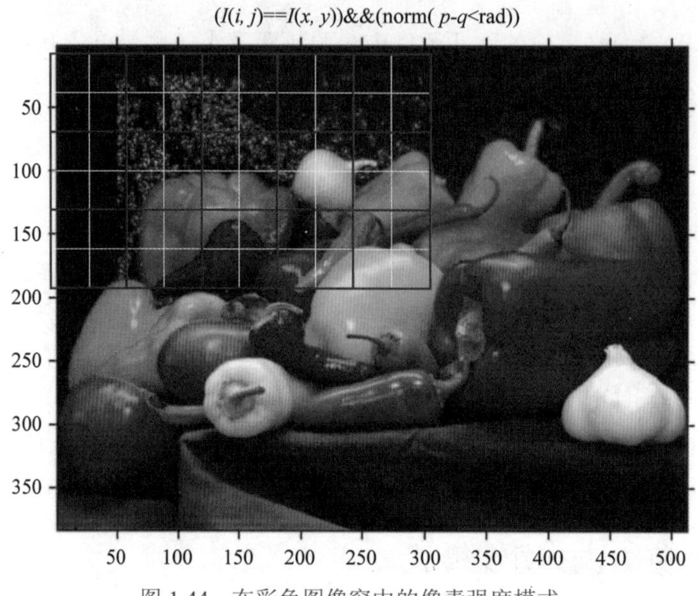

图 1.44 在彩色图像窗中的像素强度模式

```
% 有些彩色图像的像素赋了假彩色
clc, clear all, close all
I=imread ('peppers.png');
x = 25; y = 50; rad = 250; p = [x y];  % settings
for i = x+1:x+1+rad                    % width of box
   for j = y+1:y+1+rad                 % length of box
     q = [i j];                        % use in norm(p-q)
     if ((I(i,j) == I(x,y)) && (norm(p-q)<rad))
       I(i,j,2) = 255;                 % false colour
     end
   end
end
I(x,y,1)=255;I(x-1,y,1)=255;I(x-1,y,1)=255; % 8 Nbd
I(x-1,y+1,1)=255;I(x-1,y-1,1)=255;I(x+1,y+1,1)=255;
I(x+1,y+1,1)=255;I(x,y-1,1)=255;I(x,y+1,1)=255;
figure, imshow(I), axis on,             % show false colors
title('(I(i,j) == I(x,y)) && (norm(p-q)<rad))')
```

列表 1.20 使用 Matlab 程序 falseColourRGB.m 进行假彩色着色像素的实验 ❑

在列表 1.20 中，注意是通过分配最大强度到其中一个彩色图像通道来获得像素伪彩色的。在这个例子中，如果像素强度 $I(i, j)$与窗中左上角的像素 $I(x, y)$匹配，且从(x, y)到(i, j)距离的范数小于上限 rad（例如，rad = 250 像素），那么 $I(i, j)$就被绘制成假彩色。在列表 1.20 中，进行了如下赋值。

$$I(i, j, 2) = 255$$

问题 1.12 假彩色着色 RGB 图像像素

执行下列步骤。

（1）🚲修改列表 1.20，使像素的假彩色变成红色。显示结果。

（2）给出一个实现以下模式规则的完整的 Matlab 程序：选择一个特定的像素 p。如果所选图像中的任何其他像素 q 的强度比 p 小，则 q 属于该模式。用假彩色显示像素 q。

（3）给出一个实现以下模式规则的完整的 Matlab 程序：选择一个特定的像素 p。如果所选图像中的任何其他像素 q 的强度比 p 大，则 q 属于该模式。用假彩色显示像素 q。

（4）创建自己的像素模式规则。给出一个实现该规则的完整的 Matlab 程序。显示结果。

❑

1.19.2　假彩色灰度图像模式

灰度图像中的假彩色着色的工作方式不同，这是因为灰度图像中没有彩色像素。在这种情况下，有必要使用灰度图像来构建新的具有彩色通道的图像。新图像将是伪彩色图像，它具有可以将假彩色分配给图像模式中像素的结构。

对灰度图像的图片模式的假彩色着色

（1）确定一幅数字图像。

（2）选择要用假彩色绘制的图像模式。为此，制定一个模式规则，定义在所选图像中的某些重复形式。

（3）使用模式规则确定一个假彩色绘制像素的方法。

（4）**伪彩色图像生成步骤**。将所选的**灰度图像**转换成伪彩色图像。

（5）确定方法中参数的值，如初始像素坐标。

（6）使用步骤（2）中的模式规则。

（7）**假彩色步骤**。如果灰度像素 q 的强度满足模式规则，那么最大化 q 的伪彩色通道。如何做到这点，可见列表 1.21。

（8）显示具有假彩色的图像。

（9）重复步骤（2）显示不同的图像模式。

```
% 有些窗口区域中的像素赋了假彩色
clc, clear all, close all
I = imread('liftingbody.png');                  % greyscale image
I=double(I);                                    % for scaling
I3=zeros(size(I,1),size(I,2),3);                % set up 3 channels
I3(:,:,1)=I;I3(:,:,2)=I;I3(:,:,3)=I;            % channels <- I
I=I3;                                           % I <- channels
x = 100; y = 150; rad = 350; p = [x y];         % settings
for i = x+1:x+1+rad                             % width of box
   for j = y+1:y+1+rad                          % length of box
     q = [i j];                                 % q vector
     if ((I(i,j) == I(x,y)) && (norm(p-q)<rad))
       I(i,j,2) = 255;
     end
   end
end
I(x,y,1)=255;I(x-1,y,1)=255;I(x-1,y,1)=255; % 8-neighbourhood
I(x-1,y+1,1)=255;I(x-1,y-1,1)=255;I(x+1,y+1,1)=255;
I(x+1,y+1,1)=255;I(x,y-1,1)=255;I(x,y+1,1)=255;
figure, imshow(I./255), axis on,                % display false colours
title('(I(i,j) == I(x,y)) && (norm(p-q)<rad)')
```

列表 1.21　使用 Matlab 程序 falseColourGrey.m 进行假彩色着色像素的实验

例 1.18

选择一个特定的像素 p。**灰度模式规则**为：如果在所选图像中有任何其他像素 q 具有

与 p 相同的强度，那么 q 属于该模式。 □

例 1.19 用假彩色着色突出显示灰度图像模式

图 1.45 的灰度图像中给出一个模式（用假彩色突出显示）。此时，该模式包含了与所选像素具有相同强度的所有子图像像素。例如，选择图 1.45 中在(100, 150)处的像素 p。在此例中，$p \rightarrow$ 。 中看起来像一个红色的圆点的部分实际上是一个 **8-邻域**，该邻域中的每个像素都赋了一种假彩色。对该 8-邻域的显示是要是所选的像素更易被看见。注意该 8-邻域的中心像素是唯一一个属于像素强度重复模式的像素。在这个图像模式中，每个在图像中矩形内的像素都赋了一种假彩色。列表 1.21 中的 Matlab 代码解释了如何实现这一点。

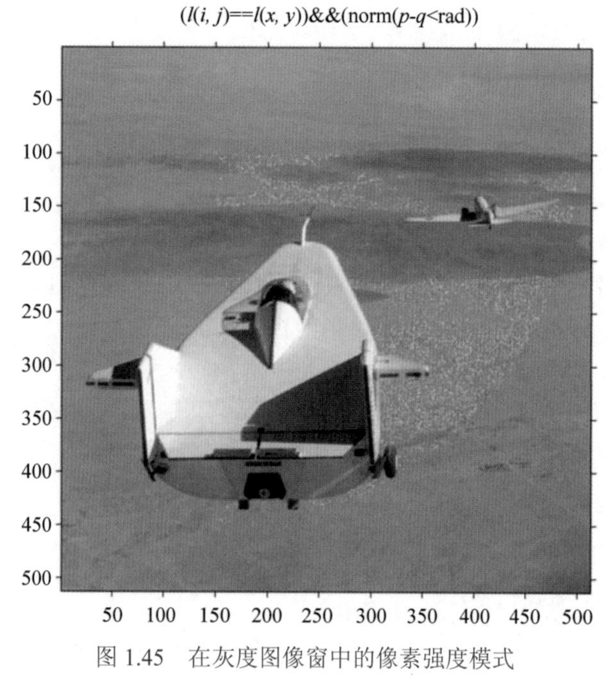

图 1.45 在灰度图像窗中的像素强度模式 □

问题 1.13 假彩色着色灰度图像像素

执行下列步骤。

（1）修改列表 1.21，使像素的假彩色变成蓝色。显示结果。

（2）给出一个实现以下模式规则的完整的 Matlab 程序：选择一个特定的像素 p。如果所选灰度图像中的任何其他像素 q 的强度比 p 小，则 q 属于该模式。用假彩色显示像素 q。

（3）给出一个实现以下模式规则的完整 Matlab 程序：选择一个特定的像素 p。如果所选灰度图像中的任何其他像素 q 的强度比 p 大，则 q 属于该模式。用假彩色显示像素 q。

（4）创建自己的像素模式规则。给出一个实现该规则的完整 Matlab 程序。显示结果。 □

1.20　数字图像上的矢量空间

矢量空间是一组可以加在一起并与数字相乘（通常的计算方法）的对象或元素（任一操作的结果都是空间的元素）。例如，2-D 数字图像中的所有像素的集合构成一个局部矢量空间，它是$\mathbb{R}^2$中的一个子集，其中包含孔。每个像素具有平面中的坐标，可用通常的方式处理为矢量。与称为**欧几里得平面**的通常矢量空间不同，数字图像中有空洞（在每对相邻像素之间，没有像素）。类似地，3-D 数字图像中的所有像素的集合构成一个$\mathbb{R}^2$中的**局部**矢量空间。与通常的欧几里得密集 3-D 空间相比，一幅 3-D 图像看起来像一块瑞士奶酪。

1.20.1　点积

给定一对矢量 $\boldsymbol{x}$ 和 $\boldsymbol{y}$，**点积**（记为 $\boldsymbol{x}\cdot\boldsymbol{y}$）等于将 $\boldsymbol{x}$ 投影到 $\boldsymbol{y}$ 上的长度。设θ为矢量 $\boldsymbol{x}$ 和 $\boldsymbol{y}$ 之间的角度，其范数为$\|\boldsymbol{x}\|$和$\|\boldsymbol{y}\|$。那么点积定义为：

$$\boldsymbol{x}\bullet\boldsymbol{y}=\|\boldsymbol{x}\|\|\boldsymbol{y}\|\cos\theta \quad \text{（点积）}$$

这给出了一种确定数字图像中一对**矢量之间夹角**的方法，即：

$$\theta=\arccos\left[\frac{\boldsymbol{x}\bullet\boldsymbol{y}}{\|\boldsymbol{x}\|\|\boldsymbol{y}\|}\right] \quad \text{（矢量之间的夹角）}$$

例 1.20　点积和矢量之间夹角

使用列表 1.22 中的方法可以得到数字图像中的点积和矢量之间夹角的示例。

```
% 点积和矢量之间夹角的示例
clc, clear all, close all
p = [120 150]; q = [100 40];            % pair of 2D vectors
dot(p,q)                                % dot product
X = dot(p,q)./(norm(p)*norm(q));        % ratio to compute angle
acosd(X)                                % angle between p and q
                                        % in degrees
```

列表 1.22　使用 Matlab 程序 dotProduct.m 进行点积实验　❑

问题 1.14

设(x,y)和(a,b)是自选数字图像中的一对矢量，并设$\angle((x,y),(a,b))$为(x,y)和(a,b)之间的夹角。使用假彩色显示满足矢量对角度规则的所有矢量对（VPA 规则）。参见图 1.46 的基于 VPA 规则的假彩色着色结果。

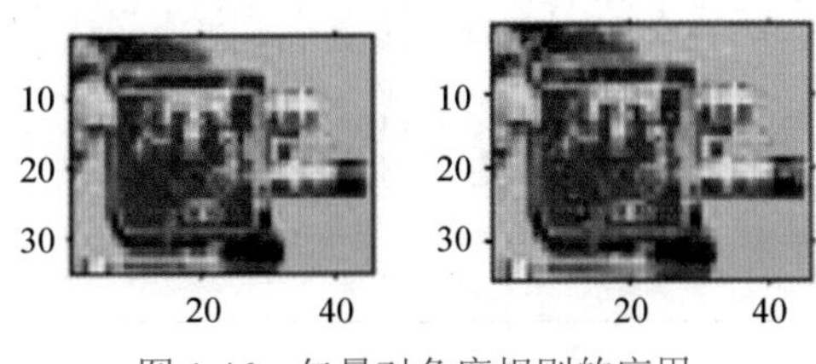

图 1.46　矢量对角度规则的应用

提示：使用非常小的子图像解决此问题。

矢量对角度规则（VPA 规则）

对于每对矢量(r, t)和(u, v)之间的每个$\angle((r, t),(u, v))$，如果$\angle((r, t),(u, v)) = \angle((x, y),(a, b))$，则用假彩色显示在$(r, t)$和$(u, v)$的像素。 ❑

1.20.2 图像梯度

在 2-D 图像中，矢量（像素强度的位置）的**梯度**是矢量的斜率。设f为 2-D 图像。另外，让$\partial f/\partial x$为x方向的偏导数，让$\partial f/\partial y$为y方向的偏导数。f在(x, y)位置处的梯度（记为∇f）被定义为 2-D **列矢量**：

$$\nabla f = \begin{bmatrix} \dfrac{\partial f}{\partial x} \\ \dfrac{\partial f}{\partial y} \end{bmatrix} \quad (f\text{在}(x, y)\text{的梯度})$$

梯度∇f指向在位置(x, y)处f的最大变化方向[57，3.6.4 小节，p.165]。

例 1.21 图像梯度示例

在 Matlab 中，imresize 用来放缩图像（见图 1.47），imgradient（计算梯度角度及沿水平和垂直方向的梯度幅度）则可查看感兴趣图像像素的角度。列表 1.23 给出一个示例。

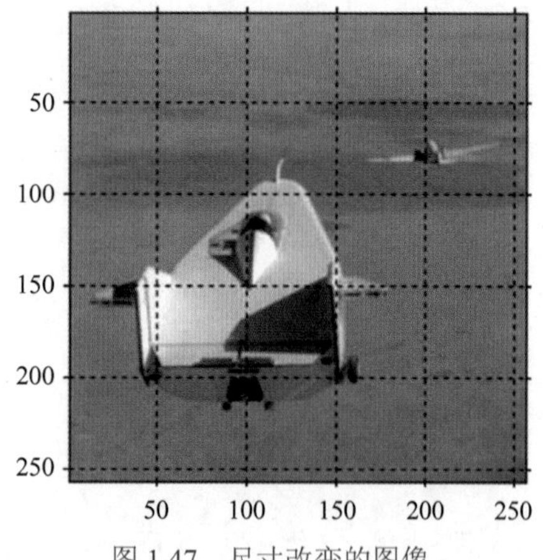

图 1.47 尺寸改变的图像

```
% 图像x-, y-方向幅度和矢量夹角
clc, clear all, close all
im = imread('liftingbody.png');   % built-in greyscale image
im=imresize(im,0.5);              % shrink image by 50%
imshow(im), axis on, grid on;     % display image
[Gdir,Angle]=imgradient(im);      % vector directions , angles
Angle(150,150)                    % sample angles:
Angle(165,130)
Angle(80,80)
Angle(100,40)
```

列表 1.23 使用 Matlab 程序 vectorDirection.m 进行假彩色着色实验 ❑

问题 1.15

设$\angle p(x, y)$是你所选彩色图像中具有坐标(x, y)的像素$p(x, y)$的角度。使用**像素角**（PA）规则：对$k = 2.5$，假彩色着色所有满足下式的具有坐标(r,c)的图像像素：

$$\text{angle}(r, c) < 2.5 * \text{angle}(x, y) \quad 其中\text{angle}(r, c) = 在(r, c)的像素角$$

图 1.48 给出一个基于像素角规则进行假彩色着色的示例。

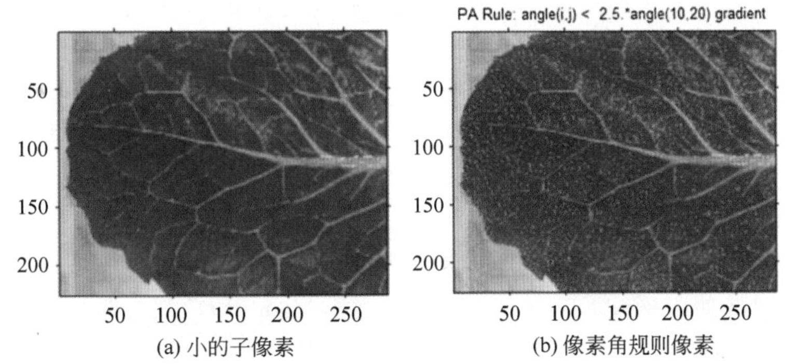

图 1.48　像素角规则应用：$\forall r, c \in$图像，突出像素 angle$(r, c) < 2.5*$angle(10, 20)

提示：通过限定下列范围来解决这个问题：

$$i = 1 : r \quad j = 1 : c$$

其中r和c分别是所选图像的行和列。

注意：在 Matlab 中，`imgradient` 用于灰度图像，非彩色图像。即使假彩色显示在所选择的彩色图像 img 上，像素角度也要从 imgGrey 中提取，imgGrey 是原始彩色图像 img 的灰度等效物。

像素角度规则（PA 规则）

令$k > 0$。对每个$\angle q(a, b)$，如果$\angle p(x, y) < k* \angle p(x, y)$，则用假彩色显示像素$q(x, y)$。

❑

1.21　相机看见什么：智能系统视图

本节简要介绍相机视觉的一些功能，先从具有某种形式的低级智能的**相机**开始。

1.21.1　相机视觉系统中的智能系统方法

相机设计中的智能系统方法是所谓的**智能多媒体**的一部分。**智能**在这种情况下意味着将拍照设备的能力与可用的传感器信息结合以便于捕获最佳图片。关于在多媒体背景下考虑智能的一个很好的讨论见 M. Ma[37，1.1.3 小节，p.4]。捕获 3-D 场景的**几何结构**是解决**智能控制相机**的主要问题（见 M.Christie、P. Olivier 和 J.-M.Normand [30]）。

智能相机控制是**机器人**设备中**运动规划**的核心（如见[15]），戴姆勒-本茨在基于视觉的**像素分类自主驾驶**方面的工作可以引用[图 3.2，p.3] Franke1999 和智能车辆视觉系统[107]。最近一项关于智能对象识别的在相机中硬件加速方法的综述见 A. Karimaa [88]。**直方图均**

衡化、**运动检测**、图像解释和**目标识别**是**智能视觉监控**实现的关键特征[90]。

S. M. Drucker 对早期智能相机控制给出了一个很好的概述[36]。**稳定性**（**稳定保持**）是可以被认为智能的相机的基本功能。在拍摄图像时支持稳定性的相机可在拍摄照片时补偿移动（相机抖动）。此功能对于普通镜头和基于微距镜头的拍照都很重要，因为它消除（减少）图像模糊。例如，Canon HybridISIS 实现了优化的图像稳定性。

另一个智能相机的重要特征是**人脸检测**。如果相机能选择场景中的一个或多个类似于脸部的物体，则相机可实现人脸检测。例如，佳能相机实现了**基于摄影空间的场景分析**（ISAPS）技术，该技术可预测视野中的场景并选择关键功能的最佳设置。尼康为其 Coolpix 相机提供鱼眼镜头。鱼眼镜头是一种焦距非常短的成像系统，可以提供半球形视野。这种透镜在中心透镜区域具有良好的分辨率，但在边缘区域的分辨率比较差。

在**人眼**中，**中央凹**（视网膜的中央区域）提供高质量的视力，而眼睛的周边区域提供不太详细的成像。出于这个原因，**鱼眼镜头**系统相对于分辨率分布 citeOrghidan2005 近似于人类视觉。已经使用具有 Nikon Rayfact 镜头的 CCD（电荷耦合器件）相机进行了亚像素分辨率精度实验[187，4 节]。亚像素分辨率来自对几何量（点、线、边缘）的估计值，它们优于像素级精度（例如，在角点邻域中使用**像素梯度朝向**估计具有**亚像素**级精度的图像角点位置[108，3.4 节，p.33]）。

1.21.2 相机感知的场景彩色

在彩色图像中，每个像素包含基色的组合。本节简要介绍用于在彩色图像中显示不同数量的单一基色的技术。该想法是显示对应于整幅图像上每个像素的单个彩色通道值的基色的量。

拜尔滤波器。数字图像传感器的每个光敏元件都配有多个滤光片（红色、绿色或蓝色滤光片）。对于图像传感器中的每个滤色器，在采集的图像中的每个像素里存在对应的彩色通道。在相机**图像传感器**中，绿色滤光片的数量大约是蓝色和红色滤光片的两倍，这是为了近似眼睛感知彩色的方式。图像传感器中的彩色排列被称为**拜尔模式彩色滤光片阵列**，参见图 1.49（如[213]）。例如，24 位像素的绿色通道（每个彩色通道 8 位）能够显示多达 256 个绿色级。注意，（除了拜尔滤波器）还有其他方法可以实现彩色分离，例如 **3CCD**（3 传感器阵列）和 Foveon X3（吸收不同彩色的特殊硅）。

(a) 彩色滤波器

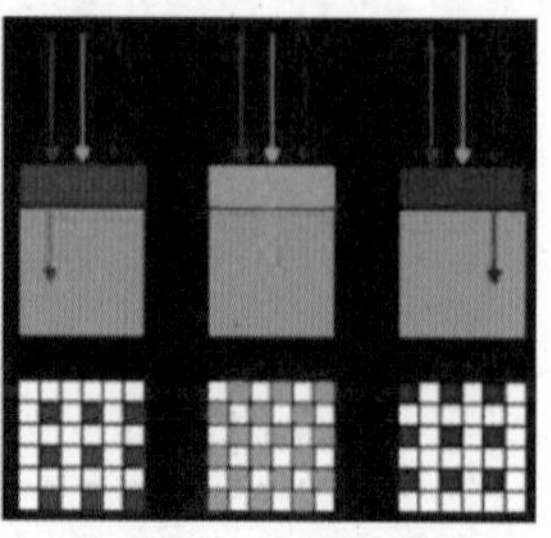

(b) 拜尔传感器阵列

图 1.49 彩色通道模式

例如，图 1.50 是使用列表 1.24 中的代码生成的。工作室 RGB 图像的每个彩色通道如图 1.50 所示。例如，工作室的红色通道显示在图 1.50（b）中。在图 1.50（c）和图 1.50（d）中，显示了工作室的绿色通道和蓝色通道。

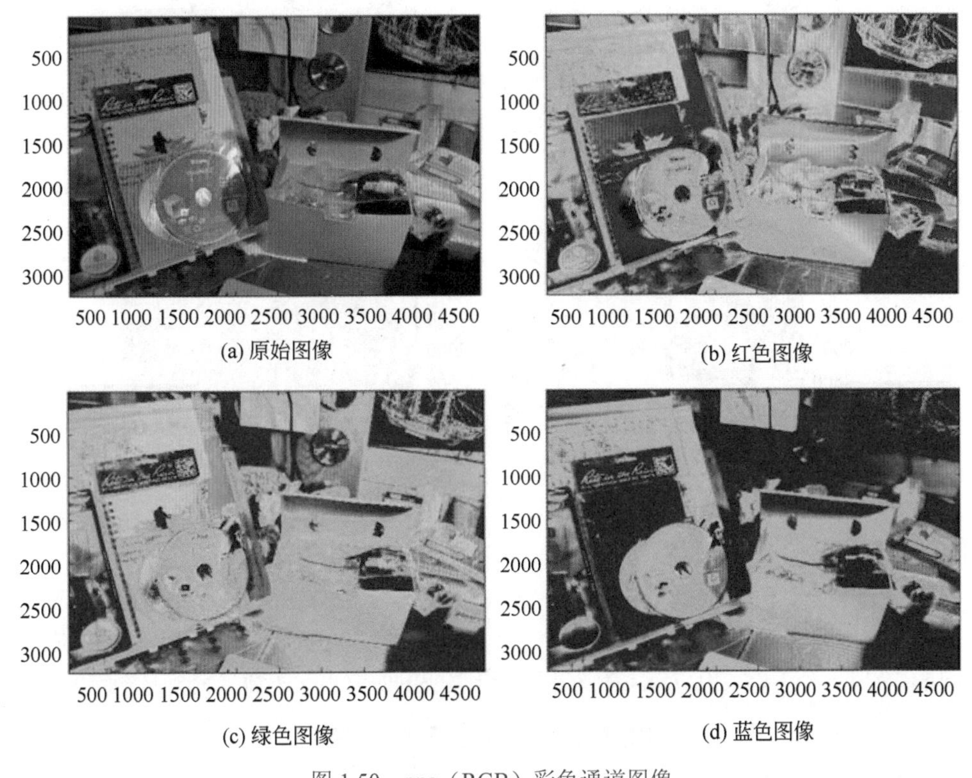

(a) 原始图像　(b) 红色图像　(c) 绿色图像　(d) 蓝色图像

图 1.50　png（RGB）彩色通道图像

```
% 彩色实验

g = imread('workshop.jpg');
%
gr = g(:,:,1); gg = g(:,:,2); gb = g(:,:,3);
%
subplot(2,2,1);image(g);axis image;
title('original image');
subplot(2,2,2);image(gr,'CDataMapping','scaled');axis image;
title('r image');
subplot(2,2,3);image(gg,'CDataMapping','scaled');
title('g image');
subplot(2,2,4);image(gb,'CDataMapping','scaled');
title('b image');
%
% >> figure , colour  %sample use of colour.m
%
```

列表 1.24　生成图 1.33 和图 1.50 中图像的 Matlab 程序 colour.m

问题 1.16

给出 Matlab 代码以显示 HSV 图像（从 RGB 转换为 HSV）以及 HSV 图像的红色、绿色和蓝色变化（参见图 1.51）。通过将 RGB 图像转换为 HSV 图像，为一对彩色（RGB）

图像执行此操作。

图 1.51 HSV 彩色通道图像 ❑

问题 1.17

给出 Matlab 代码以显示如图 1.52 所示的摄影师图像，以便在图像上绘制同心圆。两个圆的中心应该位于(120, 75)，内圆半径等于约 30 个像素，外圆半径等于约 50 个像素。

图 1.52 具有叠加圆的灰度图像

提示：由于只有摄影师的灰度图像，所以需要考虑获得彩色通道值。使用假彩色方法，将沿着需要在摄影师图像中绘制的圆周上的每个像素的强度更改为最大强度。设(x_c, y_c)是半径为 r 的圆的中心。让 $x = 0:0.01: 1$，$y = 0 : 0.01 : 1$。然后将下面每个点用假彩色着色

$$(x_c + r\cos(2\pi x), y_c + r\sin(2\pi y))$$ ❑

算法符号

⟼ 映射到

例 1.22　img ⟼ greyscaleImg

读作图像 img 映射到 greyscaleImg（灰度图像）（即 img 转换成为灰度图像）　□

⟻ 来自映射

例 1.23　*S* ⟻ cornerCoordinates (greyscaleImg)

读作集合 *S* 来自映射 cornerCoordinates (greyscaleImg)（灰度图像）（即 *S* 获得灰度图像中角点坐标的备份）　□

1.22　图像几何：图像上的沃罗诺伊和德劳内网格

本节简要介绍使用覆盖在数字图像上的沃罗诺伊多边形网格或德劳内三角网格检测**图像几何**的方法。这些网格可以单独查看，也可以组合查看。

1.22.1　汽车图像上的沃罗诺伊网格

本节简要介绍创建覆盖在数字图像上的沃罗诺伊网格的方法。沃罗诺伊网格也称为**沃罗诺伊图**。**算法** 1.2 中给出了构建**基于角点的沃罗诺伊网格**的步骤。在每个沃罗诺伊网格中，网格中的每个多边形都包含更接近某个生成点而不是任何其他生成点的所有点。

算法 1.2　在数字图像上构建基于角点的沃罗诺伊网格

Input : Read digital image *img*.

Output: Image with Superimposed Corner-Based Voronoï Mesh.

img ⟼ *greyscaleImg* ;

greyscaleImg ⟼ *cornerCoordinates(greyscaleImg)*;

/* *greyscaleImg* maps to coordinates of image corners */ ;

S ⟻ *cornerCoordinates(greyscaleImg)*;

/* *S* contains corner coordinates used as mesh generating points (sites). */ ;

Display img;

/* Hold on displayed *img* */ ;

S ⟼ *VoronoiMeshM*;

VoronoiMeshM ⟼ *img* ;

/* Voronoï regions surrounding each generating point now displayed on image */ ;

通常，平面或 3-D 表面上的**生成点** p（也称为**网点**）是用于查找表面上更接近 p 而不是任何其他生成点的点。在计算机视觉中，为目标识别和模式识别的目的而使用生成点来构造沃罗诺伊多边形区域或以生成点为**德劳内三角形的顶点**。

例 1.24

图 1.53 中将网格生成点显示为绿色星形。在这种情况下，摩托车图像中散布着 55 个网点。每个都指示具有梯度方向角和梯度幅度不同于其他网点的一个像素。这些网点称为关键点。有关关键点的详细信息，参见 8.8 节和附录 B.6 节。

图 1.53　摩托车图像上的网格生成点 ❑

在用于**机器视觉**的**智能系统方法**中，重点是在数字图像或视频帧中选择对检测图像目标和模式有用的生成点。数字图像中的**图像生成点** p 是用于找到相对图像中任何其他生成点更靠近 p 的所有像素。实际上，人们总是首先确定数字图像中的生成点。目前，只考虑图像角点。

设 $V(p)$为角点生成点 p 的图像沃罗诺伊区域。当提到沃罗诺伊区域时，通常也会提到用于构建该区域的生成点。覆盖图像的沃罗诺伊区域集合称为**狄利克雷镶嵌**[1]，也称为**沃罗诺伊网格**。通过用直边连接最近的图像生成点对，可以获得图像的**德劳内三角剖分**，也被称为德劳内镶嵌或德劳内网格。图像上的**德劳内网格**是覆盖图像的三角形的集合。

例 1.25　沃罗诺伊区域和德劳内三角形

在解决单幅图像或视频帧中的目标识别和模式识别问题时，有两种重要的网格多边形。

沃罗诺伊区域：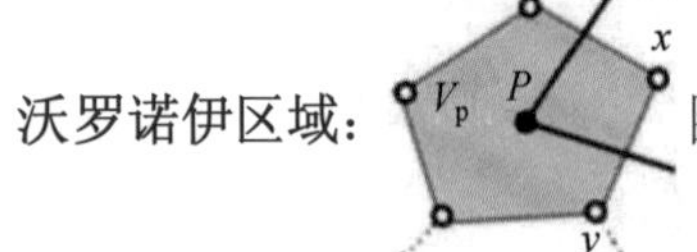

图 1.54 所示为生成点 p 的沃罗诺伊区域 $V(p)$的示例。$V(p)$内部和沿着边缘的点都更接近生成点 p，而不是任何其他生成点。

1　这种形式的镶嵌是以狄利克雷的名字命名的，狄利克雷在 1850 年使用了沃罗诺伊图，尽管 René Descartes 早在 1644 年就已经在二次形式的研究中有了这个想法。1907 年，沃罗诺伊将狄利克雷镶嵌扩展到了更高的维数。因此，有了沃罗诺伊图的名称。更多相关信息可见 http://mathworld.wolfram.com/VoronoiDiagram.html。有关沃罗诺伊图的完整说明，请访问 http://www.ics.uci.edu/~eppstein/junkyard/nn.html。

德劳内三角形： 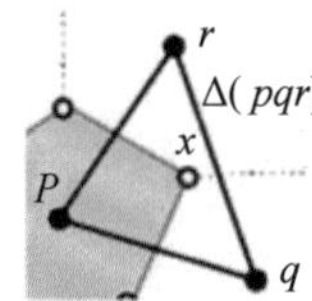

注意，图 1.54 中的生成点 p，q，r 是三角形的顶点。这是**德劳内三角形**的一个例子。沃罗诺伊区域和德劳内三角形携手同行，并提供关于镶嵌表面的相当不同的信息。

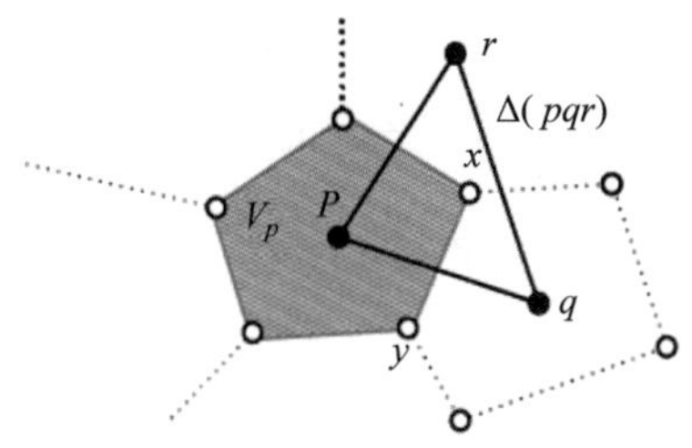

图 1.54　$p, q \in S$，$\Delta(pqr)$ = 德劳内三角形　□

再次注意，每个沃罗诺伊区域 $V(p)$都是凸多边形。这意味着连接沃罗诺伊区域 $V(p)$内部或沿着边界的任何一对点的每条直边都包含在该区域中。

例 1.26　沃罗诺伊网格覆盖

叠加（**覆盖**）在图像上的沃罗诺伊网格如图 1.55 所示。算法 1.2 给出了在图像上找到**基于角点**的沃罗诺伊网格的步骤。实现算法 1.2 的 Matlab 程序将在附录 A.1 节的列表 A.2 中给出。除了在图像上构建沃罗诺伊网格之外，该程序还可以执行许多其他有用的操作。

（1）显示有关特定镶嵌图像的详细信息。

（2）生成显示在选定子图像中不同强度的 3-D 绘图。请注意，当选定的子图像包含在特定沃罗诺伊区域或一组沃罗诺伊区域中的像素时，这会变得更有趣。

（3）在.jpg 文件中保存所显示沃罗诺伊镶嵌图像的备份。

图 1.55　基于角点的沃罗诺伊网格图像覆盖　□

1.22.2 沃罗诺伊图像的子网格揭示了什么信息

从**镶嵌的数字图像**中提取的沃罗诺伊网格倾向于揭示**图像几何**和图像目标的存在。

图像几何：术语图像几何意味着几何形状，例如围绕图像目标的微小、中等和大尺寸多边形。

例 1.27 车轮网格

一个孤立的沃罗诺伊图像子网格如图 1.56 所示。请注意，图 1.55 中汽车镶嵌图像的车轮被沿着图 1.57（a）中网格的车轮边界处的扭曲多边形包围。这是所谓的**网格神经**的一个例子。

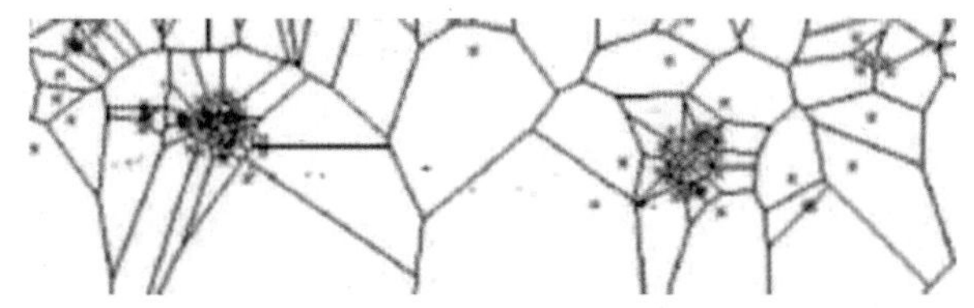

图 1.56 汽车轮子的基于角点的沃罗诺伊网格

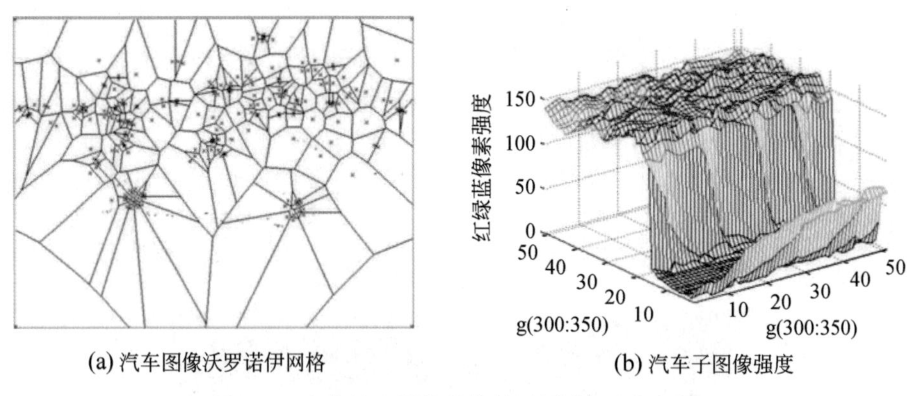

(a) 汽车图像沃罗诺伊网格 (b) 汽车子图像强度

图 1.57 红色汽车图像结构的沃罗诺伊几何视图 ❑

1.23 神 经 结 构

有 4 种神经结构需要考虑。

（1）非图像的**纯粹几何神经**是围绕中心多边形（神经核）的多边形集合，其中每个非核多边形有一条边与核共有。例如，参见图 1.58（c）中的神经。

（2）**图像几何神经**是源自数字图像并围绕中心多边形（神经核）的多边形集合，其中每个非核多边形有一条边与图像神经核共有。图像几何神经近似于由神经覆盖的图像目标的形状。图 1.59 给出图像几何神经的一个示例。该神经覆盖了摩托车前面的上半部分。

（3）**沃罗诺伊网格神经**是多边形沃罗诺伊区域的集合，源自在数字图像上的生成点并围绕中心多边形（神经核），因此每个非核沃罗诺伊区域多边形有一条边与沃罗诺伊神经核

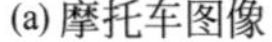

(a) 摩托车图像

(b) 图像网格神经

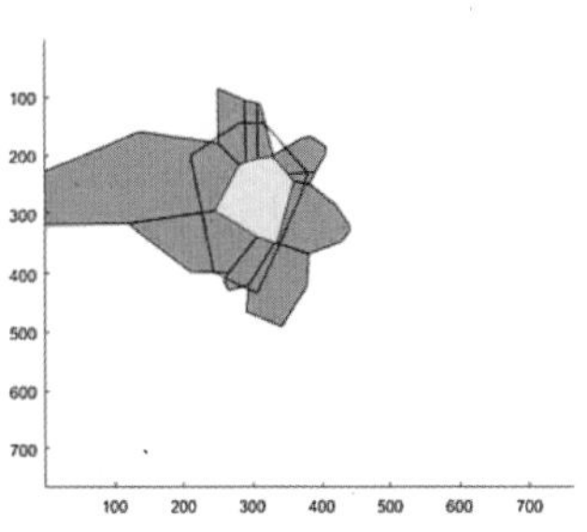

(c) 网格神经凸包

图 1.58　沃罗诺伊网格神经示例

共有。沃罗诺伊网格神经可辨别图像目标。图 1.58（b）给出图像上一个沃罗诺伊网格神经的示例。图 1.58（b）中的黄色多边形是沃罗诺伊神经核的一个例子。简而言之，沃罗诺伊神经核是神经中的中心多边形。每个具有与核共同边缘或顶点的多边形是沃罗诺伊网格神经中多边形聚类的一部分。例如，每个红色多边形与图 1.58（b）中的黄色核有共同的边。

（4）**德劳内网格神经**是德劳内三角形的集合，其顶点在数字图像上的生成点并围绕中心三角形（神经核），因此每个非核德劳内三角形具有与神经核三角形共同的边缘或顶点。在图 1.60 中的邮政车辆上显示了德劳内网格神经示例。标记为 N 的三角形是称为**核**的德劳内神经中心的一个例子。**德劳内核**是德劳内网格神经中的中心三角形，其中沿中心三角形边界的所有相邻三角形具有与核共同的顶点或侧边。德劳内网格神经可用于识别神经所覆盖的图像目标的形状。

图 1.59　摩托车图像网格几何神经

图 1.60　邮车图像德劳内网格神经

例 1.28　沃罗诺伊网格神经——最大核聚类（MNC）

图 1.58（b）中显示的沃罗诺伊网格神经具有 55 个网点（生成点）。该神经的核是覆盖摩托车前上部的黄色六边形。这个神经是最大核聚类（MNC）的一个例子。**最大核聚类（MNC）**是一种**多边形聚类**的网格神经，其中围绕神经核的多边形数量在这个特定的沃罗诺伊网格中是最大的。有关 MNC 的更多信息参见附录 B.1 节和 B.19 节。该摩托车核被红

色多边形包围。黄色多边形核与相邻红色多边形的组合构成网格神经。注意相邻红色多边形中的网点可以成对地连接形成两种类型的网点（核网点和相邻多边形网点）凸包。设 S 是一个非空的网点集。包含 S 中点集的最小凸集是 S 的**凸包**。一个非空集是**凸集**，只要该集合中任何两个点之间的直线段也包含在集合中。图 1.58（c）所示为一个凸包示例。在此示例中，凸集包含边界点以及图 1.58（c）中蓝色多边形边界内的所有点。 ❑

请注意，沃罗诺伊网格中的每个多边形都是**网格神经的核**（多边形聚类）。每个网格神经都是多边形聚类，包含中心的一个核多边形以及与核共享边缘的多边形集合。另外注意到沃罗诺伊网格神经中的每个多边形都是用于构造区域多边形网点的沃罗诺伊区域。通过连接与 MNC **核**邻接的每对相邻的沃罗诺伊多边形，有时可以获得一个凸包，这是对 MNC 所覆盖图像目标形状的最强指示之一。也就是说，识别图像神经中的 **MNC 凸包**是重要的，因为这样的凸包近似于由 MNC 覆盖的目标的形状。有关 MNC 的更多信息可参见 7.5 节。有关凸包的更多信息可参见附录 B.16 节。

生成点：由沃罗诺伊网格揭示的图像几何取决于所使用的生成点的类型。到目前为止，只使用了数字图像角点作为生成点。从在数字图像中沿着边缘寻找到角点的事实来看，可以有一种方便的方法，即通过围绕图像目标的多边形聚类的形状来识别图像目标的几何结构。角点生成点自身（没有沃罗诺伊多边形）可以提供很多关于图像几何的信息，因为生成点往往遵循图像目标的轮廓。

当使用生成点构建特定的沃罗诺伊区域时，生成的多边形会给出所有更接近特定生成点（而不是图像中其他生成点）的图像像素的信息。例如，参见图 1.61 中基于角点的生成点。

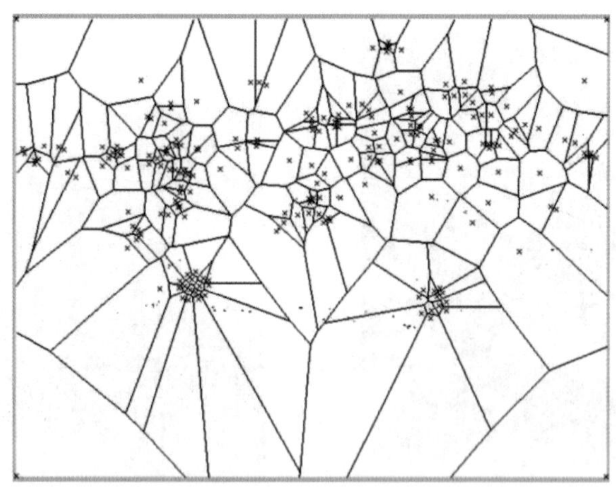

图 1.61 摩托车图像的基于角点的生成点

例 1.29 图像角点

在图 1.62（a）中的汽车图像上显示了多达 1000 个角点。这 1000 个图像角点（从汽车图像中提取）自身如图 1.62（b）所示。附录 A.1.1 小节中列表 A.1 的 Matlab 程序说明了如何以两种不同的方式获取和显示图像角点。

(a) 德劳内网格覆盖

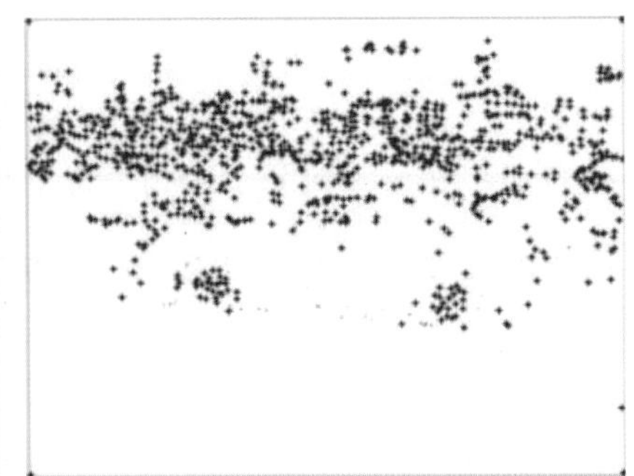
(b) 德劳内网格

图 1.62 具有多达 1000 个角点的样例图像 ❑

问题 1.18 图像生成点

编写一个 Matlab 程序以仅显示从数字图像中提取到的角点。从三幅汽车的彩色图像中选一幅，解决下列问题：

（1）🚲 显示原始图像。

（2）🚲 在所选图像中确定角点。

（3）🚲 用红色×显示各个角点。

（4）🚲 仅显示从所选图像中提取出来的 1000 个图像角点。在显示中给出图像坐标轴以确定角点的坐标。

提示：对轴命令使用 Matlab 选项 on。

（5）🚲 显示所确定的图像角点的总数。

（6）☕ 只在其中一个车轮上显示角点的沃罗诺伊网格。

提示：只在包含其中一个车轮的子图像上确定角点。

（7）☕ 显示两个车轮角点的沃罗诺伊网格。

提示：确定包含两个车轮的子图像中的角点。

（8）☕ 显示完整的带有背景的车的沃罗诺伊网格。

提示：确定仅包含车的子图像中的角点。这将是包含车的矩形的子图像。 ❑

问题 1.19 网格神经

编写一个 Matlab 程序以仅显示从数字图像中提取的角点。任意选三幅彩色图像，解决下列问题：

（1）🚲 重复问题 1.18 中的前 4 个步骤。

（2）☕ 使用假彩色在所选图像上的基于角点的沃罗诺伊网格中显示网格神经。

提示：在选定的子图像中找到角点的一个沃罗诺伊区域。这个选定的沃罗诺伊区域是网状神经的核心。使用假彩色（尝试绿色）突出显示围绕所选多边形的每个多边形。

（3）☕ 显示作为神经核的多边形区域。

（4）☕ 显示网格神经中多边形（包括作为神经核的多边形）的计数。

（5）☕ 在所选的图像上仅显示网格神经。

（6）☕ 仅显示网格神经（无所选图像）。 ❑

> 某些网格神经比其他的更有趣。**有趣神经**一般以较小的多边形为核，围绕核有许多个多边形。

1.23.1 汽车图像上的德劳内网格

本节简要介绍在数字图像上创建德劳内网格覆盖的方法。这样做的一个优点源于图像网格覆盖揭示了图像的几何结果。这样，就可获得由德劳内网格提供的更简单、均匀的三角形，而不是沃罗诺伊网格覆盖中的凸多边形。

算法 1.3 给出了在数字图像上构造**基于角点的德劳内网格**的基本步骤。该算法由在附录 A.1.3 小节中列表 A.4 给出的 Matlab 程序实现。

算法 1.3 在数字图像上构建基于角点的德劳内网格

Input : Read digital image *img*.

Output: Image with Superimposed Corner-Based Delaunay Mesh.

1 *img* $\longmapsto$ *greyscaleImg*;

2 *S* $\longleftarrow$ *cornerCoordinates(greyscaleImg)*;

3 /* *S* contains corner coordinates used as mesh generating points (sites). */ ;

4 *Display img*;

5 /* Hold on displayed *img* */ ;

6 *S* $\longmapsto$ *DelaunayMesh M*;

7 *DelaunayMesh M* $\longmapsto$ *img* ;

8 /* Delaunay triangulation now displayed on image */ ;

例 1.30 德劳内网格覆盖

叠加在图像上的德劳内网格样例如图 1.63（a）所示。算法 1.3 给出了在图像上确定基于角点的德劳内网格的步骤。实现算法 1.3 的 Matlab 程序由附录 A.1.3 小节中的列表 A.4 给出。

(a) 德劳内网格覆盖

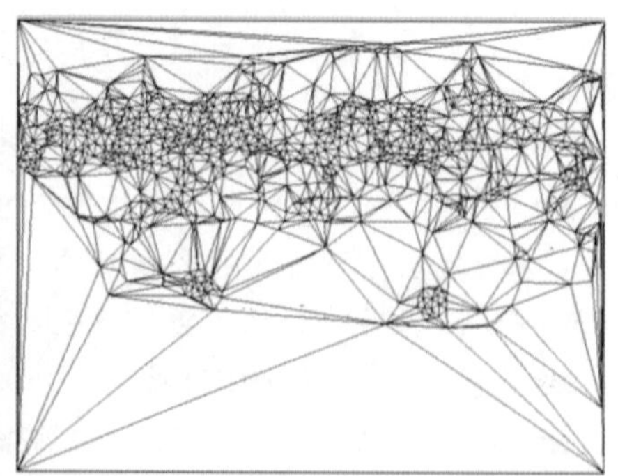

(b) 德劳内网格

图 1.63 红色汽车图像结构的德劳内几何视图 ❑

问题 1.20　图像上的德劳内网格

选三幅彩色图像，编写一个 Matlab 程序解决下列问题：

（1）显示原始图像。

（2）在所选各幅图像中确定最多 1000 个角点。

（3）在所选各幅图像上显示基于角点的德劳内网格。

（4）仅显示从所选图像中提取出来的德劳内网格。在显示中给出图像坐标轴以确定三角形顶点的坐标。

提示：对轴命令使用 Matlab 选项 `tight`。

（5）显示德劳内网格中图像三角形的总计数。

（6）显示德劳内网格中最大的三角形区域。 □

1.23.2　在汽车图像上结合沃罗诺伊和德劳内网格

本节简要介绍在同一图像上结合沃罗诺伊网格和德劳内网格进行覆盖的方法。回顾一下，每个德劳内三角形的顶点都是相邻沃罗诺伊区域中的生成点。所以，每个德劳内三角形的面积都是网格质量的指标，并且间接地是所涉及图像质量的指标。德劳内三角形区域越均匀，则三角形覆盖的子图像的质量越高。每个德劳内三角形的面积提供了周围三个沃罗诺伊区域所占据的子图像的覆盖范围。

算法 1.4 给出了数字图像中**在沃罗诺伊网格上构建基于德劳内网格**的基本步骤。该算法由附录 A.1.4 小节中列表 A.6 给出的 Matlab 程序实现。

算法 1.4　在数字图像的沃罗诺伊网格上构建基于角点的德劳内网格

Input : Read digital image *img*.

Output: Image with Corner-Based Delaunay on Voronoï Mesh Overlay.

img ⟼ *greyscaleImg*;

S ⟻ *cornerCoordinates(greyscaleImg)*;

/* *S* contains corner coordinates used as mesh generating points (sites). */ ;

Display img;

/* Hold on displayed *img* */ ;

S ⟼ *VoronoiMesh M*;

VoronoiMesh M ⟼ *img* ;

S ⟼ *DelaunayMesh M*;

DelaunayMesh M ⟼ *img* ;

/* Delaunay triangulation on Voronoï mesh now displayed on image */ ;

例 1.31　德劳内网格覆盖沃罗诺伊网格

覆盖在图像上的德劳内网格和沃罗诺伊网格样例如图 1.64（a）所示。此外，附录 A.1.4 小节中列表 A.7 给出的 Matlab 程序能仅仅提取并显示德劳内网格和沃罗诺伊网格。

(a) 沃罗诺伊+德劳内

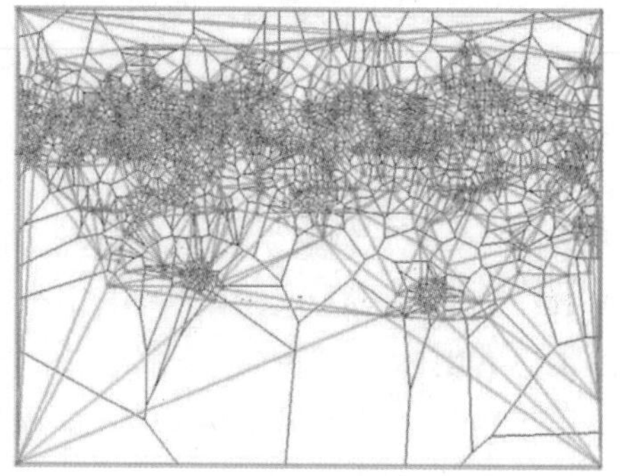
(b) 沃罗诺伊+德劳内网格

图 1.64 红色汽车图像结构的沃罗诺伊和德劳内几何视图 ❑

问题 1.21 图像上的德劳内网格和沃罗诺伊网格

选三幅彩色图像，编写一个 Matlab 程序解决下列问题：

（1）显示原始图像。

（2）在所选各幅图像中确定最多 1000 个角点。

（3）🚲 在所选各幅图像上显示基于角点的德劳内网格和沃罗诺伊网格。

（4）🚲 仅显示从所选图像中提取出的德劳内网格和沃罗诺伊网格。在显示中给出图像坐标轴以确定三角形顶点的坐标。

提示：对轴命令使用 Matlab 选项 `tight`。

（5）显示德劳内网格中图像三角形的总计数。

（6）显示沃罗诺伊网格中图像多边形的总计数。

（7）显示德劳内网格中最大的三角形区域。

（8）显示沃罗诺伊网格中最大多边形的边数。 ❑

问题 1.22 图像上的德劳内网格神经和沃罗诺伊网格神经

选三幅彩色图像，编写一个 Matlab 程序解决下列问题：

（1）显示原始彩色图像。

（2）在所选各幅图像中确定最多 1000 个角点。

（3）🚲 在所选各幅图像上显示基于角点的德劳内网格和沃罗诺伊网格。

（4）🚲 仅显示从所选图像中提取出的德劳内网格和沃罗诺伊网格。在显示中给出图像坐标轴以确定三角形顶点的坐标。

提示：对轴命令使用 Matlab 选项 `tight`。

（5）☕ 仅显示德劳内网格神经。**德劳内网格神经**是围绕称为神经核的单个三角形的三角形集合。德劳内网格神经中的三角形具有与神经核共同的边缘或共同的顶点。

提示：从德劳内网格中提取并显示包含在德劳内网格神经中的三角形。

（6）☕ 仅显示沃罗诺伊网格神经。**沃罗诺伊网格神经**是围绕称为神经核的单个多边形的多边形集合。沃罗诺伊网格神经中的多边形具有与神经核共同的边缘。

提示：从沃罗诺伊网格中提取并显示包含在沃罗诺伊网格神经中的多边形。

（7）显示德劳内网格中图像三角形的总计数。

（8）显示德劳内网格神经中图像三角形的总计数。

（9）显示沃罗诺伊网格中图像多边形的总计数。

（10）显示沃罗诺伊网格神经中图像多边形的总计数。

（11）显示德劳内网格中最大的三角形区域。

（12）显示德劳内网格神经中最大的三角形区域。

（13）显示沃罗诺伊网格中最大多边形的边数。

（14）显示沃罗诺伊网格神经中最大多边形的边数。 ❑

1.24　视频帧网格覆盖

本节简要介绍视频帧网格覆盖。基本方法是通过用（在附近）围绕图像目标的网格多边形覆盖每个视频帧图像来检测数字图像中目标的几何形状。图像网格多边形偏重于揭示目标的形状和身份。有关视频帧图像的狄利克雷镶嵌示例请参见图 1.65（a）。对平面的**狄利克雷镶嵌**是对表面的拼贴。

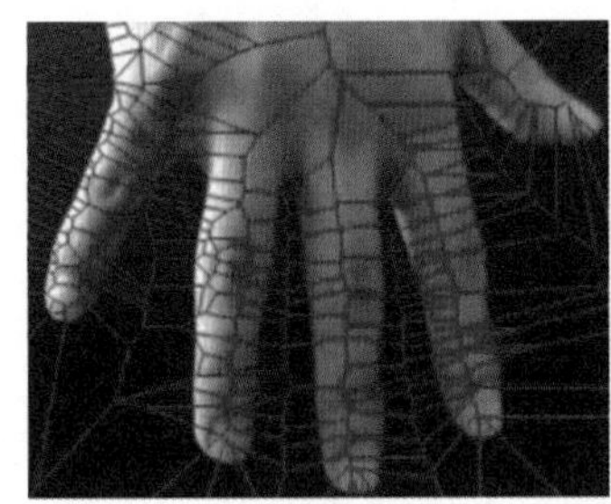

(a) 离线视频帧1　　(b) 离线视频帧2

图 1.65　离线视频帧 1 和 2

种子点（也称为**网点**或**生成器**）为生成狄利克雷镶嵌（也称为沃罗诺伊图）和德劳内三角化的点集提供了基础，为构建用多边形聚类覆盖的网格提供了基础。通常，对平面的镶嵌是对表面的拼贴。**平面拼贴**是**平面图形**的平面填充排列，覆盖平面而没有间隙或重叠[62]。平面图形是闭集。**像素强度**、**角点**、**边缘**、**质心**、**显著点**、**关键点**和**要点**是具有许多变化的种子点的示例，它们可以单独或组合使用。

问题 1.23

图 1.66 给出一个 8 × 8 网格的示例。红色点 • 指示内部角点和外框角点。使用纸和铅笔：

（1）在网格上画出基于角点的沃罗诺伊网格。

（2）在网格上画出基于角点的德劳内网格。

1.24.1　离线视频帧处理

本节简要介绍**离线视频处理**的方法。这种形式的视频处理有三个基本步骤。

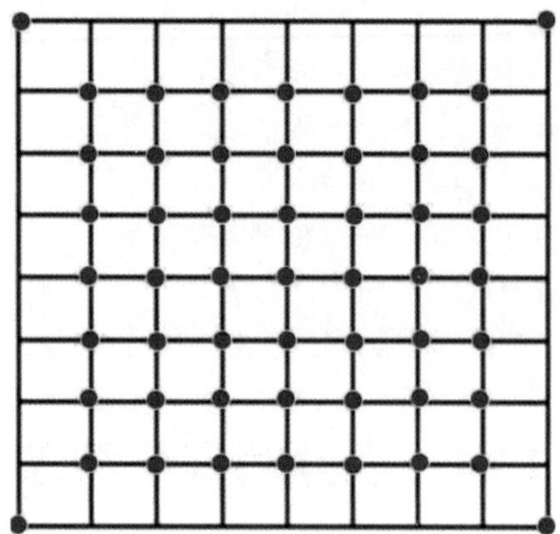

图 1.66 带有红色角点•的 8×8 网格 ❑

离线视频处理的基本步骤

（1）采集变化场景的完整视频。

（2）从视频中提取帧。

（3）从视频帧中提取信息，例如，通过用沃罗诺伊网格覆盖视频帧来发现几何信息。网格中的每个多边形提供一些图像的几何结构信息，例如靠近特定图像角点的所有图像像素。图像中的**角点**是具有与其相邻像素明显不同的梯度朝向的像素。像素的**梯度朝向**是包含像素边缘的切线角。

（4）重复步骤（2）直到视频中的所有帧都被处理过。

算法 1.5 示出了特定形式的视频处理。该算法生成**离线视频帧沃罗诺伊网格**，其中基于角点的沃罗诺伊网格被叠加在每个视频帧图像上。

算法 1.5 在离线视频帧图像上构建基于角点的沃罗诺伊网格

Input : Changing visual scene *View* and offline *Video*.

Output: Video frames, each with corner-based Voronoï mesh overlay.

```
View ⟼ Video ;
Frame ⟻ Video;
Continue ⟼ False;
while (Continue ≠∅ and Frame ∈ Video) do
    Use Algorithm2 to overlay Voronoï mesh on Frame;
    Video ⟻ Video \ Frame;
    /* Video \ Frame reads Video without the current Frame. */ ;
    /* i.e., Remove tessellated Frame from the set of frames in the Video */ ;
    if Video ≠∅ then
        Continue ⟼ True;
    else
        Continue ⟼ False;
```

附录 A.1.5 小节给出的 Matlab 程序实现算法 1.5。该算法使用算法 1.2 以用沃罗诺伊网格覆盖视频中的每一帧。这是离线进行的，即在完整视频被采集后。在离线模式中，每个视频帧被视为普通图像。

例 1.32

附录 A.1.5 小节中列表 A.8 给出的 Matlab 程序创建一个.mp4 视频文件。此程序在每个用特定网络摄像头捕获的视频中的每个帧上覆盖基于角点的沃罗诺伊网格。例如，图像角点被用作种子点以构建图 1.55 中的图像沃罗诺伊网格和图 1.65 和图 1.67 中的视频帧沃罗诺伊网格。请注意，当手移动时，沃罗诺伊网格多边形会发生变化。多边形的变化是图像中角点位置变化的结果。

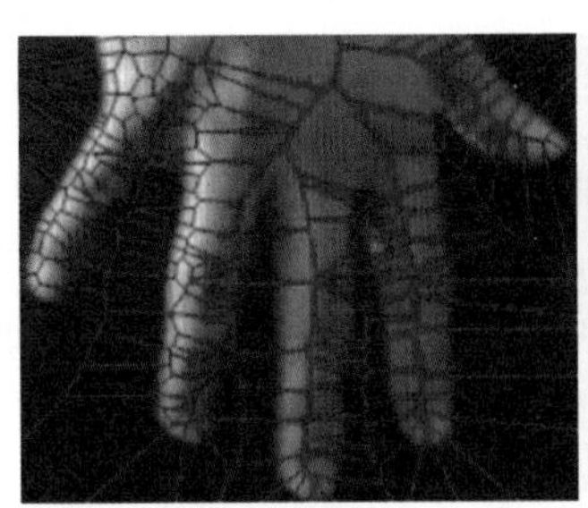
(a) 离线视频帧3

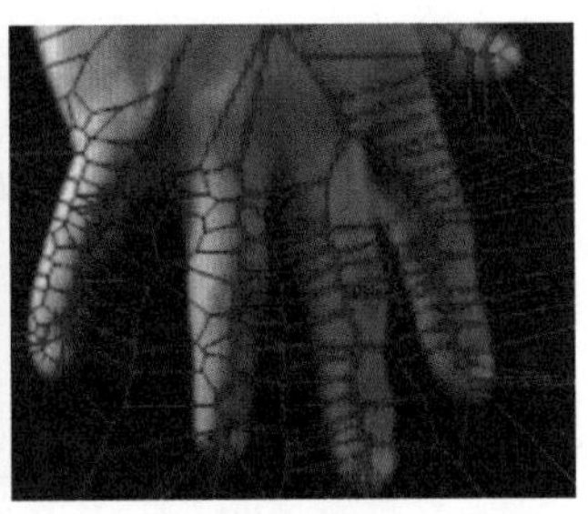
(b) 离线视频帧4

图 1.67　离线视频帧 3 和 4　❑

问题 1.24　基于角点的德劳内图像帧网格的离线视频制作

🚲 编写一个 Matlab 程序解决下列问题：

（1）创建一个手运动的视频。

（2）离线地在每个视频帧上查找并显示基于角点的德劳内网格。用红色符号 × 标记角点。

（3）创建一个.avi 文件，显示在每个视频帧图像上包含基于角点的德劳内网格视频帧的制作过程。　❑

问题 1.25　基于角点的德劳内头部图像帧网格的离线视频制作

🚲 编写一个 Matlab 程序解决下列问题：

（1）创建一个头部运动的视频。

（2）离线地在每个视频帧上查找并显示基于角点的德劳内网格。用红色符号 × 标记角点。

（3）创建一个.avi 文件，显示在每个视频帧图像上包含基于角点的德劳内网格视频帧的制作过程。　❑

问题 1.26　基于角点沃罗诺伊手图像帧网格的离线视频制作

🚲 编写一个 Matlab 程序解决下列问题：

（1）创建一个手运动的视频。

（2）离线地在每个视频帧上查找并显示基于角点的沃罗诺伊网格。用红色符号 × 标记角点。

（3）创建一个.avi 文件，显示在每个视频帧图像上包含基于角点的沃罗诺伊网格视频

帧的制作过程。 ❑

问题 1.27 基于角点沃罗诺伊头部图像帧网格的离线视频制作

编写一个 Matlab 程序解决下列问题：

（1）创建一个头部运动的视频。

（2）离线地在每个视频帧上查找并显示基于角点的沃罗诺伊网格。用红色符号×标记角点。

（3）创建一个.avi 文件，显示在每个视频帧图像上包含基于角点的沃罗诺伊网格视频帧的制作过程。 ❑

问题 1.28 离线视频帧角点生成点

编写一个 Matlab 程序解决下列问题：

（1）创建一个手运动的视频。

（2）离线地在每个视频帧上查找并显示角点。用红色符号×标记角点。

（3）离线地仅显示在每个视频帧上找到的角点。

（4）创建一个.avi 文件，显示在每个视频帧图像上包含视频角点的视频帧的制作。 ❑

1.24.2 实时视频处理

本节简要介绍**实时视频处理**的方法。这种形式的视频处理有三个**基本步骤**。

实时视频处理的基本步骤

（1）开始对变化场景的视频采集。

（2）从视频中选取当前帧。

（3）从当前视频帧中提取信息，例如，通过用沃罗诺伊网格覆盖视频帧来发现几何信息。

（4）重复步骤（2）直到视频完整。

算法 1.6 示出了特定形式的视频处理。该算法生成**实时视频帧沃罗诺伊网格**，其中基于角点的沃罗诺伊网格被叠加在每个视频帧图像上。

算法 1.6 在实时视频帧图像上构建基于角点的沃罗诺伊网格

Input : Changing visual scene *View* and real-time *Video*.

Output: Video frames, each with corner-based Voronoï mesh overlay.

```
View ⟼ Video ;
Frame ⟻ Video;
Last Frame ⟼ False;
while (LastFrame ≠ ∅ True) do
    Use Algorithm2 to overay Voronoï mesh on Frame;
    Video ⟻ Video \ Frame;
    /* Video \ Frame reads Video without the current Frame. */ ;
    /* i.e., Remove tessellated Frame from the set of frames in the Video */ ;
    if Video ≠ ∅ then
```

```
    | Frame ←┤ Video;
else
    └Last Frame ├→ True;
```

附录 A.1.6 小节给出的 Matlab 程序实现算法 1.6。该算法使用算法 1.2 以用沃罗诺伊网格覆盖视频中的每一帧。这是实时进行的，即采集完一帧视频，就马上进行覆盖。

例 1.33

附录 A.1.6 小节中列表 A.9 给出的 Matlab 程序创建一个.mp4 视频文件作为**实时视频处理**的样例。此程序在用特定网络摄像头捕获视频时在每个帧上覆盖基于角点的沃罗诺伊网格。例如，图像角点被用作种子点以构建图 1.68 的图像沃罗诺伊网格以及构建图 1.65 和图 1.69 中的视频帧沃罗诺伊网格。再次注意，当手移动时，沃罗诺伊网格多边形会实时发生变化。多边形的变化是图像中角点位置变化的结果。

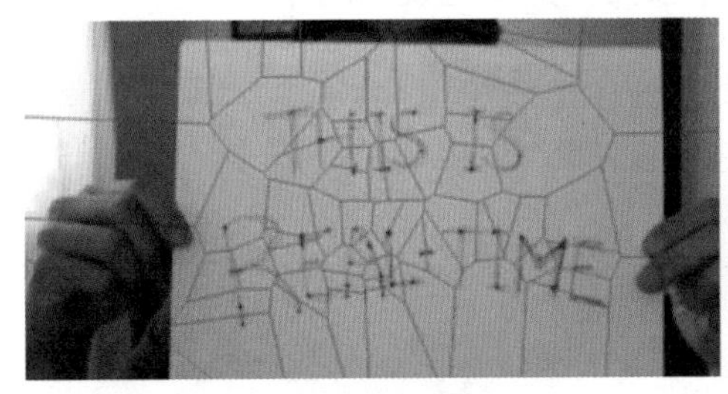

(a) 实时视频帧1

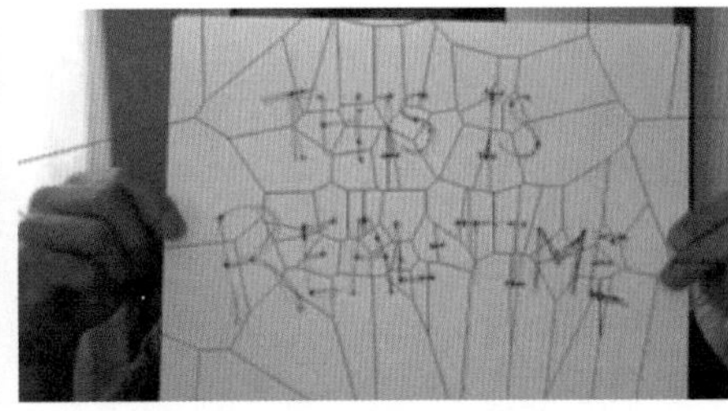

(b) 实时视频帧2

图 1.68　实时视频帧 1 和 2

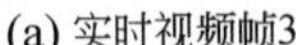

(a) 实时视频帧3

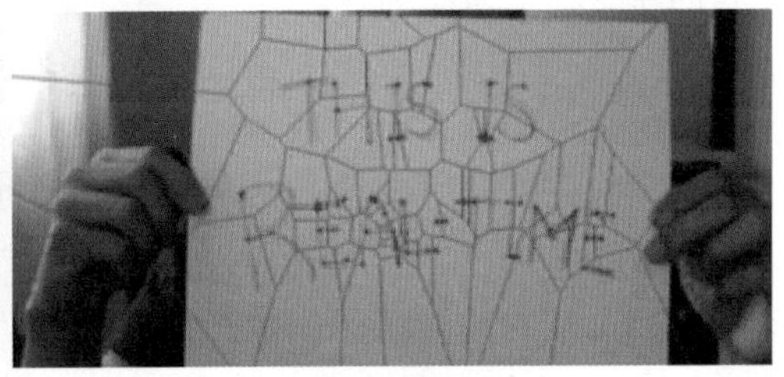

(b) 实时视频帧4

图 1.69　实时视频帧 3 和 4　❑

问题 1.29　基于角点德劳内手图像帧网格的实时视频制作

🚲 编写一个 Matlab 程序解决下列问题：

（1）创建一个手运动的视频。

（2）实时地在每个视频帧上查找并显示基于角点的德劳内网格。用红色符号 × 标记角点。

（3）创建一个.avi 文件，显示在每个视频帧图像上包含基于角点的德劳内网格视频帧的制作过程。　❑

问题 1.30　基于角点德劳内头部图像帧网格的实时视频制作

🚲 编写一个 Matlab 程序解决下列问题：

（1）创建一个头部运动的视频。

（2）实时地在每个视频帧上查找并显示基于角点的德劳内网格。用红色符号×标记角点。

（3）创建一个.avi 文件，显示在每个视频帧图像上包含基于角点的德劳内网格视频帧的制作过程。 ❑

问题 1.31　基于角点的沃罗诺伊手图像帧网格的实时视频制作

🚲 编写一个 Matlab 程序解决下列问题：

（1）创建一个手运动的视频。

（2）实时地在每个视频帧上查找并显示基于角点的沃罗诺伊网格。用红色符号×标记角点。

（3）创建一个.avi 文件，显示在每个视频帧图像上包含基于角点的沃罗诺伊网格的视频帧的制作过程。 ❑

问题 1.32　基于角点的沃罗诺伊头部图像帧网格的实时视频制作

🚲 编写一个 Matlab 程序解决下列问题：

（1）创建一个头部运动的视频。

（2）实时地在每个视频帧上查找并显示基于角点的沃罗诺伊网格。用红色符号×标记角点。

（3）创建一个.avi 文件，显示在每个视频帧图像上包含基于角点的沃罗诺伊网格的视频帧的制作过程。 ❑

问题 1.33　实时视频帧角点生成点

编写一个 Matlab 程序解决下列问题：

（1）创建一个手运动的视频。

（2）实时地在每个视频帧上查找并显示角点。用红色符号×标记角点。

（3）实时地仅显示在每个视频帧上找到的角点。

（4）创建一个.avi 文件，显示在每个视频帧图像上包含视频角点的视频帧的制作过程。 ❑

问题 1.34　实时视频帧子图像角点生成点

编写一个 Matlab 程序解决下列问题：

（1）创建一个手运动的视频。

（2）实时地在每个视频帧上的一个子图像查找并显示角点。用红色符号×标记子图像角点。

（3）实时地仅显示在每个视频帧的子图像上找到的角点。

（4）创建一个.avi 文件，显示在每个视频帧子图像上包含视频角点的视频帧的制作过程。 ❑

第 2 章 像 素 加 工

2.1 图 像 元 素

像素（又称为**图像元素**）是数字图像 I 中在位置(r, c)（行，列）的元素。像素表示数字图像中的最小构成元素。通常，光栅图像中的每个像素由称为**光栅图像图块**的小方块表示。**光栅图像技术**起源于阴极射线管（CRT）的光栅扫描显示，其中图像通过磁性转向聚焦电子束逐行绘制。通常，计算机监视器可以进行位图显示，其中每个屏幕像素对应于其**位深度**，即用于渲染像素彩色**通道**的像素数。

通过在不同级别**变焦放大**（**重新采样**）图像，这些微小的像素方块变得可见。

例 2.1　查看光栅图像像素

光栅图像的四个示例如图 2.1 所示。

（1）左下面板：手持相机在像素查看窗口中。

这是一个可移动的窗口，可以**查看**图像的不同部分。

（2）左上面板：查看窗口中的像素（放大 800%）。

（3）右下面板：手持相机在像素查看窗口中。

这是第二个可移动的窗口，可以查看图像的不同部分。

（4）右上面板：查看窗口中的像素 （放大 400%）。

图 2.1　较低分辨率与较高分辨率的图像

参见附录 A.2.1 小节中列表 A.10 的 Matlab 程序，对其他的放大镜头水平和其他图像的

像素进行实验。 ❑

例 2.2　查看光栅图像像素

光栅图像的四个示例如图 2.2 所示。

（1）右下面板：手持相机在像素查看窗口中。

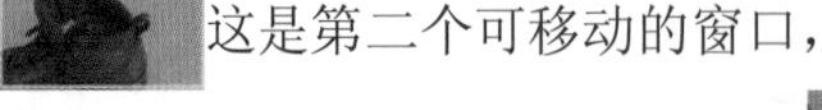这是第二个可移动的窗口，可以查看图像的不同部分。

（2）左上面板：查看窗口中的像素（放大 100%）。

（3）左下面板：手持相机在像素查看窗口中。

这是一个可移动的窗口，可以查看图像的不同部分。

（4）左上面板：查看窗口中的像素（放大 800%）。

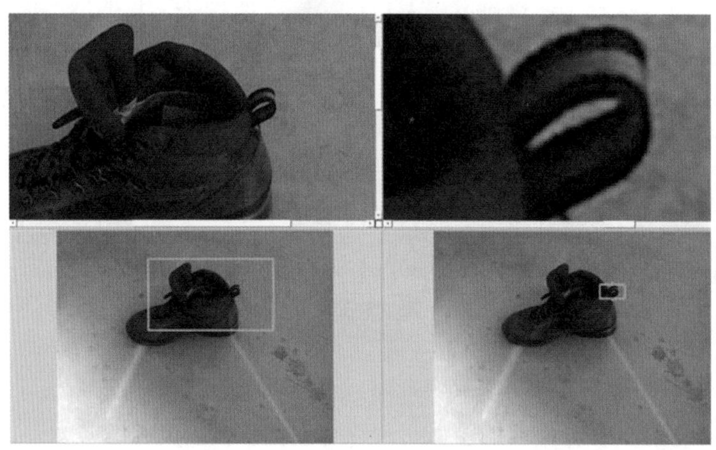

图 2.2　放大 100%和 800%，显示彩色图像像素

参见附录 A.2.1 小节中列表 A.10 的 Matlab 程序，对其他的放大镜头水平和其他图像的像素进行实验。 ❑

每个彩色或灰度或二值图像的像素都可以有若干个数值。有许多情况需要考虑。

二值图像像素值：白色像素取值 1，黑色像素取值 0。

灰度图像像素值：常见像素灰度值为 0～255。每个灰度像素值量化该像素的白光幅度。

RGB 图像像素值：每个彩色像素值量化了像素特定彩色通道亮度的大小。**彩色通道**是图像的特定彩色分量，并且对应于一系列可见光波长。每个彩色像素包含三个彩色通道的**强度**。对于比特深度等于 8 的彩色像素，每个彩色通道具有以下强度（**亮度**）**值**的范围。

红色：0 ~ 255，红色像素强度（亮度）。

绿色：0 ~ 255，绿色像素强度（亮度）。

蓝色：0 ~ 255，蓝色像素强度（亮度）。

设 $I^k(u, v)$为相机图像单元(u, v)处的第 k 个彩色通道的强度，Λ为可见光谱中的波长组，p_0^k 为比例因子，λ为一个特定波长，$E_{u,v}(\lambda)$为图像单元(u, v)处的入射光量，$\tau^k(\lambda)$为第 k 个彩色通道的**滤光器透射率**，$s(\lambda)$为**相机光学传感器**的**光谱响应度**。则最终彩色像素值 $I^k(u, v)$由下式定义：

$$I^k(u,v) = p_0^k \int_\Lambda E_{u,v}(\lambda)\tau^k(\lambda)s(\lambda)\mathrm{d}\lambda$$

在典型的 RGB 相机中，$k \in \{r, g, b\}$。最近，彩色像素值已广泛用于图像**分割**[133，2.1 节，p.666]和视觉**目标跟踪**[32，2.1 节，p.666]。

> **分离和修改彩色图像通道**
>
> 彩色图像通道可以被分离，像素值可以被修改。

2.2　分离彩色图像通道

在光栅彩色图像中**分离彩色通道**是一项简单的任务。可使用 Matlab 中的表示法来说明这一点。

图像和彩色通道表示法

设 img 为 $m \times n$ 的彩色图像。在这种情况下，可以通过以下方式访问 img 中的像素。

`img(:,:)`=img 中所有行和列的像素值。

`img(r,:)`=img 中第 r 行的像素值，$1 \leqslant r \leqslant m$。

`img(:,c)`=img 中第 c 列的像素值，$1 \leqslant c \leqslant n$。

`img(:,:,1)`=img 中所有行和列的**红色通道**值。

`img(:,:,2)`=img 中所有行和列的**绿色通道**值。

`img(:,:,3)`=img 中所有行和列的**蓝色通道**值。

使用**表示法** img(:,:)、img(r,:)、img(:,c)分别检查和修改**二值**、**灰度**或彩色图像中的像素强度。

例 2.3　分离彩色图像通道值

图 2.3 给出一幅示例彩色图像。使用附录 A.2.1 小节中列表 A.11 的 Matlab 程序可以分离图 2.3 的彩色通道，并**重新结合**在图 2.4 中。

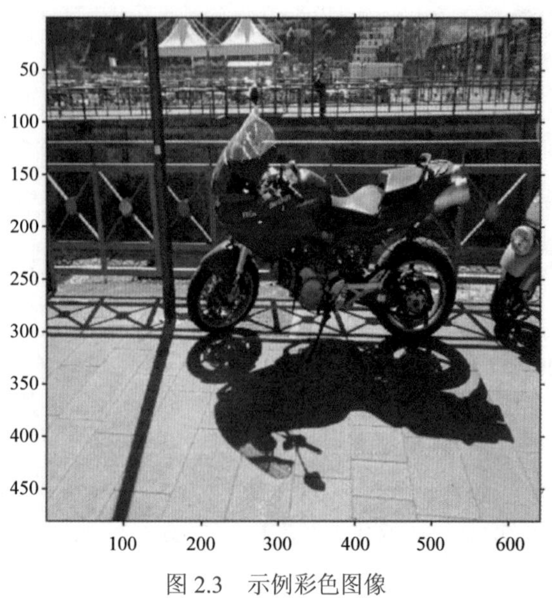

图 2.3　示例彩色图像

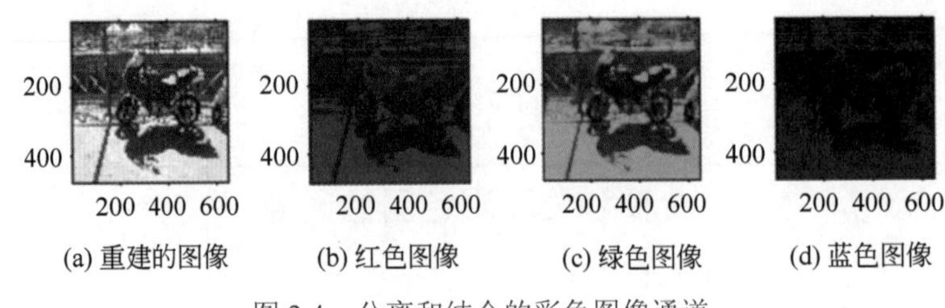

(a) 重建的图像　(b) 红色图像　(c) 绿色图像　(d) 蓝色图像

图 2.4　分离和结合的彩色图像通道

□

2.3　彩色向灰度的转换

理想情况下，**彩色通道值**指示由数字相机所产生的彩色图像的像素形成中使用光学传感器记录下来的彩色通道光的幅度。令 I 为一幅彩色图像。可以使用 Matlab 函数 `rgb2gray(I)`将**彩色图像** I 转换为**灰度图像** I_{gr}。

例 2.4

图 2.5 所示为使用附录 A.2.3 小节中列表 A.12 的 Matlab 程序将叶彩色图像转换为灰度图像的结果。当对原始图像及其灰度对应物的子图像进行镜头放大时，两种形式图像之间的对比变得更清晰。

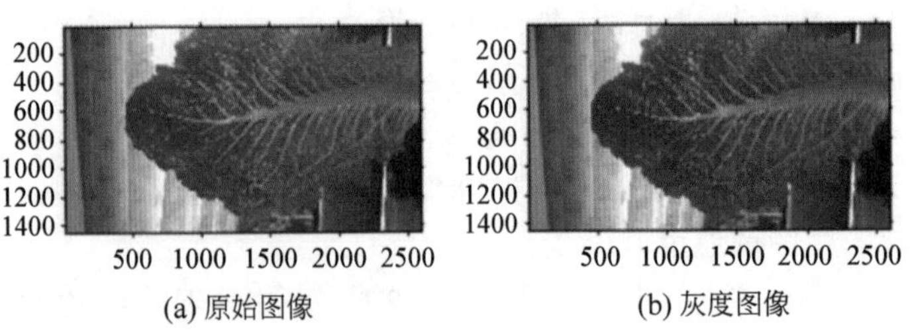

(a) 原始图像　(b) 灰度图像

图 2.5　彩色向灰度的转换

彩色子图像

在该子图像中，存在各种不同的绿色影调的混合物。回想一下，通过混合黄色和蓝色可获得绿色影调。验证图像中的可见绿色是以红色和蓝色通道强度混合方式进行数字绘制是一项简单的任务。

灰度子图像

在该子图像中，原始混合的各种绿色影调被灰色混合代替。从像素彩色强度到灰度强度的变化可以在图 2.6 的像素值示例中看到。

在像素级，可以通过使用诸如 $\ln(x)$，$\exp(x)$之类的函数将彩色或**灰度图像** I 中的每个值替换为彩色通道值的平均值或映射到实数的像素值，或彩色通道值的加权和，来执行像素修改。例如，对于灰度图像中在(x, y)的像素 $I_{gr}(x, y)$

$$I_{gr}(x, y) = \alpha I(x, y, r) + \beta I(x, y, r) + \gamma I(x, y, r)$$

其中加权系数α、β、γ近似于人眼对红色、绿色和蓝色（分别为 r、g、b）色带值的感知响

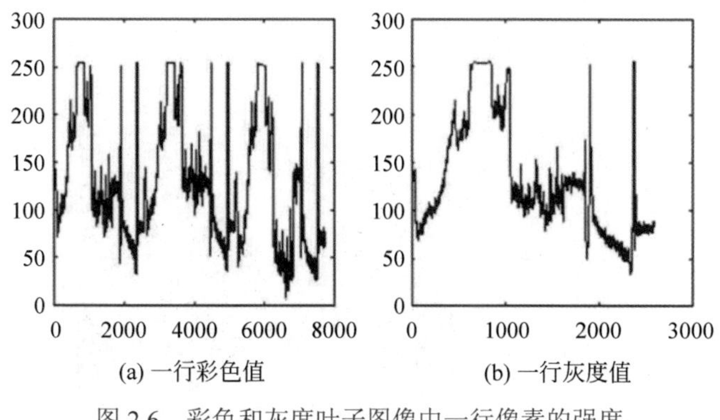

(a) 一行彩色值　(b) 一行灰度值

图 2.6　彩色和灰度叶子图像中一行像素的强度　❑

应。在用于灰度图像像素的 NTSC（**国家电视标准委员会**）**电视标准**中：

$$\alpha = 0.2989,\ \beta = 0.5870,\ \gamma = 0.1140$$

在 Matlab 中，可以写成：

```
Igr(x,y)=a*I(x,y,1)+b*I(x,y,2)+γ*I(x,y,3)
```

问题 2.1

给定一幅彩色图像，`I=rainbow.jpg`，执行下列操作：

（1）自选加权系数α、β、γ的值。

（2）将图像 I 中 30 个像素宽的列转换为灰度强度。称新图像为 I_{gr}。

（3）显示所得到的彩色-灰度混合图像 I_{gr}。

（4）☕使用 `cpselect` 比较 I 和 I_{gr} 中 5 个像素宽的列。

2.4　对像素强度的代数操作

本节考虑对图像像素强度的各种操作，它们导致图像的视觉外观发生变化。设 g 为数字图像（彩色或灰度）。设 $k\in[0, 255]$。使用简单**代数表达式**中的图像变量获得新图像 i_1、i_2、i_3、i_4。

图像的代数表达式 I

$$i_1 = g + g$$
$$i_2 = (0.5)(g + g)$$
$$i_3 = (0.3)(g + g)$$
$$i_4 = \left[g\left(\frac{g}{2}\right) \right] * 2$$

例 2.5　对图像的代数操作 I

在**代数操作 I** 中，注意到图像 g 被添加到其自身。各种代数表达式可以被放在一起以修改图像中的像素值。附录 A.2.3 小节中列表 A.13 的 Matlab 程序在图 2.7 中的彩色图像上实现了代数表达式 I，以获得如图 2.8 所示的结果图像。例如，图 2.8 中最左边的图像 i_1 借助 $g + g$ 实现了更亮的结果（摩托车图像 g 中的所有像素强度都被加倍了）。

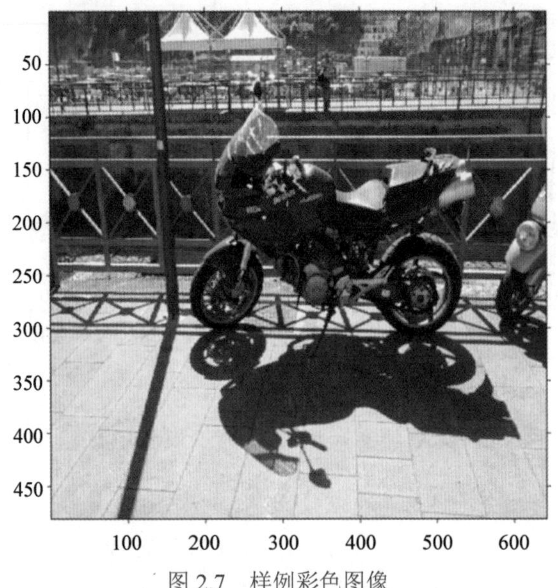

图 2.7 样例彩色图像

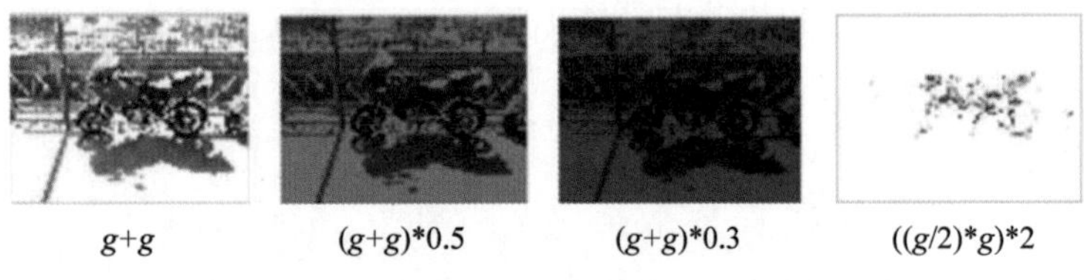

图 2.8 利用代数表达式 I 获得像素强度值的改变 ❑

设 h 是一幅彩色图像，并使用以下代数表达式来改变 h 中的像素强度。

图像的代数表达式 II

$$i_5 = h + 30$$
$$i_6 = h - (0.2)h$$
$$i_7 = \left|h - (0.2)(h + h)\right|$$
$$i_8 = h + (0.5)\left(h + h\right) * 2$$

例 2.6 对图像的代数操作 II

在**代数操作 II** 中，注意到 30 被添加到图像 h 的各个强度。附录 A.2.3 小节中列表 A.14 的 Matlab 程序在图 2.9 中的叶子彩色图像上实现了代数表达式 II，以获得如图 2.10 所示的结果图像。例如，图 2.10 中最右边的图像借助(0.2)[h+ (0.5)(h+ h)]实现了更亮的结果（摩托车图像 g 中的所有像素强度都明显增加了）。

设 img 是一幅彩色图像，并使用以下代数表达式来改变 img 中的像素强度。

图像的代数表达式 III

$i_9 = (0.8)\text{img}(:,:,1)$ 减少红色通道强度

$i_{10} = (0.9)\text{img}(:,:,1)$ 稍微减少绿色通道强度

$i_{11} = (0.5)\text{img}(:,:,1)$ 大幅减少绿色通道强度

$i_{12} = (16.5)\text{img}(:,:,1)$ 大幅增加蓝色通道强度

图 2.9　样例彩色图像

h+30　　*h*–0.2**h*　　|*h*–((*h*+*h*)*0.5)|　　*h*+((*h*+*h*)*0.5))*2

图 2.10　利用代数表达式 II 获得像素强度值的改变　❑

例 2.7　对图像的代数操作 III

在**代数操作 III** 中，注意到在各个彩色通道像素强度被不同程度地减少或大幅度地增加（在蓝色通道）。附录 A.2.3 小节中列表 A.15 的 Matlab 程序在图 2.11 中的视频帧彩色图像上实现了代数表达式 III，以获得如图 2.12 所示的结果图像。例如，图 2.12 中最右边的图像借助(16.5)img(:, :, 3)实现了更亮的结果（视频帧图像中的所有蓝色像素强度都明显增加了）。

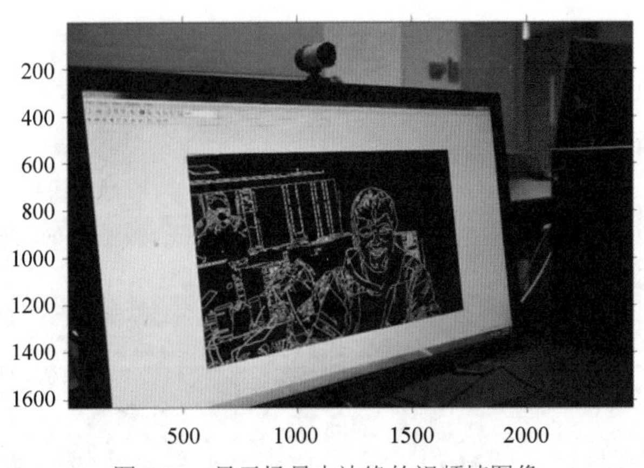

图 2.11　显示场景中边缘的视频帧图像

*i*9 (0.8)*红

*i*10 (0.9)*绿

*i*11 (0.5)*绿

*i*12 (16.5)*蓝

图 2.12　利用代数表达式 III 获得彩色通道像素强度值的改变　❑

问题 2.2 离线改变视频帧彩色通道

使用附录 A.2.3 小节中列表 A.15 的 Matlab 程序（改变图像通道强度）作为模板来进行**离线视频处理**，执行下列操作。

（1）🚲 使用附录 A.1.5 小节中列表 A.8 的 Matlab 程序作为离线视频处理的模板，更改各个视频帧图像中的红色通道强度。

提示：用列表 A.15 中的代码行替换沃罗诺伊镶嵌代码行，以处理和显示各个视频帧图像的红色通道中的变化。

（2）重复步骤（1），更改各个视频帧图像中的绿色通道强度。

（3）重复步骤（1），更改各个视频帧图像中的蓝色通道强度。 ❑

问题 2.3 实时改变视频帧彩色通道

使用附录 A.2.3 小节中列表 A.15 的 Matlab 程序（改变图像通道强度）作为模板来进行**实时视频处理**，执行下列操作。

（1）☕ 使用附录 A.1.6 小节中列表 A.9 的 Matlab 程序作为实时视频处理的模板，更改各个视频帧图像中的红色通道强度。

提示：用列表 A.15 中的代码行替换沃罗诺伊镶嵌代码行，以实时处理和显示各个视频帧图像的红色通道中的变化。

（2）重复步骤（1），实时更改各个视频帧图像中的绿色通道强度。

（3）重复步骤（1），实时更改各个视频帧图像中的蓝色通道强度。 ❑

如果图像尺寸大致相同，则可以将不同的图像 g 和 h 加起来。为了组合不同图像中的像素值，必须使不同的图像 g 和 h 具有相同的尺寸。为了解决这个相同尺寸的图像问题，选择任意 $n \times m$ 图像 img，这是两个图像中较大的一个，将第二个图像复制到 1 或 0 的 $n \times m$ 数组中（称之为 copy）。然后 img 和 copy 可以按各种方式组合。

例 2.8 组合不同图像的像素强度

图 2.13 中的图像显示了泰国杂货店的货架。这些**泰国货架图像**均约为 1.5MB。附录 A.2.1 小节中列表 A.16 的 Matlab 程序说明了如何在成对的不同图像中组合像素强度。图 2.14

(a) 彩色阵列　　(b) 另一个彩色阵列

图 2.13 泰国杂货店的货架图像

中的第一行图像是两个泰国货架图像以不同的方式组合的结果。图 2.14 中的第二行图像是仅对一个原始图像进行代数运算的结果。

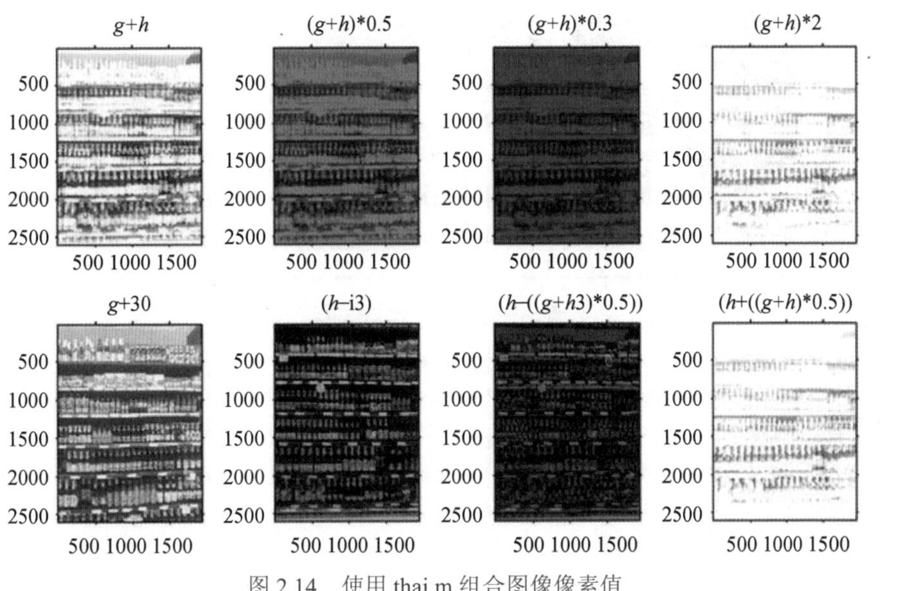

图 2.14　使用 thai.m 组合图像像素值 ❑

问题 2.4

选取 3 对不同的彩色图像 g 和 h，执行下列操作。

（1）🚲在图像代数表达式 I 中，用 g、h 替换 g、g，并使用附录 A.2.1 小节中列表 A.16 的 Matlab 程序显示更改的图像。

（2）重复步骤（1），使用图像代数表达式 II。

（3）重复步骤（1），使用图像代数表达式 III。 ❑

除了使用代数表达式 I、II、III 构造图像 $I_1, \ldots, I_{12}$ 之外还有许多其他可能性。例如，可以使用下式确定所选图像行 r 中的最大红色值：

$$[r,c]=\max[g(row,:,1)]$$

借助 $g(r, c)$，可以通过使用最大红色通道值修改红色通道值来构建新图像。

例 2.9　最大像素强度实验

附录 A.2.4 小节中列表 A.15 的 Matlab 程序通过修改像素强度得到的结果如图 2.15 所示。这是通过在图像的第一行中添加最大红色通道强度的一部分而获得的、修改后的红色通道强度的外部视图。在内部，**彩色通道**只是一个灰度图像（并不如人们想象的那样）。

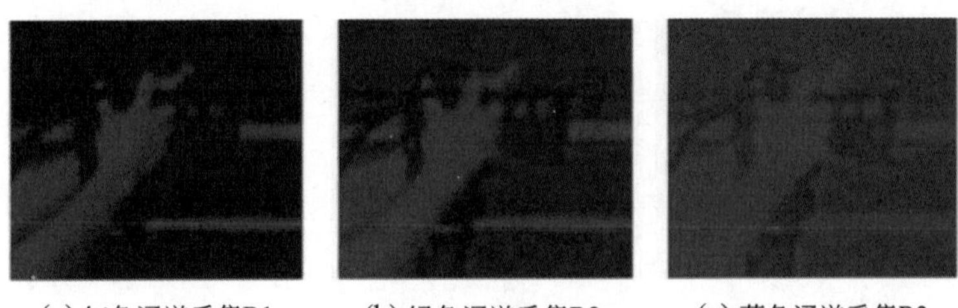

(a) 红色通道采集R1　(b) 绿色通道采集R2　(c) 蓝色通道采集R3

图 2.15　最大值修改的红色通道强度的外部彩色视图

修改后的红色通道强度的内部视图如图 2.16 所示。

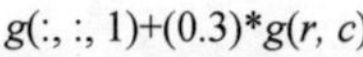

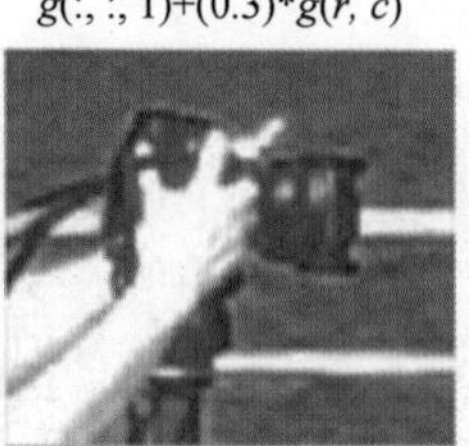

图 2.16 最大值修改的红色通道强度的内部灰度视图

彩色图像通道的内部视图

在内部，彩色图像通道被看作一个灰度图像。

问题 2.5

例 2.9 说明了如何添加最大红色通道强度的一部分。现在请你自己选择三幅彩色图像，执行以下操作。

（1）使用函数 min 而不是函数 max 来查找整幅彩色图像的最小红色通道值。

（2）从每个原始红色通道强度中减去最大红色通道强度的一部分。

（3）将结果同时显示为彩色图像和灰度图像。

问题 2.6

使用最小彩色通道强度重复问题 2.5 中的步骤。

查找图像边缘

最难的是在黑暗的房间里找到一只黑猫，特别是如果没有猫的话[112]。

2.5 用边缘像素选择解释像素选择

选取**边缘像素**是最常见的像素**选择**形式之一。基本方法是检测灰度图像或彩色通道中边缘上的像素。

简而言之，为了找到边缘像素，首先要找到每个图像像素的**梯度方向**（梯度角），即每个像素的切线角。设 img 为一幅 2-D 图像，让 img(x, y)为位置(x, y)的像素。然后以下列方式找到像素 img(x, y)的**梯度角**ϕ。

$$G_x = \frac{\partial \mathrm{img}(x,y)}{\partial x}$$

$$G_y = \frac{\partial \mathrm{img}(x,y)}{\partial y}$$

$$\phi = \tan^{-1}\frac{G_y}{G_x} = \tan^{-1}\left[\frac{\frac{\partial \mathrm{img}(x,y)}{\partial y}}{\frac{\partial \mathrm{img}(x,y)}{\partial x}}\right]$$

在坎尼边缘像素检测方法[24]中，每个图像都经过滤波以去除噪声，这样做具有平滑图像的视觉效果。在找到每个像素的梯度方向之后，坎尼引入了取向角上的滞后间隔的双阈值。基本思想是选择具有落在滞后间隔内的梯度方向的所有像素。落在所选滞后间隔内的边缘像素称为**强边缘像素**。落在滞后间隔外的边缘像素被称为**弱边缘像素**。弱边缘像素被忽略。

在从每个彩色图像通道中分离出边缘之前，考虑将灰度图像边缘分离为二值图像上白色像素的传统方法。

例 2.10　最大像素强度实验

图 2.17 显示了使用附录 A.2.5 小节中列表 A.18 的 Matlab 程序从彩色图像中找到灰度图像中强边缘像素的结果。基本方法是首先将彩色图像转换为灰度图像。如果忽略每个彩色像素的位置，则彩色图像是 3-D 图像的样例。数学上，彩色图像中位置(x, y)的每个像素 p 由 5-D 欧几里得空间中的矢量(x, y, r, g, b)描述，其中 r，g，b 是像素 p 的彩色通道的亮度（强度）值。传统上，边缘检测算法需要使用**灰度图像**，这是一种 2-D 图像，其中每个像素强度在视觉上是从纯白色到纯黑色的灰色阴影。在选择彩色通道中的像素之后，可以在单个彩色通道像素上使用任何通常的**边缘检测**方法。在本例中，使用了**坎尼**[24]引入的边缘检测方法。

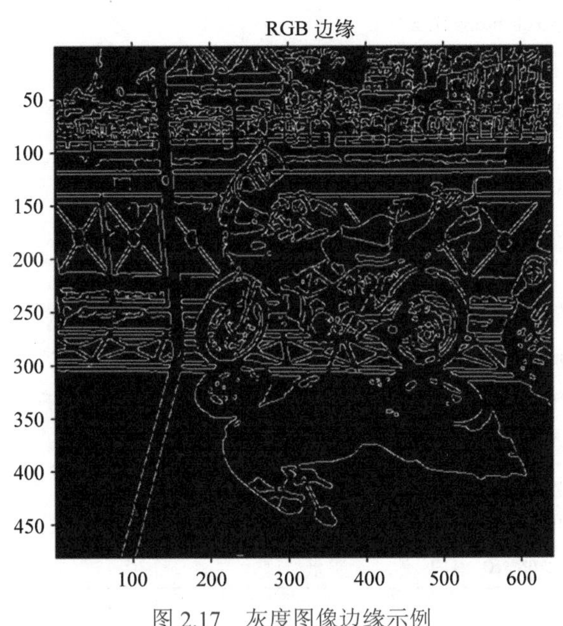

图 2.17　灰度图像边缘示例

下面是一些细节。

彩色子图像

在这个摩托车图像的子图像中显示的是组合的 RGB 通道像素。

黑白子图像边缘

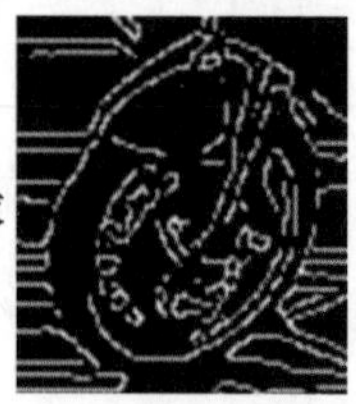

在这个摩托车黑白图像的子图像中显示的是二值图像上的白色边缘像素。 ❑

在算法 2.1 中给出了在每个彩色通道中进行边缘像素检测的步骤（**彩色通道边缘**）。注意算法 2.1 中传统的像素边缘检测方法和彩色通道边缘检测之间的平行。在两种情况下，边缘像素（白色或彩色）印刷在黑色图像上。对于摩托车图像的红色通道、强边缘像素如图 2.18 所示。

算法 2.1 彩色通道边缘选择

Input : Read digital image *img*.

/* Capture colour image channel edges. */ ;

Output: *img* $\longmapsto$ *edgesR, edgesR, edgesR*.

/* Capture red channel pixel intensities. */ ;

gR $\longleftarrow$ *img(:, :, 1)*;

/* Capture green channel pixel intensities. */ ;

gG $\longleftarrow$ *img(:, :, 2)*;

/* Capture blue channel pixel intensities. */ ;

gB $\longleftarrow$ *img(:, :, 3)*;

/* Capture blue channel pixel intensities. */ ;

edge(gR,_ canny_) $\longmapsto$ *imgR*;

edge(gG,_ canny_) $\longmapsto$ *imgG*;

edge(gB,_ canny_) $\longmapsto$ *imgB*;

/* Map edge pixel intensities in each channel onto a black channel image *bk*. */ ;

edgesR $\longleftarrow$ *cat (3, imgR, bk, bk)*;

edgesG $\longleftarrow$ *cat (3, bk, imgG, bk)*;

edgesG $\longleftarrow$ *cat (3, bk, bk, imgB)*;

/* Capture modified black image embossed with channel edges. */ ;

Display edgesR, edgesR, edgesR;

例 2.11

图 2.19 显示了使用附录 A.2.5 小节中列表 A.18 的 Matlab 程序在彩色图像的绿色通道中找到强边缘像素的结果。首先选择彩色图像中的所有像素。传统上，边缘检测算法需要灰度图像。彩色图像的单个通道中的像素具有典型的 2-D 灰度图像的外观，除了像素强度是单个通道中的像素彩色亮度值之外。在选择了彩色通道中的像素之后，可以在单个彩色通道像素上使用任何通常的边缘检测方法。在这里，再次使用了坎尼的边缘检测方法。

```
>>  img=imread('carCycle.jpg');%选择 RGB 图像
>>  gR=img(:, :, 1);%选择红色通道像素
```

```
>>  imgR=edge(gR,'canny');%选择红色通道像素
```

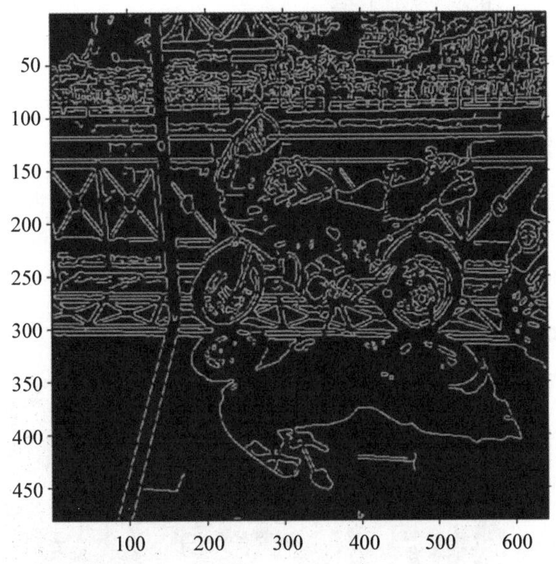

图 2.18　摩托车图像的红色通道边缘

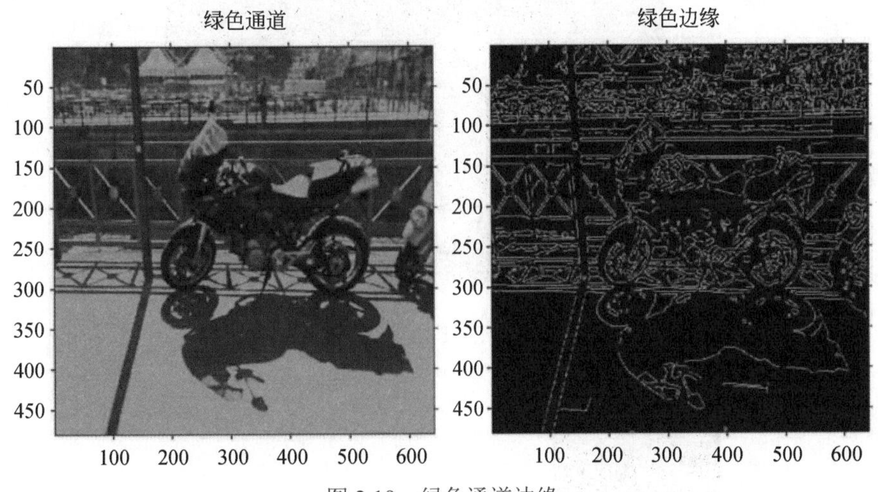

图 2.19　绿色通道边缘

下面是一些细节。

彩色通道子图像 

在这个摩托车图像的子图像中仅显示了绿色通道像素。

彩色通道子图像边缘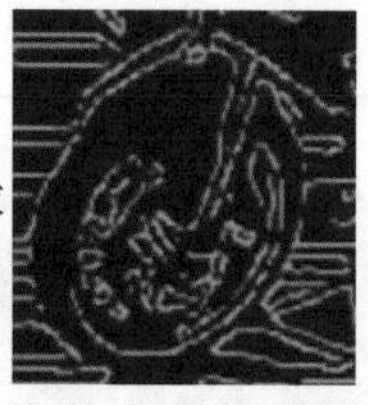

在这个摩托车黑白图像的车轮子图像中显示的是绿色通道边缘像素。 ❑

有可能将**彩色通道边缘像素**结合到黑色图像上。

例 2.12

图 2.20 显示了再次使用附录 A.2.5 小节中列表 A.18 的 Matlab 程序将红色通道和绿色通道边缘像素结合起来得到的结果。这是通过串联单独的图像，即 imgR（红色通道边缘）、imgG（绿色通道边缘）、*a*（完全黑色图像）以直接的方式完成的。

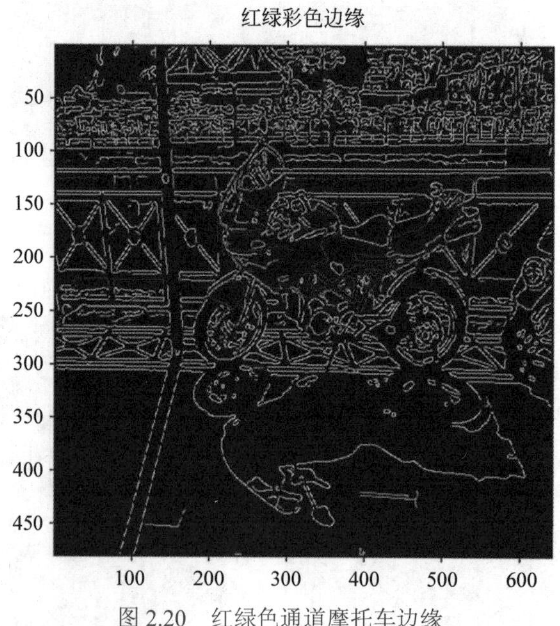

图 2.20 红绿色通道摩托车边缘

下面是一些细节。

二值边缘子图像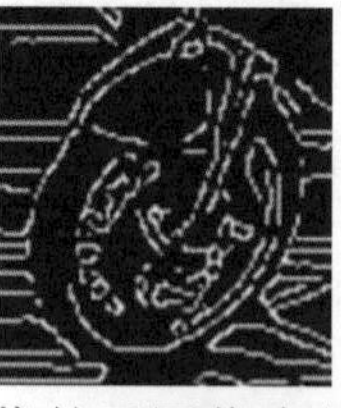

在这个摩托车图像的子图像中仅显示了绿色通道像素。

彩色通道子图像边缘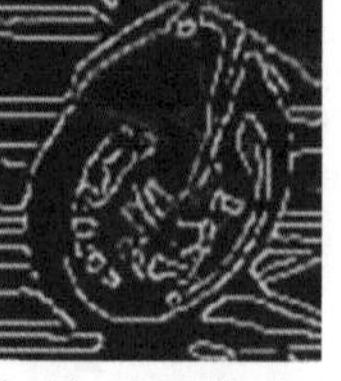

在这个摩托车图像的车轮子图像中显示的是红色通道和绿色通道边缘像素。请注意，红绿色边缘中包含许多黄色边缘。黄色边缘像素位于用来辨识强边缘像素的坎尼滞后间隔的较高（较亮）端。如果考虑红蓝色或绿蓝色边缘像素（参见问题 2.7），则会出现完全不同的情况（图 2.21）。

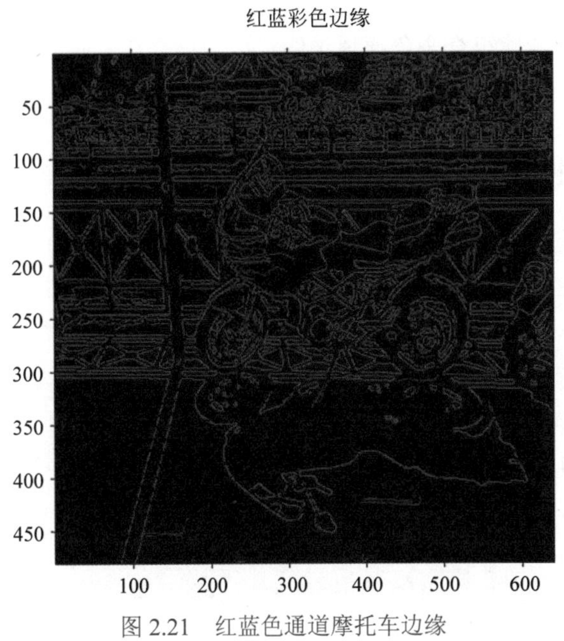

图 2.21 红蓝色通道摩托车边缘 ❑

问题 2.7 组合的彩色通道边缘像素

扩展例 2.12 中组合彩色边缘像素的方法，执行以下操作。

（1）🚲 在黑色图像上显示红色通道和蓝色通道边缘的组合。

提示：可看看附录 A.2.5 小节中列表 A.18 的 Matlab 程序是如何做这件事的。

（2）🚲 在黑色图像上显示绿色通道和蓝色通道边缘的组合。

（3）☕ 在黑色图像上显示红色通道、绿色通道和蓝色通道边缘的组合。 ❑

问题 2.8 离线视频帧彩色通道边缘

使用附录 A.2.5 小节中列表 A.18 的 Matlab 程序（改变图像通道强度）作为离线**视频处理**的模板，执行以下操作。

（1）☕ 使用附录 A.1.5 小节中列表 A.8 的 Matlab 程序作为离线视频处理的模板，显示各个视频帧图像的红色通道边缘。

提示：用列表 A.18 中的代码行替换沃罗诺伊镶嵌代码行，以处理和显示各个视频帧图像的红色通道边缘。

（2）重复步骤（1），以处理和显示各个视频帧图像的绿色通道边缘。

（3）重复步骤（1），以处理和显示各个视频帧图像的蓝色通道边缘。

（4）☕ 使用附录 A.1.5 小节中列表 A.8 的 Matlab 程序作为离线视频处理的模板，显示各个视频帧图像的红色通道和绿色通道组合的边缘。

提示：用列表 A.18 中的代码行替换沃罗诺伊镶嵌代码行，以处理和显示各个视频帧图像的红色通道和绿色通道组合的边缘。

（5）重复步骤（4），以处理和显示各个视频帧图像的红色通道和蓝色通道组合的边缘。

（6）重复步骤（4），以处理和显示各个视频帧图像的绿色通道和蓝色通道组合的边缘。 ❑

问题 2.9 离线视频帧组合彩色通道边缘

编写程序以在每个视频帧图像中离线地显示组合的 RGB 通道边缘。为两个不同的视频执行此操作。 ❑

问题 2.10 实时视频帧彩色通道边缘

使用附录 A.2.5 小节中列表 A.18 的 Matlab 程序（改变图像通道强度）作为实时视频处理的模板，执行以下操作。

（1）☕ 使用附录 A.1.5 小节中列表 A.9 的 Matlab 程序作为实时视频处理的模板，显示各个视频帧图像的红色通道边缘。

提示：用列表 A.18 中的代码行替换沃罗诺伊镶嵌代码行，以实时处理和显示各个视频帧图像的红色通道边缘。

（2）重复步骤（1），以处理和显示各个视频帧图像的绿色通道边缘。

（3）重复步骤（1），以处理和显示各个视频帧图像的蓝色通道边缘。

（4）☕ 使用附录 A.1.5 小节中列表 A.9 的 Matlab 程序作为实时视频处理的模板，显示各个视频帧图像的红色通道和绿色通道组合的边缘。

提示：用列表 A.18 中的代码行替换沃罗诺伊镶嵌代码行，以实时处理和显示各个视频帧图像的红色通道和绿色通道组合的边缘。

（5）重复步骤（4），以实时处理和显示各个视频帧图像的红色通道和蓝色通道组合的边缘。

（6）重复步骤（4），以实时处理和显示各个视频帧图像的绿色通道和蓝色通道组合的边缘。 ❑

问题 2.11 实时视频帧组合彩色通道边缘

编写程序以便能够在每个视频帧图像中实时地显示组合的 RGB 通道边缘。为两个不同的视频执行此操作。 ❑

2.6 基于函数修改图像像素值

本节简要介绍使用各种函数以修改图像像素值的方法。以下使用所选彩色图像通道上像素值的自然对数来说明这种方法。在算法 2.2 中给出了修改由每个彩色通道像素强度的对数所产生的每个通道强度要遵循的步骤（**基于对数的像素强度修改**）。

算法 2.2 基于对数的图像像素修改

Input : Read digital image *img*.

Output: *img* ⟼ *log(img)*.

1 *gR* ⟻ *img(:, :, 1)*;

2 /* Capture red channel pixel intensities. */ ;

gG ⟻ *img(:, :, 2)*;
/* Capture green channel pixel intensities. */ ;
gB ⟻ *img(:, :, 3)*;
/* Capture blue channel pixel intensities. */ ;
log(gR) ⟼ *imgR*;
log(gG) ⟼ *imgG*;
log(gB) ⟼ *imgB*;
/* Map log of pixel intensities in each channel to a modified channel image. */ ;
captureModified Image ⟻ *cat (3, imgR, imgG, imgB)*;
/* Capture modified channel intensities in a single image. */ ;
Display captureModifiedImage;

例 2.13

图 2.22 显示了使用附录 A.2.6 小节中列表 A.19 的 Matlab 程序对彩色图像的通道像素强度**基于对数**修改的结果。下面是基本方法的编码步骤。

```
>>  img=imread('carCycle.jpg');%选择 RGB 图像
>>  gR=img(:, :, 1);%选择红色通道像素
>>  imgR=log(double(gR));%计算红色通道边缘像素强度的对数
>>  sf=0.2;%放缩因子
>>  imgR=(sf)*log(double(gR));%选择低边缘像素强度
```

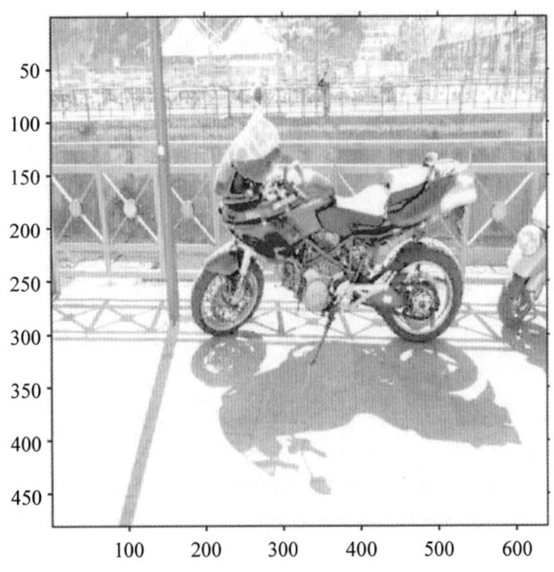

图 2.22　经过基于对数的像素强度改变后的图像示例

下面是一些细节。

彩色子图像 

在这个彩色图像的子图像中仅显示了前轮。

基于对数的彩色子图像

在这个彩色图像的子图像中，给出了组合的对数修改的通道强度。 ❑

问题 2.12 基于函数的彩色通道强度修改

自选 3 幅彩色图像，执行以下操作。

（1）🚲计算每个彩色通道强度的余弦并产生如图 2.23 所示的四个图像。

提示：修改附录 A.2.6 小节中列表 A.19 的 Matlab 程序以获得所需的结果。

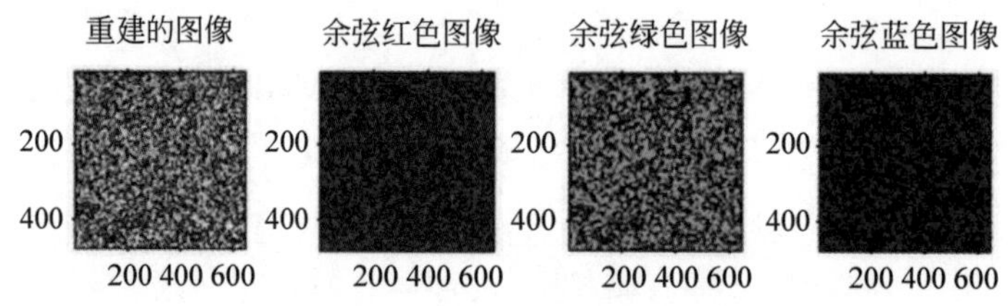

图 2.23 经过基于余弦的像素强度改变后的图像示例

（2）选择两个不同的缩放因子重复上述步骤，以调整和修改图像的亮度。例如，列表 A.19 的Matlab 程序中的缩放因子是 0.2，用于获得图 2.23 中结果的缩放因子是 1.8。 ❑

问题 2.13 彩色通道边缘信息内容

自选 3 幅彩色图像，执行以下操作。

（1）☕ 计算每个彩色通道边缘像素强度的**信息内容**，并产生如图 2.23 中的四个图像。

提示：找到每个图像中的总像素数。假设数字图像 img 中的边缘像素强度是随机的。另外，对于 $n\times m$ 图像中具有坐标(x, y)，$1\leqslant x\leqslant m$，$1\leqslant y\leqslant n$ 的图像强度为 $\text{img}(x, y)$像素，设概率[1]$p[\text{img}(x, y)] = 1/x\times y$。然后，对每个彩色通道像素强度，计算如下定义的边缘像素的彩色通道边缘像素信息内容 $h[\text{img}(x, y, k)]$，$k = 1$，2，3：

$$h[\text{img}(x,y,k)] := \log_2\left[\frac{1}{p[\text{img}(x,y,k)]}\right] \quad \text{（彩色通道像素信息内容）}$$

并且，对于每个彩色像素边缘强度，计算如下定义的边缘像素的彩色边缘像素信息内容 $h[\text{img}(x, y)]$，$1\leqslant x \leqslant m$，$1\leqslant y \leqslant n$：

$$h[\text{img}(x,y)] := \log_2\left[\frac{1}{p[\text{img}(x,y)]}\right] \quad \text{（像素信息内容）}$$

（2）选择两个不同的缩放因子重复上述步骤，以调整修改图像的亮度。 ❑

问题 2.14 彩色图像熵和它的修改

自选 3 幅彩色图像，执行以下操作。

---

1 有许多计算像素强度 $\text{img}(x, y)$的方式。唯一的限制是：

$$\sum_{i=1}^{m*n} p_i[\text{img}(r,c)] = 1,\ 1\leqslant r\leqslant m, 1\leqslant c\leqslant n$$

（1）🚲 给出 $n \times m$ 彩色图像 img 的香农熵的公式。

（2）🚲 使用问题 2.13 中的假设，编写 Matlab 或 Mathematica 程序来计算和显示自己选择的三幅彩色图像的香农熵。

（3）☕ 修改步骤（2）中的 Matlab 程序，对自己选择的三幅彩色图像执行以下操作。

（3a）改变彩色图像像素强度以增加图像熵；

（3b）改变彩色图像像素强度以减少图像熵。 ❑

2.7　图像的逻辑操作

逻辑操作包括非、与、或、和异或。本节介绍在图像像素上使用非、或、和异或。稍后，将展示如何将与操作和所谓的阈值化处理相结合，以将图像前景与背景分开来（参见 2.8 节）。

2.7.1　像素强度的补和逻辑非

对于灰度图像，图像的补使得暗区域变亮，而明亮区域变暗。对于二值图像 g，not(g)将背景（黑色）值更改为白色，将前景（白色）值更改为黑色。not(g)产生与 imcomplement(g)相同的结果。

例 2.14

附录 A.2.7 小节中列表 A.20 的 Matlab 程序展示了对灰度图像的强度求补而导致的变化和对二值图像计算各个像素强度的逻辑非而导致的变化。图 2.24 显示了对灰度图像中每个强度的两个修改：

（1）对每个灰度像素强度的补。注意摄影师的外套现在大部分（不完全）是白色的，暗灰色的背景区域变得非常暗。

（2）向每个灰度像素强度添加最大强度。结果令人惊讶，因为它证明了原始灰度图像中存在着模糊的片段。

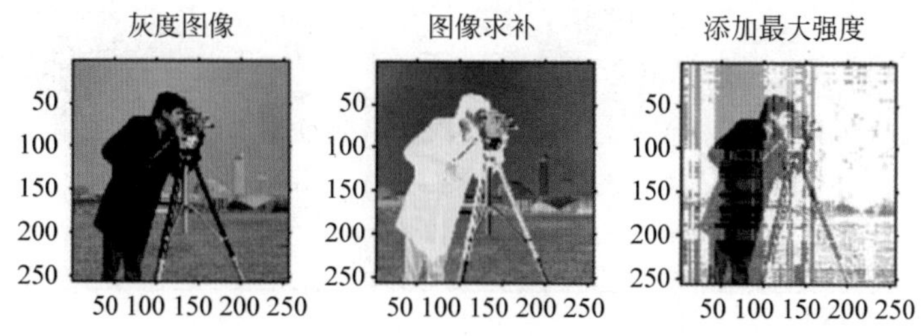

图 2.24　求补和增加灰度像素强度示例

图 2.25 显示了对二值图像中每个强度的两个修改：

（1）对每个灰度像素强度的逻辑非。注意二值的所有黑色区域是如何变为白色而所有白色区域如何变为黑色的。

（2）对各个二值像素强度的补。它产生与二值图像求补相同的结果（图 2.25）。

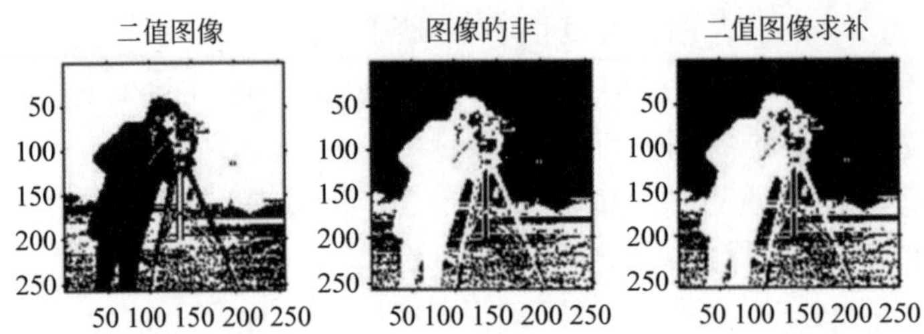

图 2.25　求补和逻辑反转二值像素强度示例

2.7.2　成对二值图像的 XOR 操作

要查看 **XOR** 操作的作用，请考虑表 2.1，其中 x，y 是二值图像中的像素强度。表 2.1 是异或真值表。在 Matlab 中，异或操作在一对二值图像上产生以下结果。要了解会发生什么，请考虑下面的成对彩色图像。

表 2.1　XOR 操作

x	y	XOR (x, y)
0	0	0
0	1	1
1	0	1
1	1	0

接下来，将图 2.26（由列表 2.1 生成）中的一对.png 彩色图像转换为二值图像（将函数 `im2bw` 应用于每个图像后，每个像素值将为 1（白色）或 0（黑色））。然后对这对二值图像应用函数 `xor`（参见列表 2.2）得到如图 2.27 所示的结果。

(a) 机器人开始状态　　(b) 机器人对抗

图 2.26　使用 robots.m 的彩色图像示例

```
% 使用XOR从旧图像构建新图像
% idea from Solomon and Breckon , 2011
clc, close all, clear all
                                                   % What's happening?
g = imread('race1.jpg'); h = imread('race2.jpg'); % read images
gbw = im2bw(g); hbw = im2bw(h);                    % convert to binary
check = xor(gbw,hbw);
subplot(1,3,1), imshow(gbw);                       % display g
subplot(1,3,2), imshow(hbw);                       % display h
subplot(1,3,3), imshow(check);                     % display xor(gbw,hbw)
```

列表 2.1　生成图 2.26 的 Matlab 程序 cars.m

```
% 从旧图像构建新图像
close all
clear all
                                                        % What's happening?
%g = imread('birds1.jpg'); h = imread('birds2.jpg'); % read png images
g = imread('race1.jpg'); h = imread('race2.jpg'); % read png images
gbw = im2bw(g,0.3); hbw = im2bw(h,0.3);           % convert to binary
check = xor(gbw,hbw);                               % xor binary
    intensities
figure,
subplot(1,3,1), imshow(gbw);                        % display gbw
subplot(1,3,2), imshow(hbw);                        % display hbw
subplot(1,3,3), imshow(check);                      % display xor(gbw,hbw)
```

列表 2.2　生成图 2.27 的 Matlab 程序

图 2.27　使用 robots.m 异或图像示例

为了完整起见，在一对.jpg 彩色图像上进行了相同的实验，这对图像显示了两个不同的泰国杂货店货架（图 2.28）。这里有趣的是在显示器上看到 XOR 操作如何将类似物品（瓶子）从一个显示器移到另一个显示器去（参见图 2.29，由列表 2.3 得到）。

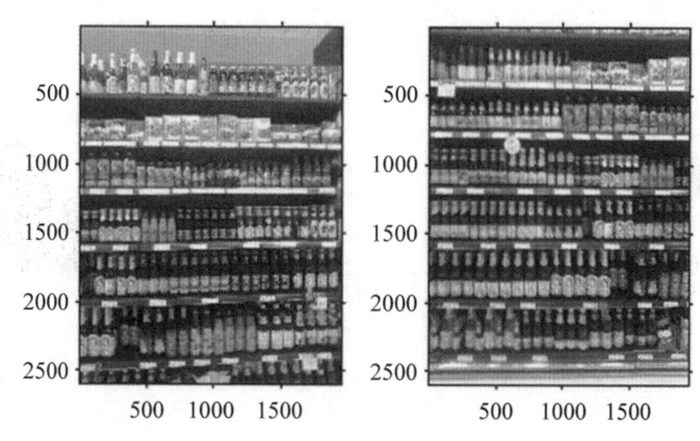

图 2.28　泰国货架图像示例

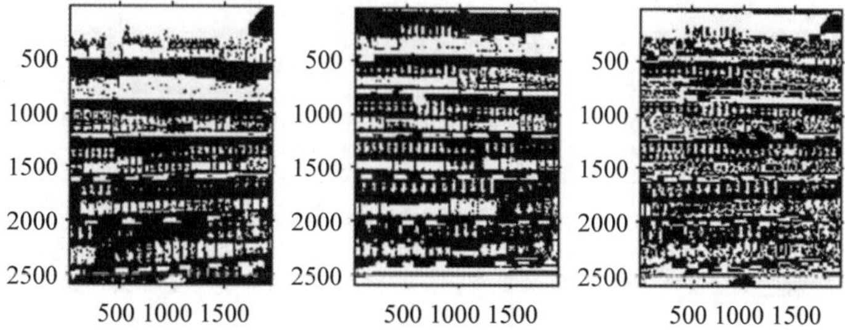

图 2.29　.png 图像示例

```
% 从旧图像构建新图像
clc, clear all, close all                    % housekeeping
g = imread('P9.jpg'); h = imread('P7.jpg');          % read jpg images
%
gbw = im2bw(g); hbw = im2bw(h);                      % convert to binary
check = xor(gbw,hbw);                                % xor binary
    intensities
subplot(1,3,1), imshow(gbw);                         % display gbw
subplot(1,3,2), imshow(hbw);                         % display hbw
subplot(1,3,3), imshow(check);                       % display xor(gbw,hbw)
```

列表 2.3 生成图 2.29 的 Matlab 程序 xor2.m

2.8 从背景中提取前景

灰度和彩色图像可以转换为二值（黑白）图像，其中**图像前景**中的像素是黑色，**图像背景**中的像素是白色。可使用称为**阈值化**的技术来完成图像前景与背景的分离。阈值化方法的结果是二值图像。如果像素值低于阈值，则将背景像素值改变为 0；如果像素值大于或等于阈值，则将前景像素值改变为 1。设用 th∈ (0, ∞)表示阈值，让 g 表示灰度图像，则

$$g(x,y)=\begin{cases}1 & \text{如果} g(x,y)>\text{th}\\ 0 & \text{其他}\end{cases}$$

请注意，th = 0.5 可以最好地将摄影师与背景分开（事实上，对于 th = 0.5，背景在图 2.30 中不再可见）。如果有兴趣分离（其他）灰度图像的前景，则需要尝试不同的阈值以获得最佳结果。用于生成图 2.30 的程序在列表 2.4 中给出。

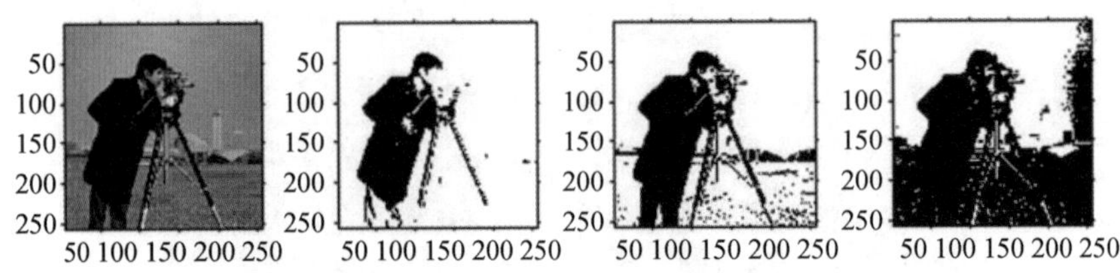

图 2.30 灰度图像阈值化示例

```
阈值化灰度图像
clc, clear all, close all     % housekeeping
g = imread('cameraman.tif');  % read greyscale image
h1 = im2bw(g,0.1);            % threshold = 0.1
h2 = im2bw(g,0.4);            % threshold = 0.5
h3 = im2bw(g,0.6);            % threshold = 0.5
subplot(1,4,1), imshow(g);    % display greyscale image
subplot(1,4,2), imshow(h1);   % display transformed image
subplot(1,4,3), imshow(h2);   % display transformed image
subplot(1,4,4), imshow(h3);   % display transformed image
```

列表 2.4 生成图 2.30 的 Matlab 程序 ex_greyth.m

问题 2.15 反转灰度像素分离过程

部分反转灰度图像的阈值化处理过程。在阈值化结果图像中存在白色像素的任何地方，将相应灰度图像中的像素更改为白色。该反转过程将产生一幅灰度图像，其中前景由具有不同强度的像素组成，而背景则完全是白色的。当基于变化的像素强度使用特征提取方法

时，这种反转过程将是重要的。 ❑

在彩色图像中将前景与背景分开可以统一地进行（对所有三个彩色通道都相同）或者通过单独地对每个彩色通道进行阈值化处理来精细地进行。统一分离方法的结果如图 2.31 所示，使用的程序如列表 2.5 所示。

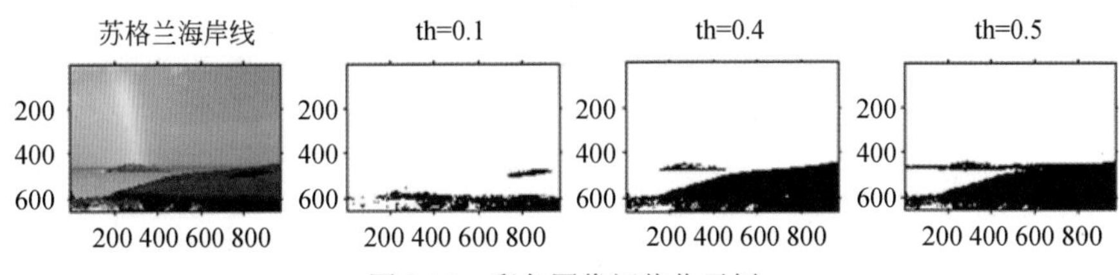

图 2.31　彩色图像阈值化示例

```
% 阈值化彩色图像
                                % What's happening?
g = imread('rainbow.jpg');      % read colour image
% g = imread('penguins.jpg');   % read colour image
h1 = im2bw(g,0.1);              % threshold = 0.1
h2 = im2bw(g,0.4);              % threshold = 0.4
h3 = im2bw(g,0.5);              % threshold = 0.5
subplot(1,4,1), imshow(g); title('Scottish shoreline');
subplot(1,4,2), imshow(h1); title('th = 0.1');
subplot(1,4,3), imshow(h2); title('th = 0.4');
subplot(1,4,4), imshow(h3); title('th = 0.5');
```

列表 2.5　生成图 2.31 的 Matlab 程序 ex_2th.m

问题 2.16　反转彩色像素分离过程

部分反转彩色图像的阈值化处理过程。在阈值化彩色图像中存在白色像素的任何地方，将相应彩色图像中的像素变为白色。该反转过程将产生一幅彩色图像，其中前景由每个像素的每个彩色通道中强度变化的像素组成，并且彩色图像的背景完全是白色。当基于变化的像素彩色强度使用特征提取方法时，这种反转过程将是重要的。这种反转过程的常见应用是在绘画和卫星图像中进行签名伪造检测和伪装检测。 ❑

2.9　阈值化彩色通道的合并

在彩色图像中将前景与背景分离的另一种有用技术源于逻辑与操作的应用。基本思想是对每个**彩色通道**中的像素强度进行阈值处理，然后在成对或所有三个阈值彩色通道的合并中试验所得彩色变化的结合。设 C 是一幅彩色图像，r、g、b 是 C 的彩色通道，并且让 rth、gth、bth 分别表示红色、绿色、蓝色通道上的阈值。则

```
>>  rbw=im2bw(C(:,:,r),rth);阈值化的红色通道
>>  rbw=im2bw(C(:,:,g),gth);阈值化的绿色通道
>>  rbw=im2bw(C(:,:,b),bth);阈值化的蓝色通道
```

接下来使用逻辑与操作，计算

```
>>  arg=and(rbw,gbw);合并红色和绿色通道
>>  arb=and(rbw,bbw);合并红色和蓝色通道
```

```
>>  agb=and(gbw,bbw);合并绿色和蓝色通道
>>  argb=and(and(rbw,gbw)),bbw);合并红色、绿色和蓝色通道
```

图 2.32 中的彩色图像是微距摄影的一个例子，显示了物体的特写。**微距摄影**是特写镜头摄影。**微距镜头**能够具有大于 1∶1 的**再现率**。在屏幕上再现 1∶1 的微距图像导致照片大于真实图像。远大于 1∶1 的复制率称为**显微照相**，通常用立体变焦数字显微镜来完成。使用列表 2.6 中的示例代码，可得到图 2.33，其中显示了阈值化合并形式在物体微距照片中的应用。请注意，前景与背景的最佳分离是通过阈值化红色和蓝色通道的结合来实现的。实际中情况并非总是如此（参见问题 2.17）。

图 2.32　彩色图像示例

```
% 阈值化彩色通道
clc, clear all, close all      % housekeeping
g = imread('carPoste.jpg');         % read colour image
rth = 0.2989; gth = 0.587; bth = 0.114; % NTSC weights
r = g(:,:,1); gr = g(:,:,2);  b = g(:,:,3); % channels
rbw = im2bw(r,rth);                 % threshold r
gbw = im2bw(gr,gth);                % threshold g
bbw = im2bw(b,bth);                 % threshold b
o1 = and(rbw,gbw); o2 = and(gbw,bbw); o3 = and(rbw,bbw);
o4 = and(and(rbw,gbw),bbw);
subplot(1,4,1),imshow(o1), title('and(rbw,gbw)');
subplot(1,4,2),imshow(o2), title('and(gbw,bbw)');
subplot(1,4,3),imshow(o3), title('and(rbw,bbw)');
subplot(1,4,4),imshow(o4), title('and(and(rbw,gbw),bbw)');
```

列表 2.6　生成图 2.33 的 Matlab 程序 ex_2th2.m

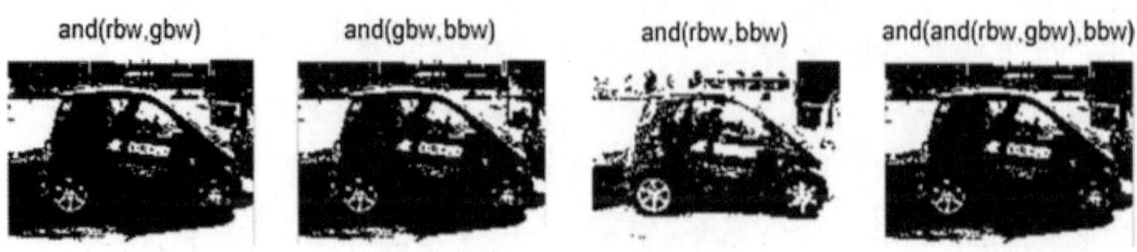

图 2.33　具有彩色合并的图像阈值化示例

问题 2.17　阈值和合并分离过程

在彩色通道上使用阈值和合并的组合于几种不同的彩色图像，从 rainbow.jpg（苏格兰

彩虹）和 seq4a.jpg（手）图像开始。请执行下列操作。

（1）改变取阈值后 RGB 通道的权重。

（2）指出哪种取阈值后通道的合并给出最好的结果。如果前景细节多结果就最好。

（3）对一幅具体的彩色图像，解释为什么某种彩色通道的合并工作最好。

（4）除了 rainbow.jpg（苏格兰彩虹）和 seq4a.jpg（手）图像，自己选出第 3 幅图像，使得对所有彩色通道的合并工作最好。 ❑

问题 2.18　反转阈值和合并分离过程

部分反转彩色图像的阈值处理过程。在将取阈值后彩色通道组合的合并而产生的二值图像中存在白色像素的任何地方，将相应彩色图像中的像素改变为白色。该反转过程将产生一幅彩色图像，其中前景由前景像素的每个彩色通道的强度变化的像素组成，而彩色图像的背景将完全是白色的。 ❑

对问题 2.16 和问题 2.18 解的反转过程将会在基于变化像素彩色强度的特征提取方法中体现出其重要性。这种反转过程的常见应用是在绘画和卫星图像中进行签名伪造检测和伪装检测。

2.10　增强图像的对比度

通过改变图像的动态范围可以改善图像对比度。图像的**动态范围**等于最小和最大图像像素值之间的差异。可以通过改变动态范围和灰度（颜色）图像像素值之间的关系来定义变换。例如，可以通过将每个像素值用其对数替换来改变图像动态范围。设 $\boldsymbol{g}$ 表示图像，则可使用下式来改变(x, y)处的像素值：

$$\boldsymbol{g}(x,y)=k\ln[1+(e^{\sigma}-1)\boldsymbol{g}(x,y)] \tag{2.1}$$

其中（假设像素值用 8 比特表示）

$$k=\frac{255}{\ln[1+\max(\boldsymbol{g})]}$$

为简化对式（2.1）的实现，使用下面的技术来改变所有像素的值

```
>>  g=k.*log(1+im2double(g))
```

接下来注意到，因为 $\boldsymbol{g}$ 是个矩阵，$\max(\boldsymbol{g})$返回的是一个包含各个列的最大像素值的行矢量。为完成对 k 的实现，使用

```
>>  k=mean((255)./log(1+max(g)))
```

图 2.34 给出一些使用列表 2.7 的代码修改动态范围进行不同实验的结果。

注意，通过增加乘数 k 的值，图像的整体亮度增加[1]。对签名图像的最好结果如图 2.34 的第 2 行第 3 幅图像所示，其中 `5.*log(g+h)` 用在图像 `g` 上。使用 `k.*log(1+im2double(g))` 的结果要稍差些。式（2.1）中的对数变换通过将前景像素值扩展到更宽

1　非常感谢 Patrik Dahlström 对 eg_log1.m 的更正。

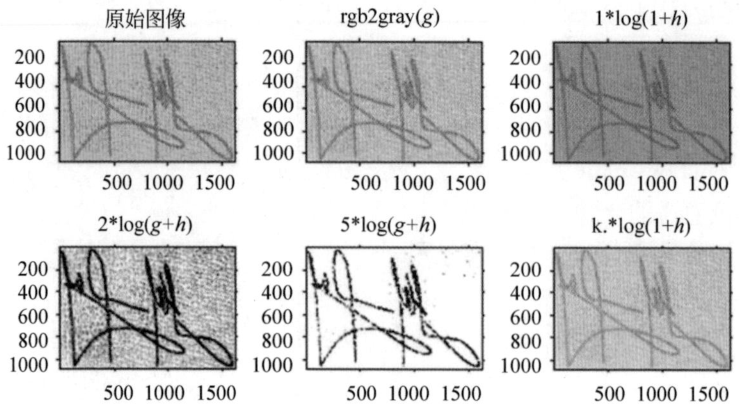

图 2.34 使用 eg_log1.m 压缩动态范围

```
% 压缩图像的动态范围
clc, clear all, close all      % housekeeping
g = imread('sig.jpg');  % Read in image
subplot(2,3,1), imshow(g); title('original');
g = rgb2gray(g);
subplot(2,3,2), imshow(g); title('rgb2gray(g)');
g = im2double(g);              % pixel values -> double
h = im2double(g);              % pixel values -> double
k = (max(max(g)))./(log(1 + max(max(g))));
com1 = 1*log(1 + h);           % 1st compression
com2 = 2*log(g + h);           % 2nd compression
com3 = 5*log(g + h);           % 3rd compression
com4 = k.*log(1 + h);          % 4th compression
subplot(2,3,3), imshow(com1); title('1*log(1 + h)');
subplot(2,3,4), imshow(com2); title('2*log(g + h)');
subplot(2,3,5), imshow(com3); title('5*log(g + h)');
subplot(2,3,6), imshow(com4); title('k.*log(1 + h)');
```

列表 2.7 生成图 2.34 的 Matlab 程序 eg_log1.m

的范围并压缩背景像素范围来增强前景的亮度。背景像素范围的变窄在背景和前景之间提供了更清晰的对比度。

问题 2.19

令 $\boldsymbol{g}$ 为一幅灰度或彩色图像。在 Matlab 中，使用$(e^{\sigma}-1)g(x,y)$代替 `im2double(g)` 来实现式（2.1），并使用若干个σ来显示图像。使用摄影师图像和签名图像对不同的σ展示结果。 ❑

使用 Matlab 函数 `whos` 以显示工作空间中当前变量的信息，例如列表 2.7 中的变量 k 和 com4。Matlab 根据 IEEE 标准 754 中的双精度定义构造 double 数据类型，即双精度值需要 64 位（对于 Matlab，double 是数字的默认数据类型）。函数 `im2double(g)` 将图像 g 中的像素强度转换为 double 类型。

2.11 伽 马 变 换

对压缩图像中动态强度范围的对数方法的一种替代方案是**伽马变换**（指数提升变换）。设 I 表示数字图像，$I(x,y)$是位于(x,y)的像素，$k\in\mathbb{N}$（自然数 1, ..., ∞），$\gamma\in\mathbb{R}^{+}$（正实数）。

使用下式对每个像素值进行指数提升：

$$I(x,y)=k[I(x,y)^{\gamma}]$$

常数 k 提供了缩放变换像素值的手段。以下是选择γ的经验法则。

（**法则** 1）$\gamma>1$：以低值像素为代价增加高值像素值之间的对比度。

（**法则** 2）$\gamma<1$：以低值像素为代价减少高值像素值之间的对比度。

2.12 伽马校正

在显示器中，输入电压与输出强度之间存在非线性的关系。这个问题可以通过使用下式借助**反伽马变换**（也称为反幂规则变换）预处理图像强度来校正。

$$g_{\text{out}}=\left(g_{\text{in}}^{1/\gamma}\right)^{\gamma+k}$$

其中 g_{in} 是输入图像，g_{out} 是伽马校正后的输出图像。**伽马校正**可通过使用 Matlab 函数 `imadjust` 来实现，如 gamma_adjust.m 所示，一些示例见图 2.35（由列表 2.8 获得）。与图 2.36 中（由列表 2.9 获得）伽马变换的结果不同，图 2.35 的最优结果是借助较小的γ值，即$\gamma=1.5$得到的（而图 2.36 中$\gamma=3.5$）。

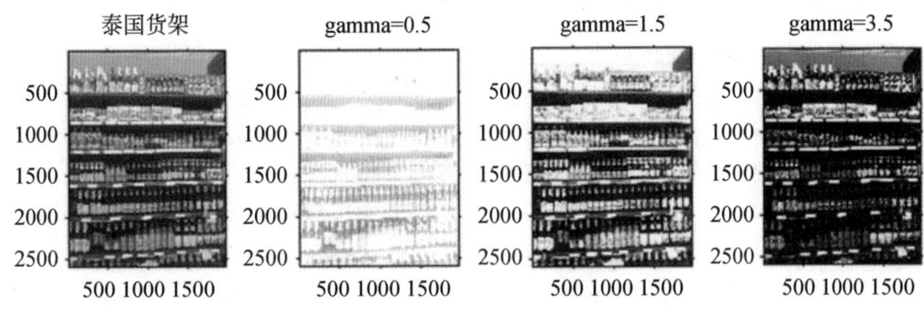

图 2.35　对泰国彩色图像的伽马校正

```
% 伽马校正变换
clc, clear all, close all                % housekeeping
g = imread('P9.jpg');                    % read image
% h = imread('P7.jpg');                  % read image
g = im2double(g);
g1 = 2*(g.^(0.5)); g2 = 2*(g.^(1.5)); g3 = 2*(g.^(3.5));
subplot(1,4,1), imshow(g);               % display g
title('Thai shelves');
subplot(1,4,2), imshow(g1);              % gamma = 0.5
title('gamma = 0.5');
subplot(1,4,3), imshow(g2);              % gamma = 1.5
title('gamma = 1.5');
subplot(1,4,4), imshow(g3);              % gamma = 3.5
title('gamma = 3.5');
```

列表 2.8　生成图 2.35 的 Matlab 程序 gamma_adjust.m

问题 2.20

🚲 使用伽马变换和反伽马变换对图 2.34 中的货币签名图像进行实验。在每种情况下，哪个γ值给出最佳结果？最好的结果将是具有最清晰签名的变换图像。

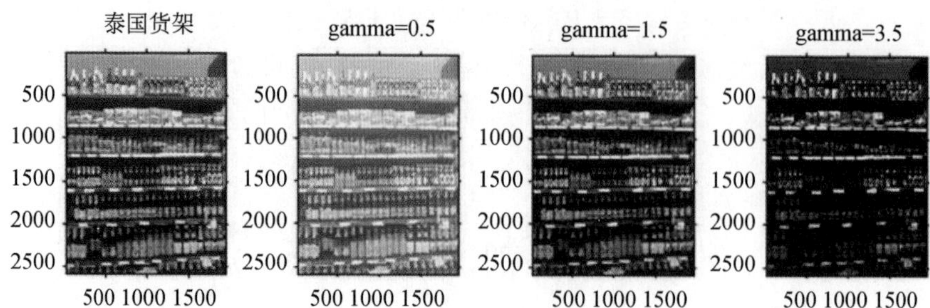

图 2.36 对泰国彩色图像的伽马变换

```
% 伽马变换
clc, clear all, close all      % housekeeping
g = imread('P9.jpg');                 % Thai shelves image
%g = imread('sig.jpg');               % Currency signature
g = im2double(g);
g1 = imadjust(g,[0 1],[0 1],0.5);     % in/our range [0,1]
g2 = imadjust(g,[0 1],[0 1],1.5);     % in/our range [0,1]
g3 = imadjust(g,[0 1],[0 1],3.8);     % in/our range [0,1]
subplot(1,4,1), imshow(g);            % display g
title('Thai shelves');
subplot(1,4,2), imshow(g1);           % gamma = 0.5
title('gamma = 0.5');
subplot(1,4,3), imshow(g2);           % gamma = 1.5
title('gamma = 1.5');
subplot(1,4,4), imshow(g3);           % gamma = 3.5
title('gamma = 3.5');
```

列表 2.9 生成图 2.36 的 Matlab 程序 myGamma.m

第 3 章　可视化像素强度分布

本章介绍可视化**像素强度分布**的各种方法（参见图 3.1）。这里还包括在图像镶嵌和三角化中有用的生成点指针。换句话说，图像结构可视化展示了关于图像几何的内容。

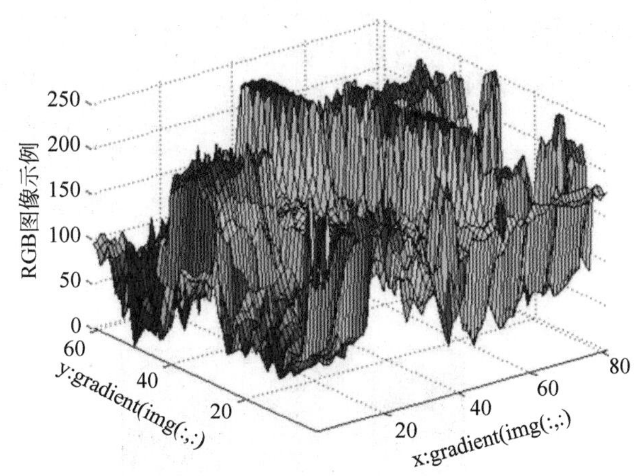

图 3.1　图 3.4 中组合 RGB 像素强度的 3-D 视图

这里的基本方法是在裁剪数字图像中提供关于像素强度的 2-D 和 3-D 视图。通过裁剪彩色图像，可以获得组合的像素彩色值或同一图像内的各个彩色通道像素值的不同视图。图像裁剪的重要性不容小觑。**图像裁剪**从图像中提取子图像。这使得可以专注于自然场景或实验室样本里被认为有趣的、相关的、值得仔细观察的那部分。像素强度是用于镶嵌图像的生成点（网点）的另一个来源，可以产生从不同视角揭示图像几何和图像目标的图像网格。

例 3.1

在附录 A.3 节中列表 A.22 的 Matlab 程序被用来执行如下操作：

（1）裁剪一幅 RGB 图像以获得一幅子图像。例如，对图 3.2 中的大图像进行裁剪可得到图 3.3 中的微小图像结果。

（2）生成一个 3-D 网格，展示组合的 RGB 像素值。对**裁剪图像**得到的结果如图 3.1 所示。

（3）生成一个 3-D 网格，其轮廓为红色通道值。对裁剪图像中像素的红色通道值得到的结果如图 3.4（a）所示。

（4）生成一个 3-D 网格，其轮廓为绿色通道值。对裁剪图像中像素的绿色通道值所得到的结果如图 3.5 所示。彩色图像中的绿色通道值通常倾向于在最小值和最大值之间具有最大数量的变化。因此，绿色通道是在图像的沃罗诺伊镶嵌中使用的生成点（网点）的选择中寻找不均匀性的好地方。为了看到这一点，考虑 3-D 网格与它们的轮廓之间的差异，首先从图 3.5 里绿色通道的 3-D 网格开始，并与图 3.4（a）中的红色通道值和图 3.4（b）

中的蓝色通道值进行比较。

图 3.2 萨勒诺火车站的 RGB 图像示例

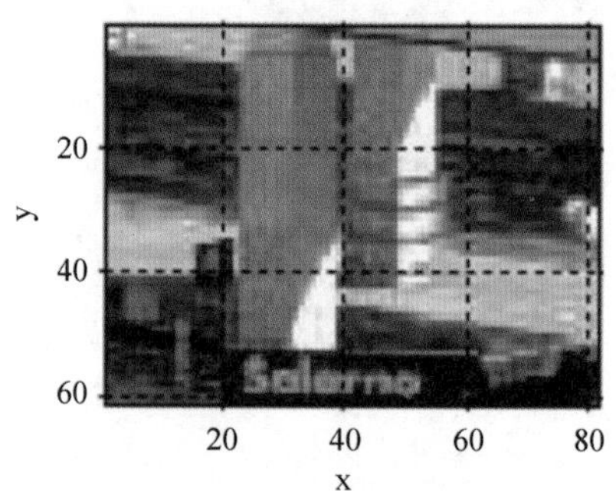

图 3.3 对图 3.2 的图像裁剪得到的子图像

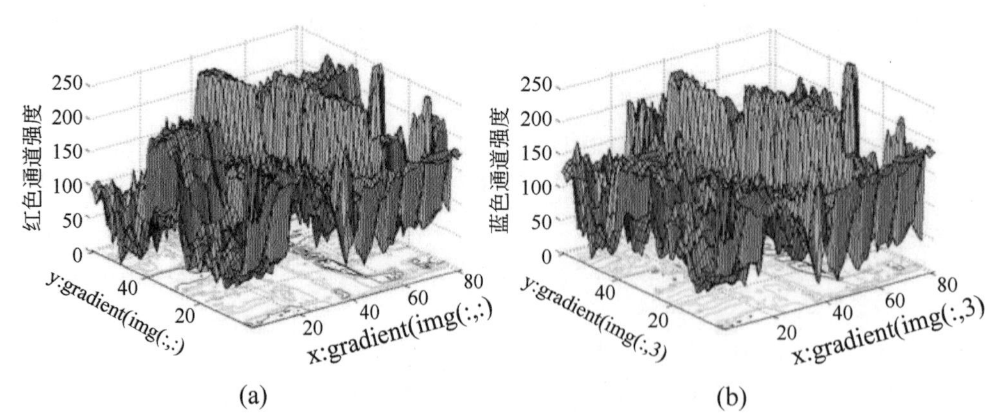

图 3.4 图 3.2 中的红色和蓝色通道值

（5）生成一个 3-D 网格，其轮廓为蓝色通道值。对裁剪图像中像素的蓝色通道值得到的结果如图 3.4（b）所示。 ❑

注意：构建直方图需要一幅强度图。

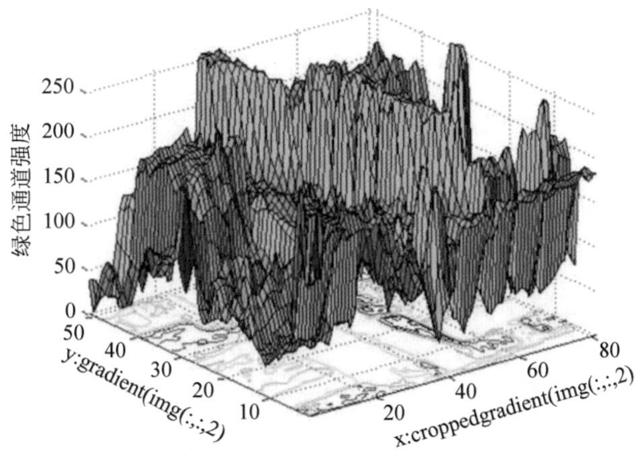

图 3.5　绿色通道像素强度与图 3.2 的轮廓的 3-D 视图

3.1　直方图和绘制

有许多方法能可视化数字图像中像素强度的分布。一个好的入门方法是可视化图像中像素强度的分布。

例 3.2　灰度直方图示例

对图 3.2 中每个灰度像素的像素强度计数结果如图 3.6 所示。要对图像像素强度计数进行试验，参见附录 A.3 节中列表 A.21 的代码。有关的详细信息，参见下面的 3.1.1 小节。

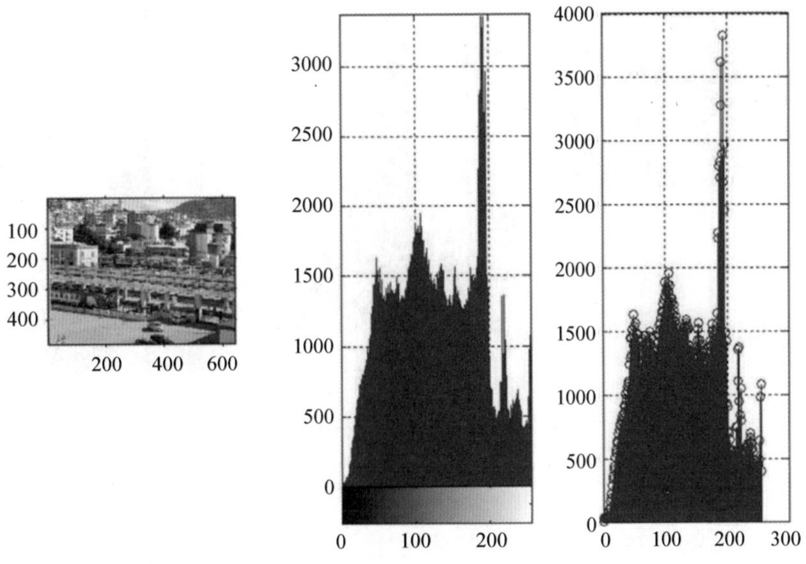

图 3.6　灰度火车站图像的直方图

❑

3.1.1 直方图

图像**直方图**绘制相对于像素强度值的图像强度值出现频率。直方图是使用直方条来构造的，因为通常不可能在直方图中包括单个像素的强度值。一个**图像强度直方条**（也称为**图像强度桶**）是在一个特定范围内的像素强度的集合。通常，强度图像的直方图包含 256 个直方条，每个直方条对应一个像素强度。每个强度图像直方图显示每个像素强度直方条的尺寸（基数）。图像直方图使用称为直方条化的技术构建。图像**直方条化**是一种将每个像素强度分配给包含对应强度的直方条的方法。下面是另一个例子。

例 3.3 直方图的直方条示例

图 3.7 中的强度（灰度）图像 img 对其中 256 个强度中的每一个来说其像素数量都有很大变化。由于渔夫的白色 T 恤，所以超过 200 个像素具有最高强度（强度 = 1）。还要注意，那里有超过 500 个像素具有 0 强度（黑色像素）。让直方图的直方条所覆盖的强度范围（256 个强度中的每一个都对应一个直方条）由下式表示：

$$0, 1, 2, 3, ..., i, i+1, ..., 253, 254, 255 \quad \text{（图像强度直方条）}$$

并用 img(x, y)表示在位置(x, y)的像素强度。用 $0 \leqslant i \leqslant 255$ 表示直方条 i 的强度。那么，所有其强度匹配 img(x, y)强度的像素都被按下面方式直方条化在 bin(i)中：

$$\text{bin}(i) = \{\text{img}(x, y): \text{img}(x, y) = i\} \quad \text{使得 img}(x, y) \in [i, i+1) \text{（第 } i \text{ 个强度直方条）}$$

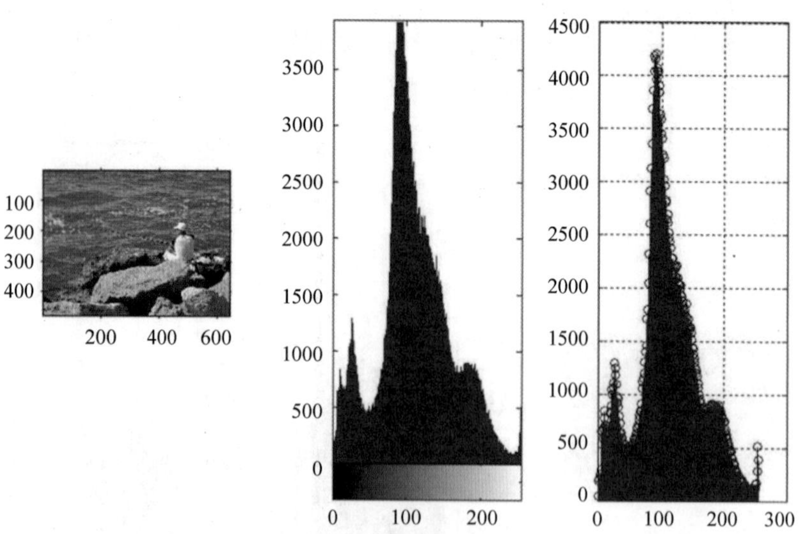

图 3.7 具有 256 个直方条的图像直方图

附录 A.3 节中列表 A.21 的 Matlab 程序给出对彩色图像和灰度图像都可进行直方条化的示例。对直方条化的扩展学习见[21，3.4.1 小节]。 ❑

例 3.4

要查看子图像中的强度数量，请裁剪选定的图片。例如，裁剪图 3.7 中的图像，只选择渔夫的头部和肩膀，如图 3.8 所示。然后，对于强度 80、81、82，使用附录 A.3 节中列表 A.21 的 Matlab 程序与原始图像比较直方条 80、81 和 82 的大小。换句话说，裁剪图像中的直方条的尺寸相比原始图像中的直方条的尺寸急剧下降。

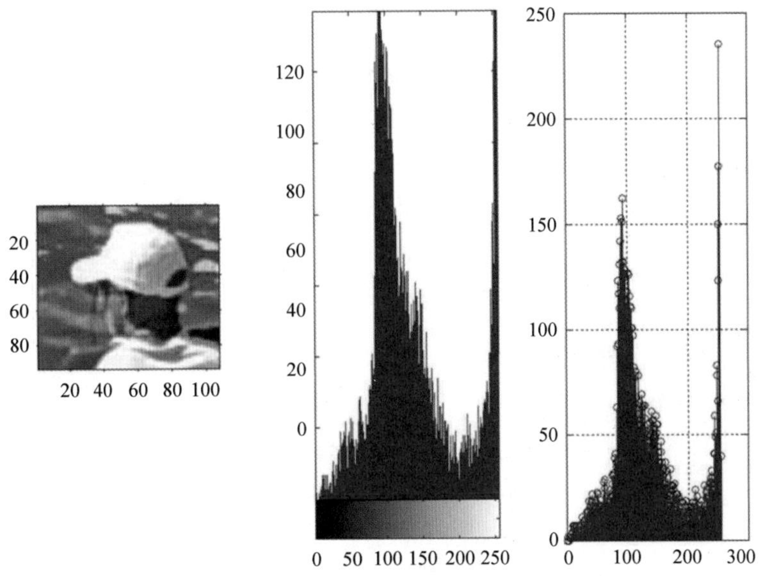

图 3.8　具有 256 个直方条的裁剪图像直方图　❑

在 Matlab 中，函数 imhist 显示灰度图像的直方图。如果 g 是灰度图像，则 imhist 的默认显示为 255 个直方条，每个图像强度为一个直方条。使用 imhist(g,n) 在 g 的直方图中显示 n 个直方条（参见如图 3.6 的 RGB 图像的灰度直方图）。使用

```
>> [counts,x]=imhist(g);
```
（3.1）

将相对频率值存储在直方图的计数中，水平轴值存储在 x 中。另参见第 3.6 节中介绍的函数 histeq。

3.1.2　茎干图

茎干图是 2-D 图，将函数值显示为棒棒糖状（具有圆端的茎干）。使用函数 stem 来生成茎干图。在表示像素强度的相对频率时，茎干图提供了一种直方图的视觉替换方式（直方图中的垂直线被用⚲所替换，参见图 3.9）。茎干图使用式（3.1）从直方图中收集信息以得到 stem(x，counts)。参见如图 3.9 中的茎干图。同时，请注意，使用函数 stem3 可以生成 3-D 茎干图。图 3.9 是借助列表 3.1 得到的。

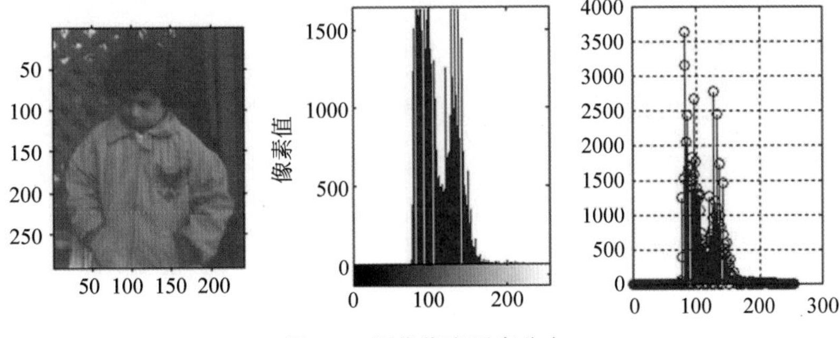

图 3.9　图像像素强度分布

```
% 直方图实验
%% housekeeping
clc, clear all, close all
%%
% This section for colour images
I = imread('fishermanHead.jpg');
% I = imread('fisherman.jpg');
% I = imread('football.jpg');
I = rgb2gray(I);
%%
% This section for intensity images
%I = imread('pout.tif');
%%
% Construct histogram:
%
h = imhist(I);
[counts,x] = imhist(I);
counts
size(counts)
subplot(1,3,1), imshow(I);
subplot(1,3,2), imhist(I);
ylabel('pixel count');
subplot(1,3,3), stem(x,counts);
grid on
```

列表 3.1　生成图 3.9 的 Matlab 程序 hist.m

3.1.3　绘制

相对于从直方图提取的矢量 `counts` 和 `x`，函数 `plot` 给出相对频率计数的 2-D 图（参见，例如表 3.1）。

```
>> plot(x,counts);
```

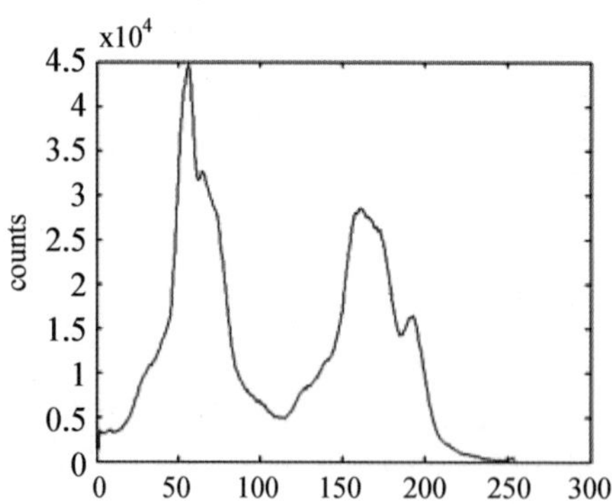

3.1.4　表面绘制

根据矩阵 g_f（滤波图像）和 g（双精度灰度图像），函数 `surf` 和 `surfc` 分别生成 3-D 表面和 3-D 表面**等高线图**。例如，使用大米图像 g 和滤波图像 g_f，借助列表 3.2 可得到将等高线图画在表面下面的**表面绘图**。试使用

表 3.1　两组直方条计数

图像	bin 80	bin 81	bin 82
	39	41	35
	2044	2315	2609

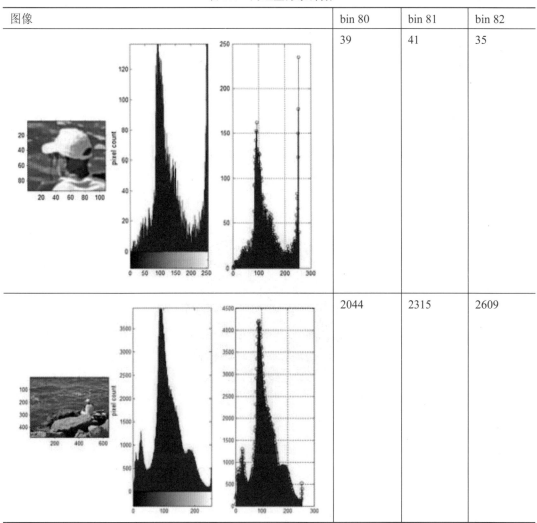

```
>>  surfc(gf,g);滤波等高线图
>>  surfc(gth,g);阈值图像等高线图
```

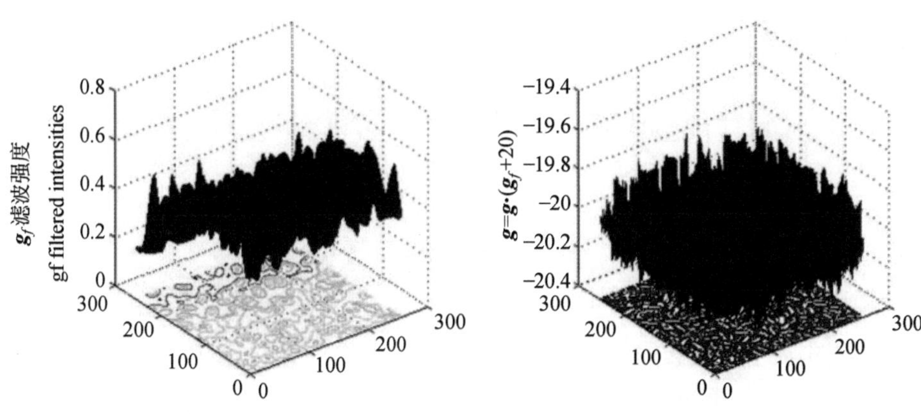

```
% 可视化实验

g = imread('rice.png');  % read  greyscale  image
g = im2double(g);
[x y] = meshgrid(max(g));
z = 20.*log(1 + g);
figure,surfc(x,y,z); zlabel('z = 20.*log(1 + g)');
```

列表 3.2 生成图 3.11 的 Matlab 程序 mesh.m

注意在第一个等高线图中图像强度被分离的证据，以及在第二个等高线图中，即阈值化大米图像中，画在表面下的等高线图里强度被分离的证据。使用 surfc，可以借助列表 3.2 的程序得到如图 3.10 所示的可视化透视结果。

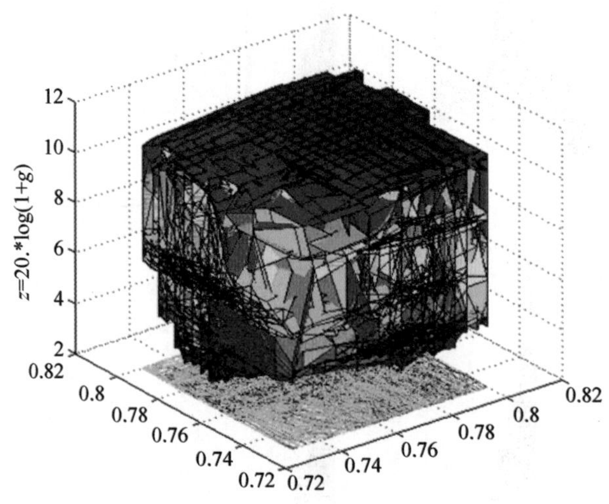

图 3.10 由 rice.png 的图像强度得到的线框参数表面

3.1.5 线框表面绘制

将函数 meshgrid 和 surfc 结合可生成**线框表面**图，在表面下方有等高线图。这种可视化图像强度的形式如图 3.11 所示。在列表 3.2 中，meshgrid(g) 是 meshgrid(g,g) 的缩写，它将图像 g 指定的域转换为数组 x 和 y，然后用于构造 3-D 线框图。

3.1.6 轮廓绘制

函数 contour 绘制等高线图，其中 3-D 表面值映射到等值线，每个等值线具有不同的颜色。

3.2 等 值 线

用于数字图像的**等值线**连接 2-D 平面中所有表示相同强度的点。等值线上的点表示高于 x-y 平面的高度。在 RGB 图像中的红色通道里，等值线上的点表示红色的亮度等级（参见如图 3.11）。每条等值线属于一个表面，比如指示强度值 100 的位置。对于等值线，存在 2-D 中定义的隐式标量字段，例如位置(0, 0)，(25, 75)处的值 100。Matlab 函数 `clabel` 可用于在等值线中插入强度值。然而，使用函数 `set` 和 `get` 的组合是一个有吸引力的替代方案，这使得可以控制等值线值的范围[1]。图 3.12（b）和图 3.11 以轮廓线的方式给出等值线的示例，它们是由附录 A.3.3 小节中列表 A.23 所生成的。

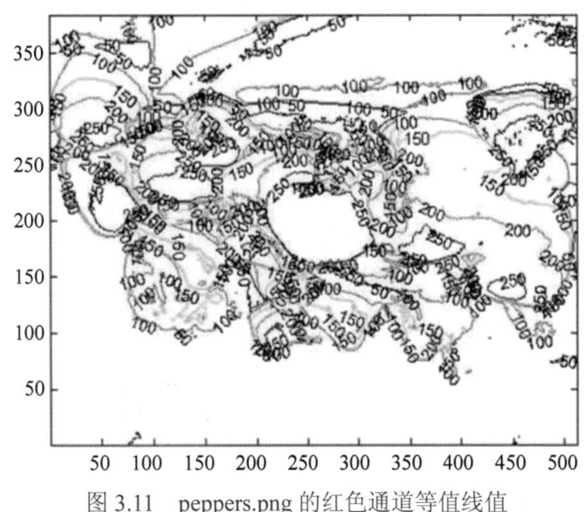

图 3.11　peppers.png 的红色通道等值线值

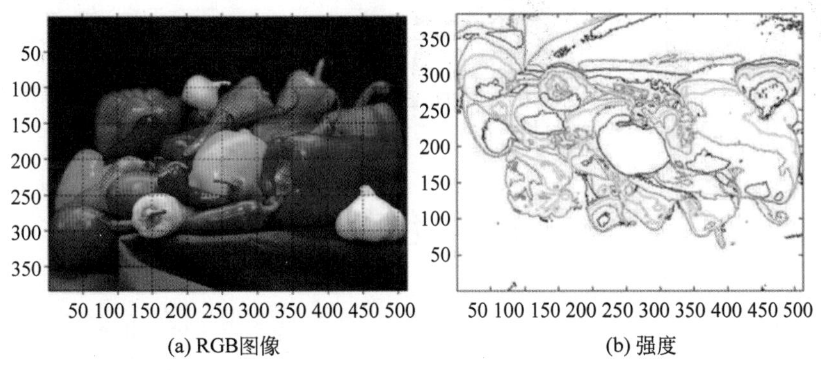

(a) RGB图像　　(b) 强度

图 3.12　peppers.png 的红色通道等值线

问题 3.1

实验函数 surf、surfc、stem、stem3、plot、mesh、meshc、meshgrid、contour，每种情况都利用如下数组 g 所表示的小图像显示不同的变化。

```
>>  g=[12,-1,55; 34,-1,66; -123,3,56];
```

使用灰度图像 pout.png 重复进行相同的实验。接下来使用彩色图像的每个彩色通道以

1　试用 `set` 和 `get` 的组合来代替 `clabel`，例如

```
>>  set(h,'ShowText','on','TextStep',get(h,'LevelStep'))
```

这种标记轮廓线的方法可以控制显示在轮廓线上的高度标记。例如，使用 `get(h,'LevelStep')*2` 以抑制较低高度的标号

显示各个可视化函数。 ❑

例 3.5

通过对图像强度分布直方图和茎干图的说明，考虑图像 pout.tif（Matlab 库中的有用图像）的强度分布。M. Sonka、V. Hlavac 和 R. Boyle [182，2.3.2 小节]提供了对图像直方图一个很好的概述。直方图的效用可以从以下事实看出：对于一些图像，可以在对数方式压缩的图像动态范围中选择阈值，其中阈值是直方图中主要峰值之间的谷强度。这是图 3.9 中的情况，其中大约为 120 的强度值提供了一个良好的阈值。 ❑

问题 3.2

使用图像直方图在 ex_greyth.m 中对阈值进行实验，以确定直方图所显示的相对频率分布的峰，并从之间的谷中选择有效阈值。使用 cameraman.tif 图像，获得类似于图 3.13 所示的结果（调用修改后的 Matlab 程序 histh.m）。显示原始图像、阈值图像和图像直方图，指出为阈值选择的强度。另外，显示 histh.m。

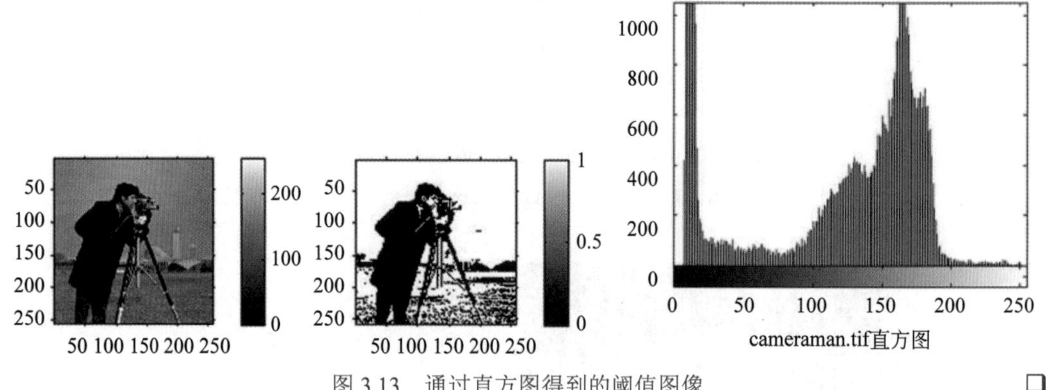

图 3.13 通过直方图得到的阈值图像 ❑

3.3 彩色直方图

彩色图像中彩色通道强度的分布也值得考虑。在记录下每个像素的彩色通道强度之后，通过叠加每种彩色的茎干图就可产生彩色直方图。

图 3.14 显示了植物图像的组合彩色通道强度直方图。通过修改列表 3.4 中的代码，可

图 3.14 图像像素彩色通道分布

以显示三个单独的直方图，每一个都对应图像中的一个彩色通道（参见图 3.15）。

```
%彩色图像直方图
close all
clear all

g = imread('rainbow-plant.jpg');  % read rgb image
g = rgb2gray(g);
%g = imread('rice.png');  % read greyscale image
gf = imfilter(g,fspecial('average',[15 15]),'replicate');
gth = g - (gf + 20);
gbw = im2bw(gth,0);
subplot(1,4,1), imshow(gbw);
%set(gca,'xtick',[],'ytickMode','auto');
subplot(1,4,2), imhist(gf); title('avg filtered image');
grid on
glog = imfilter(g,fspecial('log',[15 15]),'replicate');
gth = g - (glog + 100);
gbw = im2bw(gth,0);
%glog = imfilter(g,fspecial('prewitt'));
%glog = imfilter(g,fspecial('sobel'));
%glog = imfilter(g,fspecial('laplacian'));
%glog = imfilter(g,fspecial('gaussian'));
%glog = imfilter(g,fspecial('unsharp'));
gbw = im2bw(gth,0);
subplot(1,4,3), imshow(gbw);
set(gca,'xtick',[],'ytickMode','auto');
subplot(1,4,4), imhist(glog); title('filtered image');
grid on
```

列表 3.3　生成图 3.14 的 Matlab 程序 hist.m

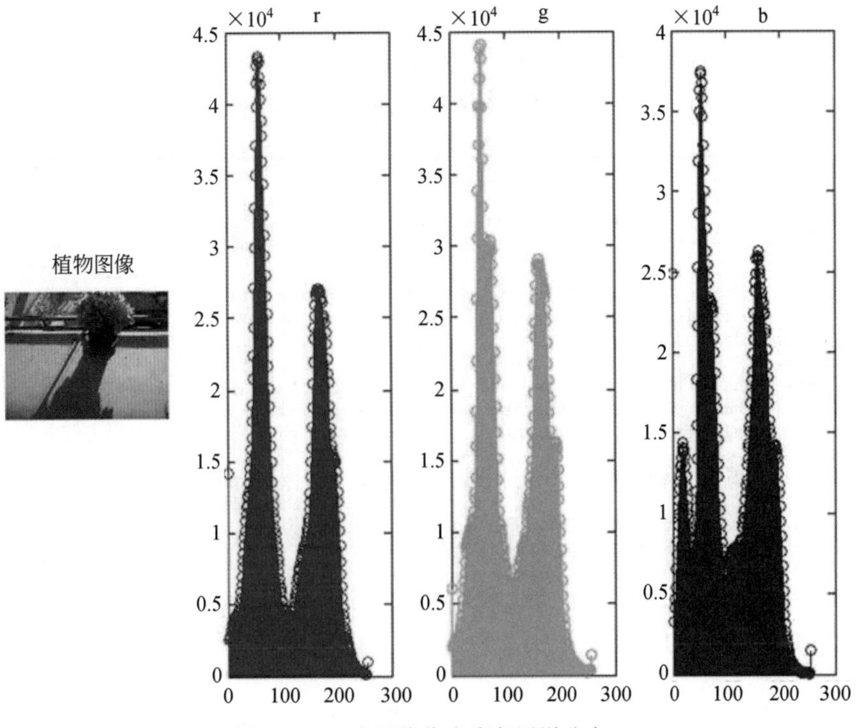

图 3.15　三个图像像素彩色通道分布 ❑

3.4 自适应阈值化

通过对图像中的每个像素邻域使用不同的阈值来克服全局阈值化的限制。**自适应阈值化**利用每个像素邻域中的像素强度值确定局部阈值。阈值化的形式很重要，因为像素强度在像素小邻域中趋于相当均匀。给定图像 I，邻域滤波图像 I_f 和阈值 I_f+C，使用下式来修改每个像素值：

$$I = I - (I_f + C)$$

滤波函数 imfilter 和 fspecial 的组合可用于计算滤波图像的邻域值。首先，确定有效的 $n \times n$ 邻域尺寸，并使用 fspecial 的 average 滤波器选项。然后，对每个邻域使用 replicate 选项将平均滤波器值填充到所有图像邻域。例如，为 9 × 9 的邻域选择 $n = 9$，并结合两个 Matlab 滤波器来获得

```
>>  If=imfilter(I,fspecial('average',[99]),'replicate');
```

问题 3.3　自适应阈值化

除了使用函数 fspecial 的 average 和 log 邻域滤波选项外，还可使用以下选项（参见列表 3.4，一些结果如图 3.16 所示）。

（1）disk（圆平均法）。

（2）gaussian（高斯低通滤波器）。

（3）laplacian（近似 2-D 拉普拉斯算子）。

（4）motion（运动滤波器）。

（5）prewitt（蒲瑞维特水平边缘增强滤波器[157]）。

```
% 直方图实验
% algorithm from
% http://www.mathworks.com/matlabcentral/fileexchange/authors/100633
close all
clear all
                                          % What's happening?
g = imread('rainbow-plant.jpg');          % read rgb  image
%g = imread('sitar.jpg');                 % read greyscale image
nBins = 256;                              % bins for 256 intensities
rHist = imhist(g(:,:,1), nBins);          % save red intensities
gHist = imhist(g(:,:,2), nBins);          % save green intensities
bHist = imhist(g(:,:,3), nBins);          % save blue intensities
figure
subplot(1,2,1);imshow(g), axis on         % display orig. image
subplot(1,2,2)                            % display histogram
h(1) = stem(1:256, rHist); hold on        % red stem plot
h(2) = stem(1:256 + 1/3, gHist);          % green stem plot
h(3) = stem(1:256 + 2/3, bHist);          % blue stem plot
hold off
set(h, 'marker', 'none')                  % set properties of bins
set(h(1), 'color', [1 0 0])
set(h(2), 'color', [0 1 0])
set(h(3), 'color', [0 0 1])
axis square                               % make axis box square
```

列表 3.4　生成图 3.16 的 Matlab 程序 adapt2.m

（6）sobel（索贝尔水平边缘增强滤波器[177]）。

（7）unsharp（非锐化对比度增强滤波器）。

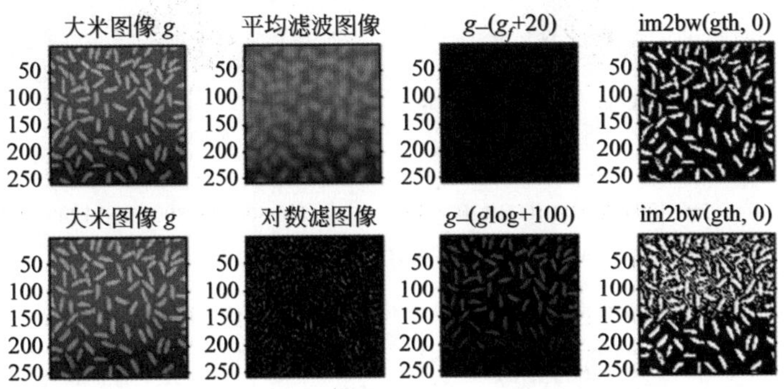

图 3.16　对大米图像的自适应阈值化

在以下图像中使用自适应阈值化方法尝试每个滤波器以及 average 滤波器和 log 滤波器：pout.png 和 tooth819.tif。在每种情况下，显示所有结果并使用自适应阈值化指示哪种滤波方法最有效（参见图 3.16）。 ❑

3.5　对比度拉伸

可以拉伸图像的动态范围，使图像强度占据更大的动态范围。这样做的结果是图像的暗区和亮区之间的对比度增加。这可使用所谓的**对比度拉伸**来实现的，这是**像素强度变换**的另一个例子。使用以下方法来对每个像素值进行变换。让

$$g = \text{输入图像}$$

$$c, d = \text{分别为 } \max[\max(g)] \text{和 } \min[\min(g)]$$

$$a, b = g \text{ 的新动态范围}$$

$$g(x,y) = [g(x,y)-c]\left[\frac{a-b}{c-d}\right]+a$$

函数 stretchlim 和 imadjust 的组合可用于在图像上执行对比度拉伸。例如，选择像素值的累积分布中的第 10 和第 90 百分点之间为新的动态范围。这意味着在新的动态范围内，10%的像素值将小于新的 min(d)，并且 90%的新像素值将大于 max(c)。

在图 3.17 的对比度拉伸图像中，鞋子和鞋子右侧地板上的斑点现在更加明显，即更加可辨别[1]。请注意，对比度拉伸是在转换为灰度的 RGB 图像上执行的。实际中，可以直接在 RGB 图像上进行对比度拉伸（参见图 3.18）。对比图 3.19 中的直方图，像素值的相对频率的变化分布是明显的。图 3.19 是利用列表 3.5 获得的。

1　图 3.17 中的鞋子图像显示了俯瞰曼尼托巴省 EITC 大楼 E2 的上层楼梯窗户的折射光，由 Chido Uchime 用手机摄像头拍摄。

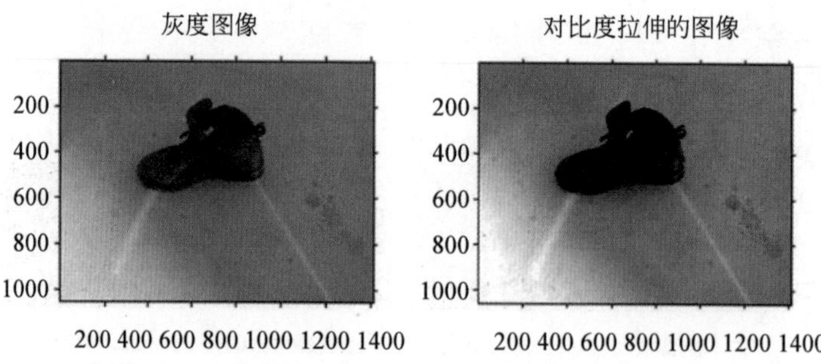

图 3.17 灰度鞋子图像上对比度拉伸彩虹

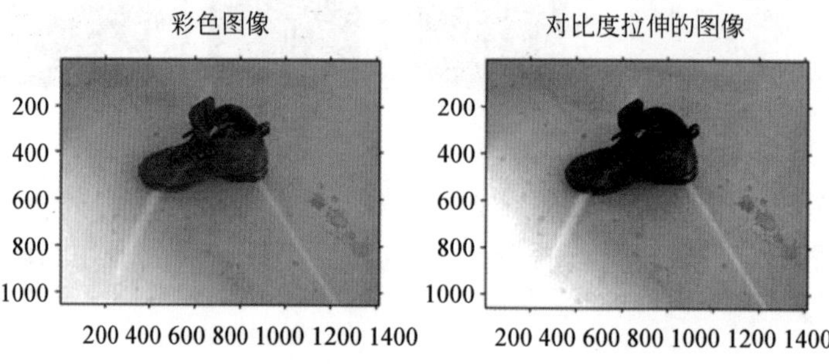

图 3.18 彩色鞋子图像上对比度拉伸彩虹

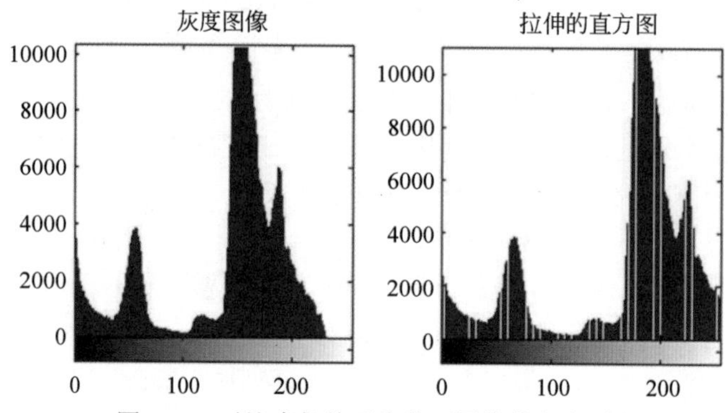

图 3.19 对比度拉伸牙齿化石图像的直方图

```
% 对比度增强的动态范围
clear all
close all

g = imread('rainbowshoe.jpg');  % read colour image
%g = imread('rainbow.jpg');  % read colour image
% g = imread('tooth819.tif');
% g = imread('tooth2.png');
%g = imread('tooth.tif');
%g = rgb2gray(g);
stretch = stretchlim(g,[0.03,0.97]);
h = imadjust(g,stretch,[]);
subplot(1,2,1), imshow(g);
title('rgb image');
%title('greyscale image');
axis on
subplot(1,2,2), imshow(h);
title('contrast stretched');
axis on
```

列表 3.5 生成图 3.19 的 Matlab 程序 histstretch.m

对新动态范围的选择是依赖于图像的。例如，可考虑一下 1990 年在塞尔维亚发现的具有 35 万年历史的牙齿化石的微切片图像。该图像和相应的对比度拉伸图像如图 3.20 所示，该图利用列表 3.6 获得。在原始图像中几乎看不到牙齿图像的特征。选择一个等于[0.03, ... , 0.97]的新动态范围后，牙齿的特征更明确。

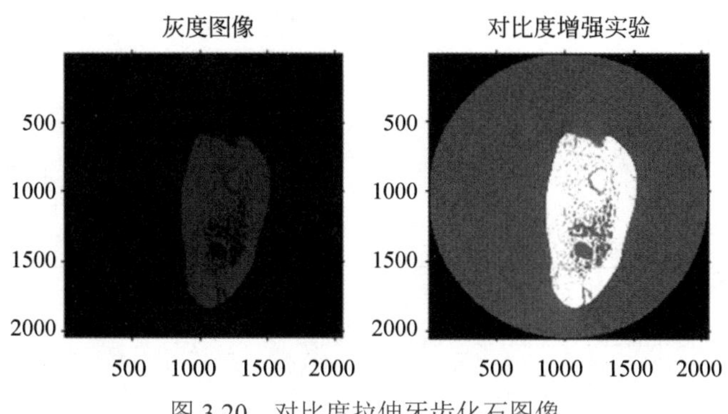

图 3.20　对比度拉伸牙齿化石图像

```
% 对比度增强实验

g = imread('tooth819.tif');
stretch = stretchlim(g,[0.03,0.97]);
h = imadjust(g,stretch,[]);
subplot(1,2,1), imhist(g);
title('tooth histogram');
subplot(1,2,2), imhist(h);
title('new tooth histogram')
```

列表 3.6　生成图 3.20 的 Matlab 程序 contrast.m

通过比较图 3.21 中的直方图，可以看出原始牙齿图像和对比度拉伸图像中、像素值的相对频率分布之间的对比，特别是高强度时的情况。

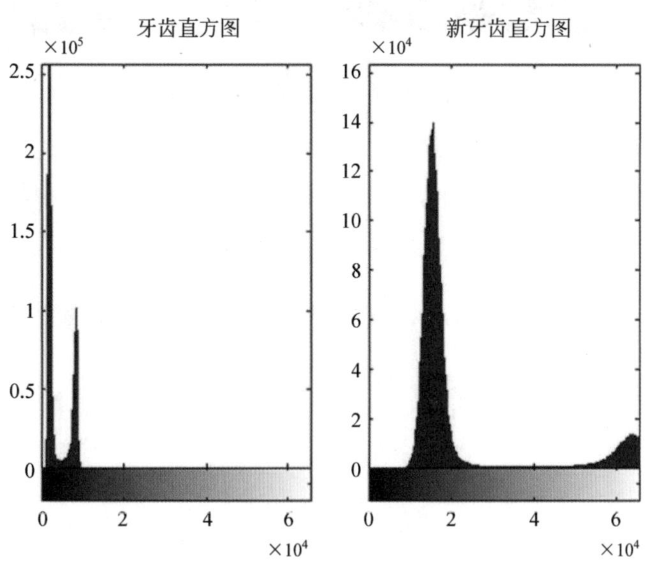

图 3.21　牙齿化石图像经对比度拉伸后的直方图

问题 3.4 ☕

使用对比度拉伸对牙齿图像 tooth819.tif 进行试验。这里的挑战是找到能更清晰地定义牙齿部分的对比度拉伸图像。 ❑

3.6 直方图匹配

可以通过从输入图像中提取目标直方图分布来推广**对比度拉伸**。基本方法要求用户为图像的直方图均衡化指定灰度级强度的期望范围。列表 3.7 给出了如何完成此操作的示例，其中相应的均衡图像如图 3.22 所示。

```
% 均衡化的图像

g = imread('tooth819.tif'); % tooth image
ramp = 40:60;       % histogram distribution
h = histeq(g,ramp); % histogram equalisation
subplot(1,2,1), imshow(g);
title('tooth histogram');
subplot(1,2,2), imshow(h);
title('equalised image')
```

列表 3.7 生成图 3.22 的 Matlab 程序 histeqs.m

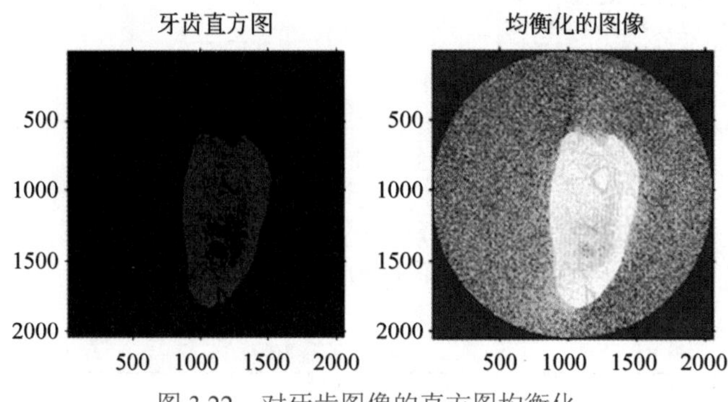

图 3.22 对牙齿图像的直方图均衡化

经过一些实验，可以发现最好的结果是当目标直方图的范围在[40, 60]时，如图 3.23 所示。即使对于目标直方图的这个窄范围，所得图像中的牙齿区域也不像它们在图 3.20 的对比度拉伸图像中那样定义得清晰。

问题 3.5

使用直方图匹配对牙齿图像 tooth819.tif 进行试验。这里的挑战是找到能更清晰地定义牙齿部分的目标直方图。 ❑

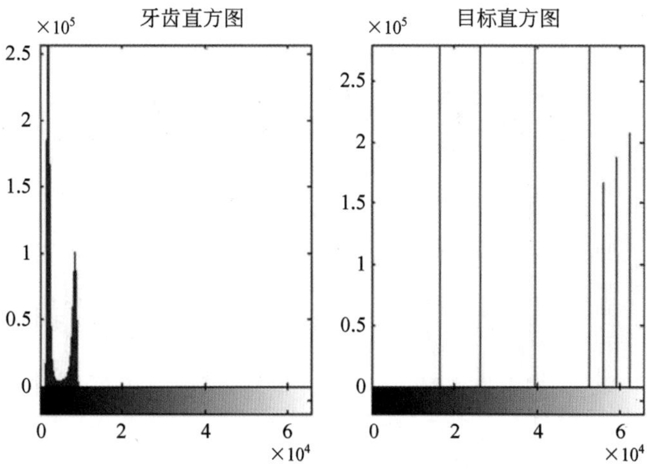

图 3.23　牙齿图像的目标直方图

第4章　线性滤波

本章介绍线性空间滤波器。**线性滤波器**是时间不变的设备（功能或方法），它对信号进行操作以用某种方式修改信号。在这里考虑的例子中，线性滤波器是一个以像素（彩色或非彩色）值作为输入的函数。实际上，线性滤波器是作用在像素特征值——例如颜色、梯度方向和梯度幅度（尤其是衡量边缘像素强度的梯度幅度）集合上的线性函数，以某种有用的方式对其进行修改或展示。有关线性函数的更多信息参见 5.1 节。

从工程角度来看，关于滤波的最著名和最重要的文章之一是 L. A. Zadeh [211]1953 年的文章。与计算机视觉的兴趣相关的是扎德（Zadeh）的思路和最佳滤波器。**理想滤波器**是可以产生所需信号而没有任何失真或延迟的滤波器。理想滤波器的一个好的示例来自 M. Robinson 的罗宾逊形状滤波器[164，5.4 节，p.159]，可用于解决计算机视觉中的**形状**识别问题。理想的滤波器通常是不可能的。所以 Zadeh 引入了最优滤波。**最优滤波器**是一种可产生所需信号最佳（接近）近似值的滤波器。另一篇对计算机视觉很重要的经典论文是 J. F. Canny 的**边缘**滤波方法，坎尼在[24]中给出了介绍并在[25]中进行了详细阐述。有关数字图像中边缘检测的尺度不变滤波的最新论文，参见 S. Mahmoodi [116]。有关一般线性滤波器设置的更多信息参见 R. B. Holmes [82]。有关信号处理中的线性滤波器，尤其可参见 D. S. Broomhead、J. P. Huke 和 M. R. Muldoon [20，3 节]。

4.1　图像滤波的重要性

前面的重点是操纵图像的动态范围，以改善、锐化和增加图像特征的对比度。在本章中，焦点从锐化图像对比度转变为基于局部邻域像素值加权和的图像滤波。这给出了一种去除图像噪声、锐化图像特征（增强图像外观）以及实现边缘和角点检测的方法。图像滤波方法的研究直接关系到图像分析、图像分类和图像检索的各种方法。在图像分析和计算机视觉中，图像滤波的重要性可以在如下滤波方法中找到。

快速椭圆滤波：通过对固定数量的盒分布的重复卷积来构造径向均匀的盒样条，见 K. N. Chaudhury、A.Munoz-Barrutia 和 M. Unser [28]。所提出滤波方法的结果如图 4.1 所示。

高斯平滑滤波：**高斯平滑滤波**方法有两个主要步骤，由 S. S. Sya 和 A. S. Prihatmanto 给出[185]：（1）将给定的光栅图像标准化为 RGB 彩色，使得彩色像素强度在 0 到 225 的范围内；（2）将标准化的 RGB 图像转换为 HSV 图像以获得色调、饱和度和值的阈值来检测由 Lumen 社交机器人跟踪的人脸。Sya 和 Prihatmanto 对高斯滤波的应用说明了 HSV 色彩空间的高效用。**高斯滤波**是**非线性滤波**的一个例子。有关这方面的更多信息参见 5.6 节和附录 B.15 节。

非线性自适应中值滤波（AMF）：T. K.Thivakaran 和 R. M. Chandrasekaran 在[189]中提出使用非线性 AMF。

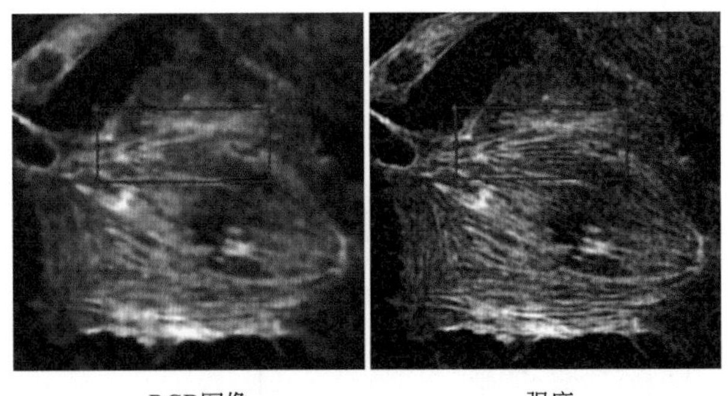

图 4.1　肌动蛋白纤维图像滤波

像素的开放邻域与给定像素的接近度：S. A. Naimpally 和 J. F. Peters 在[126，140，148]，其他人在[72，75，135，149，159，167]中引入了一种图像滤波方法，它聚焦于像素的开放邻域与邻域外部像素的接近度。**像素的开放邻域**是像素周围固定距离内的一组像素，不包括沿邻域边界的像素。有关开放集和邻域的更多信息参见附录 B.4 节和 B.9 节。

4.2　滤 波 器 核

在线性空间滤波器中，可通过 $n \times m$ 邻域中的像素值的线性组合获得目标像素的滤波值。**目标像素**位于邻域的中心。邻域像素值的线性组合由滤波器核或**模板**确定。**滤波器核**是与邻域大小相同的数组，包含分配给目标像素附近像素的权重。线性空间滤波器对核和邻域像素的值进行卷积以获得新的目标像素值。令 w 表示 3×3 核并且令 $g(x, y)$为 3×3 邻域中的目标像素，则行矢量对的点积总和就能给出目标像素的新值。对相同大小的一对 $1 \times n$ 矢量 $\boldsymbol{A}$ 和 $\boldsymbol{B}$，点积是相应位置数值的乘积之和，即，

$$\boldsymbol{A} \bullet \boldsymbol{B} = \sum_{i=1}^{n} (a_i)(b_i)$$

在选择 3×3 核之后，计算数字图像 g 的 3×3 邻域中的点积之和作为目标像素 $g(x, y)$ 的值，即，

$$g(x,y) = \sum_{i=1}^{3} w(1,i)g(1,i) + \sum_{i=1}^{3} w(2,i)g(2,i) + \sum_{i=1}^{3} w(3,i)g(3,i)$$

例如，考虑如下的点积和示例：

$$w = \begin{bmatrix} 1 & 0 & -1 \\ 2 & 0 & -2 \\ 1 & 0 & -1 \end{bmatrix}, \quad n = \begin{bmatrix} 1 & 2 & 3 \\ 4 & 5 & 6 \\ 7 & 8 & 9 \end{bmatrix}, \quad t = \sum_{i=1}^{3} w(i,:) \bullet n(i,:)$$

核 w 被称为索贝尔模板，可用于图像中的边缘检测[57，3.6.4 小节]（还可参见[24，54，56，118，157]）。在 Matlab 中，可以使用函数 `dot`（**点积**）来计算给定 3×3 模板的目标像素 $n(2, 2)$的值。列表 4.1 对此进行了说明。

```
% 使用3×3滤波器核计算目标像素值的示例

w = [1,0,-1; 2,0,-2; 1,0,-1];
n = [1,2,3; 4,5,6; 7,8,9];
p1 = dot(w(1,:),n(1,:))
p2 = dot(w(2,:),n(2,:))
p3 = dot(w(3,:),n(3,:))
t = (p1 + p2) + p3
```

列表 4.1 计算目标值的 Matlab 程序 target.m

将核与图像邻域进行**卷积**的步骤总结如下。

（1）定义一个 $n \times n$ 的滤波器核 k。

（2）将核滑动到图像 g 中的 $n \times n$ 邻域 n（核的中心与邻域目标像素重叠）。

（3）将像素值乘以相应的核权重。如果 $n(x, y)$与 $k(x, y)$重叠，则计算 $n(x, y)k(x, y)$。对于 k 的第 i 行 $\boldsymbol{k}(i, :)$，计算点积 $\boldsymbol{k}(x, y)\bullet\boldsymbol{n}(x, y)$。然后计算行点积的和。

（4）将原始目标值替换为新的滤波值，即步骤（3）中的点积的总和。

4.3 线性滤波器实验

使用所谓的函数句柄@，可以在 Matlab 中根据操作 op（例如 max、median、min）以下列方式定义核。

```
>> func=@(x)op(x(:));
```

函数 nlfilter（**邻域滑动滤波器**）根据 $n \times n$ 邻域和核对图像进行滤波（例如，基本方法是通过用核的中值替换原始目标像素值来计算邻域中的目标像素值）。对于摄像师图像，考虑中值滤波器的设计。参见列表 4.2 和图 4.2。

```
% 滤波器实验

g = imread('cameraman.tif');
subplot(1,4,1), imshow(g);
subplot(1,4,2), imhist(g);
func = @(x)median(x(:));   % set filter
%func = @(x)max(x(:));      % set filter
%func = @(x)(uint8(mean(x(:))));  % set filter
h = nlfilter(g,[3 3],func);
subplot(1,4,3), imshow(h);
title('nlfilter(g,[3 3],func)');
subplot(1,4,4), imhist(h);
```

列表 4.2 生成图 4.2 的 Matlab 程序 nbd.m

要了解邻域滑动滤波器的工作原理，请尝试列表 4.3 中所示的实验。

问题 4.1

根据选定的图像，使用函数 max 和 mean 定义 nlfilter 的新版本（参见列表 4.3 以了解如何完成此操作）。在每种情况下，使用 subplot 显示原始图像、原始图像的直方图、滤波图像和滤波图像的直方图。 ❑

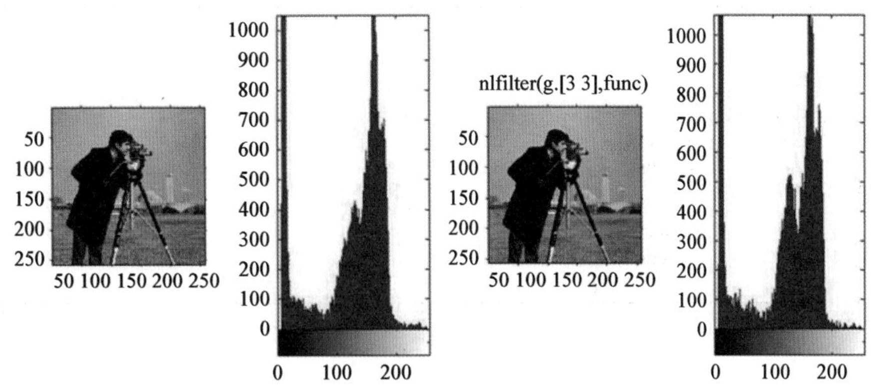

图 4.2　用列表 4.2 对 cameraman.tif 进行中值滤波

```
% 函数句柄实验

g = [1,2,3; 4,5,6; 7,8,9]
func = @(x)max(x(:));        % set filter
func(g(3,:))
h = nlfilter(g,[3 3],func)
```

列表 4.3　生成滤波图像的 Matlab 程序 sliding.m

4.4　线性卷积滤波

本节的基本思想是使用函数 fspecial 构造各种**线性卷积滤波器**内核。为了说明，考虑构建模仿运动模糊效果的核。**运动模糊**使快速运动的物体出现明显的条纹(参见如图 4.3)。这可以通过在静止状态下拍摄快速移动的物体或在移动相机时连续拍照来实现。运动模糊的效果可以随着像素长度和逆时针运动角度的不同选择而变化(使用函数 fspecial 设置特定的运动模糊核)。在图 4.3 中的蜜蜂图片显示了全局运动模糊，这里使用了列表 4.4。

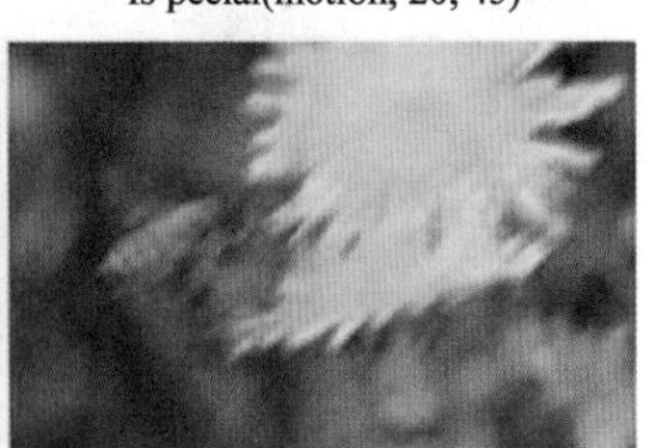

图 4.3　用列表 4.4 对 honey.bee 进行线性卷积滤波

问题 4.2

将运动模糊滤波仅仅应用于图 4.3 中包含蜜蜂的图像部分。这将导致图像中只有蜜蜂运动模糊。

提示: 使用感兴趣区域函数 roipoly 和函数 roifilt2 的组合(对感兴趣区域(roi)滤波)。要了解如何完成此操作，请尝试:

```
>> help roifilt2
```

```
%线性卷积滤波
close all
clear all

g = imread('bee-polen.jpg');
%g = imread('kingfisher1.jpg');
subplot(1,2,1), imshow(g);
kernel = fspecial('motion',50,45); %len=20,CCangle=45
%kernel = fspecial('motion',30,45); %len=20,CCangle=45
h = imfilter(g,kernel,'symmetric');
subplot(1,2,2), imshow(h);
title('fspecial(motion,20,45)');
```

列表 4.4　生成图 4.3 的 Matlab 程序 convolve.m

列表 4.5 中显示了使用函数 roifilt2 的基本方法，即对图 4.4 中所示的硬币之一进行非锐化滤波。为利用对感兴趣区域的滤波，需要根据镜像滤波感兴趣区域来调整列表 4.4 中的方法。

```
%感兴趣区域滤波示例

I = imread('eight.tif');
c = [222 272 300 270 221 194];
r = [21 21 75 121 121 75];
BW = roipoly(I,c,r);
H = fspecial('unsharp');
J = roifilt2(H,I,BW);
subplot(1,2,1), imshow(I); title('roi = upper right coin');
subplot(1,2,2), imshow(I); title('filtered roi = upper right coin');
```

列表 4.5　生成图 4.4 的 Matlab 程序 coins.m

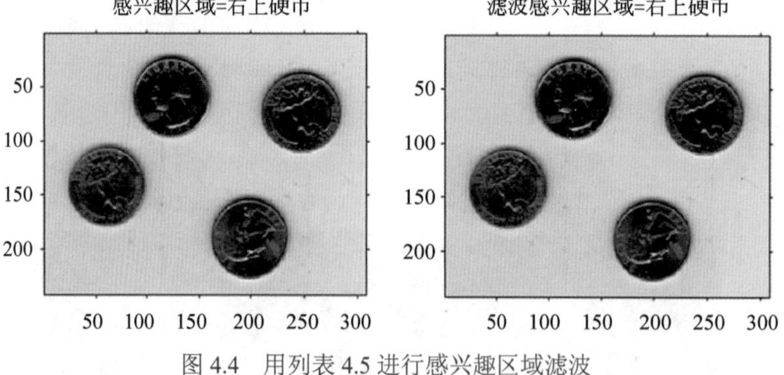

图 4.4　用列表 4.5 进行感兴趣区域滤波 ❑

4.5　选取感兴趣区域

使用函数 roipoly 或函数 impoly 可以交互地选择图像中多边形的**感兴趣区域**。在图 4.5 中展示出使用函数 roipoly 选择的 ROI。这个函数可以使用光标来选择 ROI 的顶点。这个函数返回一个二值图像，它可以用作核滤波中的核。列表 4.6 给出了该函数的示例用法。通过单击图像中多边形的顶点来选择 ROI 后，ROI 就成了进一步操作的对象。在图 4.6 中给出了用于选定 ROI 的直方图和 BAR3（3-D 直方图）。

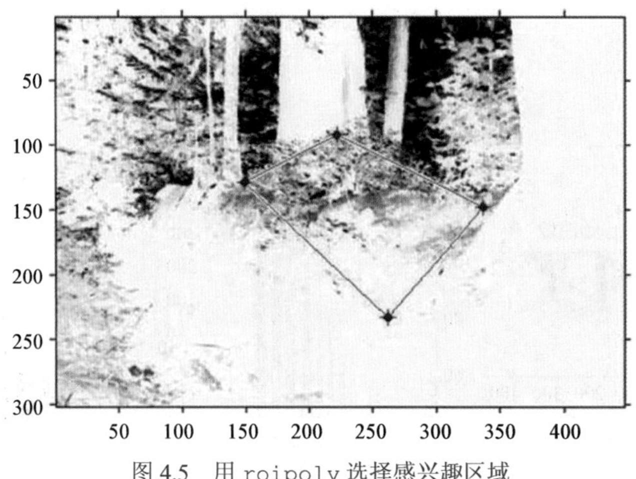

图 4.5　用 roipoly 选择感兴趣区域

```
% 如何使用roipoly
clear all
close all
g = imread('rainbow-plant.jpg'); h = rgb2gray(g);
%g = imread('forest.tif');
%g = imread('kingfisher1.jpg');
%g = imread('bee-polen.jpg');
%g = imread('eight.tif');
%g = rgb2gray(g);
%c = [212 206 231 269 288 280 262 232 212]; % column from roitool
%r = [53 96 112 107 74 49 36 36 53]; % row from roitool
%c = [222 272 300 270 221 194]; % column from roitool
%r = [21 21 75 121 121 75]; % row from roitool
%[BW,r,c] = impoly(g);
% manually select r, c vectors, double-clicking after selection:
[BW,r,c] = roipoly(h)
B = roipoly(h,r,c);        % interactive roi selection tool
%p = imhist(g(B));
%npix = sum(B(:));
%figure,
subplot(1,3,1),imshow(g); title('original figure');
%subplot(1,3,2),imhist(g(B)); title('roi histogram');
subplot(1,3,2),bar3(h,0.25,'detached'), colormap([1 0 0;0 1 0;0 0 1]);
title('bar3(B,detached)');
subplot(1,3,3),bar(B,'stacked'),axis square; title('bar(B,stacked)');

%subplot(1,3,3),bar3(npix,'grouped'); title('bar3 graph');
%subplot(1,3,3),bar3(npix,'stacked'); title('bar3 graph');
```

列表 4.6　生成图 4.6 的 Matlab 程序 roitool.m

问题 4.3

为了解决找到图像 g（如列表 4.5 中使用的图像 g）中感兴趣区域矢量 $\boldsymbol{c}$、$\boldsymbol{r}$ 的问题，请尝试：

```
>> [B,c,r]=roipoly(g)
```

然后重写列表 4.5 中的代码，使用 roipoly 以获得矢量 $\boldsymbol{c}$、$\boldsymbol{r}$，而不是手动插入矢量 $\boldsymbol{c}$、$\boldsymbol{r}$ 来定义所需的感兴趣区域。展示在图 4.4 中选择包含右下角硬币的感兴趣区域时会发生的情况。根据 eight.tif 图像，使用 roipoly 的结果如图 4.7 所示。

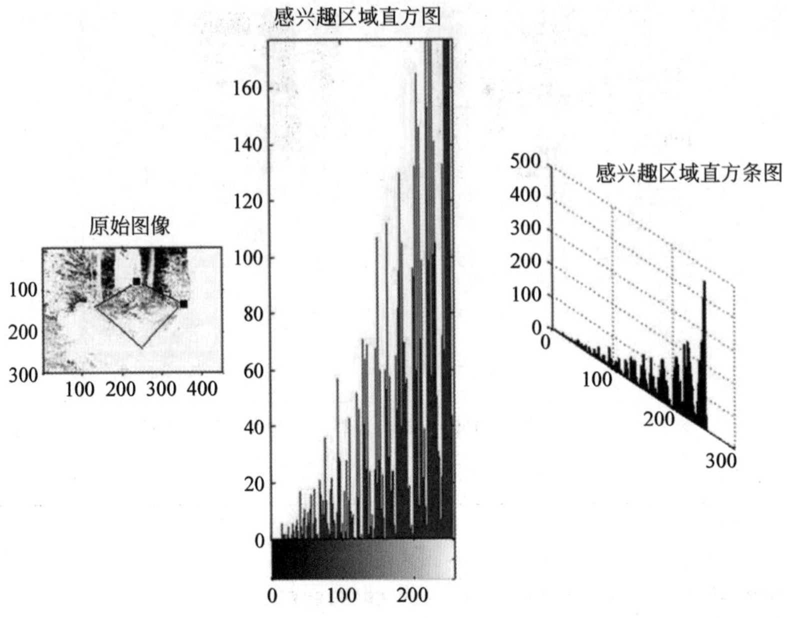

图 4.6　用列表 4.6 选择感兴趣区域

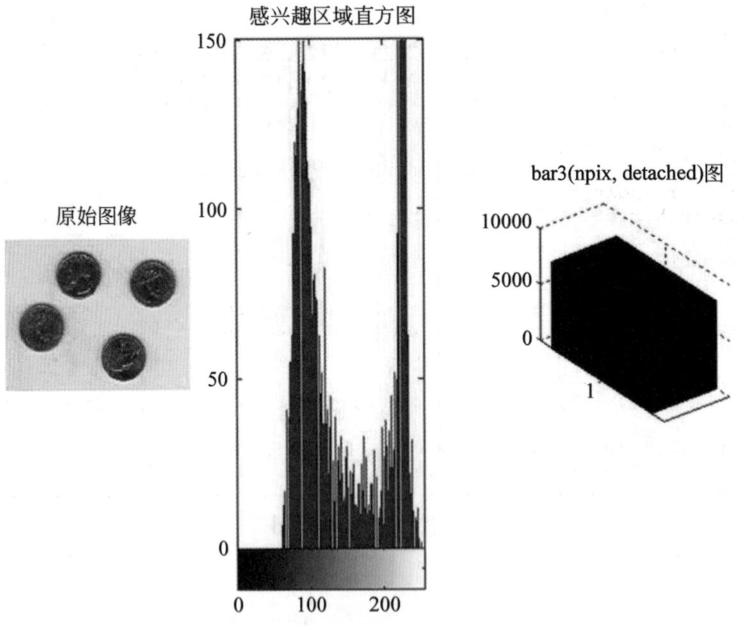

图 4.7　用列表 4.6 选择感兴趣区域

❑

4.6　给图像加噪声

图像增强中滤波的主要应用之一是去除**噪声**。通过演示从图像中去除噪声的基本方法，本节说明如何向图像中添加噪声然后从图像中消除噪声。函数 imnoise 可以生成一幅噪声图像。这是通过向图像 g 添加以下类型的噪声之一，并使用均值滤波消除噪声来完成的。

（1）**高斯**：添加均值 m（默认值为 0）、方差 v（默认值为 0.01）的白噪声，句法为：

```
>> g=imnoise(g,'gaussian',m,v)
```

（2）**局部方差**：添加具有强度相关方差的零均值高斯白噪声，句法为：

```
>> g=imnoise(g,'localvar',V)
```

其中 V 是具有双精度值元素的矢量或矩阵（参见列表 4.7 中的示例，其效果见图 4.8）。

```
% 对图像叠加噪声

g = imread('forest.tif');
subplot(1,3,1), imshow(g); title('forest image');
nsp = imnoise(g,'salt & pepper',0.05);   %slight peppering
% nsp = imnoise(g,'salt & pepper',0.15); %increased pepper
subplot(1,3,2), imshow(nsp); title('salt & pepper noise');
g = im2double(g);
v = g(:,:);
np = imnoise(g,'localvar',v);
subplot(1,3,3), imshow(np); title('localvar noise');
```

列表 4.7　生成图 4.8 的 Matlab 程序 noise.m

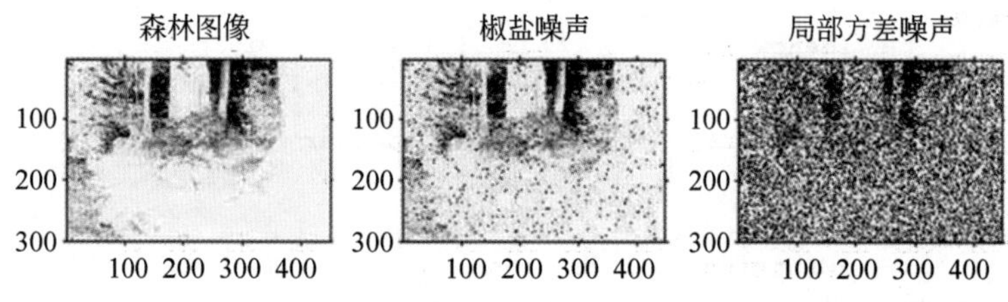

图 4.8　用列表 4.7 叠加噪声后的图像

（3）**泊松**：从像素值生成泊松噪声而不是添加人工噪声到像素值，句法为：

```
>> g=imnoise(g,'poisson')
```

（4）**椒盐**：对图像叠加看起来像胡椒的噪声，句法为：

```
>> g=imnoise(g,'salt&pepper',d)
```

其中 d 是噪声密度（增加 d 的值增加椒效果的密度）。

（5）**斑点**：对图像叠加乘性噪声，句法为：

```
>> g=imnoise(g,'speckle',v)
```

使用公式：

$$j = g + ng$$

其中 n 是均匀分布的随机噪声，均值为 0，方差为 v（默认值为 0.04）。

问题 4.4

执行如下操作：

（1）展示如何对图像 forest.tif 叠加高斯形式的噪声。显示具有高斯噪声的结果图像。

（2）展示如何对图像 forest.tif 叠加泊松形式的噪声。显示具有泊松噪声的结果图像。

（3）展示如何对图像 forest.tif 叠加斑点形式的噪声。显示具有斑点噪声的结果图像。

❑

4.7 均值滤波

均值滤波器是最简单的线性滤波器。这种形式的滤波给予 $n \times m$ 邻域中的所有像素相同的权重，其中权重 w 由下式定义：

$$w = \frac{1}{mn}$$

例如，在 3×3 邻域中，$w = 1/9$。图像中每个像素 p 的值被来自 p 的 $n \times m$ 邻域里像素值的平均值所替换。均值滤波的最终结果是图像的平滑。均值滤波的两种应用是噪声抑制和图像的预处理（平滑），这样对图像的后续操作将更有效。在设置了均值滤波器的核之后，使用函数 `imfilter` 就可对图像进行均值滤波（参见列表 4.8，所得结果见图 4.9）。

```
% 对图像均值滤波

g = imread('forest.tif');
subplot(2,3,1), imshow(g); title('forest image');
nsp = imnoise(g,'salt & pepper',0.05);   %slight peppering
% nsp = imnoise(g,'salt & pepper',0.15); %increased pepper
subplot(2,3,2), imshow(nsp); title('salt & pepper noise');
g = im2double(g);
v = g(:,:);
np = imnoise(g,'localvar',v);
subplot(2,3,3), imshow(np); title('localvar noise');
kernel = ones(3,3)/9;
g1 = imfilter(g,kernel);
g2 = imfilter(nsp,kernel);
g3 = imfilter(np,kernel);
subplot(2,3,4), imshow(g1); title('mean-filtered image');
subplot(2,3,5), imshow(g2); title('filter pepper image');
subplot(2,3,6), imshow(g3); title('filter localvar image');
```

列表 4.8 生成图 4.9 的 Matlab 程序 meanfilter.m

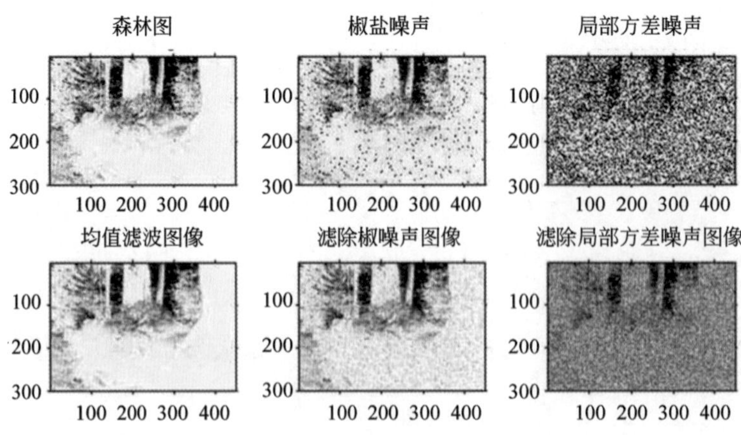

图 4.9 用列表 4.8 对图像进行均值滤波

问题 4.5

寻找最佳均值滤波器，用于去除图像 forest.tif 的噪声形式中的椒盐噪声和局部方差噪声。

提示：改变均值滤波器的核。 ❑

问题 4.6

用下面的矩阵定义图像 g：

```
>>  g=[1,2,3,4,5;6,7,8,9,10;11,12,13,14,15;16,17,18,19,20];
```

展示矩阵 g 在用列表 4.8 定义的核进行均值滤波后是如何变化的。 ❑

4.8　中值滤波

中值滤波比均值滤波更有效。图像中的每个像素 p 的值被来自 p 的 $n\times m$ 邻域里的像素值的中值所替换。这种形式的滤波保留了图像边缘，同时消除了图像像素值中的噪声尖峰。函数 medfilt2 不像均值滤波那样设置滤波器的核，而是用于根据 $n\times m$ 图像邻域[1]进行中值滤波（参见列表 4.9，所得结果见图 4.10）。

```
% 对图像进行中值滤波

g = imread('forest.tif');
subplot(2,3,1), imshow(g); title('forest image');
nsp = imnoise(g,'salt & pepper',0.05);   %slight peppering
% nsp = imnoise(g,'salt & pepper',0.15); %increased pepper
subplot(2,3,2), imshow(nsp); title('salt & pepper noise');
g = im2double(g);
v = g(:,:);
np = imnoise(g,'localvar',v);
subplot(2,3,3), imshow(np); title('localvar noise');
g1 = medfilt2(g,[3,3]);
g2 = medfilt2(nsp,[3,3]);
g3 = medfilt2(np,[3,3]);
subplot(2,3,4), imshow(g1); title('median-filtered image');
subplot(2,3,5), imshow(g2); title('filter pepper image');
subplot(2,3,6), imshow(g3); title('filter localvar image');
```

列表 4.9　生成图 4.10 的 Matlab 程序 medianfilter.m

问题 4.7

寻找最佳中值滤波器，用于去除图像 forest.tif 的噪声形式中的椒盐噪声和局部方差噪声。

提示：改变滤波器的尺寸。 ❑

问题 4.8

用下面的矩阵定义图像 g：

```
>>  g=[1,2,3,4,5;6,7,8,9,10;11,12,13,14,15;16,17,18,19,20];
```

1　一般情况下，$n=m=3$。

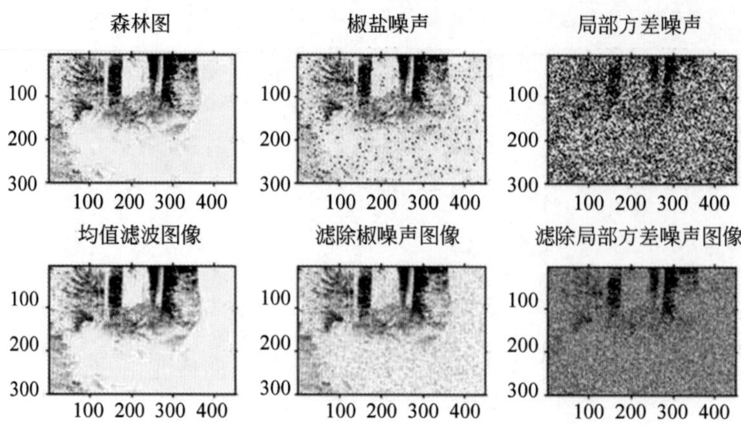

图 4.10 用列表 4.9 对图像中值滤波

展示矩阵 g 在用列表 4.9 定义的邻域进行中值滤波后是如何变化的。 ❑

4.9 排序滤波

中值滤波是所谓的**排序滤波**的特例。最大排序滤波器选择给定邻域中的最大值。类似地，最小排序滤波器选择给定邻域中的最小值。函数 ordfilt2 使用句法执行排序滤波：

```
>> filterdg=ordfilt2(g,order.domain)
```

将图像 g 中的每个像素值替换为由邻域中的非零像素值指定的有序邻域集合中的排序值。对 g = forest.tif 上的具有 5 × 5 邻域的最大序滤波器，写入：

```
>> g=maxfilter==ordfilt2(g,25.ones(5,5))
```

要在具有 5 × 5 邻域的 g = forest.tif 上实现最小阶滤波器，请写入：

```
>> g=minfilter==ordfilt2(g,1.ones(5,5))
```

有关 5 × 5 邻域最大排序滤波器的示例，参见列表 4.10，所得结果见图 4.11。

```
% 对图像的最大序滤波

g = imread('forest.tif');
subplot(2,3,1), imshow(g); title('forest image');
nsp = imnoise(g,'salt & pepper',0.05);   %slight peppering
% nsp = imnoise(g,'salt & pepper',0.15); %increased pepper
subplot(2,3,2), imshow(nsp); title('salt & pepper noise');
g = im2double(g);
v = g(:,:);
np = imnoise(g,'localvar',v);
subplot(2,3,3), imshow(np); title('localvar noise');
g1 = ordfilt2(g,25,ones(5,5));
g2 = ordfilt2(nsp,25,ones(5,5));
g3 = ordfilt2(np,25,ones(5,5));
subplot(2,3,4), imshow(g1); title('max-order-filtered image');
subplot(2,3,5), imshow(g2); title('filter pepper image');
subplot(2,3,6), imshow(g3); title('filter localvar image');
```

列表 4.10 生成图 4.11 的 Matlab 程序 ordfilter.m

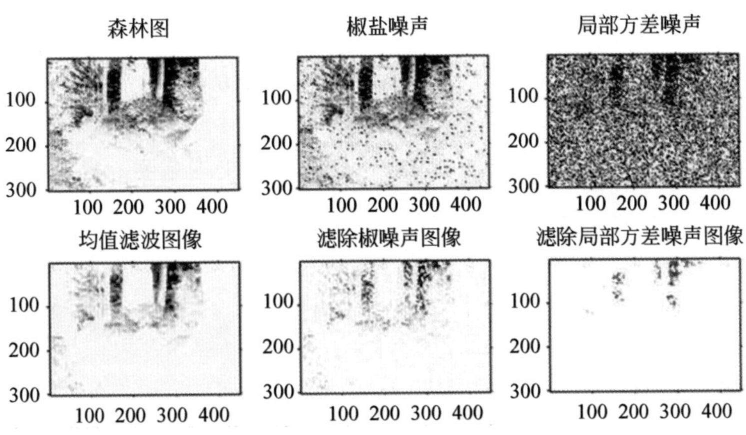

图 4.11　用列表 4.10 对图像最大序滤波

问题 4.9

用下面的矩阵定义图像 g：

```
>> g=[1,2,3,4,5;6,7,8,9,10;11,12,13,14,15;16,17,18,19,20];
```

展示矩阵 g 在用 3×3 邻域而不是列表 4.10 定义的 5×5 邻域进行最大序滤波后是如何变化的。 ❑

问题 4.10

(ordfilt.1) 寻找最佳最大序滤波器，用于去除图像 forest.tif 的噪声形式中的椒盐噪声和局部方差噪声。

(ordfilt.2) 寻找最佳最小序滤波器，用于去除图像 forest.tif 的噪声形式中的椒盐噪声和局部方差噪声。 ❑

问题 4.11

执行如下操作：

(medfilt.1) 使用函数 `ordfilt2`，给出对任何图像 I 的基于 5×5 和 9×9 邻域的中值滤波器的公式。

(medfilt.2) 展示使用 5×5 邻域的 `ordfilt2` 中值滤波器，用于去除图像 forest.tif 的噪声形式中的椒盐噪声和局部方差噪声的效果。

(medfilt.3) 展示使用 3×3 邻域的 `ordfilt2` 中值滤波器，用于去除图像 forest.tif 的噪声形式中的椒盐噪声和局部方差噪声的效果。 ❑

问题 4.12

使用 `roipoly` 选择有噪声图像中的一个多边形区域（即，选择感兴趣区域（roi））。然后编写一个 Matlab 程序，仅对 roi 执行中值滤波。最后显示中值滤波 roi，用于去除图像 forest.tif 的噪声形式中的椒盐噪声和局部方差噪声的效果。 ❑

4.10 正态分布滤波

设 x 表示数字图像 g 的像素强度，$\bar{x}$ 表示图像像素平均强度，σ表示像素强度的标准差。离散形式的像素强度正态分布是由高斯函数 $f: X \to \mathrm{R}$ 定义的：

$$f(x) = \frac{1}{\sigma\sqrt{2\pi}} \exp\left[\frac{(x-\bar{x})^2}{2\sigma^2}\right]$$

为了使用函数 fspecial 进行**正态分布滤波**，需要选择 $n \times m$ 的核（通常 $n = m$）和标准差σ。参见列表 4.11，所得结果见图 4.12。

```
% 对图像的正态分布滤波

g = imread('forest.tif');
subplot(2,3,1), imshow(g); title('forest image');
nsp = imnoise(g,'salt & pepper',0.05);    %slight peppering
% nsp = imnoise(g,'salt & pepper',0.15); %increased pepper
subplot(2,3,2), imshow(nsp); title('salt & pepper noise');
g = im2double(g);
v = g(:,:);
np = imnoise(g,'localvar',v);
subplot(2,3,3), imshow(np); title('localvar noise');
lowpass = fspecial('gaussian',[5 5], 2);
g1 = imfilter(g,lowpass);
g2 = imfilter(nsp,lowpass);
g3 = imfilter(np,lowpass);
subplot(2,3,4), imshow(g1); title('norm-filtered image');
subplot(2,3,5), imshow(g2); title('filter peppering');
subplot(2,3,6), imshow(g3); title('filter localvar noise');
```

列表 4.11 生成图 4.12 的 Matlab 程序 gauss.m

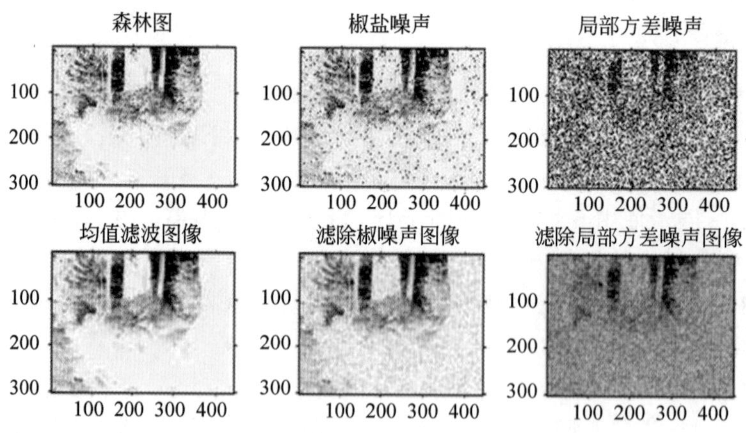

图 4.12 用列表 4.11 对图像正态分布滤波

问题 4.13

通过对 $n \times n$ 核和σ试验不同的 n 值，找到一种改进对图像 forest.tif 及其具有椒-盐噪声和局部方差噪声版本的正态分布滤波方法。 ❑

第 5 章 边缘、线、角点、高斯核与沃罗诺伊网格

本章重点介绍数字图像中边缘、线和角点的检测。本章还介绍许多非线性滤波方法。一种方法是**非线性方法**的前提是该方法的输出与输入不直接成正比。例如，一种方法的输入是实值变量 x 而其输出是 x^a，$a>0$（x 的幂），则该方法是非线性的。

5.1 线 性 函 数

设α是标量，且$\alpha\in$R。函数（映射）f: $X\rightarrow Y$ 是**线性函数**，对于 a、$b\in X$，$f(a+b)=f(a)+f(b)$（**相加性**）和 $f(\alpha b)=\alpha f(b)$（**一致性**）。例如，映射 $f(x)=x$ 是线性的，因为 $f(a+b)=a+b=f(a)+f(b)$并且 $f(\alpha b)=\alpha b=\alpha f(b)$。换句话说，线性函数的**绘图**是直线。反过来，**非线性函数**是具有非线性输出的函数（非线性函数不满足线性函数的相加性和一致性）。另外，非线性函数的绘图是曲线。

例 5.1 高斯核图示例

令$\sigma>0$ 为**尺度参数**，即**标准差**（与集合均值的平均距离）。表达式σ^2称为**方差**。一组数据的平均值或**均值**或**中间值**用μ表示。在这种情况下，$\mu=0$。由下式定义的 1-D 高斯核函数 f: R$\rightarrow$R^2

$$f(x;\sigma)=\frac{1}{\sigma\sqrt{2\pi}}\exp\left[-\frac{x}{2\sigma^2}\right] \quad \text{（高斯核函数）}$$

是一个非线性函数，具有弯曲的平面绘图，如图 5.1 所示。在 1-D 高斯核函数 $f(x;\ \sigma)$的定义中，x 是**空间参数**，σ是尺度参数。请注意，随着σ的减小（例如，从图 5.1 中的$\sigma=0.81$到图 5.2（a）中的$\sigma=0.61$，再到图 5.2（b）中的$\sigma=0.41$），高斯核图的宽度会缩小。因此，σ 称为**宽度参数**。对于使用 1-D 高斯核的其他实验，请尝试附录 A.5.1 小节中列表 A.24

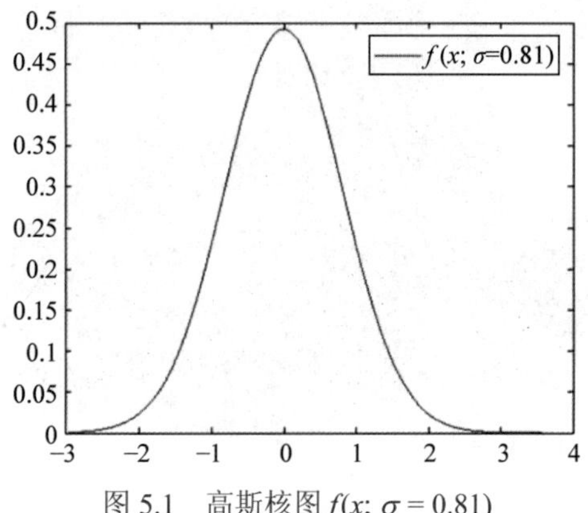

图 5.1 高斯核图 $f(x;\sigma=0.81)$

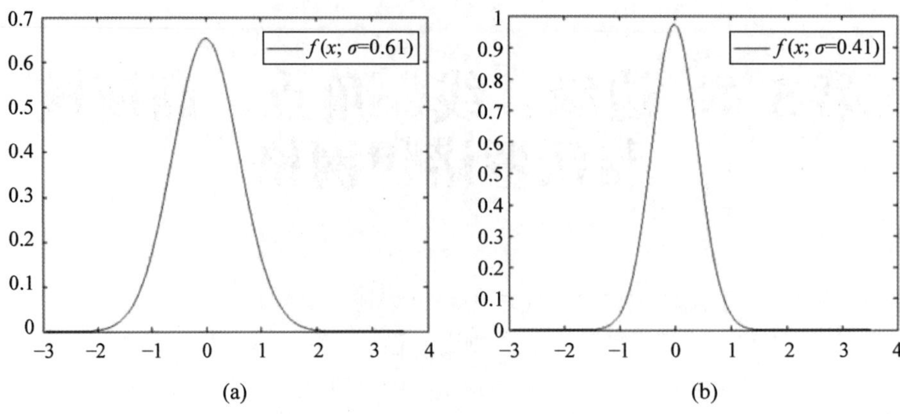

图 5.2 平面高斯核图的宽度变化

的 Matlab 程序。 ❑

上述高斯核称为 1-D（一维）核，因为仅使用单个空间参数（即 x）来定义核。1-D 高斯核的名称来自 B. M. ter Haar Romeny [64]。

数字图像中的角点提供了沃罗诺伊网格生成器的良好来源。源自图像角点的沃罗诺伊网格提供了对图像的分割。这种网格中的每个单元都是凸多边形。回想一下，凸多边形中任何点对之间的直线段都属于多边形。考虑这种形式的图像分割的动机是网格多边形提供了完成如下工作的手段：

（1）**图像分割**：沃罗诺伊网格提供了一种将图像划分为非交叉凸多边形的直接方法，便于图像和场景分析以及图像理解。

（2）**目标识别**：目标角点确定了可识别和比较的、独特（可识别）的凸子网格。

（3）**模式识别**：基于角点的凸面图像子网格的排列构成了可以被识别和比较的图像图案。参见 5.13 节了解更多相关信息。

例 5.2　分割彩色图像

对一幅彩色图像的分割如图 5.3 所示。在此图像中，沃罗诺伊网格是从该图像中的一些角点（用*表示）导出来的。请注意，例如，后轮主要由 7 条边的凸多边形覆盖。有关这方面的更多信息参见 5.14 节。

图 5.3 彩色图像上基于角点的沃罗诺伊网格 ❑

5.2　边缘检测

已经提出了许多**边缘**（和线）检测的方法。这些滤波方法中突出的是那些由 L. G. 罗伯特[163]、J. M. S. 蒲瑞维特[157]、I. 索贝尔[177，178]以及最近的**拉普拉斯**和**零交叉**滤波方法。拉普拉斯算子和零交叉滤波器相比早期的边缘检测方法有显著的改进。这可以在图 5.4（用列表 5.1 得到）中看到。

```
% 对图像进行边缘检测滤波
clc, clear all, close all

%g = rgb2gray(imread('bee-polen.jpg'));
g = imread('circuit.tif');
gr = edge(g,'roberts');
gp = edge(g,'prewitt');
gs = edge(g,'sobel');
gl = edge(g,'log');
gz = edge(g,'zerocross');
subplot(2,3,1),imshow(g); title('circuit.tif');
subplot(2,3,2),imshow(~gr); title('Roberts filter');
subplot(2,3,3),imshow(~gp); title('Prewitt filter');
subplot(2,3,4),imshow(~gs); title('Sobel filter');
subplot(2,3,5),imshow(~gl); title('Laplacian filter');
subplot(2,3,6),imshow(~gz); title('Zero cross filter');
```

列表 5.1　生成图 5.4 的 Matlab 程序

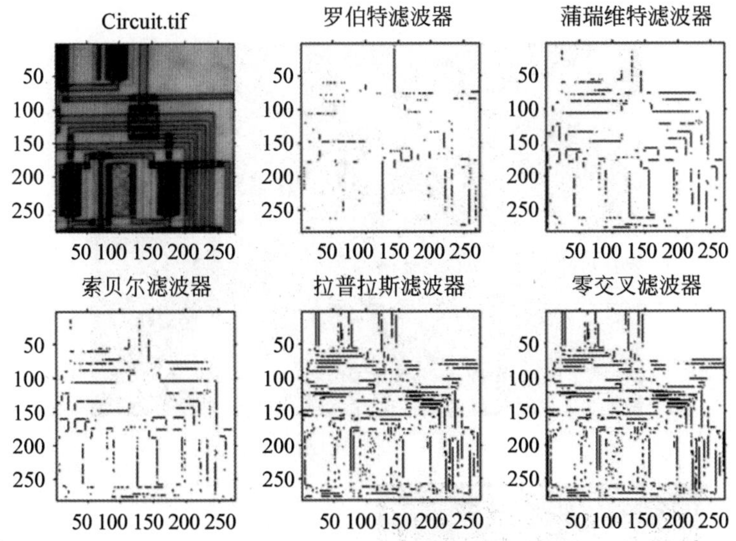

图 5.4　用列表 5.1 边缘检测滤波图像

注意，Matlab 有一个逻辑非运算符 `logical not`。要实验 `logical not`，请尝试列表 5.2，结果见图 5.5。

列表 5.3 中的方法可用于将每个滤波图像的外观从黑色背景上的白色边缘反转到白色背景上的黑色边缘。例如，对图 5.6 得到的边缘如图 5.7（a），再用列表 5.3 得到图 5.7（b）。

```
% 使用逻辑非边缘检测滤波图像
clc, clear all, close all
g = imread('circuit.tif');
gz = edge(g,'zerocross');
subplot(1,3,1),imshow(g); title('circuit.tif');
subplot(1,3,2),imshow(gz); title('Zero cross filter');
subplot(1,3,3),imshow(~gz); title('Zero cross (log. not)');
```

列表 5.2　生成图 5.5 的 Matlab 程序 family mylogical.m

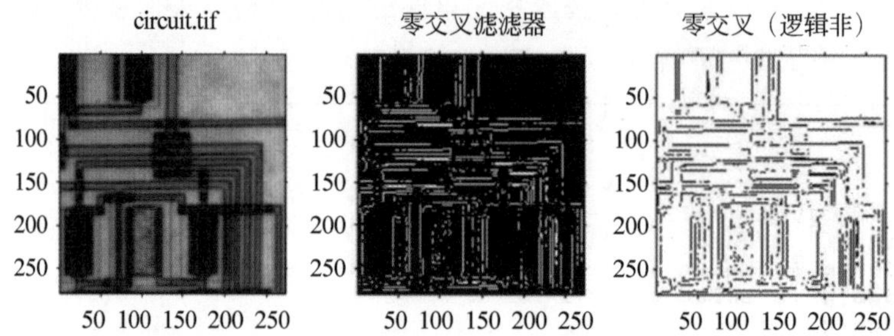

图 5.5　使用列表 5.2 得到逻辑非图像和非逻辑非图像

```
% 对数组进行逻辑非操作示例
clc, clear all, close all

g = [1  1  1  1  0  0  0  0]
notg = ~g
```

列表 5.3　使用 Matlab 程序 logicalnot.m 从[1 1 1 1 0 0 0 0]得到[0 0 0 0 1 1 1 1]

图 5.6　曼尼托巴蜻蜓

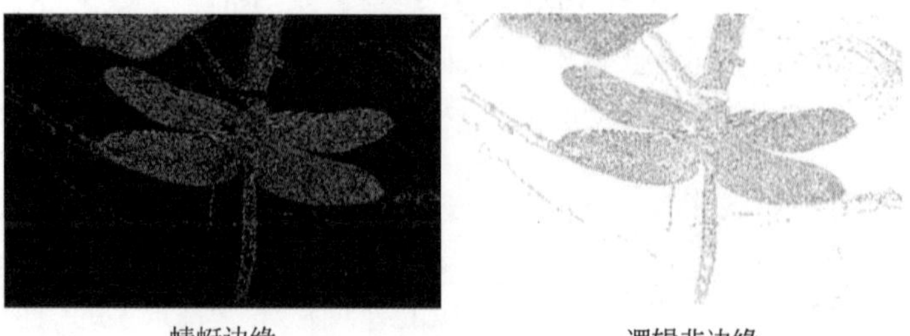

图 5.7　曼尼托巴蜻蜓图像中的边缘

边缘检测滤波器的基本工作方法是将图像中每个像素的 $n \times n$ 邻域与 $n \times n$ **模板**（或**滤波器核**）进行卷积，其中 n 通常是奇整数。术语**卷积**意味着折叠（滚动）在一起。有关卷积的真实示例，参见 http://www.youtube.com/watch?v=7EYAUazLI9k。

例如，蒲瑞维特和索贝尔边缘滤波器用来对每个 3 × 3 图像邻域（也称为 8-邻域）与**边缘滤波器**进行卷积。像素的 8-邻域的概念来自 A.罗森菲尔德[167]。罗森菲尔德 8-邻域是围绕中心像素的 8 个像素的正方形阵列。蒲瑞维特和索贝尔边缘滤波器都是一对 3 × 3 模板（一个模板表示 x 方向上的像素梯度，另一个模板表示 y 方向上的像素梯度）。

Matlab 倾向于水平方向，仅使用表示 x 方向上像素梯度的模板来滤波图像。要查看模板的示例，请尝试列表 5.4。

```
% 边缘滤波器模板示例
clc, clear all, close all

mPrewitt = fspecial('prewitt')
mSobel = fspecial('sobel')
mLaplace = fspecial('laplacian')
```

列表 5.4　生成模板示例的 Matlab 程序 masks.m

使用 Matlab 函数 `fspecial` 的模板偏向于水平方向。例如，蒲瑞维特 3 × 3 模板定义为：

$$\mathrm{mPrewitt} = \begin{bmatrix} 1 & 1 & 1 \\ 0 & 0 & 0 \\ -1 & -1 & -1 \end{bmatrix}$$

拉普拉斯边缘滤波器 $L(x, y)$是图像 g 的二阶导数的 2-D 各向同性度量[1]，像素强度 $g(x, y)$ 如下：

$$L(x,y) = \frac{\partial^2 g}{\partial x^2} + \frac{\partial^2 g}{\partial y^2}$$

常用的拉普拉斯模板由下面的 3 × 3 数组定义为：

$$\mathrm{Laplacian} = \begin{bmatrix} 0 & -1 & 0 \\ -1 & 4 & -1 \\ 0 & -1 & 0 \end{bmatrix}$$

更多有关拉普拉斯、高斯-拉普拉斯（高斯的拉普拉斯，LoG）和马尔边缘滤波器的详细说明参见 http://homepages.inf.ed.ac.uk/rbf/HIPR2/log.htm。

问题 5.1

使用第 3 章的图像增强方法，预处理图像 dragonfly.jpg 并创建一个新图像（称之为 dragonfly2.jpg）。找到最佳的预处理方法进行边缘检测滤波，以获得类似于图 5.7 所示的图像。显示（黑色和白色）二值图像和（黑色在白色上或逻辑非）边缘图像，如图 5.7 所示。另外，输入

```
>> help edge
```

1　各向同性意味着方向不敏感，在不同方向上测量时具有相同的大小或特性。

并尝试在滤波方法中选择不同的 thresh 和 sigma（拉普拉斯-高斯（正态分布）算子的标准差参数），使用

```
>> gl=edge(g,'log',thresh, sigma)
```

提示：对输入图像使用函数 im2double。此外，将边缘检测方法对灰度（非彩色）图像进行操作。 ❑

5.3 双精度拉普拉斯滤波器

参见图 5.8，由列表 5.5 得到。

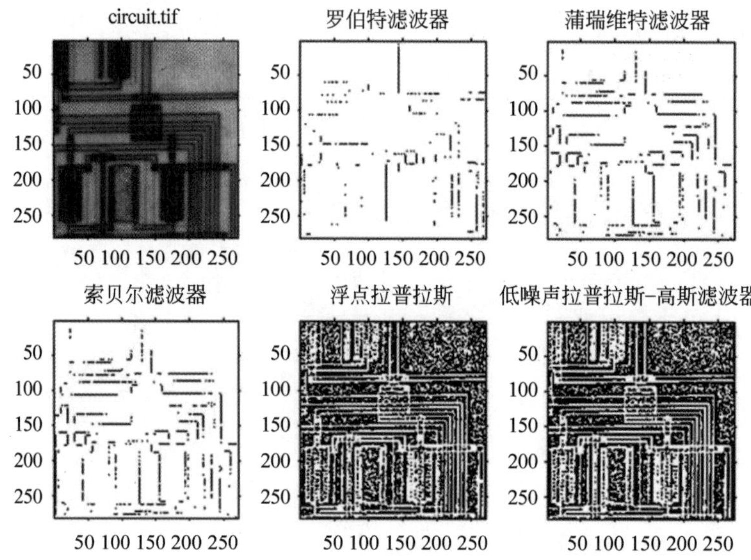

图 5.8 使用列表 5.5 得到双精度拉普拉斯滤波

```
% 正态分布滤波图像

g = imread('circuit.tif');
gr = edge(g,'roberts');
gp = edge(g,'prewitt');
gs = edge(g,'sobel');
subplot(2,3,1),imshow(g); title('circuit.tif');
subplot(2,3,2),imshow(~gr); title('Roberts filter');
subplot(2,3,3),imshow(~gp); title('Prewitt filter');
%
subplot(2,3,4),imshow(~gs); title('Sobel filter');
k = fspecial('laplacian'); % create laplacian filter
glap = imfilter(double(g),k,'symmetric'); % laplacian edges
glap = medfilt2(glap,[3 3]);
subplot(2,3,5),imshow(glap); title('Floating pt Laplacian');
%
k = fspecial('log'); % create laplacian filter
glog = imfilter(double(g),k,'symmetric'); % laplacian edges
glog = medfilt2(glog,[3 3]);
subplot(2,3,6),imshow(glog); title('lower noise log filter');
```

列表 5.5 生成图 5.8 的 Matlab 程序 laplace.m

5.4　增强数字图像边缘

T. Lindeberg 已经观察到，图像边缘的概念只是人们定义的概念[111，p.118]。罗伯特、蒲瑞维特和索贝尔早期的边缘检测尝试侧重于检测一阶边缘梯度大的点。从 20 世纪 60 年代中期开始，亮度值的跳跃是罗伯特[163]检测到的边缘类型。R. M. Haralick 或者直接从像素值，或者从局部最小二乘拟合来计算导数的近似[68]。

诸如罗伯特、蒲瑞维特和索贝尔滤波器的一阶边缘滤波器通常用作进一步数字图像分割的步骤。对于边缘锐化很重要的图像，则使用二阶图像滤波方法。

作为图像增强步骤的边缘锐化常使用二阶拉普拉斯滤波器。对于图像 g 中的像素 $g(x, y)$，**拉普拉斯滤波器**的非离散形式$\nabla^2 g(x, y)$由下式定义：

$$\nabla^2 g(x,y)=\frac{\partial^2 g}{\partial x^2}+\frac{\partial^2 g}{\partial y^2}$$

出于实现目的，拉普拉斯滤波器的离散形式$\nabla^2 g(x, y)$由下式定义：

$$\nabla^2 g(x,y)=f(x+1,y)+f(x-1,y)-f(x,y)+f(x,y+1)+f(x,y-1)$$

用于增强图像的二阶导数的基本方法是从原始图像中减去滤波图像，即根据像素值 $g(x, y)$，计算：

$$g(x,y)=g(x,y)-\nabla^2 g(x,y)$$

在 Matlab 中，二阶拉普拉斯滤波器具有可选的形状参数α，它控制拉普拉斯算子的形状（参见列表 5.6，其中$\alpha = 1$（高发生率的边缘））。图 5.9 中的原始图像是近期来自 MYA 的介形类化石的 Snap-04a.tif 图像（发现于被巴西紫水晶结构捕获的介形类群体中）。在该图像中，存在非常高的入射边缘和脊，以高α值处理。类似地，在图 5.10 的图像 circuit.tif

```
% 拉普拉斯边缘增强的图像

%A=imread('circuit.tif');
%g = rgb2gray(imread('Snap-04a.tif'));
g = imread('Snap-04a.tif');
k=fspecial('laplacian',1); %Generate Laplacian filter
h2=imfilter(g,k); %Filter image with Laplacian kernel
ge=imsubtract(g,h2); %Subtract Laplacian from original.
subplot(1,3,1), imshow(g); title('Snap-04a.tif fossil');
subplot(1,3,2), imagesc(~h2);
title('Laplacian filtered image'); axis image;
subplot(1,3,3), imshow(ge); title('Enhanced image');
```

列表 5.6　生成图 5.9 的 Matlab 程序 enhance1.m

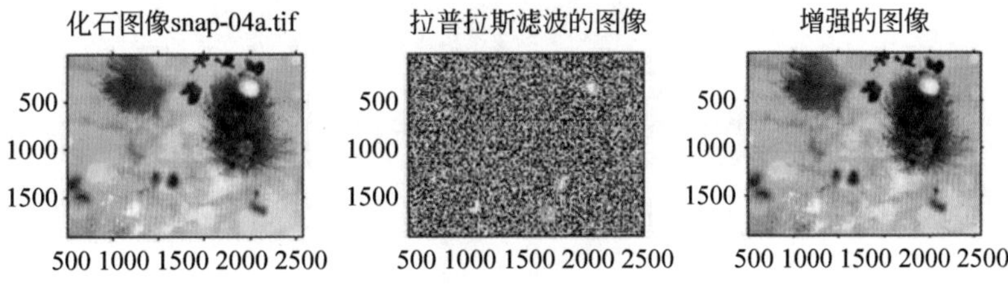

图 5.9　列表 5.6 中的化石图像

中，直线具有高入射率，再次保证了高α值以实现图像增强。

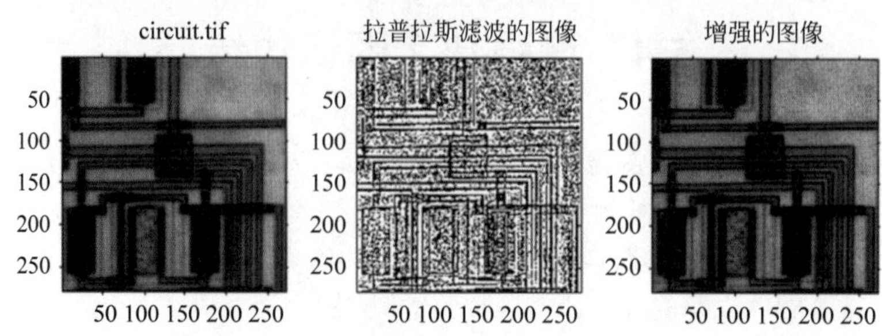

图 5.10 使用列表 5.6 进行拉普拉斯图像增强

5.5 高 斯 核

正是高斯（1777—1895）介绍了以他命名的核（或正态分布）函数。设 x 和 y 是线性无关的随机实值变量，具有标准方差σ和均值μ。目标是展示 x 值自身的分布或者原点周围组合的 x，y 值，每个实验的$\mu=0$。一组 x 或 x，y 值的**宽度**$\sigma>0$ 称为**标准方差**（与一组数据中间值的平均距离），σ^2 称为**方差**。通常，具有正态分布的一组样本值的绘图具有钟形曲线（也称为围绕中间值的正态曲线。一个著名的高斯核图的示例出现在 10 马克（10 DM）[1] 的纸币上，如图 5.11（a）所示。10 DM 图像的裁剪版本如图 5.11（b）所示。S.Stahl[183]非常好地给出了高斯核演化的概况。

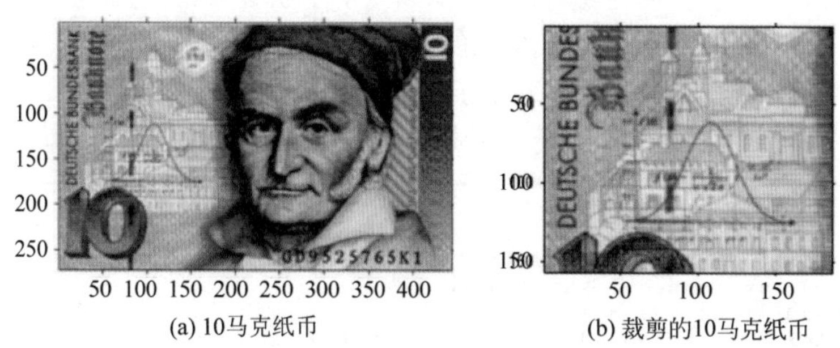

(a) 10马克纸币 (b) 裁剪的10马克纸币

图 5.11 1-D 高斯核实验

当所有的负 x 或 x、y 值都由它们的绝对值来表示时，这些高斯值被称为折叠正态分布（参见 F. C. Leone、L. S. Nelson 和 R. B. Nottingham[105]）。

有两种形式的高斯核要考虑。

1-D 高斯核：如果只考虑具有标准差σ和均值$\mu=0$ 的 x 的样本值，那么 1-D 核函数（用 $f(x;\sigma)$表示）由下式定义：

$$f(x;\sigma)=\frac{1}{\sigma\sqrt{2\pi}}\exp\left[-\frac{(x-0)^2}{2\sigma^2}\right]=\frac{1}{\sigma\sqrt{2\pi}}\exp\left[-\frac{x^2}{2\sigma^2}\right] \quad \textbf{（1-D高斯核）}$$

图 5.11（b）中的 10 DM 上显示的正是 1-D 核的图。

1 德国在统一前，银行用的货币单位。——译者注

例 5.3

图 5.12 中给出 1-D 高斯核图的示例。要试验不同选择的宽度参数σ，请尝试使用附录 A.5.2 小节中的 Mathematica 程序 1。

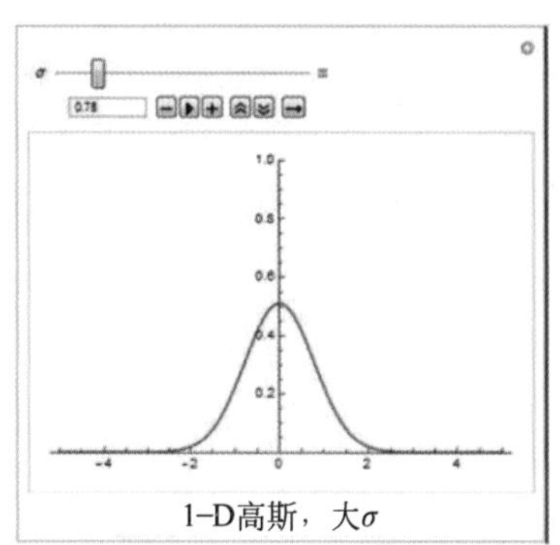

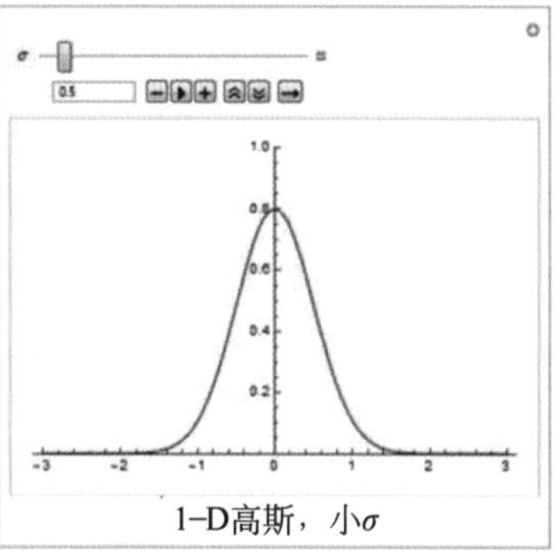

图 5.12　1-D 高斯核实验　❑

2-D 高斯核：如果考虑 x 和 y 的样本值的标准差为σ且均值$\mu_x = 0$，$\mu_y = 0$，那么 2-D 高斯核函数（用$f(x, y; \sigma)$表示）由下式定义：

$$f(x,y;\sigma)=\frac{1}{\sigma\sqrt{2\pi}}\exp\left[-\frac{(x-0)^2+(y-0)^2}{2\sigma^2}\right]=\frac{1}{\sigma\sqrt{2\pi}}\exp\left[-\frac{x^2+y^2}{2\sigma^2}\right] \quad \text{（2-D高斯核）}$$

例 5.4

图 5.13 中给出连续和离散 2-D 高斯核**绘图**。**离散图**是从离散值导出的。**离散**这里的意思是指不同的、分开的。在这个例子中，离散值用于获得图 5.13（b）中的图。图 5.13（a）中的图用于较小的分离值，因此具有**连续**的外观，尽管该图是从离散值导出的。要试验对宽度参数σ的不同选择，请尝试使用附录 A.5.3 小节中列表 A.25 的 Matlab 程序。

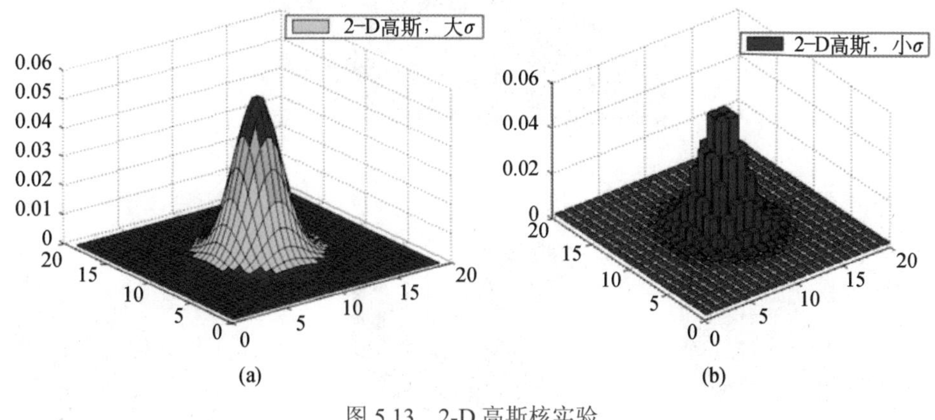

图 5.13　2-D 高斯核实验　❑

5.6　高斯滤波器

本节简要介绍对数字图像的高斯滤波（平滑）。设 x，y 为 2-D 图像 Img 中一个像素的坐标，Img(x, y)是位于(x, y)的像素强度，σ为像素强度相对于 Img 邻域中的像素平均强度的标准差。这里假设σ是图像邻域中像素强度的概率分布的标准差。2-D 高斯滤波器（平滑）函数 $G(x, y;\sigma)$由下面的公式定义：

$$G(x,y;\sigma)=\frac{1}{\sigma\sqrt{2\pi}}\exp\left[-\frac{x^2+y^2}{2\sigma^2}\right]\quad（滤波值）$$

$$G(x,y;\sigma)=\exp\left[-\frac{x^2+y^2}{2\sigma^2}\right]\quad（简化的滤波值）$$

$$\operatorname{Im}g(x,y):=G(x,y;\sigma)\quad（G(x,y;\sigma)替换像素强度\operatorname{Im}g(x,y)）$$

高斯滤波图像的基本方法是将滤波后的强度值 $G(x, y;\sigma)$赋给所选图像邻域中的每个像素。M. Sonka、V. Hlavac 和 R. Boyle[181，5.3.3 小节，p.139]观察到σ与高斯滤波器工作的邻域尺寸成比例（参见图 5.14 中的裁剪火车图像进行高斯滤波而得到的图 5.15）。

图 5.14　裁剪的火车图像

(a) 用5×5子图像平滑图像，$\sigma=2$

(b) 用3×3子图像平滑图像，$\sigma=1.2$

(c) 用2×2子图像平滑图像，$\sigma=0.8$

图 5.15　对裁剪图像的高斯滤波

例 5.5　高斯滤波以平滑图像

要使用高斯滤波试验图像平滑，请尝试附录 A.5.4 小节中的列表 A.26（见图 5.16、

图 5.17 和图 5.18）。

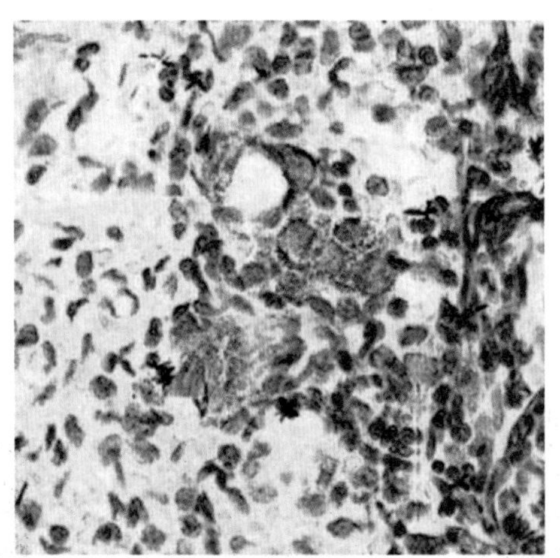

图 5.16　织物图像示例

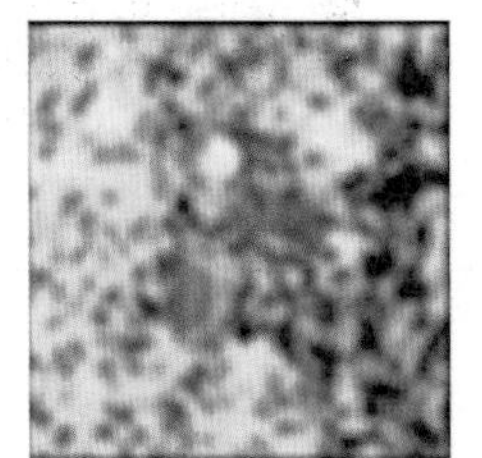

(a) 在11×11子图像上点扩散，$\sigma=5$

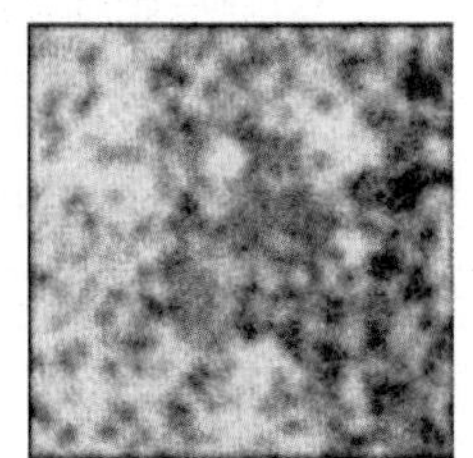

(b) 高斯模糊化，$\sigma=0.02$

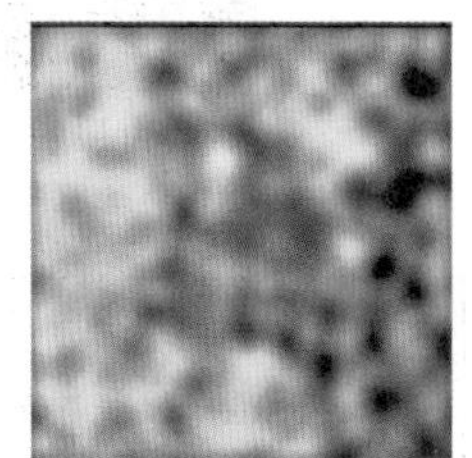

(c) 图像恢复1

图 5.17　例 1：恢复有噪、模糊图像

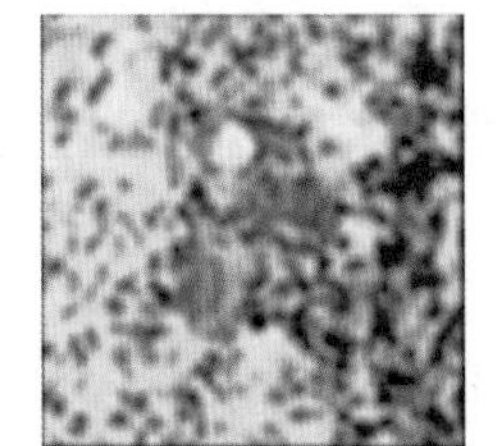

(a) 在8×8子图像上点扩散，$\sigma=5$

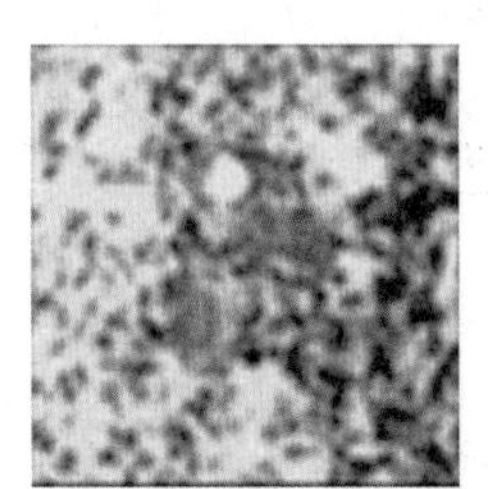

(b) 高斯模糊化，$\sigma=0.005$

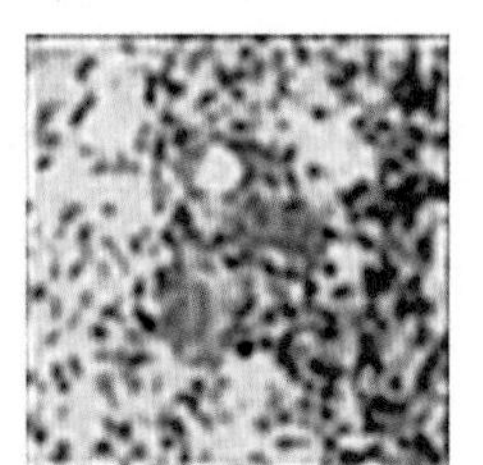

(c) 图像恢复2

图 5.18　例 2：恢复有噪、模糊图像

5.7　高斯滤波器核图像恢复

例 5.6　平滑和模糊正方形子图像中的高斯滤波

为实验图像恢复和高斯滤波，尝试附录 A.5.5 小节中列表 A.27 的程序（见图 5.9）。

❑

5.8 高斯-拉普拉斯滤波器图像增强

对简单的二阶拉普拉斯滤波器的一种替代方案是高斯滤波器的二阶拉普拉斯算子。这在 Matlab 中可使用函数 `fspecial` 的 `log` 选项来实现。

问题 5.2

消除图 5.19（源自列表 5.7）所示的二阶拉普拉斯图像增强的椒-盐效应。显示对图像 circuit.tif 的结果以及另一幅自选图像的结果。

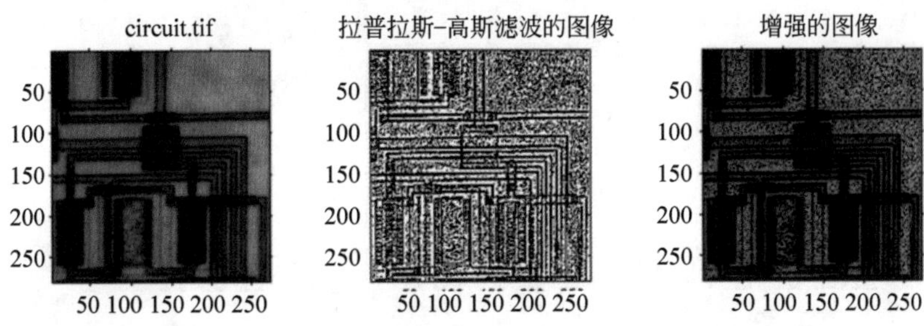

图 5.19　使用列表 5.7 进行二阶拉普拉斯图像增强

```
% 旋转对称拉普拉斯-高斯增强的图像

g=imread('circuit.tif');
%g = rgb2gray(imread('Snap-04a.tif'));
%g = imread('Snap-04a.tif');
k=fspecial('log',[3 3],0.2); %Generate Laplacian filter
h2=imfilter(g,k); %Filter image with Laplacian kernel
ge=imsubtract(g,h2); %Subtract Laplacian from original.
subplot(1,3,1), imshow(g); title('circuit.tif');
subplot(1,3,2), imagesc(~h2);
title('log filtered image'); axis image;
subplot(1,3,3), imshow(ge); title('Enhanced image');
```

列表 5.7　生成图 5.19 的 Matlab 程序 logsym.m ❑

5.9 零交叉边缘滤波器图像增强

在大多数情况下，最有效的二阶滤波器图像增强方法源于对 R. Haralick 零交叉滤波方法的应用（如图 5.20 中对图像 circuit.tif 的零交叉增强，这里使用了列表 5.8）。

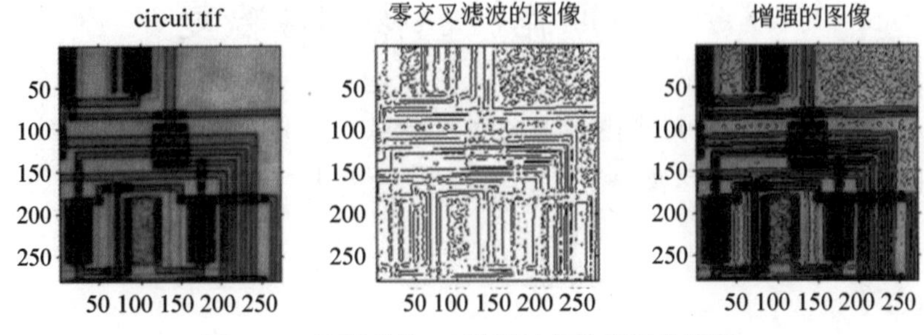

图 5.20　使用列表 5.8 进行拉普拉斯图像增强

```
% 零交叉图像增强

%g=imread('circuit.tif');
g = rgb2gray(imread('Snap-04a.tif'));
%g = imread('Snap-04a.tif');
g = im2double(g);
h2=edge(g,'zerocross',0,'nothinning');
h2 = im2double(h2);
ge=imsubtract(g,h2); %Subtract Laplacian from original.
subplot(1,3,1), imshow(g); title('Snap-04a.tif');
subplot(1,3,2), imagesc(~h2);
title('zero-cross filtered image'); axis image;
subplot(1,3,3), imshow(ge); title('Enhanced image');
```

列表 5.8 生成图 5.20 的 Matlab 程序 zerox.m

在数字图像的离散矩阵表示中，如果亮度值不同，则亮度值通常会跳跃。为了解释亮度值相对于导数的局部极值的跳跃，可以假设像素值来自对数字图像 g 的实值函数的采样，这里将数字图像 g 看作平面$\mathbb{R}^2$上有界且连接的子集。这样，导数值的跳跃表示 g 的高一阶导数点或 g 的二阶导数中的相对极值点[68，p.58]。出于这个原因，Haralick 将边缘检测视为对样本值的函数拟合。g 在点(x, y)处的方向导数是根据方向角α来定义的：

$$g_\alpha'(x,y)=\frac{\partial g}{\partial x}\sin\alpha+\frac{\partial g}{\partial y}\cos\alpha$$

而 g 在点(x, y)处的二阶方向导数是：

$$g_\alpha''(x,y)=\frac{\partial^2 g}{\partial x^2}\sin^2\alpha+\frac{2\partial^2 g}{\partial x\partial y}\sin\alpha\cos\alpha+\frac{\partial^2 g}{\partial y^2}\cos^2\alpha$$

假设 g 是 x 和 y 的三次多项式，则 g 的梯度和梯度方向可以用估计 g 的值的邻域中心处的α来估计。在 g 的 $n\times n$ 邻域中，$g(x, y)$的值根据如下形式的线性组合的立方来计算：

$$g(x,y)=k_1+k_2x+k_3y+k_4x^2+\cdots+k_{10}y^3$$

角度α被定义为：

$$\sin\alpha=\frac{k_2}{\sqrt{k_2^2+k_3^2}}$$

$$\cos\alpha=\frac{k_3}{\sqrt{k_2^2+k_3^2}}$$

$g(x, y)$在方向α上的二阶导数可被近似为：

$$g_\alpha''(x,y)=6\left[k_7\sin^3\alpha+k_8\sin^2\alpha+k_9\sin\alpha\cos^2\alpha+k_{10}\cos^3\alpha\right]\rho$$

$$2\left[k_4\sin^2\alpha+k_5\sin\alpha\cos\alpha+k_6\cos^2\alpha\right]$$

那么在零交叉边缘检测方法中，什么时候像素被标记为边缘像素呢？Haralick 指出，二阶和一阶导数的变化是一个零交叉指标。也就是说，如果对于某些ρ，$|\rho|<\rho_0$，其中ρ_0略小于像素的边长，并且

$$g_\alpha''(\rho)<0 \quad \text{or} \quad g_\alpha''(\rho)=0 \quad \text{and} \quad g_\alpha'(\rho)\neq 0$$

则已经找到估计的二阶导数的负斜率过零点，并且目标邻域像素被标记为边缘像素。

实现 Matlab 函数 `edge` 时有两个可选参数，即 `thresh` 和滤波器 `h`。通过选择 $h=0$，输出图像将具有闭合轮廓，并且通过在滤波方法中选择 `nothinning`，输出图像中的边缘

不会变细。请注意，图 5.20 中的边缘检测图像优于图 5.19 或图 5.9 中的边缘检测图像。为什么？对于某些图像，如图像 Snap_04a.tif，零交叉的方法效果不佳。这方面的证据在图 5.21 中也可以看到。

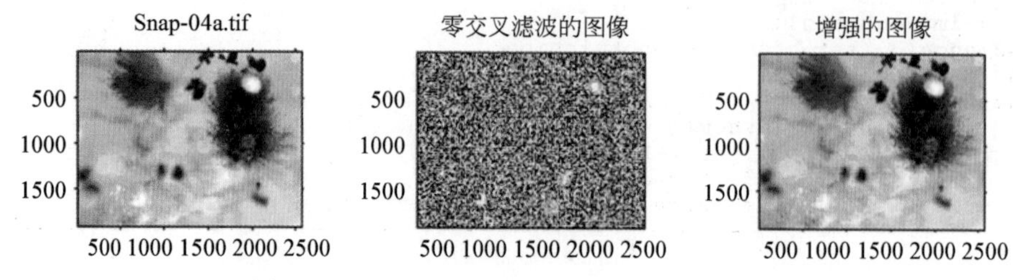

图 5.21　使用列表 5.8 进行拉普拉斯图像增强

问题 5.3

尝试除了（在列表 5.8 中使用的）`nothinning` 之外的其他滤波器，并寻找对图像 dragonfly2.jpg 和一幅自选图像的最佳零交叉滤波图像增强。对于两幅图像中的每一幅，给出对应的二值和逻辑非边缘图像。 ❑

5.10　各向异性与各向同性边缘检测

术语**各向同性**意味着在不同方向上测量时具有相同的大小或属性。各向同性边缘检测方法与方向无关。各向同性边缘检测由 D. Marr 和 E. Hildreth [119]提出，这种方法以牺牲边缘平滑为代价提供简单性和均匀性。A. P. Witkin [209]通过将图像与高斯核卷积以实现对边缘的高斯平滑。令 $I_0(x, y)$表示原始图像，$I(x, y, t)$表示推导出的图像，$G(x, y, t)$表示具有方差 t 的高斯核。那么，将原始图像与高斯核用以下列方式卷积。

$$t \in [0,\infty],\ \text{连续尺度}\ t \geqslant 0$$

$$G(x,y;t) = \frac{1}{2\pi t}\exp\left[-\frac{x^2+y^2}{2t}\right]$$

$$I(x,y;t) = I_0(x,y) * G(x,y;t)$$

其中，仅对变量 x 和 y 执行卷积，分号后的尺度参数指定尺度级（t 是高斯滤波器 $G(x, y, t)$ 的方差）。在 $t = 0$ 时，尺度空间表达就是原始图像。随着 t 增加，越来越多的图像细节被除去，即随着 t 增加，图像更加平滑。小于 $\sqrt{t}$ 的图像细节将从图像中删除。函数 `fspecial` 可用于实现高斯平滑图像。列表 5.9 给出一个示例，结果见图 5.22。

```
% 高斯图像平滑

g = imread('circuit.tif');
subplot(2,3,1),imshow(g); title('circuit.tif');
g1 = fspecial('gaussian',[15 15],6);
g2 = fspecial('gaussian',[30 30],12);
subplot(2,3,2),imagesc(g1); title('gaussian,[3 3],1');
axis image;
subplot(2,3,3),imagesc(g2); title('gaussian,[30 30],12');
axis image;
```

列表 5.9　生成图 5.22 的 Matlab 程序 isotropy.m

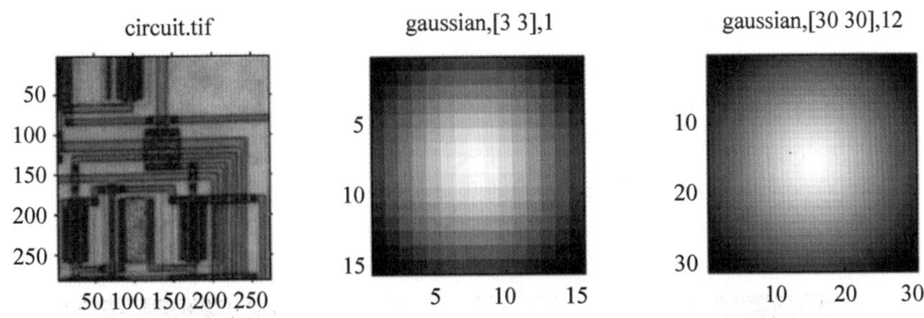

图 5.22　使用列表 5.9 进行高斯平滑图像 circuit.tif

对各向同性边缘检测的一种替代方案是各向异性扩散，由 P. Pierona 和 J. Malik[137]提出（还可参见[149]）。术语**各向异性**是指在不同方向上测量时具有不同的大小或性质。换句话说，边缘检测的各向异性方法是方向相关的（参见图 5.23，由列表 5.10 得到）。

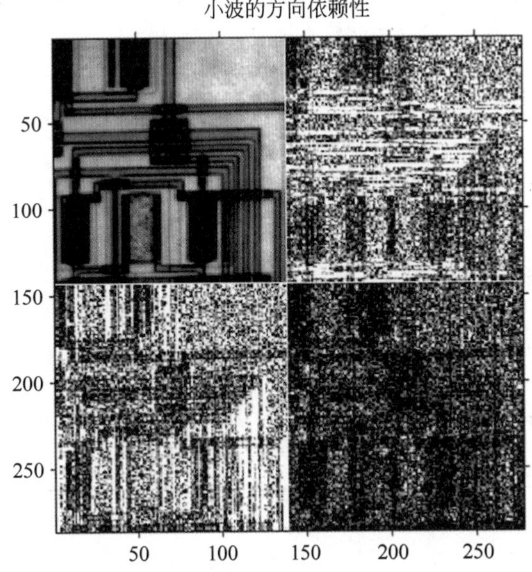

图 5.23　使用列表 5.10 进行小波平滑图像 circuit.tif

```
% 该函数使用了函数:
%   wavefast , wavecut , wavedisplay , waveback

g = imread('circuit.tif');
% Isolate edges of picture using the 2D wavelet transform
[c, s] = wavefast(g, 1, 'sym4');
figure,wavedisplay(c,s,-6);
title('direction dependence of wavelets');
% Zero the approximation coefficients
% [nc, y] = wavecut('a', c, s);
% Compute the absoluate value of the inverse
% edges = abs(waveback(nc, s, 'sym4'));
% Display before and after images
% figure;
% subplot(1,2,1), imshow(g), title('Original Image');
% subplot(1,2,2), imshow(mat2gray(edges))
```

列表 5.10　生成图 5.23 的 Matlab 程序 direction.m

接下来，考虑使用使用小波检测到的边缘来增强图像 circuit.tif。小波图像增强的初步结果如图 5.24 所示（参见列表 5.11）。可以观察到两件事。首先，边缘检测的小波形式不如 Haralick 的零交叉边缘检测方法有效。其次，在最开始的阶段，可以观察到小波边缘检测方法不能产生令人满意的图像增强效果。在评估小波边缘检测方法的图像增强潜力之前，还需要做更多的工作（参见问题 5.4）。

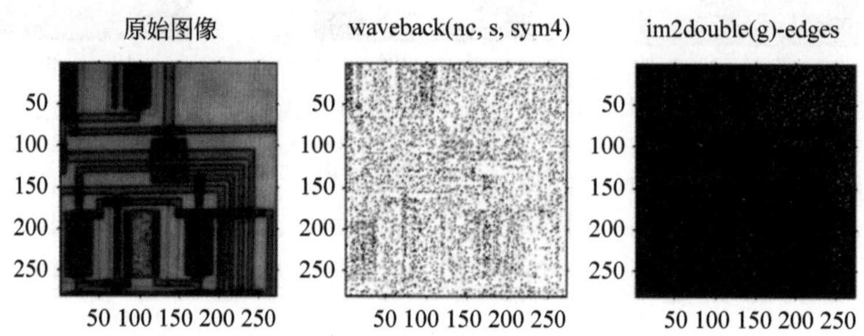

图 5.24 使用列表 5.11 进行图像增强 circuit.tif

```
% 该函数使用了wavefast , wavecut , waveback

g = imread('circuit.tif');
% Isolate edges using 2D wavelet transform
[c, s] = wavefast(g, 1, 'sym4');
% Zero the approximation coefficients
[nc, y] = wavecut('a', c, s);
% Compute the absoluate value of the inverse
edges = abs(waveback(nc, s, 'sym4'));
% Display before and after images
figure;
subplot(1,3,1), imshow(g), title('Original Image');
subplot(1,3,2), imshow(edges);
title('waveback(nc, s, sym4)');
g = im2double(g); h = g - edges;
subplot(1,3,3), imshow(h);
title('im2double(g) - edges');
```

列表 5.11 生成图 5.24 的 Matlab 程序 direction2.m

问题 5.4

除了图像 circuit.tif 之外，还实验使用小波检测方法对 3 幅其他图像进行增强。例如，使用小波来检测边缘并使用图像 Snap_4a.tif 和图像 blocks.jpg 执行图像增强。 ❑

5.11 在数字图像中检测边缘核线

本节简要介绍 J. F. Canny（**坎尼**）基于他的硕士论文提出的边缘检测方法[1]。该论文于 1983 年在麻省理工学院人工智能实验室完成[24]。术语**边缘方向**表示边缘在 2-D 空间中定义的轮廓的切线方向。坎尼引入了模板来检测边缘方向，方法是将与垂直于投影边缘方向对齐的线性边缘检测函数和平行于边缘方向的投影函数进行卷积。

选择的投影函数是高斯函数。在使用对称高斯函数与图像进行卷积之后，将拉普拉斯-

1 见 http://www.cs.berkeley.edu/~jfc/papers/grouped.html。

高斯函数应用于平滑的图像。参见图 5.25，由列表 5.12 获得。

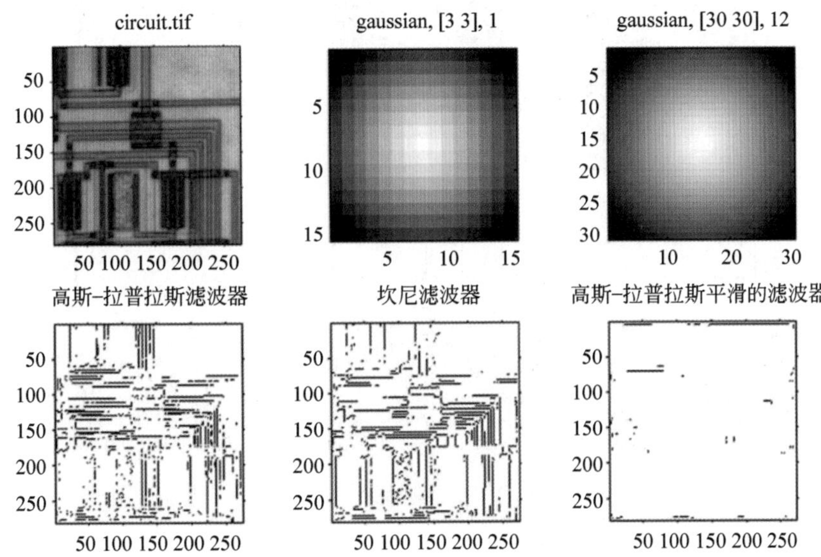

图 5.25　使用列表 5.12 在图像 circuit.tif 中检测坎尼边缘

```
% 坎尼边缘检测
clc, close all, clear all

g = imread('circuit.tif');
subplot(2,3,1),imshow(g); title('circuit.tif');
g1 = fspecial('gaussian',[15 15],6);
g2 = fspecial('gaussian',[30 30],12);
subplot(2,3,2),imagesc(g1); title('gaussian,[15 15],6');
axis image;
subplot(2,3,3),imagesc(g2); title('gaussian,[30 30],12');
axis image;
[bw,thresh] = edge(g,'log');
subplot(2,3,4),imshow(~bw,[]);title('log filter');
[bw,thresh] = edge(g,'canny');
subplot(2,3,5),imshow(~bw,[]);title('canny filter');
[bw,thresh] = edge(imfilter(g,g1),'log');
subplot(2,3,6),imshow(~bw,[]);title('log-smoothed filter');
```

列表 5.12　生成图 5.25 的 Matlab 程序 logsmooth.m

在另一轮实验中，使用具有标准差 1.5 的 3 × 3 内核，利用高斯平滑的图像 circuit.tif 来计算 LoG（高斯-拉普拉斯算子）边缘检测方法。这种边缘检测方法确实改进了对原始图像的坎尼边缘检测结果。这可以在高斯-拉普拉斯滤波图像 g_0 中增加的水平和垂直边缘数量中看出。如图 5.26 所示，由列表 5.13 获得。此外，增加核的尺寸会降低 LoG 滤波器的性能（参见问题 5.5）。

问题 5.5

尝试根据列表 5.13 用 LoG（高斯-拉普拉斯算子）滤波 g_1 和 g_2 以及图像 dragonfly2.jpg 的高斯平滑结果，并选择核的尺寸和标准差，以获得对坎尼滤波的原始图像的改进。请注意，LoG 滤波器方法有一个 `thresh` 选项（所有强度小于 `thresh` 的边缘都忽略），还有一个 `sigma` 选项（LoG 滤波器的标准差）。试验这些 LoG 的可选参数以获得对如图 5.26

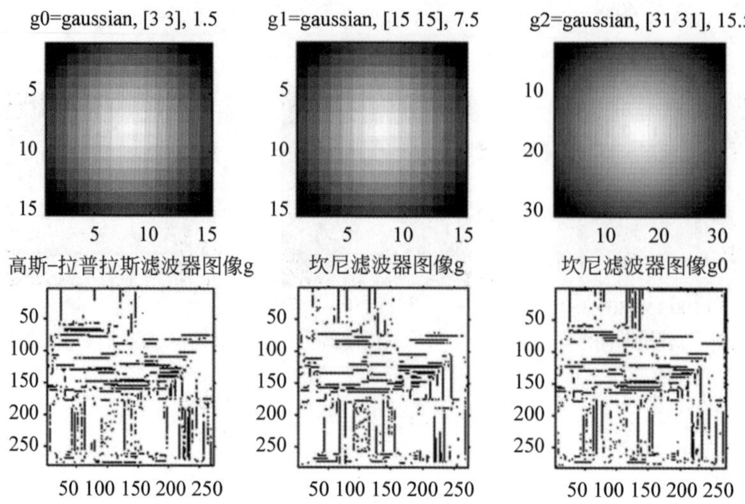

图 5.26 使用列表 5.13 在图像 circuit.tif 获得的坎尼边缘

```
% 高斯边缘检测的高斯-拉普拉斯算子

g = imread('circuit.tif');
%subplot(2,3,1),imshow(g); title('circuit.tif');
g0 = fspecial('gaussian',[3 3],1.5);
subplot(2,3,1),imagesc(g1); title('g0=gaussian,[3 3],1.5');
axis image;
g1 = fspecial('gaussian',[15 15],7.5);
g2 = fspecial('gaussian',[31 31],15.5);
subplot(2,3,2),imagesc(g1); title('g1=gaussian,[15 15],7.5');
axis image;
subplot(2,3,3),imagesc(g2); title('g2=gaussian,[31 31],15.5');
axis image;
[bw,thresh] = edge(g,'log');
subplot(2,3,4),imshow(~bw,[]);title('log filter g');
[bw,thresh] = edge(g,'canny');
subplot(2,3,5),imshow(~bw,[]);title('canny filter g');
[bw,thresh] = edge(imfilter(g,g0),'log');
subplot(2,3,6),imshow(~bw,[]);title('log-smoothed filter g0');
```

列表 5.13 生成图 5.26 的 Matlab 程序 logsmooth2.m

所示结果的改进。另外，请注意坎尼边缘滤波器有一个可选的两元素 `thresh` 参数（坎尼参数 `thresh` 中的第一个元素是低阈值，第二个参数是高阈值）。尝试边缘的坎尼参数 `thresh` 以改进图 5.26 给出的结果。 ❑

5.12 检测图像角点

本节介绍 Harris-Stephens 角点检测[70]（参见图 5.27，了解在 circuit.tif 中找到角点的结果，这源自列表 5.14）。**角点**被定义为边缘的交点（即，在该目标像素的邻域中存在两个主要且不同的边缘方向）。参见图 5.28 中虚线圆圈内的角点，其中每个角点都是具有不同边缘方向的一对边缘的接合点。与角点检测相冲突的是所谓的兴趣点。**兴趣点**是孤立点，它是局部最大或最小强度点（尖峰），线末端或曲线上的点，例如脊点（凹陷向下）或谷点（凹陷向上）。如果仅检测角点，则检测到的点将包括兴趣点。接下来有必要进行后处理以隔离真实角点（与兴趣点分开）。稍后将给出关于该方法的细节。对 kingfisher1.jpg 的角点检测结果令人印象深刻，其中对角点的检测仅在图像中较小的感兴趣区域内执行（见图 5.29）。

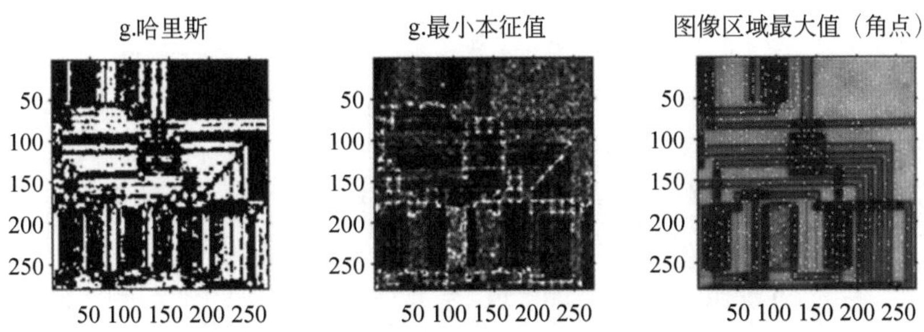

图 5.27　使用列表 5.14 在图像 circuit.tif 中检测到的角点

```
% 图像角点检测

% g = imread('circuit.tif');
g = imread('kingfisher1.jpg');
g = g(10:250,300:600); % not used with circuit.tif
corners = cornermetric(g,'Harris'); % default
corners(corners <0) = 0;
cornersgray = mat2gray(corners);
figure,
subplot(1,3,1),imshow(~cornersgray);
title('g,Harris');
corners2 = cornermetric(g,'MinimumEigenvalue');
corners2 = mat2gray(corners2);
subplot(1,3,2),imshow(imadjust(corners2));
title('g,MinimumEigenvalue');
cornerpeaks = imregionalmax(corners);
results = find(cornerpeaks==true);
[r g b] = deal(g);
r(results) = 255;
g(results) = 255;
b(results) = 0;
RGB = cat(3,r,g,b);
subplot(1,3,3),imshow(RGB);
title('imregionalmax(corners)');
```

列表 5.14　生成图 5.27 的 Matlab 程序 findcorners.m

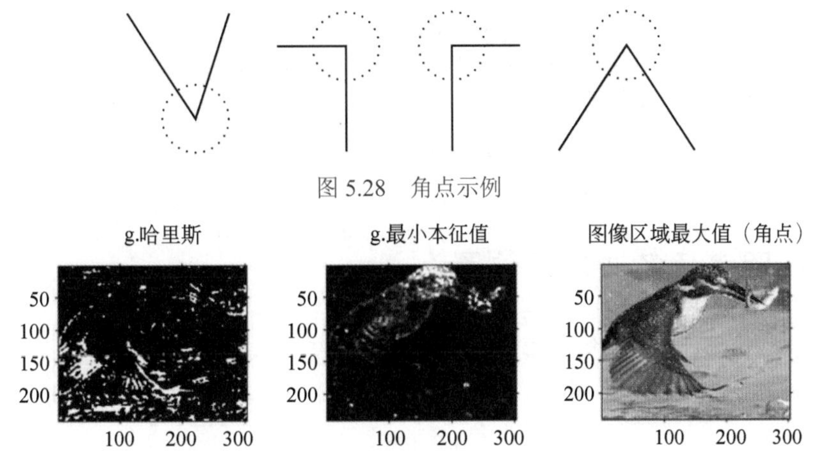

图 5.28　角点示例

图 5.29　使用列表 5.14 在图像 kingfisher1.jpg 中检测到的角点

问题 5.6

列表 5.14 中实现的角点和峰值检测方法仅限于灰度图像(满足角点度量函数所需要)。要查看此内容，请输入

```
>> help cornermetric
```

给出一个名为 cornerness.m 的 Matlab 程序，可以在彩色图像上使用 `cornermetric`。对 `cornermetric` 的调整应产生:(i)显示输入彩色图像上角点位置的彩色图像,以及(ii)显示输入彩色图像上角点和峰位置的彩色图像。这样做可以在每个输入彩色图像上看到角点和峰。演示如何在图像 peppers.png 和其他两幅自选彩色图像上使用该程序。对于彩色图像 peppers.png,名为 cornerness.m 的 Matlab 程序应该产生类似于图 5.30 中三幅图像的输出,但是程序应该在每幅输入彩色图像上显示角点和峰的位置，而不是黑色背景。

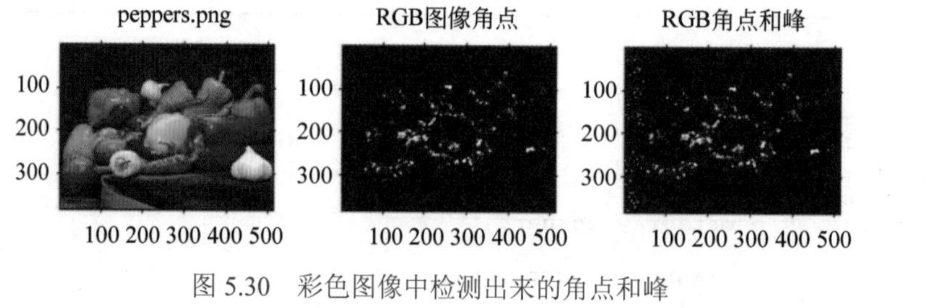

图 5.30 彩色图像中检测出来的角点和峰 ❑

5.13 基于图像角点的沃罗诺伊网格重访

本节借助图像角点重新审视数字图像上的**沃罗诺伊网格**，并继续讨论从 1.22 节中开始的图像几何内容。

5.13.1 沃罗诺伊镶嵌细节

沃罗诺伊网格也称为沃罗诺伊镶嵌。借助凸多边形用沃罗诺伊平铺（覆盖）数字图像称为**沃罗诺伊镶嵌**[198，199]。这与 2-D **镶嵌**的概念不同，2-D 镶嵌是借助正多边形对**平面区域**的**拼贴**。回想一下，**正多边形**是一个 n 边多边形，其边长都是相同的。相比之下，沃罗诺伊平铺中的多边形通常不规则。

沃罗诺伊网格中的**凸多边形**称为**沃罗诺伊区域**，为构造多边形常使用基于沃罗诺伊的方法[40，I.1 节，p.2]（另见[41，141]）。

5.13.2 沃罗诺伊多边形的位置

设 $S\subset\mathbb{E}$，一个有限维的赋范线性空间。欧几里德平面就是一个例子。S 的元素被称为**网点**，以区别于 $\mathbb{E}$ 中的其他点[41，2.2 节，p.10]。令 $p\in S$。一个 $p\in S$ 的沃罗诺伊区域（记为 V_p）定义为：

$$V_p = \left\{ x \in \mathbb{E} : \|x - p\| \leqslant_{V_q \in S} \|x - q\| \right\}$$

沃罗诺伊区域 V_p 被描绘为图 5.31 中有限多个封闭半平面的交集，它是 H. Edelsbrunner 的专著[41，2.1 节，p.10]中沃罗诺伊区域表示的变体，其中每个半平面由其向外指向的法矢量定义。来自 p 和垂直于 V_p 侧边的**射线**与指向 G. L. Dirichlet 绘图中凸多边形中心的线相当[35，3 节，p.216]。

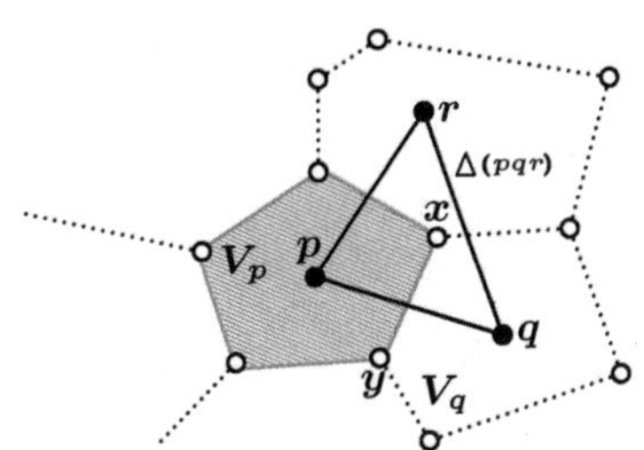

图 5.31　沃罗诺伊区域 V_p =封闭半平面的交集

注释 5.1　沃罗诺伊多边形

网点 $p \in S$ 的沃罗诺伊区域包含平面中与任何其他网点相比更接近于 p 的每个点[52，1.1 节，p.99]。令 V_p，V_q 为沃罗诺伊多边形（参见图 5.31）。如果 $V_p \cap V_q$ 是直线，射线或直线段，则称为**沃罗诺伊边**。如果三个或更多个沃罗诺伊区域的交点是一个点，则该点称为沃罗诺伊**顶点**。 ❑

空间 X 的非空集 A 是**凸集**，如果对每个 $\alpha \in [0, 1]$都有 $\alpha A + (1-\alpha)A \subset A$ [12，1.1 节，p.4]。一个**简单的凸集**是一个封闭的半平面（所有点都在$\mathbb{R}^2$ 中一条线上或线的一侧）。

引理 5.1　凸集的交集是凸的（[41，2.1 节，p.9]）。

证明：设 A、$B \subset \mathbb{R}^2$ 为凸集，设 $K = A \cap B$。对于每对点 $x, y \in K$，连接 x 和 y 的线段 $\overline{xy}$ 属于 K，因为该属性适用于 A 和 B 中的所有点，因此，K 是凸的。 ❑

引理 5.2　点的沃罗诺伊区域是闭合半平面的交点，并且每个区域是一个凸多边形（[142]）。

证明：根据**闭合半平面**的定义：

$$H_{pq} = \left\{ x \in \mathbb{R}^2 : \|x - p\| \leqslant_{q \in S} \|x - q\| \right\}$$

V_p 是闭合半平面 H_{pq} 的交集，对所有 $q \in S - \{p\}$，构成一个**多边形**[40]。根据引理 5.1，V_p 是凸的。 ❑

从应用的角度来看，沃罗诺伊网格划分数字图像。这在用于构建网格的网点在图像结构中具有一定意义的情况下尤其重要。例如，通过选择图像中的角点作为一组网点，网点 p 的每个沃罗诺伊区域具有该区域中的所有点最接近 p 而不是图像中任何其他角点的属性。实际上，网点 p 的沃罗诺伊区域中的点对称地分布在特定角点 p 的周围。这个属性适用于角点网格中的每个沃罗诺伊区域。

5.14 构建基于角点的沃罗诺伊网格的步骤

在数字图像上构建**基于角点**的沃罗诺伊网格的步骤如下。

（1）选择数字图像 im。

（2）选择要在 im 中检测的角点数的上限 n。

（3）在 im 中找到最多 n 个角点。找到的角点构成一组网点。

（4）显示 im 中的角点。该显示提供了下一步的句柄。**注意**：在 Matlab 程序的这一点上，使用 `hold on` 指令。在 Mathematica 10 中不需要这个步骤。

（5）找到每个网点的沃罗诺伊区域。该步骤在 im 上构造出沃罗诺伊网格。

例 5.7　在图像上构建沃罗诺伊网格

图 5.32 中的图像显示了一个沃罗诺伊网格。要在 Matlab 中实现沃罗诺伊网格构建步骤，请使用函数 `corner` 和函数 `voronoi` 的组合。设 X，Y 为使用函数 `corner` 找到的图像角点的 x 坐标和 y 坐标，则使用 `voronoi(X,Y)` 可查找沃罗诺伊网格中每个区域中顶点的 x 坐标和 y 坐标。最后，Matlab 函数 `plot` 可用于在选定的数字图像上绘制沃罗诺伊**网格**。❑

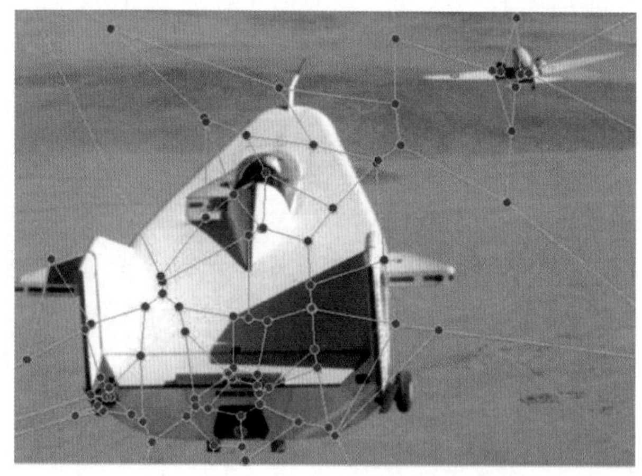

图 5.32　基于角点的沃罗诺伊网格

问题 5.7

对于自选的三幅数字图像，在每个图像上构建一个沃罗诺伊网格。对于网点数量的以下上限执行上述操作：30，50，80，130。❑

5.15 网格生成器集合中的极端图像角点

要在一组网格生成器中包含极端图像角点，请使用以下步骤。

（1）im := 灰度图像；

（2）$[m, n]$:= 图像 im 的尺寸；%在 Matlab 中使用尺寸[im]；

（3）设 $C :=$ 图像内部角点的集合；

（4）设 fc 为图像外部角点的坐标；

（5）设 $Cim := [C; fc]$；%Cim 包含所有 im 中角点的坐标；

（6）将 Cim 叠加在图像 im 上。

注释 5.2　叠加角点到全尺寸和剪裁图像上

图 A.49 所示为萨勒诺摩托车的 640 × 480 彩色图像。使用列表 A.28 的 Matlab 程序，可以在图 A.51（a）中的完整图像和图 A.50（a）中的裁剪图像里找到角点。请注意，有许多不同的方法可用于裁剪图像（这些裁剪方法在列表 A.28 的注释中给予了解释）。　❑

例 5.8

图 5.33 所示为意大利保安警察汽车的 640 × 480 彩色图像。使用附录 A.5.6 小节中列表 A.28 的 Matlab 程序，可以在图 5.34（a）中的完整图像和图 5.34（b）中的裁剪图像中找到角点。请注意，有许多不同的方法可用于裁剪图像（这些裁剪方法在列表 A.28 的注释中进行了解释）。

图 5.33　使用列表 A.28 的 Matlab 程序找到的角点

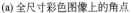

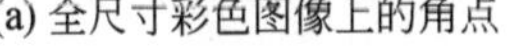
(a) 全尺寸彩色图像上的角点

(b) 裁剪彩色图像上的角点

图 5.34　在全尺寸和剪裁图像上的图像角点　❑

5.16 具有极端角点图像上的沃罗诺伊网格

本节显示了在 2-D 数字图像上构建沃罗诺伊网格时在网点集（生成器）中包含角点的有效性。要使用包含极端图像角点的网点集将沃罗诺伊网格叠加在图像上，请执行以下操作。

（1）使用 *Cim* 从图像角点方法的步骤（5）开始；

（2）设 $X := Cim(:, 1)$，图像角点的 x-坐标；

（3）设 $Y := Cim(:, 2)$，图像角点的 y-坐标；

（4）设$[vx, vy]$:= `voronoi(X,Y)`，图像角点的坐标；

（5）将得到的沃罗诺伊网格叠加在图像 im 上。

例 5.9 角点网点上的沃罗诺伊网格

本节中显示的基于角点的沃罗诺伊网格是使用 Matlab 程序 `reflst:VoronoiMeshOnImage` 获得的。通过将极端图像角点包含在**生成点**（**网点**）的集合中，可以获得如图 5.35 所示的沃罗诺伊网格。注意图 5.35 中围绕内部**角点**部分的**凸多边形**，它们是由将极端角点包含在用来获得图像网格的生成器组中而产生的（图 5.36 和图 5.37）。

图 5.35 具有极端角点图像上的沃罗诺伊网格

图 5.36 不具有极端角点的图像上的沃罗诺伊网格

(a) 全尺寸彩色图像上的角点

(b) 裁剪彩色图像上的角点

图 5.37 在全尺寸和剪裁图像上的图像角点 ❑

5.17　孤立图像边缘的图像梯度方法

为了获得合理的基于图像**角点**的分割网格，通常需要在尝试查找图像角点之前先隔离图像边缘。基本方法是将对图像角点的搜索限制在围绕图像角点的图像区域中、属于图像边缘而没有噪声的部分。此外，通过细化图像边缘（例如建筑物平面图中的那些边缘）来辅助角点检测（参见如图 5.38 中的**阿尔罕布拉宫平面图**，其中用列表 5.15 找到的边缘见图 5.39）。执行此操作的基本步骤如下。

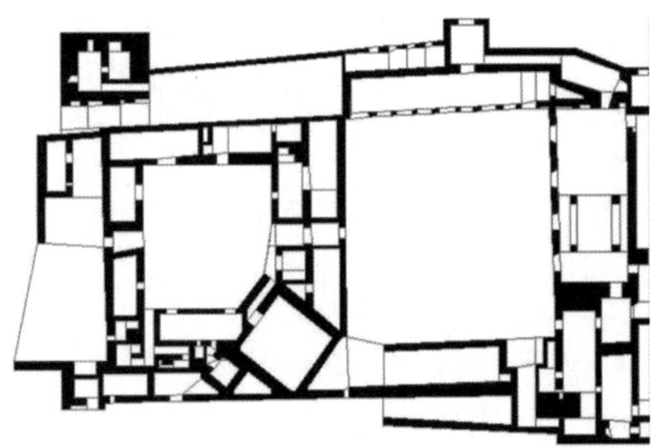

图 5.38　阿尔罕布拉宫平面图

```
% gradients: S, Garg, 2014, modified by J.F.P., 2015
% http://www.mathworks.com/matlabcentral/fileexchange/
% 46408-histogram-of-oriented-gradients--hog--code-using-matlab/
% content/hog_feature_vector.m
clear all; close all; clc;
im=imread('floorplan.jpg');
if size(im,3)==3
    im=rgb2gray(im);end
im=double(im);rows=size(im,1);cols=size(im,2);
Ix=im;Iy=im; % Basic Matrix assignments
for i=1:rows-2 % Gradients in X direction.
    Iy(i,:)=(im(i,:)-im(i+2,:));end
for i=1:cols-2 % Gradients in Y direction.
    Ix(:,i)=(im(:,i)-im(:,i+2));end
angle=atand(Ix./Iy); % edge gradient angles
angle=imadd(angle,90); % Angles in range (0,180)
magnitude=sqrt(Ix.^2 + Iy.^2);
imwrite(angle,'gradients.jpg');
imwrite(magnitude,'magnitudes.jpg');
subplot(2,2,1), imshow(imcomplement(uint8(angle))), title('edge
    gradients');
subplot(2,2,2), plot(Ix,angle),title('angles in [0,180]');
subplot(2,2,3), imshow(imcomplement(uint8(magnitude)),[0 255]),
title('x-,y-gradient magnitudes in situ');
subplot(2,2,4), plot(Ix,magnitude),title('x-,y-gradient magnitudes');
```

列表 5.15　生成图 5.39 的 Matlab 程序 hog.m

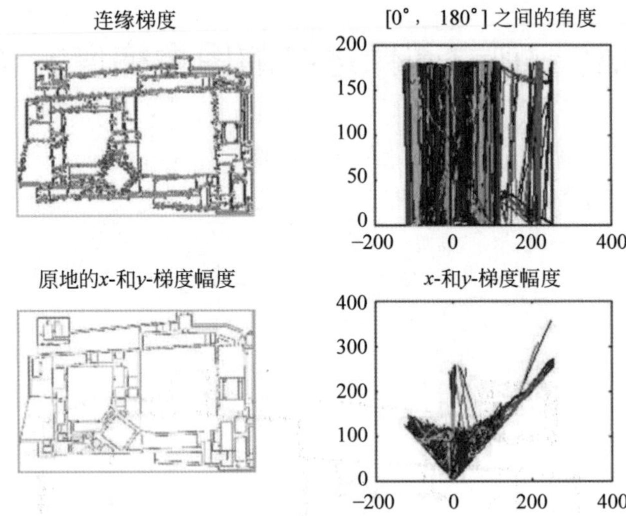

图 5.39　借助列表 5.15 在图 5.38 中找到的边缘

（1）计算在 x 方向和 y 方向上的图像梯度(G_x, G_y)。请注意，每对梯度在欧几里得平面中为 2-D 图像定义了一个矢量。

（2）对每个图像梯度矢量计算梯度幅度||Gradx, Grady|| = $\sqrt{G_x^2 + G_y^2}$。

（3）设 magnitudes := 梯度幅度数组。

（4）将黑色区域包围的白色边缘转换为白色区域包围的黑色边缘。这可以使用 Matlab 的 `imcomplement` 或 Mathematica 10 的 `ColorNegate` 和 `Binarize` 的组合来实现，以在白色上获得清晰的黑色边缘的集合。

例 5.10　使用图像梯度幅度细化边缘

对阿尔罕布拉宫平面图中粗线的细化结果如图 5.40 所示。在此图像中，每个宽平面图边框已被细化为细线段。结果是一组细边界的大型凸多边形。阿尔罕布拉宫平面图的梯度角显示在图 5.41（借助列表 5.16 得到）中。

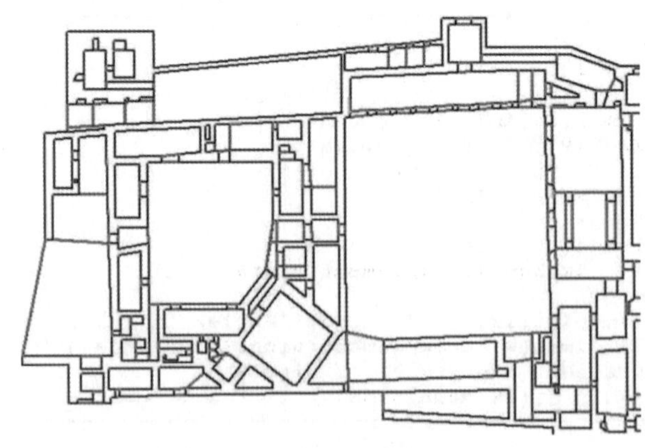

图 5.40　借助列表 5.15 找到的边缘

```
% gradients: S. Garg, 2014, modified by J.F.P., 2015
clear all; close all; clc;
% im=imread('floorplan.jpg');
im=imread('redcar.jpg');
if size(im,3)==3
    im=rgb2gray(im);end
im=double(im);rows=size(im,1);cols=size(im,2);
Ix=im;Iy=im; %Basic Matrix assignments
for i=1:rows-2 % Gradients in X direction.
    Iy(i,:)=(im(i,:)-im(i+2,:));end
for i=1:cols-2 % Gradients in Y direction.
    Ix(:,i)=(im(:,i)-im(:,i+2));end
angle=atand(Ix./Iy); % edge pixel gradients in degrees
angle=imadd(angle,90); %Angles in range (0,180)
magnitude=sqrt(Ix.^2 + Iy.^2);
imwrite(angle,'gradients.jpg');
imwrite(magnitude,'magnitudes.jpg');
figure,imshow(uint8(angle));
figure,imshow(imcomplement(uint8(magnitude)));
% figure,plot(Ix,angle);
% figure,plot(Ix,magnitude);
```

列表 5.16　生成图 5.41 的 Matlab 程序 hog.m

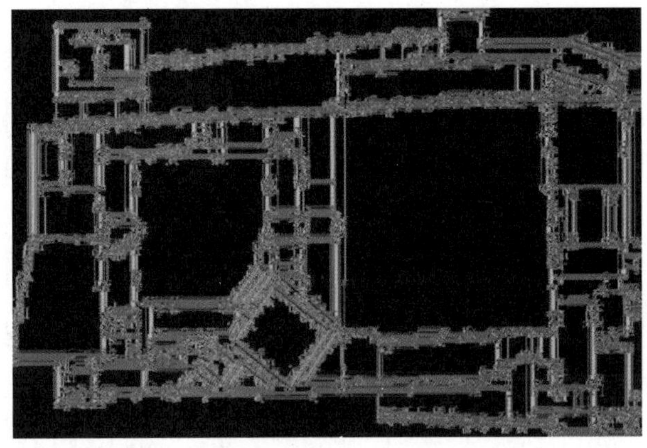

图 5.41　借助列表 5.16 找到的边缘　❑

5.18　角点、边缘和沃罗诺伊网格

例 5.10 的结果为找到最小数量的图像角点提供了基础，从而可构建有效的沃罗诺伊网格。在本节中，再次考虑阿尔罕布拉宫平面图的图像。

将列表 A.28 的 Matlab 程序应用于阿尔罕布拉宫平面图（限于细化边缘）产生如图 5.42 和图 5.43 所示的结果。

问题 5.8　图像边缘里角点上的沃罗诺伊网格

使用阿尔罕布拉宫平面图以及三幅自选存档的彩色图像（不是在网络上找到的图像），在每个图像的细化边缘上叠加基于角点的沃罗诺伊网格。请注意，这种方法与 5.14 节中给出的方法不同，那里没有考虑图像边缘。

提示：选择包含大量直边的图像，例如包含房屋或建筑物的图像（图 5.43）。　❑

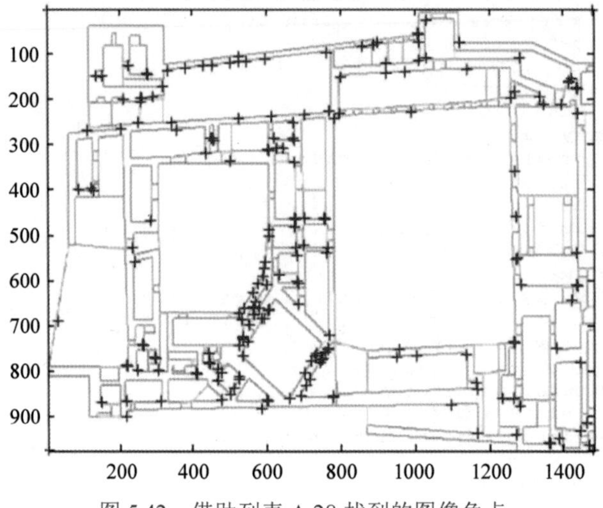

图 5.42 借助列表 A.28 找到的图像角点

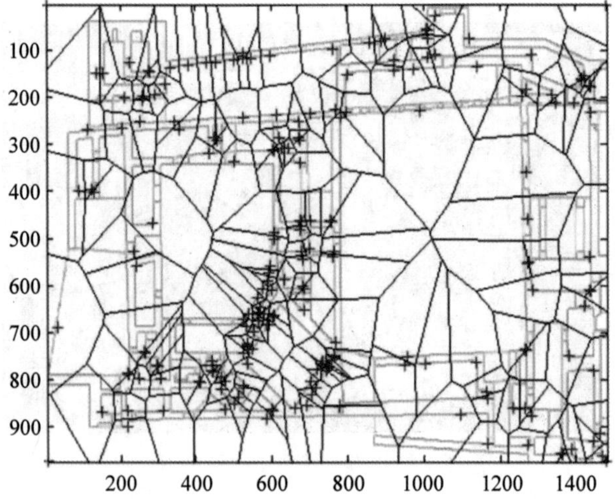

图 5.43 细化的阿尔罕布拉宫平面图上的沃罗诺伊网格

第 6 章　德劳内网格分割

本章介绍使用德劳内网格**分割**数字图像。通过将图像分成几乎不相交的（片段）区域来分割图像。图像区域的内部不重叠。每个区域仅包含属于该片段的点。相邻的区域具有共同的边界。相邻区域的公共边界意味着：（1）一个区域内部的所有点仅仅属于该区域，（2）区域不将图像划分为不相交的区域，因为图像分割中的每对相邻区域具有共同的边界。在本章中，使用德劳内所引入的**平面三角剖分**方法将图像分割成网格中的**三角形区域**。**德劳内网格**是所谓的三角剖分的结果。

例 6.1

图 6.1 显示了一幅彩色图像被德劳内网格覆盖的样例。该网格由一组在图像中找到的区域**质心**（用作生成点）构成。有关这方面的更多信息参见 6.4 节。

图 6.1　彩色图像上基于区域质心的德劳内网格 □

6.1　德劳内三角化生成三角网格

由 B. N. Delone（Delaunay）[33]引入的德劳内三角剖分代表了**连续空间**的一组碎片。该表达支持用于计算诸如空间密度等属性的数值算法。三角剖分是三角形的集合，包括集合中三角形的边和顶点。一组**网点**（生成器）的 2-D **德劳内三角剖分** $S\subset \mathbb{R}^2$ 是 S 中点的三角剖分。设 $p, q\in S$。连接 p 和 q 的**直边**是**德劳内边**，当且仅当 p 的沃罗诺伊区域[41，141]和 q 的沃罗诺伊区域沿公共线段相交[40，I.1 节，p.3]。例如，在图 1.3 中，$V_p\cap V_q= \overline{xy}$。因此，$\overline{pq}$ 是图 1.3 中的德劳内边缘。还可参见图 6.2。

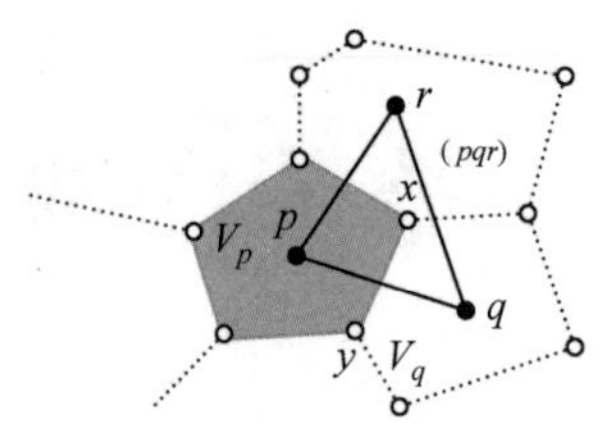

图 6.2 $p, q \in S$，$\overline{pq}$ = 德劳内边缘

具有顶点 $p, q, r \in S$ 的三角形是德劳内三角形（在图 1.3 中表示为$\triangle(pqr)$），条件是三角形中的边缘是德劳内边缘。平面上的**德劳内网格**是覆盖表面的德劳内三角形集合。换句话说，每个点都属于表面网格中的三角形。以下是生成基于角点的德劳内网格的步骤（参见图 A.5，使用附录 A.1.3 小节中列表 A.4 的 Matlab 程序）。

（1）找到图像中的角点集 S。将极端的 NS 和 EW 图像角点包括在 S 中。

（2）将每对**最近的角点** $x, y \in S$ 与直边 $\overline{xy}$ 连接起来。通过用直边连接互相最接近的角点 x、y、r 就得到德劳内三角形。

（3）重复步骤（2），直到所有角点对都连接起来。

每个平面**凸多边形**都具有非空内部，因此在多边形中的任何一对点之间存在**无限个不可数**的点。

定理 6.1

平面德劳内三角形不是凸多边形。 ❑

问题 6.1

证明定理 6.1。给出图像中一个德劳内三角形的示例。 ❑

> **德劳内楔**
>
> 平面**德劳内楔**是一个德劳内三角形，其内部包含无限个不可数的点。德劳内三角形的内部是边缘之间的三角形的一部分。假设连接图像中生成点的每个德劳内三角形定义德劳内边缘。

设 S 是一组网格生成点。再回顾**闭合半平面** H_{ps} 的定义：

$$H_{pq} = \left\{ x \in \mathbb{R}^2 : \|x - p\| \underset{s \in S}{\leqslant} \|x - s\| \right\}$$

具有顶点 $p, q, r \in S$ 的**德劳内楔**（记为 $W_{p,q,r}$）由下式定义：

$$V_{p,q,r} = \bigcap H_{ps}: \ \text{对所有} s \in \{q, r\}$$

也就是说，对于所有 $s \in \{q, r\} - p$，德劳内楔是闭合半平面 H_{ps} 的交点。

定理 6.2

平面德劳内楔是凸多边形。

证明：直接从引理 5.2 得到，因为德劳内楔是跨越德劳内三角形$\triangle(pqr)$的闭合半平面的交点，从顶点 p 延伸到对边 $\overline{qr}$ 。 ❑

问题 6.2

给出一个图像中德劳内楔的示例。 ❑

6.2　三角形外接圆

为简单起见，让 E 为欧几里德空间$\mathbb{R}^2$。对于德劳内三角形△(pqr)，**外接圆**过三角形的顶点 p、q、r（参见图 6.3）。外接圆的中心 u 是三个沃罗诺伊区域交叉处的沃罗诺伊顶点，即 $u = V_p \cap V_q \cap V_r$。外接圆半径$\rho = \|u-p\| = \|u-q\| = \|u-r\|$ [40，I.1 节，p.4]，如图 6.3 所示。

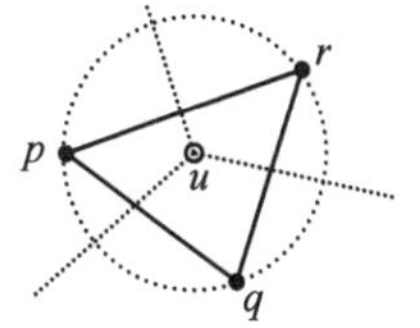

图 6.3　外接圆

引理 6.1

设外接圆 O(pqr)过德劳内三角形△(pqr)的顶点，则下面的语句是等价的：

（1）O(pqr)的中心 u 是沃罗诺伊**区域** V_p、V_q、V_r 的共同顶点。

（2）$u = \text{cl}V_p \cap \text{cl}V_q \cap \text{cl}V_r$。

（3）$V_p \delta \text{cl}V_q \delta \text{cl}V_r$。

证明：(1) ⇔ (2) ⇔ (3)。 ❑

定理 6.3

当且仅当外接圆 O(pqr)的中心是三个沃罗诺伊区域共有的顶点时，三角形△(pqr)是一个德劳内三角形。

证明：圆 O(pqr)具有中心 $u = \text{cl}V_p \cap \text{cl}V_q \cap \text{cl}V_r$（引理 6.1）⇔O($pqr$)中心是三个沃罗诺伊区域 V_p、V_q、V_r 的共同顶点⇔ $\overline{pq}$ ，$\overline{pr}$ ，$\overline{qr}$ 是德劳内边缘⇔Δ(pqr)是一个德劳内三角形。

❑

6.3　在图像上构建基于角点的德劳内网格

在图像边缘上构造基于角点的德劳内网格的步骤如下。

（1）在给定的图像 im 中检测边缘。

例：图 6.4（a）。

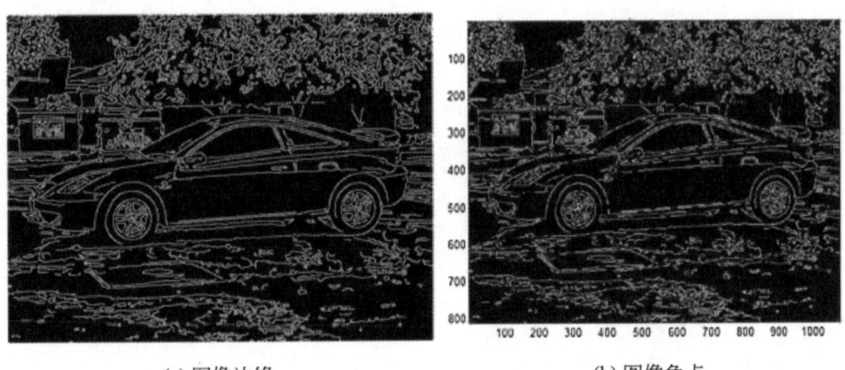

(a) 图像边缘　(b) 图像角点

图 6.4　图像边缘和图像角点

（2）找到图像 im 中边缘上的一组角点 S，将极端的**图像角点** NS 和 EW 包括在 S 内。

例：图 6.4（b）。

（3）将每对**最近的角点** $x, y \in S$ 用**直边** $\overline{xy}$ 连接起来。通过连接彼此最近的角点 x、y、r 之间的直边，就得到德劳内三角形。

（4）重复步骤（3）直到所有角点对都连接上。

注意：假设网格的每个三角形区域都是一个德劳内楔。

例：图 6.5。

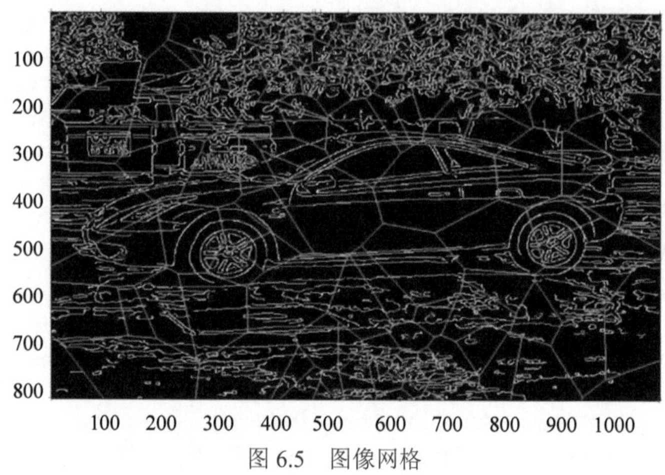

图 6.5 图像网格

问题 6.3

给出一个 Matlab 程序，在图像上构建一个基于角点的德劳内网格，用于自选的三幅图像。

注意：可从自己拍摄的个人图像集中选择图像，而不要从网络上下载。 ❑

6.4 基于质心的德劳内图像网格

本节简要介绍使用几何质心在图像上构建德劳内网格的基于角点方法的一种替代方法。**几何质心**是图像区域的质量中心。**图像区域**是图像中的有界点集。例如，令 X 是包含坐标 (x_i, y_i)，$i = 1,\cdots, n$ 的欧几里得平面中 2-D $n \times m$ 矩形区域中的一组点。那么，**2-D 区域质心**的离散形式坐标 x_c、y_c 是：

$$x_c = \frac{1}{n}\sum_{i=1}^{n} x_i \quad y_c = \frac{1}{m}\sum_{i=1}^{m} y_i$$

在欧几里得空间$\mathbb{R}^3$中，**3-D 区域质心**的离散形式坐标 x_c、y_c、z_c 是：

$$x_c = \frac{1}{n}\sum_{i=1}^{n} x_i \quad y_c = \frac{1}{m}\sum_{i=1}^{m} y_i \quad z_c = \frac{1}{h}\sum_{i=1}^{h} z_i$$

例 6.2 2-D 和 3-D 图像区域质心

在图 6.6 中，红点•表示**区域质心**的位置。其中给出了两个示例，即图 6.6（a）中的 2-D 凸区域的质心和图 6.6（b）中的沃尔夫兰斯坦福兔子占据的 **3-D 区域质心**。要试验找到其他区域的质心，请参见附录 A 中列表 2 的 Matlab 程序和列表 3 的 Matlab 程序。还可参见 6.4.1 小节。

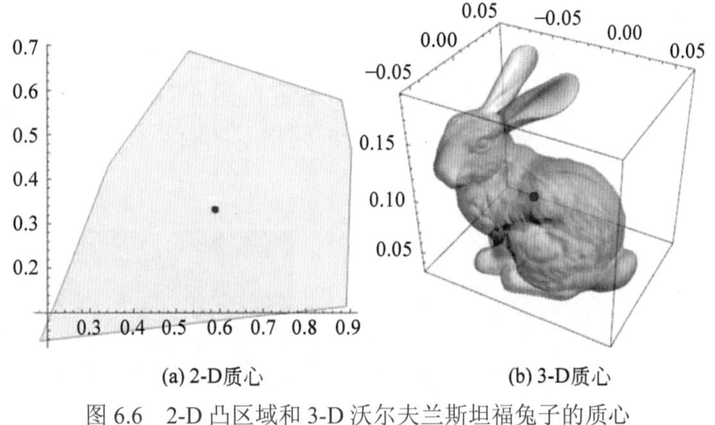

(a) 2-D质心　　(b) 3-D质心

图 6.6　2-D 凸区域和 3-D 沃尔夫兰斯坦福兔子的质心 □

基本方法是使用图像区域质心作为德劳内网格构造中的生成点。以下是执行此操作的步骤。

（1）在给定的图像 Im 中找到区域质心。

（2）用直边 $\overline{xy}$ 连接每对最近的质心 $x, y \in S$。德劳内三角形是通过连接彼此最近的质心 x、y、r 的直边而产生的。

（3）重复步骤（2）直到所有质心对都连接上。

注意： 仍假设网格的每个三角形区域都是一个德劳内楔。

6.4.1　寻找图像质心

例 6.3　图像中的区域质心

使用附录 A.6.2 小节中列表 A.30 的 Matlab 程序，图 6.7（a）给出示例图像，图 6.7（b）中的图像在其上叠加了图像区域质心。有关此内容的更多信息参见附录 B.3 节。

(a) 萨勒诺渔夫　　(b) 图像区域质心

图 6.7　图像区域质心 □

6.4.2 寻找图像质心的德劳内网格

例 6.4 图像的基于区域质心的德劳内三角化

使用附录 A.6.3 小节中列表 A.31 的 Matlab 程序，图 6.8（b）（相对于图 A.57（a）中的区域质心）显示了基于图像区域质心的**德劳内网格**示例图。有关此内容的更多信息参见附录 B.19 节。

(a) 图像区域质心　　(b) 德劳内网格

图 6.8 基于图像区域质心的德劳内网格 □

最大核三角聚类

注意小三角形的聚类定义了图像目标的形状，如图 6.7（a）中的渔夫、钓竿和突出的深色岩石。

还要注意每个德劳内三角形都是**德劳内三角形**聚类的**核**。每个图像目标形状与具有最大数量**相邻三角形**的核相关联，形成**最大核三角形聚类**(MNTC)。**目标形状**由 MNTC 聚类定义。三角形△A 与核三角形 N **相邻**，条件是△A 具有与 N 共同的边缘或顶点。

6.4.3 寻找图像质心的沃罗诺伊网格

例 6.5 图像的基于区域质心的沃罗诺伊网格

使用附录 A.6.4 小节中列表 A.32 的 Matlab 程序，可得到显示了基于图像区域质心的**沃罗诺伊网格**图，即图 6.9（b）（相对于图 6.9（a）中的区域质心）。有关这方面的更多信息参见 6.4 节。

最大核（多边形）聚类

请注意，具有内切德劳内三角形的沃罗诺伊多边形聚类定义了图像目标的形状，如图 6.7（a）中的渔夫头部、钓竿和突出的深色岩石。还要注意每个沃罗诺伊多边形是**沃罗诺伊多边形**聚类的**核**。每个图像目标形状与具有最大数量相邻多边形的核相关联，形成**最大核聚类**（MNC）。**目标形状**由 MNC 聚类定义。多边形 A 与核三角形 N **相邻**，条件是 A 具有与 N 共同的边。有关沃罗诺伊网格中 MNC 的更多信息参见附录 B.12 节。

(a) 图像区域质心　　(b) 图像区域质心和沃罗诺伊网格

图 6.9　基于图像区域质心的沃罗诺伊网格 □

6.4.4　寻找叠加在德劳内网格上的图像质心沃罗诺伊网格

例 6.6　图像上的基于区域质心的沃罗诺伊与德劳内网格叠加

使用列表 A.33 的 Matlab 程序将基于图像区域质心的沃罗诺伊叠加在德劳内网格上结果图显示在图 6.10（b）中（相对于图 6.10（a）中的区域质心德劳内网格）。

最大核（多边形-三角形）聚类

请注意，具有内切德劳内三角形角点的沃罗诺伊多边形聚类定义了图像目标的形状，如图 6.7（a）中的渔夫头部、钓鱼竿和突出的深色岩石。还要注意，每个沃罗诺伊多边形都是沃罗诺伊多边形聚类的**核**。每个图像目标形状与具有最大数量**相邻多边形**的核相关联，这些多边形与内切德劳内三角形的角点形成**最大核[多边形-三角形]聚类**（MNptC）。**目标形状**由 MNptC 聚类定义。多边形 A 与核三角形 N **相邻**，条件是 A 具有与 N 共同的边。有关沃罗诺伊网格中 MNC 的更多信息参见附录 B.1 节和 B.8 节。

问题 6.4

设计一个 Matlab 程序，自选三幅图像，为每幅图像上基于质心的德劳内网格中 MNTC 的最大核三角形赋于假彩色（自选的彩色）。对与最大核三角形相邻的每个三角形也赋于假彩色。**注意：**从自己的个人图像集中选择图像，而不从网络上下载。在这个问题中，使用图像质心而不是角点作为构造德劳内三角网格生成点的来源。 □

问题 6.5

设计一个 Matlab 程序，自选三幅图像，为每幅图像上基于质心的沃罗诺伊网格中 MNC 的最大核三角形赋于假彩色（自选的彩色）。对与最大核三角形相邻的每个三角形也赋于假彩色。**注意：**从自己的个人图像集中选择图像，而不从网络上下载。在这个问题中，使用图像质心而不是角点作为构造沃罗诺伊网格生成点的来源。 □

问题 6.6

设计一个 Matlab 程序，自选三幅图像，为每幅图像上基于质心的沃罗诺伊-德劳内三角网格中 MNptC 的最大核三角形赋于假彩色（自选的彩色）。对带有内切三角形角点的最大核多边形相邻的每个三角形也赋于假彩色。**注意：**从自己的个人图像集中选择图像，而

(a) 渔夫德劳内三角形聚类

(b) 图像区域质心沃罗诺伊网格

图 6.10　图像区域质心沃罗诺伊-德劳内三角形网格 ❑

不从网络上下载。在这个问题中，使用图像质心而不是角点作为构造沃罗诺伊网格生成点的来源。 ❑

第 7 章　视频处理、实时和离线视频分析介绍

本章介绍视频处理，重点是跟踪视频帧图像的变化。在**帧**图像的沃罗诺伊拼贴中，可以通过对多边形（区域）的形状、位置和分布变化来检测**视频帧变化**（见图 7.1）。对视频帧变化的研究可以**实时**或**离线**完成。实时视频**帧分析**是首选方法，前提是对每帧的分析可以在相当短的时间内完成。否则，对于视频帧内容的更耗时的分析使用离线处理。从计算机视觉的角度来看，摄像机拍摄的场景取决于摄像机的**光圈角度**及其视场的视野，类似于人类的**感知角度**（见图 7.2）。有关这方面的更多信息参见 7.3 节。

(a) 初始帧　　(b) 后一帧

图 7.1　在跟踪运动目标时的视频帧沃罗诺伊拼贴

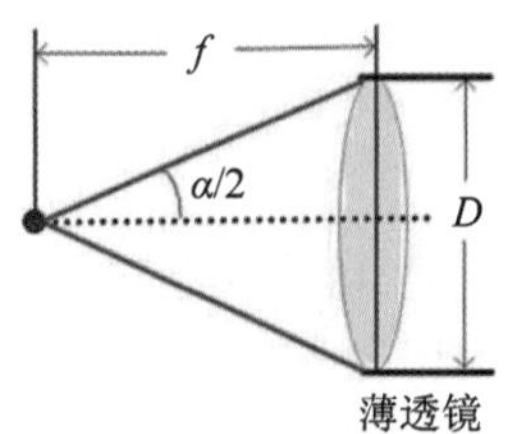

图 7.2　感知角

例 7.1　实时运动玩具拖拉机的拼贴视频帧

在图 7.1.1 中，对视频[1]初始帧的拼贴显示了滚动玩具拖拉机之间的竞赛。用图像质心作为此拼贴中沃罗诺伊区域的生成点。每个帧质心用*表示。从帧到帧的质心位置以及拼贴多边形的数量、位置和形状变化反映了拖拉机位置随时间的变化。例如，在图 7.1.2 中，覆盖两个拖拉机中较大拖拉机的多边形数量在同一视频的后一帧中增加了。这是一个实时（在视频捕获期间）执行的**视频帧拼贴**的示例。 ❑

1　非常感谢 Braden Cross 的这个视频帧。

7.1 视频处理基础

本节简要介绍视频处理的一些基本要素，帮助对**视频**中目标的进行检测。T. B. Moselund [123]给出了一个对**视频处理**很好的介绍。

视频中的基本单位是帧。帧是线性序列图像中的单个数字图像。

> **视频分析的基本步骤**
>
> 摄像头→ 图像采集→ 预处理→ 帧结构化→ 分类。

7.1.1 帧图像点处理

每个帧都是一组受任何标准图像处理技术影响的像素，例如伪彩色、像素选择（例如，质心、角点和边缘像素）、像素操作（例如，RGB →灰度）、像素（点）处理（例如，调整彩色通道亮度）、滤波（例如，降低帧噪声、直方图均衡化、阈值化）和分割（例如，将像素分离为非重叠区域）。

7.1.2 图像采集

视频处理从图像采集过程开始。此过程与快照明显不同。**图像采集**基本上是一个两步过程，其中将单幅图像（称为帧）添加到图像序列中。

为存储视频会消耗大量内存。因此，图像压缩是视频图像采集中的核心问题。MPEG（运动图像专家组）标准被设计来压缩 4～6 Mbps（兆比特每秒）的视频信号。MPEG-1 和 MPEG-2 压缩减少了空间和时间冗余。

利用 MPEG 压缩方法，每个帧使用 JPEG（联合图像专家组）有损压缩分别进行编码。JPEG 使用分段均匀量化。**量化器**由编码器和解码器确定，编码器对输入信号值的集合进行分类，解码器指定输出值集合。设 x 是信号值。该量化过程可建模为对集合 R_i（分区单元）使用选择器函数 $S_i(x)$。选择器函数 $S_i(x)$是被称为分区单元的**指示符函数** 1_R 的示例，定义为：

$$1_R(x)=\begin{cases}1 & \text{如果}x\in R\ \text{（输入信号}x\text{属于分区单元}R\text{）}\\ 0 & \text{其他}\end{cases}$$

用于分区单元 R_i 的视频选择器函数 S_i 由单元 R_i 上的指示符函数 1_{R_i} 定义，即，

$$S_i(x)=1_{R_i}(x)$$

A. Gersho 和 R. M. Gray [55，5.5 节，pp.156-161]给出了一个对 JPEG 有损压缩的很好介绍。

通过检测连续帧中通常几乎相同的冗余可实现对视频流的进一步压缩。通过 MPEG-4 标准实现了更高级的视听信息组成形式。该标准将视听数据看成将每个对象状态与定义对象行为的一组方法组合在一起的对象。有关此内容以及 MPEG-7 和 MPEG-21 标准的更多信息参见 F. Camastra 和 A.Vinciarelli [23，3.8.1 小节，pp.90-93]。

7.1.3　斑块

斑块（二值大目标）是二值图像中一组路径连接的像素。连通性的概念使得可以将斑块的概念扩展为灰度中的灰色斑块和彩色图像中的彩色斑块。

如果多边形共享一个或多个点，则多边形是连接的。例如，具有公共边缘的一对沃罗诺伊区域 A 和 B 是连接的。再如，具有共同顶点的一对德劳内三角形是连接的。在这种情况下，具有公共边包含 n 个点的连接沃罗诺伊多边形是 ***n*-相邻的**。类似地，具有公共顶点包含 n 个点的德劳内三角形是连接的并且是 ***n*-相邻的**。具有公共顶点的一对德劳内三角形是 **1-相邻的**。

具有 n 个像素或体素的序列 $p_1,\ldots,p_i,p_{i+1},\ldots,p_n$ 是一条**路径**，如果 p_i 和 p_{i+1} 相邻（p_i 和 p_{i+1} 之间没有像素）。像素 p 和 q 是**路径连接的**，前提是存在以 p 和 q 作为端点的路径。类似地，图像形状 A 和 B（任何多边形）是路径连接的，只要 n 个相邻形状构成序列 $S_1,\ldots,S_i,S_{i+1},\ldots,S_n$，且 $A=S_0$，$B=S_n$。

例 7.2　路径连接的形状

图 7.3 中的形状 A 和 B 是连接的，因为在 A 和 B 之间存在一条路径（即包含成对相邻形状的序列）。

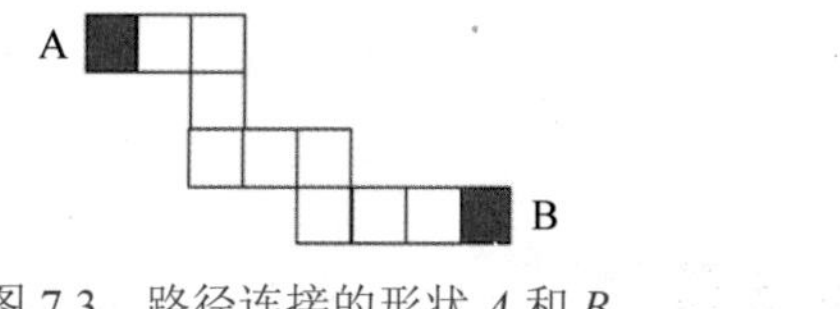

图 7.3　路径连接的形状 A 和 B　❑

从数字图像的视角看，有关连通性的更多信息参见 R. Klette 和 A. Rosenfeld [92，2.2.1 小节，pp.46-50]。

例 7.3　路径连接的沃罗诺伊核聚类

沃罗诺伊核聚类中的多边形 A 和 B 是连通的，因为在 A 和 B 之间总是存在一条路径（即包含成对相邻多边形的序列）。　❑

从路径连通的角度来看，灰度图像中的**灰色斑块**是路径连接的灰度像素集。事实上，灰度图像中每个路径连接形状的集合都是灰色斑块。类似地，彩色图像中的**彩色斑块**是路径连接形状的彩色像素组，并且彩色图像中的每个路径连接形状的集合都是彩色斑块。这意味着人们总能在视频帧图像中找到斑块。有关视频图像斑块的更多信息参见 T. B. Moselund [123，第 7 章，pp.103-115]。

7.1.4　帧拼贴和帧几何

无论是实时还是离线，每个视频帧都可以使用沃罗诺伊图进行拼贴（镶嵌），或使用德劳内的三角测量方法拼贴每个帧，即，使用直边连接相邻沃罗诺伊区域的网点以形成覆盖视频帧的多个三角形。任何形式的框架拼贴的自然结果是网格聚类和目标识别。这种视频处理形式中最重要的一步是选择用于构建帧沃罗诺伊区域或德劳内三角形的网点（生成点）。

在选择帧生成点之后，帧就可以被拼贴。帧拼贴沿导致视频目标检测的路径进行（有关导致帧目标检测的步骤，参见图 7.4）。

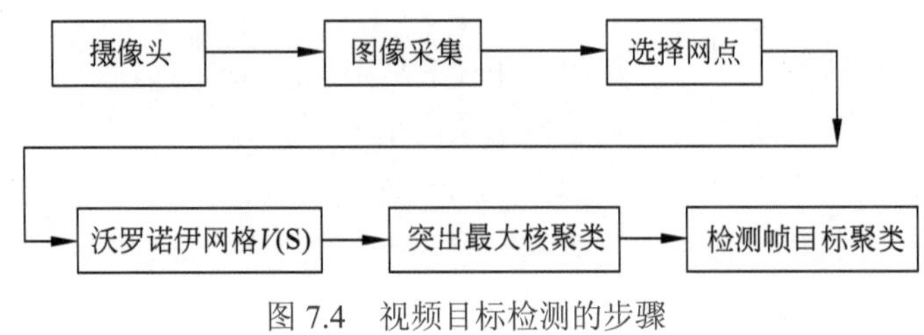

图 7.4 视频目标检测的步骤

7.2 视频帧的沃罗诺伊拼贴

回想一下，平面表面的沃罗诺伊拼贴是对不重叠沃罗诺伊区域表面的覆盖。一个生成点的每个 2-D 沃罗诺伊区域是 n 边多边形（简称为 ngon）。实际上，平面沃罗诺伊拼贴是对具有非重叠多边形表面的覆盖。视频帧拼贴具有相当大的实用价值，因为这可以测量和比较围绕帧目标的外多边形的轮廓。

例 7.4 视频帧的沃罗诺伊拼贴和目标轮廓

图 7.1 中的视频帧是使用质心作为生成点的沃罗诺伊拼贴的示例。设 × 表示沃罗诺伊区域中质心的位置。那么可用连接围绕目标的沃罗诺伊区域质心的线来识别帧目标的轮廓。基于质心的帧目标轮廓的两个例子如图 7.5 所示。

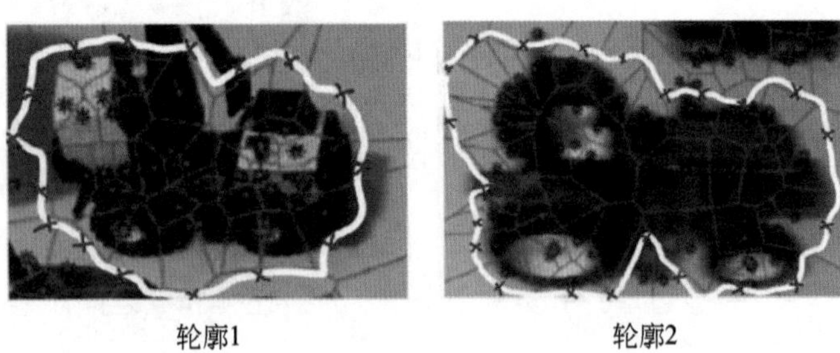

图 7.5 视频帧目标的基于质心的轮廓 ❑

帧目标的**轮廓**定义其形状。只要形状在某种意义上彼此接近（参见 7.4 节，测量形状之间相似性的方法），就可以说形状具有**相似性**。

7.3 在视频帧中检测目标形状

通过在每个视频帧上构建沃罗诺伊拼贴（也称为沃罗诺伊图），可辅助检测视频序列中人运动中的个人空间。个人空间由运动中的人之间的舒适距离限定。设 d 是人与人之间的距离（以米为单位）。E. Hall [65]确定了四种人与人之间的舒适距离，即：

亲密：$0 \leqslant d \leqslant 0.5$m（友谊距离）。

私人：$0.5 \leqslant d \leqslant 1.25$m（会话距离）。

社交：1.25≤ d ≤ 3.5m（非个人距离）。

公众：d ≥ 3.5m（公开演讲距离）。

基于人与人之间舒适距离的概念，J. C. S. 雅克和其他人[84]提出了一种研究连续视频帧中人运动的方法。在这项研究中，相对于连续沃罗诺伊视频帧拼贴中人与人之间距离的变化，引入了感知个人空间（PPS）的概念。设 f_v 为视频帧，R_c 为圆形扇区的半径，α为扇区在帧拼贴中的点 c 处围绕人的角度，这样个人扇区的面积为$\alpha\pi/360°$。那么，帧 f_v 的个人空间 PPS(f_v)[84，3.2 节，p.326]定义为：

$$\text{PPS}(V_f) \geqslant \frac{\alpha\pi}{360°} R_c^2 \text{（视频帧感知个人距离）}$$

然后 PPS 被定义为由人的视野与相应的沃罗诺伊多边形的交点所形成的区域[84]。人的视野的注意力焦点区域被估计为具有近似孔径角为 40° 的圆形扇区。设 f 为焦距，D 为光圈直径。透镜（例如，人眼）的孔径角[120]是从焦点看到的透镜孔径的**视角**α，由下式定义：

$$\alpha = 2\tan^{-1}\left(\frac{D}{2f}\right) \text{（孔径角）}$$

E. A. B. Over、I. T. C. Hooge 和 C. J. Erkelens[134]介绍了在灰度视频帧上的沃罗诺伊拼贴中的聚类形式。基本方法是识别一个聚类，其中心是一个点 s 的沃罗诺伊区域，其边界区域由环绕生成点和 s 之间的所有点占据的区域部分来定义。使用多边形强度的均匀性来识别每个聚类的中心。

7.4　测量目标的形状相似性和沃罗诺伊视觉外壳

帧目标的视觉外壳由 K. Grauman、G. Shakhnarovich 和 T. Darrell [59]引入。在视频帧的沃罗诺伊拼贴中，目标的**视觉外壳**（VH）是围绕目标的多边形的集合。每类目标都具有特征 VH。例如，车轮的 VH 将具有圆形形状，其包含围绕轮轴上微小多边形的小多边形。对于站立的人，其 VH 将具有矩形形状，覆盖人的轮廓。设 A 是目标轮廓上的点集，B 为已知目标的轮廓。在点 x 和集合 A（记为 $D(x, A)$）之间的**豪斯道夫距离**[74，22 节，p.128]定义为：

$$D(x, A) = \min\{\|x - a\| : a \in A\} \text{（豪斯道夫点 - 集合距离）}$$

两个轮廓 A 和 B 之间的**相似距离** $D(A, B)$，由 A 和 B 中的一组均匀采样点表示[59，2 节，p.29]，定义为：

$$D(A,B) = \max\left\{\max_{a\in A} D(a,B), \max_{b\in B} D(b,A)\right\} \text{（相似距离）}$$

例 7.5　目标视频外壳之间的相似距离

将图 7.6 中沿轮廓三个不同的感叹号形状**!**（$B1$、$B2$、$B3$）与图 7.7（a）中问号形状**?**（A）之间的轮廓距离 $D(A, B_i)$之间的距离进行比较。在此例中，检查下式的值

$$\text{最大轮廓距离} := \max\{D(A,B1), D(A,B2), D(A,B3)\}$$

如果最大轮廓距离接近零，则认为形状 $B1$、$B2$、$B3$ 接近形状**!**。

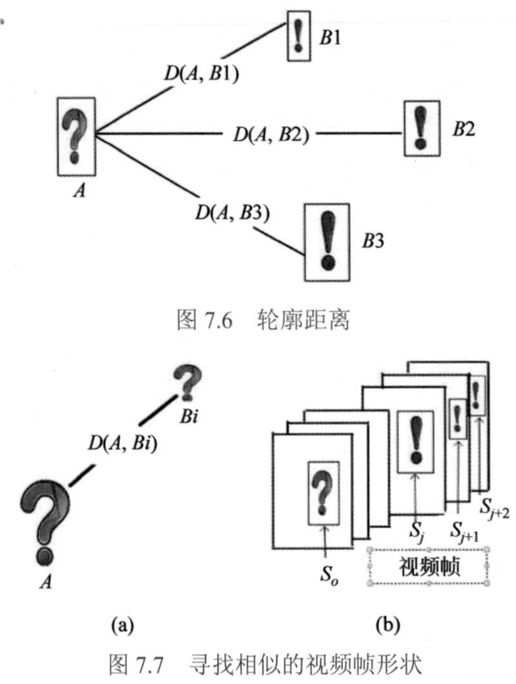

图 7.6 轮廓距离

图 7.7 寻找相似的视频帧形状 □

视频帧序列中的视觉外壳的形状之间的**相似性**是相对于已知视觉外壳形状之间的距离来测量的（**形状相似性的测量**）。设 A、B_i 为距离 $D(A, B_i)$的已知形状。并且令 S_0 表示已知形状，与 n 个视频帧序列中的形状 S_j，$1\leqslant j\leqslant n$ 进行比较。将已知形状 A、B_i 之间的距离 $D(A, B_i)$与视频帧序列中的基本形状 S_0 和一系列形状 S_i 之间的距离总和进行比较。A 和 S_0 具有相似形状的条件是 n 个轮廓 S_0 与 S_j 之间的差值之和接近（近似等于）距离 $D(A, B_i)$，即，

$$D(A,B_i)\approx\sum_{j=1}^{n}\left(\sum_{\substack{a\in S_0\\ b\in S_j}}\|a-b\|\right)\text{（相似帧形状）}$$

设$\varepsilon>0$ 是一个小的数，则形状 A 和 S_0 被认为是接近的，只要

$$\text{shapeDiff}(S_0,S_j):=\sum_{j=1}^{n}\left(\sum_{\substack{a\in S_0\\ b\in S_j}}\|a-b\|\right)$$

$$|D(A,B_i)-\text{shapeDiff}(S_0,S_j)|\leqslant\varepsilon$$

例 7.6 比较形状

设 A 是已知的形状，并且设 B_i 是类似于 A 的形状。设 $S_0:=A$，即，让 S_0 与已知的形状 A 相同。然后，对于形状 $S_1,\ldots,S_i,S_{i+1},\ldots,S_n$ 和一些小的数$\varepsilon>0$，检查下式是否成立：

$$|D(A,B_i)-\text{shapeDiff}(A,S_j)|\leqslant\varepsilon \quad 对 1\leqslant j\leqslant n$$ □

在测量视频帧序列中的形状相似性时，基本方法是计算沿着形状 S_0 和 S_j **轮廓**上的点 a，b 之间标准距离$\|a-b\|$的总和。这意味着需要首先记住已知的形状 S_0，并将该已知形状与每个视频帧中的形状 S_j 进行比较。

寻找视频帧中的相似形状简化为比较已知形状之间的距离与一系列帧形状之间的相似

距离。

例 7.7　寻找相似视频帧形状

已知相似形状之间的距离如图 7.7（a）所示。一个视频帧序列包含形状 $S_0,\ldots, S_j, S_{j+1}, S_{j+1}$，$0\leqslant j\leqslant n$ 如图 7.7（b）所示。

将图 7.7（a）中的问号形状 **?** 之间的相似距离 $D(A, B_i)$与图 7.7（b）视频帧序列中沿着包含混合 **?** 和 **!** 的帧形状的轮廓点之间的距离进行比较。这种比较失败，因为对于小的 ε 值，**?** 和 **!** 之间的相似距离通常不接近。奇怪的是，**?** 形状可以变形（映射）到 **!** 形状中。要了解这是如何完成的，参见[142，5.3 节]。 ❑

7.5　最大核聚类

请注意，曲面的沃罗诺伊镶嵌中的每个多边形都是包含与核相邻的所有多边形的聚类的中心（核）。沃罗诺伊网格核是任何与核相邻的**沃罗诺伊区域**的中心沃罗诺伊区域。

定义　最大核聚类（MNC）[145]

如果核 N 在镶嵌表面中具有最高数量的相邻多边形（记为 maxCN），则具有核 N 的连接多边形聚类是最大的。类似地，描述性核聚类是最大的，条件是 N 在**描述性地**接近 N 的镶嵌表面中具有最高数量的多边形（记为 $\max C_{\Phi}N$）。 ❑

最大核聚类（MNC）可用作镶嵌中对高目标集中度的指示符。**算法** 7.1 中给出了一种可用于在数字图像的沃罗诺伊镶嵌中找到 MNC 的方法。

算法 7.1　构建最大核聚类

```
Input : Digital images img.
Output: MNCs on image img.
img ⟼ TitledImg/*(Voronoï tessellation)*/;
Choose a Voronoï region in TitledImg: *;
ngon ⟼ TiledImg;
NoOfSides ⟼ ngon;
/* Count no. of sides in ngon & remove it from TitledImg. */;
TiledImg := TiledImg \ ngon;
ContinueSearch := True;
while (TiledImg = ∅ and ContinueSearch) do
    ngonNew ⟼ TiledImg;
    TiledImg := TiledImg \ ngonNew;
    NewNoOfSides ⟼ ngonNew;
    if (NewNoOfSides > NoOfSides) then
        ngon := ngonNew;
    else
        /* Otherwise ignore ngonNew: */
    if (TiledImg = ∅) then
            ContinueSearch := False;
            maxCN := ngon;
            /* MNC found; Discontinue search */;
```

例 7.8

设 X 是图 7.8 所示的欧几里得平面子集的曲面镶嵌中的沃罗诺伊区域的集合，其中核 N_1、N_2、$N_3 \in X$。此外，让 2^X 为 X 中沃罗诺伊区域的所有子集的族，X 在曲面镶嵌中包含最大核聚类 CN_1、CN_2、$CN_3 \in 2^X$。那么，$\mathrm{int}CN_2 \cap \mathrm{int}CN_3=\varnothing$，因为 CN_2 与 CN_3 共享沃罗诺伊区域。因此，CN_2 与 CN_3 的重叠= $\varnothing$（见[145]）。注意，围绕核 N_1 的沃罗诺伊区域与围绕核 N_s 的沃罗诺伊区域共享边缘（相邻）。因此，可以说 CN_1 与 CN_2 相邻。相邻或**重叠**的 MNC 具有由其周边确定的形状，它们围绕镶嵌图像中的感兴趣区域。由该观察结果可得到在检测视频帧图像中的感兴趣目标方面有用的方法。

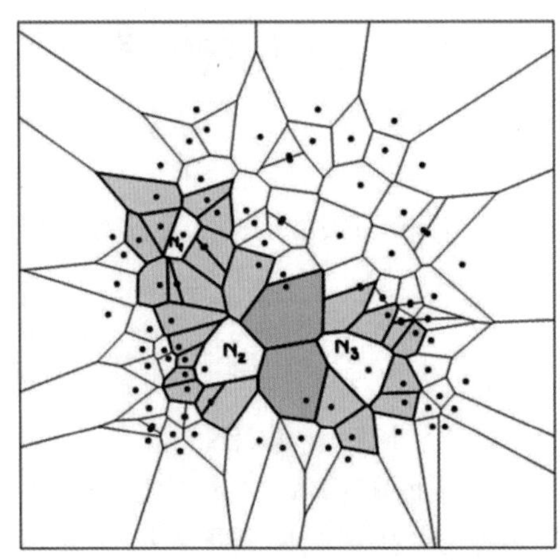

图 7.8　CN_1 与 CN_2 相邻且 CN_2 与 CN_3 重叠　□

简而言之，**最大核聚类**（MNC）是一个沃罗诺伊区域的集合，其中核（聚类的中心）具有最多的相邻多边形。数字图像的沃罗诺伊曲面镶嵌可能具有多个 MNC。每个聚类多边形是生成点的沃罗诺伊区域。找到聚类的近似轮廓的一种方法是将各个接近的相邻多边形生成点对与直边连接。

例 7.9　最大核聚类轮廓示例

银河系[1]的地图如图 7.9（a）所示。两个最大核聚类的轮廓如图 7.9（b）所示。图 7.10

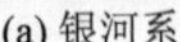

(a) 银河系

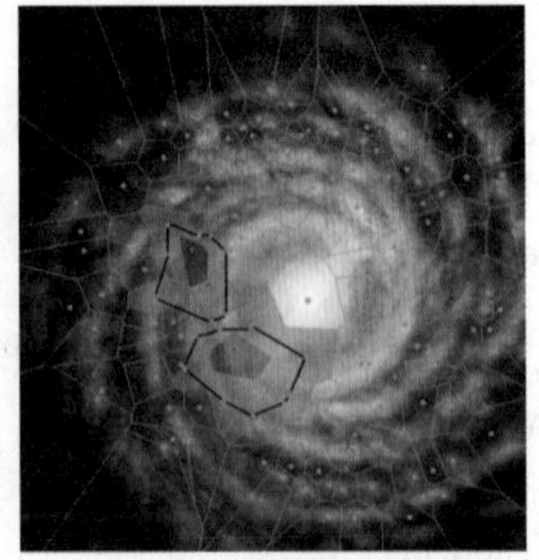

(b) 聚类轮廓

图 7.9　银河系图像上的最大核聚类的轮廓

1　http://www.atlasoftheuniverse.com/milkyway2.jpg。

中的橙色点•表示像素的位置，每个像素具有不同的梯度方向角，并且可用作网格生成器。通过连接与聚类核相邻的沃罗诺伊多边形的相邻生成点对来找到轮廓（参见图 7.11）。

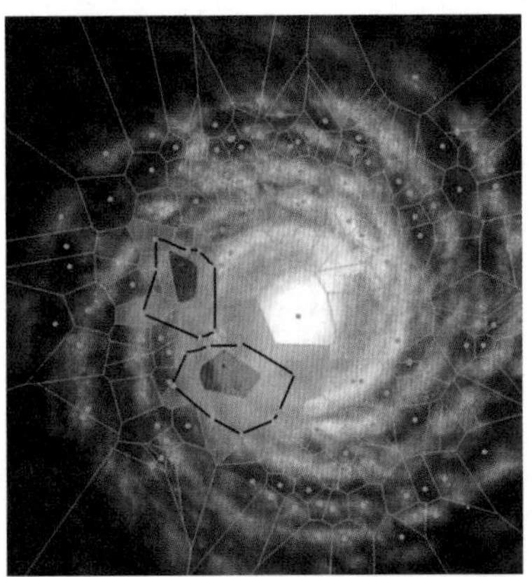

图 7.10　聚类轮廓

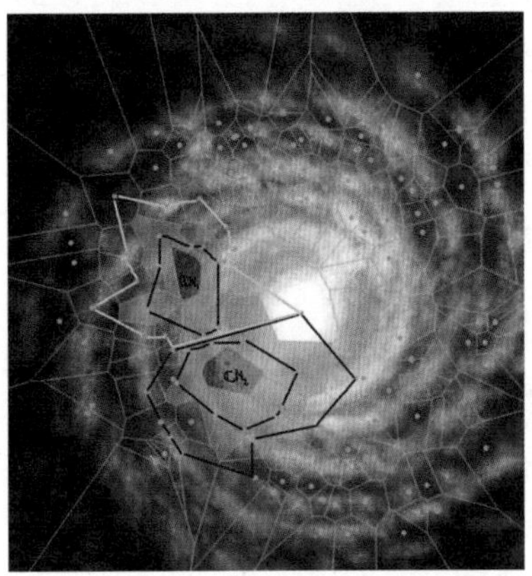

图 7.11　聚类 CN_1、CN_2 上直边通路连接的聚类轮廓　❑

有两种基本类型的聚类轮廓可用于识别镶嵌数字图像中的目标形状。

（1）精细聚类轮廓。

在与聚类核相邻的多边形中，**精细聚类轮廓**是其中每对相邻生成点由直边相连接的通路。换句话说，精细聚类轮廓是包含相邻直边的直边连接通路。如果边缘具有共同的端点，则直边相邻。

（2）粗糙聚类轮廓。

在围绕与聚类核相邻的那些多边形的多边形中，**粗糙聚类轮廓**是其中每对相邻生成点通过直边连接的通路。

例 7.10　粗糙和精细聚类轮廓示例

两个最大核聚类 CN_1、CN_2 如图 7.11 所示。这两个聚类都被精细轮廓和粗糙轮廓围绕。　❑

7.6 问　　题

问题 7.1　基于梯度朝向的沃罗诺伊网格

采集两个各包含 100 帧的.mp4 文件，并在视频采集期间实时执行以下操作。

（1）对于每幅帧图像，找到具有不同梯度朝向和位置的最多 100 个像素。

（2）设 S 是步骤（1）中找到的具有不同梯度方向的像素集。

（3）对于每个帧，使用 S 作为生成点集构建沃罗诺伊网格 $V(S)$。

（4）显示两个叠加网格 $V(S)$的样本帧。

（5）重复步骤（1）～（4），最多可使用 300 个像素的梯度朝向。 ❑

问题 7.2　基于 RGB 的沃罗诺伊网格

采集两个各包含 100 帧的.mp4 文件，并在视频采集期间实时执行以下操作。

（1）对于每幅帧图像，找到具有不同彩色强度和位置的最多 100 个像素。

（2）设 S 是步骤（1）中找到的具有不同彩色强度的像素集。

（3）对于每个帧，使用 S 作为生成点集构建沃罗诺伊网格 $V(S)$。

（4）显示两个叠加网格 $V(S)$的样本帧。

（5）重复步骤（1）～（4），最多可使用 300 个像素的彩色强度。 ❑

问题 7.3　基于 HSV 的沃罗诺伊网格

采集两个各包含 100 帧的.mp4 文件，并在视频采集期间实时执行以下操作。

（1）转换每个 RGB 帧到 HSV 彩色空间。

（2）对于每幅帧图像，找到具有不同色调-值和位置的最多 100 个像素，即找到的每个像素的色调和值都与 img 中的其他像素不同。

（3）设 S 是步骤（2）中找到的具有不同色调和值的像素集。

（4）对于每个帧，使用 S 作为生成点集构建沃罗诺伊网格 $V(S)$。

（5）显示两个叠加网格 $V(S)$的样本帧。

（6）重复步骤（2）～（5），最多可使用 300 个像素的色调-值组合。 ❑

问题 7.4　基于梯度朝向和绿通道的沃罗诺伊网格

采集两个各包含 100 帧的.mp4 文件，并在视频采集期间实时执行以下操作。

（1）对于每幅帧图像，找到具有不同绿通道彩色强度和梯度朝向组合以及位置的最多 100 个像素，即找到的每个像素的绿色强度和梯度朝向都与各个帧图像中的其他像素不同。

（2）设 S 是与步骤（1）中找到的像素具有不同色调和值的像素集。

（3）对于每个帧，使用 S 作为生成点集构建沃罗诺伊网格 $V(S)$。

（4）显示两个叠加网格 $V(S)$的样本帧。

（5）重复步骤（1）～（4），最多可使用 300 个像素的绿色强度-梯度朝向组合。 ❑

问题 7.5　精细聚类轮廓

采集 3 个各包含 100 帧的.mp4 文件，并在视频采集期间实时执行以下操作。

（1）采集视频帧。

（2）在每个视频帧中选取 100 个角点。

（3）用沃罗诺伊图拼贴（镶嵌）各个帧。

（4）回想一下，每个沃罗诺伊多边形是一个**聚类核**，聚类是一个与称为聚类的核的中心多边形相邻的多边形集合。该步骤的焦点在于最大核聚类，即最大核聚类是其中沃罗诺伊核多边形具有最大数量的相邻多边形的核聚类。在每个帧中，识别具有最大相邻多边形数量的沃罗诺伊核多边形。

（5）用绿色对每个最大核多边形赋假彩色。

（6）用黄色对每个与聚类核相邻的多边形赋假彩色。

（7）精细聚类轮廓。在每个帧中，识别每个最大核聚类的精细轮廓。对于围绕每个最大多边形的相邻多边形，使用直边连接每对相邻角点。对于银河系图像的沃罗诺伊镶嵌中最大核聚类上的一对精细轮廓样本，参见例7.9。

（8）对300个角点重复步骤（1）。 ❑

问题7.6　粗糙聚类轮廓

这里不去识别精细的聚类轮廓，而是重复问题7.5中的步骤，找到每个视频帧中最大核聚类的粗糙聚类轮廓。对于同一幅图像中的两个粗糙聚类轮廓，参见例7.10。

重要提示：在对该问题的解决方案中，评论精细聚类轮廓或粗糙聚类轮廓哪一个能更有效地识别帧目标的形状。 ❑

问题7.7　基于质心的沃罗诺伊核聚类

重做问题7.5，但使用帧图像质心而不是帧角点以镶嵌每个视频帧。 ❑

问题7.8　基于梯度朝向的沃罗诺伊核聚类

重做问题7.5，但使用帧像素梯度朝向而不是帧角点以镶嵌每个视频帧。 ❑

问题7.9　基于梯度朝向和绿色通道的沃罗诺伊核聚类

重做问题7.5，但使用帧像素梯度朝向和绿色通道强度而不是帧角点以镶嵌每个视频帧。 ❑

问题7.10　基于角点和绿色通道的沃罗诺伊核聚类

重做问题7.5，但使用帧角点和绿色通道强度而不仅是帧角点以镶嵌每个视频帧。也就是说，对于每幅帧图像，找到最多100个具有不同绿色通道彩色强度组合和位置的角点，即，找到的每个角点将具有与每个帧图像中其他角点不同的绿色强度。 ❑

问题7.11　基于角点和红色通道的沃罗诺伊核聚类

重做问题7.5，但使用帧角点和红色通道强度而不仅是帧角点以镶嵌每个视频帧。也就是说，对于每幅帧图像，找到最多100个具有不同红色通道彩色强度组合和位置的角点，即，找到的每个角点将具有与每个帧图像中其他角点不同的红色强度。 ❑

问题7.12　基于角点和蓝色通道的沃罗诺伊核聚类

重做问题7.5，但使用帧角点和蓝色通道强度而不仅是帧角点以镶嵌每个视频帧。也就是说，对于每幅帧图像，找到最多100个具有不同蓝色通道彩色强度组合和位置的角点，即，找到的每个角点将具有与每个帧图像中其他角点不同的蓝色强度。 ❑

问题7.13　基于角点和RGB的沃罗诺伊核聚类

重做问题7.5，但使用帧角点和RGB彩色强度而不仅是帧角点以镶嵌每个视频帧。也就是说，对于每幅帧图像，找到最多100个具有不同RGB彩色强度组合和位置的角点，即，找到的每个角点将具有与每个帧图像中其他角点不同的RGB强度。 ❑

问题 7.14 帧目标检测

执行如下操作。

（1）选择一幅数字图像。重复问题 7.5 中的步骤以拼贴并找到所选图像中最大核聚类（MNC）的轮廓。在拼贴图像中选择并存储（在变量 Target 中）最大核聚类（MNC）的选定轮廓。

注意：Target 轮廓将在接下来的步骤中用于查找视频帧中与 Target 轮廓类似的轮廓。

提示：选择包含与以下步骤中制作的视频帧里一个或多个目标类似的目标图像。还要注意，这个问题中的相似性意味着大致相同。

（2）重复问题 7.5 中的步骤以实时采集和拼贴 3 个.mp4 文件中的帧。

（3）使用步骤（2）中的.mp4 文件中的帧，离线地执行如下操作。

（a）设 $S_1,\ldots,S_j,\ldots,S_n$ 是所选.mp4 文件中帧的 MNC 的精细轮廓（形状）。

（b）选一个小的数$\varepsilon>0$。

注意：这是轮廓相似性阈值。

（c）对每个找到的 MNC 轮廓，计算相似性距离 $D(\text{Target},S_j)$，$1\leqslant j\leqslant n$。

（d）对每个视频帧执行以下操作。如果 $D(\text{Target}, S_j)\leqslant\varepsilon$，那么对于 S_j 轮廓，给 MAC 的核赋假彩色。在分离的.jpg 文件中，保存包含 MNC 轮廓的帧，该轮廓形状类似于目标轮廓。

（e）将发现记录在已知目标轮廓与采集的.mp4 文件中找到的最多 5 个 MNC 轮廓样本之间的比较表中。

表：

帧	图像	图像	距离
j	Target	S_j	$D(\text{Target}, S_j)$

提示：使用截图工具获取此表的 Target 和 S_j 图像。

（4）评论 Target 与视频帧 S_j 轮廓（形状）之间的相似性。

（5）评论对最合适的数ε的选择。

（6）对不同的 Target 重复步骤（1）～（5），每次使用 5 个不同场景的视频。 ❑

问题 7.15 基于梯度朝向的精细聚类轮廓相似性

重做问题 7.14，但使用帧像素梯度方向而不是帧角点作为生成点以对每个视频帧进行镶嵌。也就是说，在每个帧中，选择像素梯度方向而不是角点作为生成点以测试已知形状与采集的.mp4 文件中的形状之间的相似性。 ❑

问题 7.16 基于 RGB 像素强度的精细聚类轮廓相似性

重做问题 7.14，但使用 RGB 像素强度而不是帧角点对每个视频帧进行镶嵌。也就是说，选择 RGB 像素强度而不是角点作为生成点以测试已知形状与采集的.mp4 文件中的形状之间的相似性。 ❑

问题 7.17 基于绿色通道像素强度的精细聚类轮廓相似性

重做问题 7.14，但使用绿色通道像素强度而不是帧角点作为生成点以对每个视频帧进行镶嵌。也就是说，在每个帧中，选择绿色通道像素强度而不是角点作为生成点以测试已知形状与采集的.mp4 文件中的形状之间的相似性。 ❑

问题 7.18　基于角点和绿色通道像素强度的精细聚类轮廓相似性

重做问题 7.14，但使用角点和绿色通道像素强度作为生成点以对每个视频帧进行镶嵌。也就是说，在每个帧中，选择具有不同绿色通道像素强度的角点作为生成点以测试已知形状与采集的.mp4 文件中的形状之间的相似性。 ❑

问题 7.19

重复问题 7.14 中的步骤，在问题 7.14 的步骤（2）执行问题 7.6。也就是说，通过测量已知图像目标 Target 的粗糙距离轮廓与每个视频帧中目标形状的粗糙聚类轮廓之间的差异来测量形状之间的相似性。 ❑

问题 7.20

本问题聚焦粗糙聚类轮廓（称为粗糙周长）。考虑三个粗糙周长级别：

S1P： 1 级粗糙周长（起点——称之为 1 周长或简称 S1P）。

S2P： 2 级粗糙周长（2 周长或简称 S2P），它包含一个 1 周长。

S3P： 3 级粗糙周长（3 周长或简称 S3P），它包含一个 2 周长和一个 1 周长。

3 级不太可能出现。

在物体识别方面，含有 S1P 的 S2P 的出现是有希望的。请执行下列操作：

（1）检测 S2P 中何时包含 S1P。在工作空间中宣布这一点以及 S1P 和 S2P 周长的长度。在 S1P 上放一个小圆圈标签（1），在 S2P 上放一个小圆圈标签（2）。

（2）检测 S3P 中何时包含 S2P。在工作空间中宣布这一点以及 S1P 和 S2P 周长的长度。在 S2P 上放一个小圆圈标签（2），在 S3P 上放一个小圆圈标签（3）。

（3）检测 S3P 中何时包含 S2P 且 S2P 包含 S1P。在工作空间中宣布这一点以及 S1P、S2P 和 S3P 周长的长度。在 S1P 上放一个小圆圈标签(1)，在 S2P 上放一个小圆圈标签(2)，在 S3P 上放一个小圆圈标签（3）。

（4）检测 S2P 何时不包含 S1P 和 S3P 何时不包含 S1P。在工作空间中宣布这一点以及 S1P、S2P 和 S3P 周长的长度。在 S1P 上放一个小圆圈标签（1），在 S2P 上放一个小圆圈标签（2）。

（5）生成一个新图形，抑制（忽略）图像边界上的 MNC 并显示 S1P（案例 1）。

（6）生成一个新图形，抑制（忽略）图像边界上的 MNC 并显示 S1P、S2P（案例 2）。包括小圆圈标签（1）、（2）。在工作空间中宣布这一点以及 S1P 和 S2P 周长的长度。

（7）生成一个新图形，抑制（忽略）图像边界上的 MNC 并显示 S1P、S2P、S3P（案例 3）。在工作空间中宣布这一点以及 S1P、S2P 和 S3P 周长的长度。在 S1P 上放一个小圆圈标签（1），在 S2P 上放一个小圆圈标签（2），在 S3P 上放一个小圆圈标签（3）。

Drew Barclay 的建议： 选择 S(n+1)P 中包含的 SnP，以便构成每个轮廓的线段不会相交。此外，最小和最大 X/Y 值对于 S(n+1)P 具有更大的绝对值。

对此问题： 在交通视频中尝试目标识别，以查看上述哪种情况最有效。

提示： 裁剪视频的第 1 帧并为每个视频帧使用该裁剪。设 k 等于所选的 SURF 关键点的数量。尝试 $k = 89$ 和 $k = 377$ 来看一些非常有趣的粗糙周长。 ❑

边缘集是一组边缘像素。S. Belongie、J. Malik 和 J. Puzicha [13]发现了一种边缘集，可用于物体形状的研究。在最大核距离（MNC）轮廓的上下文中，**轮廓边缘集**是 MNC 轮廓中的一组边缘像素，仅限于作为 MNC 轮廓中边缘端点的网格生成点。如下定义第 i 个边缘为：

$$e_i = \{g \in \text{MNC} : g\text{是MNC多边形的网格生成器}\}$$

设$|e_i|$是网格轮廓边缘中网格生成器的数量，并且设 $\Pr(e_i)$（边缘集 e_i 出现的概率）由下式定义：

$$\Pr(e_i) = \frac{1}{|e_i|} = \frac{1}{e_i\text{尺寸}}\text{（MNC轮廓边缘集概率）}$$

在一系列镶嵌视频帧中，让 m_i 为具有与边缘集 e_1 相同数量的网格生成器的边缘集出现的频率。对于 k 个视频帧中的边缘集 $e_1, e_2, \ldots, e_i, \ldots, e_k$，令 $m_1, m_2, \ldots, m_i, \ldots, m_k$ 为 k 个边缘集的出现频率。边缘集频率的直方图定义了边缘集的形状上下文。基本假设是，如果一对边缘集 e_i、e_j 各自具有相同数量的网格生成器，则 e_i、e_j 将具有相似的形状。

问题 7.21

设 V 是一个包含沃罗诺伊镶嵌帧的视频。执行如下操作：

（1）裁剪每个视频帧（仅选择一个或多个中心矩形区域，具体取决于用来分割视频帧的矩形尺寸）。使用中央矩形区域进行后续步骤。

（2）使用 SURF 点作为网格生成器对每个帧进行镶嵌。实验作为网格生成器的 SURF 点的个数，从 10 个 SURF 点开始。

（3）在每个视频帧中找到 MNCs。

（4）在 k 个视频帧中找到边缘集 $e_1, e_2, \ldots, e_i, \ldots, e_k$。显示在两个视频帧中找到的每个边缘。

（5）确定$|e_i|$，即在网格轮廓边缘集 e_i 中的网格生成器的数量。

（6）显示边缘集形状，（a）仅自身，（b）叠加在 MNC 上。

提示：从视频帧中提取 MNC 并通过叠加的边缘集单独显示 MNC。参见图 7.12。

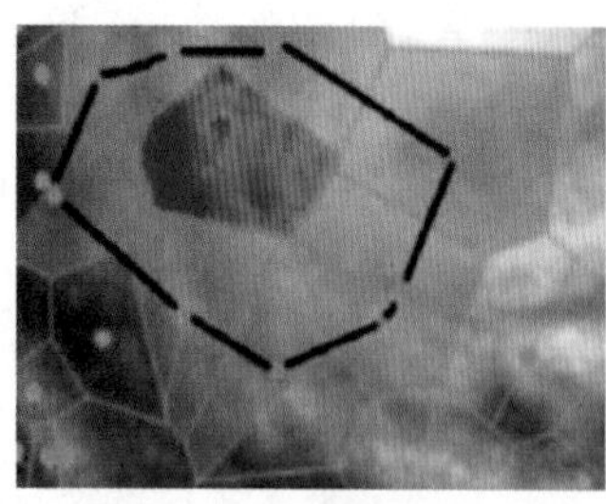

(a) 边缘集

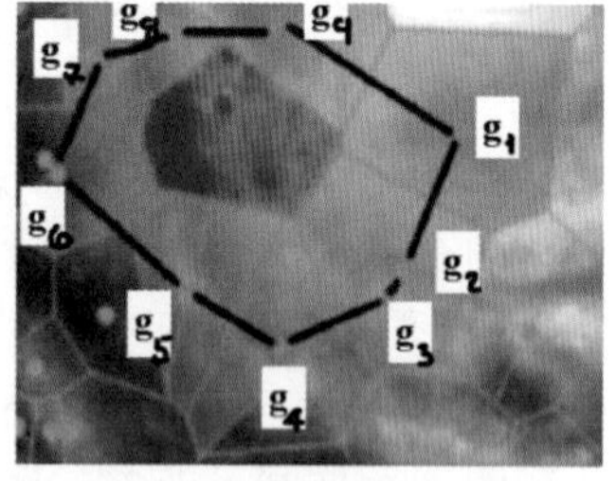

(b) 边缘集标号

图 7.12　聚类轮廓中的边缘集

（7）计算出 k 个边缘集出现的频率 $m_1, m_2, \ldots, m_i, \ldots, m_k$。也就是说，对于每个边缘集 e_i，确定具有相同尺寸$|e_i|$的边缘集的数量作为 e_i。例如，如果对于边缘集 e_1，有 3 个边缘集的尺寸为$|e_1|$，则 $m_1 := 3$。

（8）对每个视频帧中的每个边缘集，计算 $\Pr(e_i)$（边缘集 e_i 出现的概率）。

（9）给出显示频率 $m_1, m_2, \ldots, m_i, \ldots, m_k$ 的直方图的 Matlab 程序。

（10）给出显示频率 $m_1, m_2, \ldots, m_i, \ldots, m_k$ 的罗盘图的 Matlab 程序。

（11）给出显示边缘集频率的对数极坐标图的 Matlab 程序。

提示：基本方法是将视频帧的边缘集频率画成极坐标直方图。例如，参见 O. Tekdas

和 N. Karnad [188，图 3.1，p.8]。

（12）给出显示 $\Pr(e_i)$为 e_i 的函数曲线图的 Matlab 程序。

（13）给出显示 $\Pr(e_i)$为 e_i 和 m_i 的 3-D 等高线图的 Matlab 程序。

提示：有关解决方案的示例，参见附录 A.7.1 小节中列表 A.34 的 Matlab 程序。 ❑

设 N 是用于研究视频帧边缘集的样本尺寸。例如，如果拍摄了 150 帧的视频，那么 $N:=150$。对于这项工作，N 等于包含曲面镶嵌视频图像的帧数。卡方分布[1]χ_s^2 是样本 s 与样本 s 的期望偏差的度量，并由下式定义：

$$\chi_s^2 = \sum_{i=1}^{k} \frac{m_i - N\Pr(e_i)}{N\Pr(e_i)}$$

Eisemann-Klose-Magnor 形状代价函数

$C_{\text{shape}}(e_i, e_j)$

两个形状背景 e_i，e_j 之间的 Eisemann-Klose-Magnor 代价 $C_{\text{shape}}(e_i, e_j)$被定义为该对形状背景[44，p.10]的 χ_s^2。

问题 7.22

设 V 是一个包含沃罗诺伊镶嵌帧的视频。执行如下操作：

（1）重复问题 7.21 的步骤（1）～（8）。

（2）给出计算对一个镶嵌的视频帧计算 χ_s^2 的 Matlab 程序。

（3）给出对 10 个样本视频绘制 χ_s^2 值曲线图的 Matlab 程序。 ❑

7.7 形状距离

这里的重点是计算所谓的 MNC 轮廓边缘集之间的距离代价。这里的方法是 M. Eisemann、F. Klose 和 M. Magnor [44，p.10]引入的距离代价函数的基本概念的扩展。设 e_i、e_j 为边缘集，取 $a, b > 0$ 为用于调整如下定义代价函数 $C_{\text{dist}}(e_i, e_j)$的常数：

$$C_{\text{dist}}(e_i, e_j) = \frac{a}{1+\exp(-b\|e_i - e_j\|)}$$

对 a 和 b 的选择基于达到 e_i 和 e_j 之间距离的最大代价进行。例如，设 $b:=1$ 并且 $a:=D(e_i, e_j)$，$D(e_i, e_j)$为如下定义的成对边缘集点之间的最小距离：

$$D(e_i, e_j) = \min\left\{\|x - y\|: x \in e_i, y \in e_j\right\}$$

这里感兴趣的是定义目标 MNC 轮廓边缘集 e_{target} 和视频中的样本边缘集 e_j 之间距离的代价函数。例如，$C_{\text{dist}}(e_{\text{target}}, e_j)$定义为：

$$C_{\text{dist}}(e_{\text{target}}, e_j) = \left.\frac{a}{1+\exp(-b\|e_{\text{target}} - e_j\|)}\right|_{a=D(e_{\text{target}}, e_j), b=1}$$

---

1 http://mathworld.wolfram.com/Chi-SquaredTest.html。

问题 7.23

设 V 是一个包含沃罗诺伊镶嵌帧的视频。执行如下操作：

（1）裁剪每个视频帧（仅选择一个或多个中心矩形区域，具体取决于用来分割视频帧的矩形尺寸）。使用中央矩形区域进行后续步骤。

（2）使用 SURF 点作为网格生成器对每个帧进行镶嵌。实验作为网格生成器的 SURF 点的个数，从 10 个 SURF 点开始。

（3）选择一个边缘集 e_{target}，它是一组生成器，其中包含沿着目标形状的精细轮廓边缘的端点。

（4）从示例视频中选择一个边缘集 e_j。它应该从包含与已知目标形状类似的 MNC 轮廓的视频帧中提取。换句话说，要选择 e_j，以验证：

$$\left|D(e_{traget}, e_j) - \text{shapeDiff}(e_{traget}, e_j)\right| \leqslant \varepsilon$$

参见本书中 7.5 节用于计算 $D(e_{target}, e_j)$和 shapeDiff(e_{target}, e_j)的方法。如果这些边缘集中的一个具有比另一个边缘集更少的边缘像素，则可能需要用零填充 e_{target} 或 e_j。

提示： *在尝试计算 e_{target} 和 e_j 之间的距离之前，检查两个边缘集中的像素数。*

（5）给出计算代价距离函数 $C_{dist}(e_{target}, e_j)$的 Matlab 程序。

（6）用相同的 e_{target} 和另外选择的边缘集 e_j，重复步骤（1）～（5）。此外，在代价距离函数中尝试 a、b 的其他选择。

（7）用一个不同的 e_{target} 和 10 个不同的视频中选择的边缘集 e_j，重复步骤（1）～（5）。此外，在代价距离函数中尝试 a、b 的其他选择。

（8）给出对 10 个所选视频显示相对于 a 和 b 的 3-D 等高线图 $C_{dist}(e_{target}, e_j)$的 Matlab 程序。

（9）评论计算 $C_{dist}(e_{target}, e_j)$中对 a 和 b 的选择。 □

7.8 边缘集的权函数

通常，对于边缘集 e_i 和 e_j，Eisemann-Klose-Magnor 权函数 $C(e_i, e_j)$由下式定义：

$$C(e_i, e_j) = C_{dist}(e_i, e_j) + C_{shape}(e_i, e_j)$$

对于这项工作，该代价函数针对一对边缘集合 e_{target} 和 e_j，所以得到的 $C(e_{target}, e_j)$为：

$$C(e_{target}, e_j) = C_{dist}(e_{target}, e_j) + C_{shape}(e_{target}, e_j)$$

问题 7.24

设 V 是一个包含沃罗诺伊镶嵌帧的视频。执行如下操作：

（1）重复问题 7.23 的步骤（1）～（5）。

（2）在问题 7.23 的步骤（5）的 Matlab 程序中包含形状计算代价 $C_{shape}(e_{target}, e_j)$。

（3）在本问题的步骤（2），计算总代价 $C(e_{target}, e_j)$。

（4）对 10 个不同的视频和不同的目标，重复本问题的步骤（1）～（3）。

（5）给出对 10 个所选视频显示 2-D 图 $C(e_{target}, e_j)$的 Matlab 程序。

（6）给出对 10 个所选视频显示相对于 $C_{dist}(e_{target}, e_j)$和 $C_{shape}(e_{target}, e_j)$的 3-D 等高线图

$C(e_{target}, e_j)$的 Matlab 程序。

（7）评论所得到的 2-D 图和 3-D 图。 □

7.9　最大边缘集

在镶嵌图像里目标识别中的第一个新元素是最大 MNC 轮廓边缘集（记为 maxe_i）的引入，它们是包含所有轮廓边缘像素的边缘集，即，

$$\max|e_i| = \#\text{轮廓边缘像素，而不仅是直边缘的端点}$$

例 7.11

设 e_i 表示边缘集（图 7.12（b）），它是曲面镶嵌视频帧集合中的第 i 个边缘集。边缘集 e_i 包含 9 个网格生成点。换句话说，e_i 不是最大的（边缘集）。为了获得 maxe_i，识别沿着每个轮廓直边的所有边缘像素。例如，maxe_i 将包括端点 g_5、g_6 以及图 7.13 中所示的轮廓直边 $\overline{g_5g_6}$ 中的内部像素。

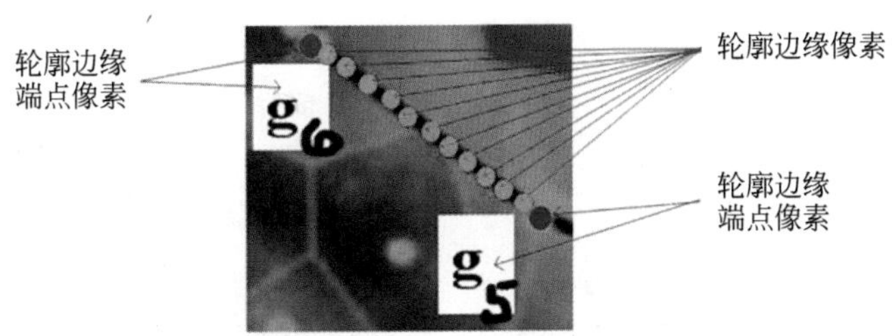

图 7.13　源自图 7.12（b）的边缘集的轮廓边缘像素 □

问题 7.25

设 V 是一个包含沃罗诺伊镶嵌帧的视频。写一个 Matlab 程序执行如下操作：

（1）裁剪每个视频帧（仅选择一个或多个中心矩形区域，具体取决于用来分割视频帧的矩形尺寸）。使用中央矩形区域进行后续步骤。

（2）使用 SURF 点作为网格生成器对每个帧进行镶嵌。实验作为网格生成器的 SURF 点的个数，从 10 个 SURF 点开始。

（3）在每个镶嵌帧中找到 MNC。

（4）在镶嵌帧中显示 MNC。用红色突出显示核，环绕核的多边形用黄色，所有彩色都具有 50%的不透明度（调整不透明度，以便可以清楚地看到 MNC 下面的子图像）。

（5）对于选定的 MNC，确定 MNC 的最大精细轮廓边缘集（称为 maxe_i）。

（6）仅显示（绘制）maxe_i 中的点。

（7）用红色显示（绘制）maxe_i 中的点，并叠加在图像的 MNC 上。

（8）对 10 个不同的视频重复步骤（1）～（7）。

（9）评论所得到的结果。 □

7.9.1　粗糙轮廓边缘集

第二个新元素是在曲面镶嵌数字图像中研究目标形状时包含粗糙轮廓边缘集。到目前

为止，焦点一直在精细轮廓边缘集，其由连接网格 MNC 中与核相邻的所有多边形的生成点的直边所定义。现在要考虑由连接围绕精细轮廓多边形生成点的直边所定义的边缘集。

例 7.12

设 $\max e_{\text{fine}}$ 表示最大精细轮廓边缘集，设 $\max e_{\text{coarse}}$ 表示最大粗糙轮廓边缘集。例如，图 7.14 所示沃罗诺伊网格中精细 MNC 轮廓边缘 $\max e_{\text{fine}}$ 中的端点和内部直边像素在图 7.15（a）中以（红色）虚线---------- 表示；图 7.14 所示沃罗诺伊网格中粗糙 MNC 轮廓边缘 $\max e_{\text{coarse}}$ 中的端点和内部直边像素在图 7.15（b）中以（黑色）虚线---------- 表示。

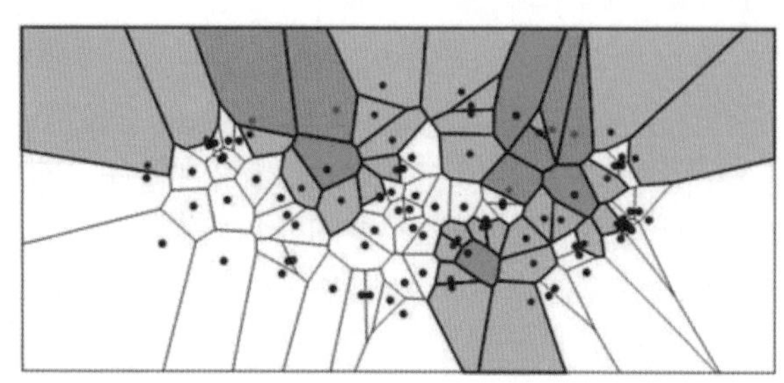

图 7.14　沃罗诺伊网格中 4 个 MNC 示例

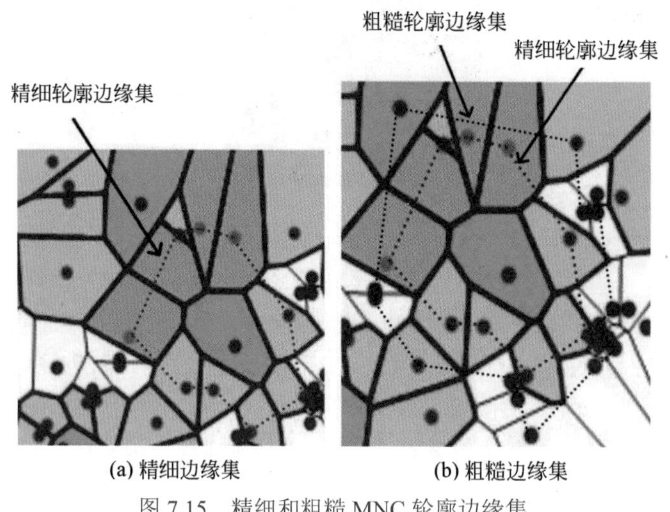

图 7.15　精细和粗糙 MNC 轮廓边缘集 □

问题 7.26

设 V 是一个包含沃罗诺伊镶嵌帧的视频。写一个 Matlab 程序执行如下操作：

（1）裁剪每个视频帧（仅选择一个或多个中心矩形区域，具体取决于用来分割视频帧的矩形尺寸）。使用中央矩形区域进行后续步骤。

（2）使用 SURF 点作为网格生成器对每个帧进行镶嵌。实验作为网格生成器的 SURF 点的个数，从 10 个 SURF 点开始。

（3）在每个镶嵌帧中找到 MNC。

（4）在镶嵌帧中显示 MNC。用红色突出显示核，环绕核的多边形用黄色，所有彩色都具有 50%的不透明度（调整不透明度，以便可以清楚地看到 MNC 下面的子图像）。

（5）对于选定的 MNC，确定 MNC 的最大精细轮廓边缘集（称为 $\max e_i$）。

（6）仅显示（绘制）$\max e_i$ 中的点。

（7）用红色显示（绘制）maxe_i 中的点，并叠加在图像的 MNC 上。

（8）对 10 个不同的视频重复步骤（1）～（7）。

（9）评论所得到的结果。 ❑

7.9.2 最大核聚类连通网格区域

设 MNC1 和 MNC2 是沃罗诺伊曲面镶嵌中的一对最大核聚类。如果它们具有相邻的多边形或者具有至少一个共同的多边形，则 MNC1 和 MNC2 是连接的（参见图 7.16）。

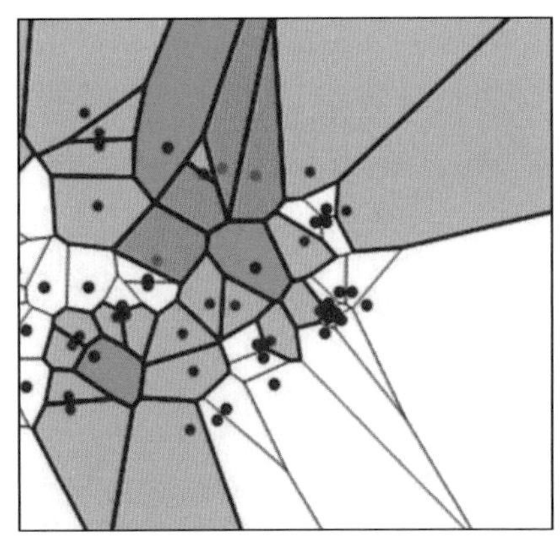

图 7.16　沃罗诺伊网格中 3 个连接的 MNC

例 7.13 

设 MNC1 和 MNC2 如图 7.17（a）所示。这对 MNC 是连接的，因为它们有一对相邻的沃罗诺伊区域。一对 MNC 也可能具有一个或多个共同的沃罗诺伊区域。在图 7.17（b）中，MNC1 和 MNC3 有三个共同的多边形。在这两种情况下，这些 MNC 被认为是强连接的，因为它们共享多于一个像素。

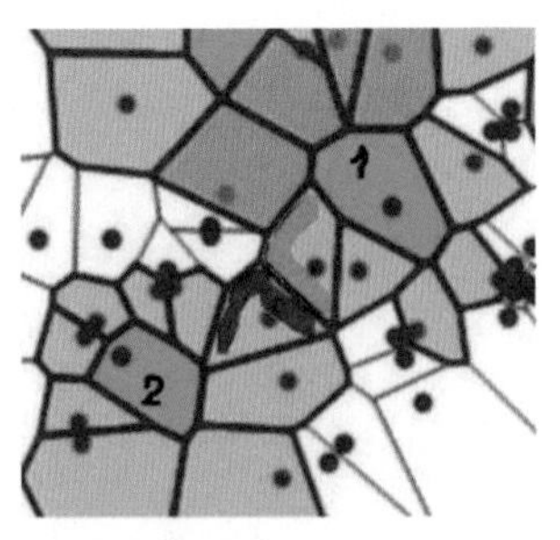

(a) MNC1和MNC2具有相邻的沃罗诺伊网格多边形

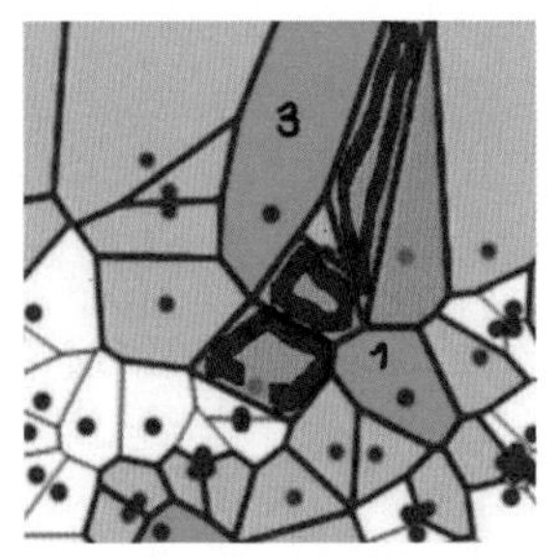

(b) MNC1和MNC3共享3个沃罗诺伊网格多边形

图 7.17　连接的 MNCs 的两种形式

问题 7.27

设 V 是一个包含沃罗诺伊镶嵌帧的视频。写一个 Matlab 程序执行如下操作：

（1）裁剪每个视频帧（仅选择一个或多个中心矩形区域，具体取决于用来分割视频帧的矩形尺寸）。使用中央矩形区域进行后续步骤。

（2）使用 SURF 点作为网格生成器对每个帧进行镶嵌。实验作为网格生成器的 SURF 点的个数，从 10 个 SURF 点开始。

（3）在每个镶嵌帧中找到 MNC。

（4）确定 MNC 是否通过相邻多边形连接。如果找到了一对相邻的 MNC，则显示 MNC 并以橙色（或其他一些明亮色）突出显示相邻多边形。

（5）确定 MNC 是否通过共享多边形连接，即，是否有一个或多个共用多边形的 MNC。如果找到了一对具有共享多边形的 MNC，则显示 MNC 并以橙色（或其他一些亮色）突出显示共享多边形。

（6）在镶嵌帧中显示每个 MNC。用红色突出显示核，环绕核的多边形用黄色，所有彩色都具有 50%的不透明度（调整不透明度，以便可以清楚地看到 MNC 下面的子图像）。

（7）对于选定的 MNC，确定 MNC 的最大精细轮廓边缘集（称之为 maxe_i）。

（8）仅显示（绘制）maxe_i 中的点。

（9）用红色显示（绘制）maxe_i 中的点，并叠加在图像的 MNC 上。

（10）对 10 个不同的视频重复步骤（1）～（9）。

（11）评论所得到的结果。 ❑

第 8 章　洛韦关键点、最大核聚类、轮廓和形状

本章继续使用叠加在数字图像上的沃罗诺伊网格作为揭示图像几何形状的手段，以及由网格中围绕最大核聚类（MNC）的轮廓线所产生的形状。回想一下，沃罗诺伊网格中的每个多边形都是多边形聚类的核。这里，术语“**核**”指的是在每个 MNC 中始终存在作为聚类中心的多边形的事实。有关此内容的更多信息参见附录 B.19 节（最大核聚类）和附录 B.7 节（核）。

本章的重点是图像和场景分析的几何方法。为了便于图像和场景分析，可以将数字图像视为一组点（像素），它们容易受到常见于数字图像的几何和拓扑数学结构的影响。

图像几何中的典型几何结构包括点、线、圆形、三角形和多边形以及指定结构位置和配置的方程式。换句话说，**图像几何**是一种对图像的解析几何观点。在数字图像中，这些几何结构还包括图像邻域、图像聚类、图像片段、图像镶嵌、图像片段集合的质心、最接近特定图像点的点集（例如区域质心）、聚集在一起的近邻图像区域集、相邻图像区域以及多边形图像区域的几何形状。

另外需要注意的是数字图像的拓扑结构。数字图像的拓扑结构（或**图像拓扑**）研究像素到像素集合的接近程度。这种对数字图像的拓扑方法导致对数字图像中排除边界像素的像素集合（开放集）或包含边界像素的像素集合（闭集）的有意义组合。这个图像研究中的基本方法是 A・罗森菲尔德发现 4-邻域和 8-邻域的直接结果[167]（另见[92，140]）。图像的镶嵌是用多边形拼贴图像。多边形可以有不同数量的边。

例 8.1　基于角点的镶嵌图像示例

（四边形覆盖了渔夫帽子的大部分）

狄利克雷（又名沃罗诺伊）镶嵌图像的一个例子是图 8.1。红点•标识图像中角点的位置。注意在图像极端框角的红点（添加它们以提供更准确的镶嵌）。没有这些框角，对图像

图 8.1　在 CN 列车视频帧的狄利克雷镶嵌中的 30 个关键点　❑

的拼贴会漂移到无限远。这种形式的拼贴中的多边形具有不同数量的边。对图像更准确的拼贴来自于所谓的 SIFT（尺度不变特征变换）关键点。稍后会详细介绍。

结构化图像能揭示图像中的隐藏信息是镶嵌图像的主要动机。结构化图像接下来用它们的组成部分的术语，如图像区域的子集、局部邻域、区域拓扑、集合的接近性和远程性、局部凸集和图像结构之间的映射进行分析。

8.1 图 像 分 析

图像分析聚焦于各种数字图像测量，例如像素尺寸、**像素邻接**、**像素特征值**、**像素邻域隶属度**、**像素梯度方向**、**像素梯度幅度**、像素强度（彩色通道强度或灰度强度）、像素强度分布（**直方图**）、**图像邻域的接近度**、**直方条化**（收集特定范围内的像素强度）、图像尺寸和图像分辨率（参见显示 HSV 像素强度的图 8.2）。图像分析的另一个重要部分是对图像缩放、平移、旋转不变和对照明变化和仿射或 3-D 投影部分不变的像素特征的检测。这可以用 D. G • 洛韦的 SIFT（尺度不变特征变换）[113]来实现（还可参见[114]）。有关这一点的更多信息见 8.8 节。

图 8.2　HSV 像素强度

每个图像像素都具有自身关于梯度方向，沿 x-方向和 y-方向的梯度强度，以及所有边缘强度的几何形状信息。像素的**边缘强度**等于其梯度幅度。实施 SIFT 导致检测到所谓的图像关键点，即那些具有不同梯度方向和梯度大小的像素。有关这一点的更多信息见 8.6 节。

直方条化为构建图像直方图提供了基础。W. Burger 和 M. J. Burge 给出了一个对直方条化很好的介绍[21，3.4.1 小节]（有关这一点的更多信息见 3.1 节。）。

图像分析中有许多重要的**基于区域的方法**：**等数据阈值化**（**二值化图像**）、**Otsu 方法**（灰度图像阈值化）、**分水岭分割**（使用从前景像素到背景区域的距离图计算）、最大沃罗诺伊网格核（识别具有最大边数的网格多边形）和**非最大抑制**（通过抑制比其周围像素更不可能的所有像素来找到局部最大值）[207]。在图像分析中，目标和背景像素以不同的邻接关系（邻域）相关联[3]。有两种基本类型的邻域，即邻接邻域[100，167]和拓扑邻域[75，

140]。使用不同的几何形状，邻接邻域由与给定像素相邻的像素定义。邻接邻域通常用于数字图像中的边缘检测。

8.2 场 景 分 析

场景分析聚焦数字图像的结构。

图像场景是摄像机瞬间看到的快照。图像结构包括图像目标的形状、主要图像形状和图像几何形状（例如，在镶嵌图像中由多边形限定的子图像）。视频帧为随时间改变或保持固定的图像结构提供了完美的狩猎场。

视觉场景是视场中捕捉人们注意力的物体集合。在**人类视觉**中，**视场**是可以看到的物体的总面积。正常视场大约为每只眼睛的垂直子午线左右大约 60°，水平子午线以上大约 60°、以下大约 75°。包含渔夫场景的 640 × 480 数字图像的 Dirichlet 曲面细分样例如图 8.1 所示。这里，多达 60 个图像关键颜色-特征值的位置是用于生成渔夫图的**网点**的来源。红色点•指示**关键点**位置，即具有特定梯度方向的像素位置（图 8.3）。

例 8.2　指纹像素关键点

在图 8.3 的指纹子图像中，像素关键点（每个关键点像素具有不同的梯度方向和梯度大小）被显示为红色点（•）。

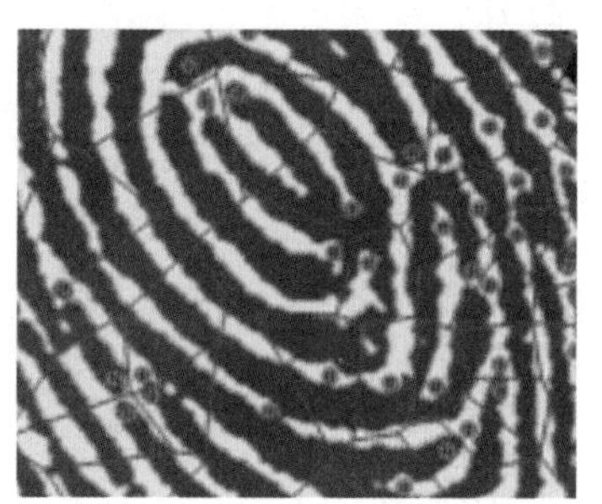

图 8.3　指纹像素关键点=•　□

例 8.3　可视化边缘像素梯度

图 8.4 的指纹子图像中还显示了 **HSV 彩色空间**中的彩色像素梯度，即每个像素的三个梯度用于选择 HSV 通道值，其中

$$\{色调，饱和度，值\}=\{朝向，x\text{-}梯度幅度，y\text{-}梯度幅度\}$$

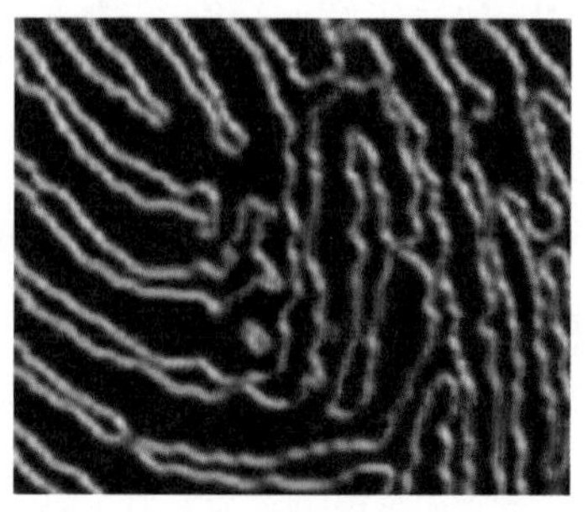

图 8.4　HSV 色调

指纹的边缘像素以不同的颜色和强度显示在图 8.2 中。对每个像素的 HSV 通道值，使用梯度方向表示色调（Hue）、x 方向上的梯度大小表示饱和度（Saturation）和 y 方向上的梯度大小表示值（Value），用这样的组合实现了每个边缘像素的梯度信息的可视化。要了解如何完成此操作，参见附录 A.8.5 小节中的 Mathematica 程序 6。尝试使用 **RGB 彩色空间**和 **Lab 彩色空间**做同样的事情。回想一下，CIE Lab 彩色空间描述了人眼可见的彩色。Lab 是一种 3-D 彩色空间模型，其中 L 表示彩色的亮度，红色/品红色与绿色之间的彩色位置是沿 a 轴的，黄色和蓝色之间的彩色位置是沿 b 轴的。

提示：参见附录 A.8.5 小节列表 A.37 中的 Matlab 程序和 Mathematica 程序 7。 ❑

图像几何信息的来源

需要注意的重要一点是沃罗诺伊区域 $V(p)$是一组更接近特定生成点 $p\in S$（生成点集合）而不是任何其他 S 中生成点的所有点。因此，沃罗诺伊区域 $V(p)$内部每个点的接近程度是关于特定生成点的图像几何信息的一个来源，这些特定生成点包括数字图像场景中的角点、质心或关键点。

洛韦提出的尺度不变特征变换（SIFT）常用于图像关键点的检测。

场景分析的基础建立在罗森菲尔德开创性的**数字拓扑**[96，165-169]工作（后来称为**数字几何**[92]）和其他工作[39，97，100，102，103]之上。数字拓扑的工作与 M. I. Shamos [172] 和 F. P. Preparata [155，156]的**计算几何**的引入是并行的，并建立在沃罗诺伊[197，199]和其他的空间镶嵌工作[27，53，63，101，122，192]基础之上。

要分析和理解图像场景，有必要识别场景中的**目标**。这些目标可以在几何上被视为连接**边缘**的集合（例如，**骨架**、属于形状的周边、多边形的边）或被视为像素集的图像区域，这些像素在某种意义上是彼此接近或者接近一个固定点的点集（例如，**沃罗诺伊区域**[38]中所有点都接近**网点**（也是种子或生成点））。由于这个原因，将图像中的几何结构与源自图像结构的网格生成点（网点）相关联是非常有利的。图像边缘、角点、**质心**、临界点、强度和关键点（被视为特征矢量的图像像素）或它们的组合提供了**网格生成器**的理想源以及有关图像几何的信息源。

8.3 像素边缘增强

本节简要介绍像素**边缘强度**（也称为像素**梯度幅度**）。

像素 Img(x, y)的边缘强度（也称为像素梯度幅度）由 $E(x, y)$表示：

$$E(x,y)=\sqrt{\left(\frac{\partial \mathrm{Img}(x,y)}{\partial x}\right)^2+\left(\frac{\partial \mathrm{Img}(x,y)}{\partial y}\right)^2}=\sqrt{G_x(x,y)^2+G_y(x,y)^2}\text{（像素边缘强度）}$$

例 8.4 强度图像像素边缘强度

图 8.5 中围绕头部的大圆半径的长度表示该圆中心像素的**边缘强度**。该半径的角度（约 75°）表示中心像素的梯度方向。圆圈本身称为梯度朝向圆圈。每个圆心被称为**关键点**（在 Matlab 中称为**加速鲁棒特征**（SURF）点，它是原始洛韦**尺度不变特征变换**（SIFT）点[114]

的再现）。在 Mathematica 中，关键点称为**兴趣点**。这个大头的圆来自图 8.6（a）中 13 个渐变方向圆的集合。而在图 8.6（b）中显示了 89 个渐变方向圆。在图像中找到的 SURF 点各自具有不同的边缘强度和梯度方向。借助每个像素的边缘强度，可以使用≤来对图像中找到的所有关键点进行部分排序。要尝试在不同强度图像中查找关键点，请尝试附录 A.8.3 小节中列表 A.62 的 Matlab 程序。

图 8.5　关键点=+

(a) 13个强度半径

(b) 89个强度半径

图 8.6　由圆半径幅度表示的两组强度图像边缘像素强度。每个半径的方位角对应于圆心关键点的梯度方向

可以控制选择多少个 SURF 点作为网格生成器。这种选择很重要，因为在单幅图像中或者特别是在视频帧中的典型场景里存在许多不同的目标[1]。

例 8.5　彩色图像像素边缘强度

彩色图像中的 13 个渐变方向圆的集合显示在图 8.7（b）中。同样，图 8.7（c）中显示了 89 个梯度方向圆。要尝试在不同彩色的图像中查找关键点，请尝试附录 A.8.3 小节中列表 A.62 的 Matlab 程序。在此程序中，需要额外的步骤将彩色图像转换为强度图像。

注释 8.1　边缘像素强度几何

像素边缘强度可由斜边的长度表示，这是图 8.8 中所示的图像几何形状的一部分，以沿着指纹轮廓的边缘像素来说明。以下是两个像素边缘强度实验结果的概况。

1　有关选择 SURF 点数的方法，请参见 http://www.mathworks.com/matlabcentral/answers/中的答案 171744。

(a) 萨勒诺渔夫

(b) 13个强度半径

(c) 89个强度半径

图 8.7 由圆半径幅度表示的两组强度图像边缘像素强度。每个半径的方位角对应于圆心关键点的梯度方向

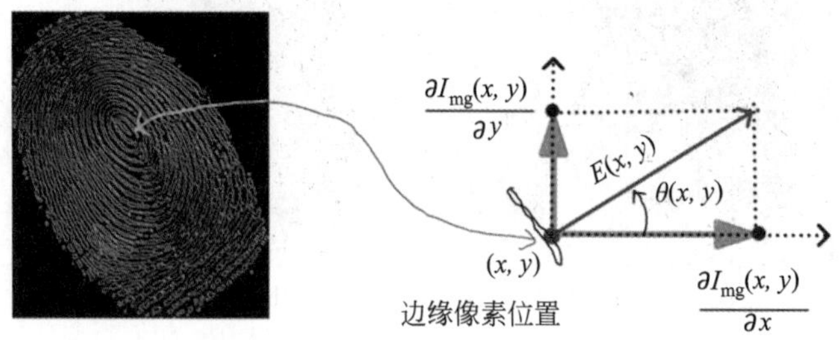

图 8.8 图像几何：在位置(x, y)的像素梯度朝向

cameraman.tif：找到了 180 个关键点（图 8.6 中的强度图像中显示了 13 和 89 个边缘强度）。

fisherman.jpg：找到了 1051 个关键点（图 8.7 中的强度图像中显示了 13 和 89 个边缘强度）。

与 2-D 图像中边缘像素强度对应的是 3-D 图像中球体半径的长度，球体中心点称为**关键点**。在任何一种情况下，关键点为物体识别提供了依据，并为研究 2-D 和 3-D 图像中的几何结构提供了坚实的基础。研究图像目标和几何的常用方法是使用关键点作为沃罗诺伊或德劳内图像镶嵌的**生成器**。在任何一种情况下，结果图像网格都会显示多边形的聚类。回想一下，每个**网格多边形**都是网状神经的核。通常，兴趣（关键）点倾向于聚集在图像区域中的网格多边形周围，该处图像熵（和相应的信息级别）最高。这些高熵核网格聚类是识别图像目标和模式的良好猎场。**网格核聚类**是 Edelsbrunner-Harer（哈勒尔）神经的例子[42]（还可参见[146，147]）。❑

8.4　数字图像的裁剪和稀疏表示

对于复杂的**视频帧**（例如交通视频帧），有必要**裁剪**每个帧，然后仅选择裁剪帧的一部分进行镶嵌。**裁剪图像**的意思是移除图像的外部部分以隔离和放大感兴趣的区域。例如，参见图 8.9 中的裁剪交通视频帧中的区域。对于交通视频，一种有前途的方法是裁剪每个帧的中心部分。关于裁剪图像的常用方法，参见如 P. Knee [93]。图像的**稀疏表示**是图像缩小或扩展的某种形式。重复的稀疏表示导致 P. J. Burt 和 E. H. Adelson [22]称为高斯金字塔的一系列图像。

图 8.9　裁剪交通图像示例

注释 8.2　稀疏表达

数字图像的稀疏表示是一个很有前景的研究领域（基本上是 P. Knee [93]提出的方法的后续）。参见，例如 P. J. Burt 和 E. H. Adelson [22]以及最近由 B. Zhao 和 E. P. Xing 提供的**可扩展视觉识别**[215]。B. Zhao 和 E. P. Xing 的文章不仅提供了一种有趣的可扩展视觉识别方法，还对**计算机视觉**领域的研究进行了广泛的综述。考虑说明**高斯金字塔**方案的 Matlab 程序。**金字塔方案**是一系列渐变图像的构造。高斯金字塔方案中的 MathWorks 方法通过构造图像缩减序列或图像扩展序列产生两种不同的方式，参见附录 A.8.1 节中列表 A.35 的 Matlab 程序。 ❑

例 8.6　对裁剪图像的稀疏表达

如图 8.10 所示为示例交通视频帧。此图像很复杂，信息比人们想要的更多。在搜索有趣的形状时，它可帮助裁剪复杂的图像，选择想要探索的图像部分。对于裁剪的交通图像示例，参见图 8.11。接下来，使用附录 A.8.1 小节中列表 A.35 的 Matlab 程序，在裁剪后的图像上尝试**收缩**和**扩展**金字塔方案。对于收缩图像序列，参见图 8.12（a），对于扩展图像序列，参见图 8.12（b）。在图 8.13 中的阴影形状序列中，它是从图 8.12（a）中的扩展图像里提取的，注意到图 8.13（b）中的第二个阴影形状比图 8.13.1 中的第一个阴影形状以及图 8.13（c）中的第三个阴影形状更清晰。在图 8.13（b）中 ，使用前面章节中的计算几何技术，为图像目标形状的研究提供了一个很好的实验室。

图 8.10　交通视频帧图像示例

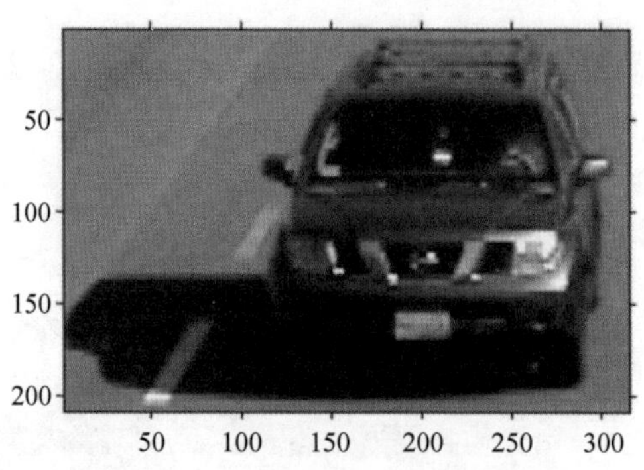

图 8.11　裁剪的交通视频帧图像示例

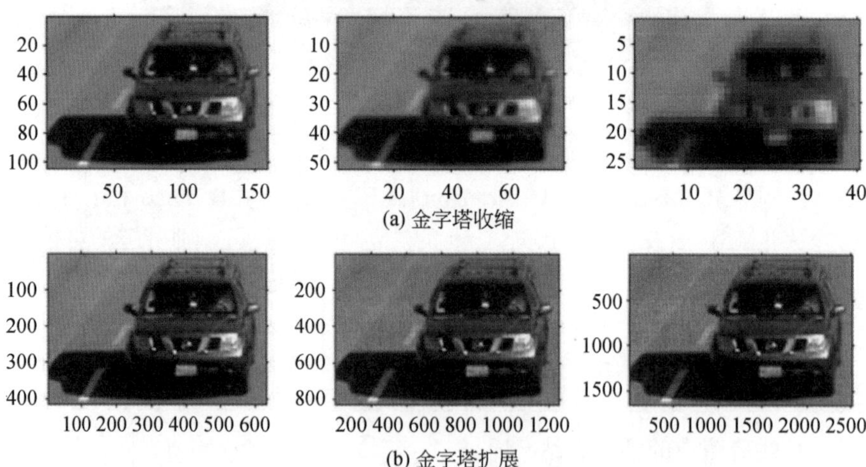

(a) 金字塔收缩

(b) 金字塔扩展

图 8.12　两组对裁剪图像的稀疏表达

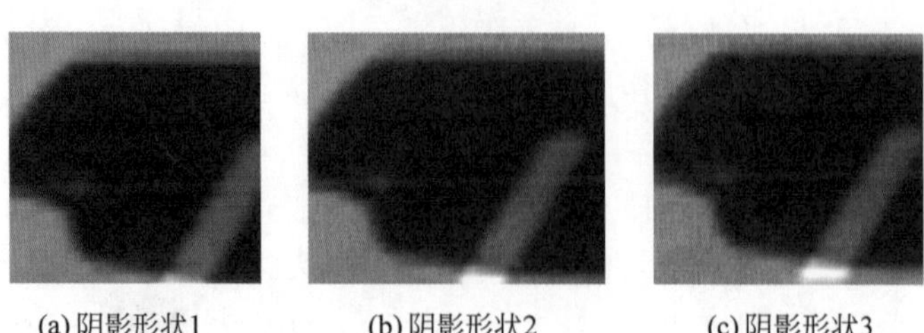

(a) 阴影形状1　　(b) 阴影形状2　　(c) 阴影形状3

图 8.13　来自图 8.12（b）的自动阴影形状序列

❑

例 8.7　使用小波的稀疏表达

小波是一类函数，它们根据空间和缩放来定位给定函数[204]。关于小波的更多内容参见 Y. Shimizu、Z. Zhang、R. Batres[174]。基于小波的稀疏表达金字塔方案如图 8.14 所示，使用了附录 A.8.2 小节中 Mathematica 的程序 4。

图 8.14　使用小波的稀疏表达金字塔方案示例　❑

8.5　形状理论和 2-D 图像目标的形状：面向图像目标形状检测

基本上，图 8.13（b）中的自动阴影的平面形状是平面中空间区域的容器。在数字图像中目标形状检测的背景下，隔离和比较图像序列中感兴趣的形状（如在视频中找到的那些）是一种技巧。K. Borsuk 是第一个建议在他的形状理论中研究**平面**形状序列的人之一[17]。有关 Borsuk 形状概念的说明性介绍参见 K. Borsuk 和 J. Dydak[18]。Borsuk 最初的形状研究已经在科学中得到了各种各样的应用（参见 F. Maggi 和 C. Mihaila[115]关于容器中**毛细管液滴**的形状工作以及 M. A. Fontelos、R. Lecaros、J. C. López-Rios 和 J. H. Ortega [51]关于 **2-D 水波**和水力跳跃的形状工作）。有关**形状理论基础知识**的更多信息参见 N. J. Wildberger[206]。对于从**物理几何**角度直接应用于检测**图像目标**的形状参见 J. F. Peters [143]。

对图像中目标形状检测和**目标类别识别**在**计算机视觉**中得到极大关注。例如，基本形状**特征**可以由边界片段表示，形状外观可以通过诸如交通视频帧中的自动阴影形状的图像片来表示（图 8.13（b））。这是 A. Opelt、A. Pinz 和 A. Zisserman 在[131]中对图像目标形状检测的**基本方法**。另一种最近的用于图像目标形状检测的计算机视觉方法将问题减化为找到对应于目标边界和对称轴的图像目标轮廓。这是 I. Kokkinos 和 A. Yuille 在[95]中提出的方法。对**视频帧**中图像目标形状检测的一种有希望的方法是跟踪图像**目标轮廓**（形状）的改变并最小化组合了区域、边界和形状信息的能量函数。M. SAllili 和 D. Ziou 在[5]中介绍了如何在视频中使用这种方法进行形状检测。

图像目标形状检测的基本步骤

在研究特定图像中的目标形状时，一种好的做法是将每个目标形状视为一类形状的成员。一个**形状类**是一组具有匹配特征的形状。这样，对图像目标形状的**检测**简化为检查特定图像中目标形状的特征是否与已知形状类的代表性特征的匹配问题。这里的重点是特定形状类的形状**隶属度**。换句话说，如果形状 A 的特征值与形状类 C 中代表性形状的特征值匹配，则特定形状 A 是**已知类 C 的成员**。例如，寻找可比较形状特征的明显位置是形状周长。类似的形状具有相似的周长。如果将形状边缘彩色添加到可比较形状特征的组合中，则彩色图像目标形状会落入不同的形状类别，具体取决于每个形状的形状周长和周边边缘彩色。

8.6 图像像素梯度的朝向和强度

本节简要介绍像素梯度朝向和梯度大小的推导。

设 Img 为数字图像，Img(x, y)代表位置(x, y)处像素的强度。由于 Img(x, y)是两个变量 x 和 y 的函数，所以要计算 Img(x, y)相对于 x 偏导数$\partial \text{Img}(x, y)/\partial x$，这是像素 Img$(x, y)$在 ***x*-方向**上梯度的幅度。偏导数$\partial \text{Img}(x, y)/\partial x$ 由图 8.8 中横轴上的●表示。

类似地，$\partial \text{Img}(x, y)/\partial y$ 是像素 Img(x, y)在 ***y*-方向**上梯度的幅度。它由图 8.8 中纵轴上的●表示。令 $G_x(x, y)$和 $G_y(x, y)$分别表示在 x 方向上和在 y 方向上梯度的幅度。

例 8.8　计算图像偏导数的两种方法

设$f(x, y)$的罗森菲尔德 8-邻域 **2-D 像素**强度（记为 Nbhd$(f(x, y))$）由下式定义：

$$\text{Nbhd}(f(x,y)) = \begin{bmatrix} f(x-1,y+1) & f(x,y+1) & f(x+1,y+1) \\ f(x-1,y) & f(x,y) & f(x+1,y) \\ f(x-1,y-1) & f(x,y-1) & f(x+1,y-1) \end{bmatrix} = \begin{bmatrix} 0 & 0 & 0 \\ 0 & \mathbf{1} & 1 \\ 0 & 1 & 2 \end{bmatrix}$$

诸如$f(x-1 , y)= 0$、$f(x, y)= 1$、$f(x+1, y)= 1$ 的数字是中心在$f(x, y)= 1$（非常接近黑色）的邻域 Nbhd$(f(x, y))$的像素强度。接下来，使用 Li M. Chen 的计算$f(x, y)$离散**偏导数**的方法[29，7.2.1 小节，p.84]。

$$\frac{\partial f(x,y)}{\partial x} = f(x+1,y) - f(x,y) = 1-1=0$$

$$\frac{\partial f(x,y)}{\partial y} = f(x,y+1) - f(x,y) = 0-1=-1$$

Chen 方法的替代方案是 J. L. R. 赫兰给出的 **Sobel 方法**，已得到广泛的使用[77，2.4.2 小节，p.23]。

$$\frac{\partial f(x,y)}{\partial x}=\frac{2}{4}f(x+1,y)-f(x-1,y)+\frac{1}{4}f(x+1,y+1)-f(x-1,y+1)$$
$$+\frac{1}{4}f(x+1,y-1)-f(x-1,y-1)=-\frac{2}{4}-\frac{2}{4}=-1$$
$$\frac{\partial f(x,y)}{\partial y}=\frac{2}{4}f(x,y+1)-f(x,y-1)+\frac{1}{4}f(x+1,y+1)-f(x+1,y-1)$$
$$+\frac{1}{4}f(x-1,y+1)-f(x-1,y-1)=\frac{2}{4}-\frac{2}{4}=0$$

索贝尔偏导数以 I. 索贝尔[177]命名。

例 8.9　反正切值示例

对于 arctan 值（想象像素梯度朝向）的示例，参见图 8.15。要试验绘制 arctan 值，参见附录 A.8.4 小节中的 Mathematica 程序 5。

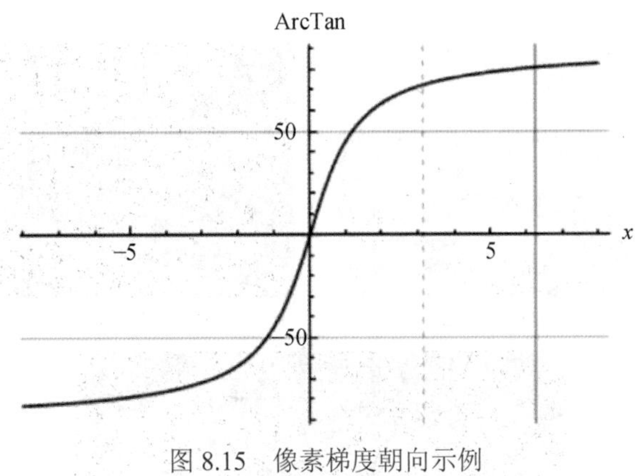

图 8.15　像素梯度朝向示例　❑

设$\theta(x, y)$为图像 Img 中边缘像素 Img(x, y)的梯度方位角。通过计算边缘像素梯度幅度值的比率的反正切来找到该角度。如下计算$\theta(x, y)$：

$$\theta(x,y)=\tan^{-1}\left[\frac{\frac{\partial \mathrm{Img}(x,y)}{\partial y}}{\frac{\partial \mathrm{Img}(x,y)}{\partial x}}\right]=\tan^{-1}\left[\frac{G_y}{G_x}\right]\text{（像素梯度朝向）}$$

例 8.10　突出的梯度朝向

图像中的关键点数量可能很大。因此，可视化图像关键点的位置有一定的难度。一种解决此问题的方案是使用彩色突出显示图像中不同关键点的位置。对指纹中像素梯度朝向的突出显示如图 8.8 所示。为了实验突出显示图像中不同关键点的梯度，参见附录 A.8.5 小节中的 Mathematica 程序 6。　❑

8.7　高　斯　差

高斯差分（DoG）函数由将高斯与两个不同尺度级的图像卷积并计算该对卷积图像之间的差异来定义。设 Img(x, y)为强度图像，$G(x, y, \sigma)$为由变量尺度σ定义的高斯函数：

$$G(x,y,\sigma)=\frac{1}{2\pi\sigma^2}\exp\left(-\frac{x^2+y^2}{2\sigma^2}\right)$$

设 k 为比例因子，$*$表示卷积运算。根据 D. G. 洛韦[114]，可得到一个高斯差分图像（记为 $D(x, y, \sigma)$如下：

$$D(x,y,\sigma)=G(x,y,k\sigma)*\mathrm{Img}(x,y)-G(x,y,\sigma)*\mathrm{Img}(x,y)$$

然后可使用 $D(x, y, \sigma)$来识别对比例和朝向不变的潜在兴趣点。

例 8.11 渔夫图的高斯差图像

对于图 8.16（a）中的渔夫图，图 8.16 中的图像对显示了使用附录 A.8.6 小节中列表 A.38 的 Matlab 程序对比例因子 k 和标准差σ的两组值计算高斯差的结果。

DoG.1：使用 $k = 1.5$，$\sigma = 5.55$，得到图 8.16（b）中的高斯差图像。

DoG.2：使用 $k = 1.5$，$\sigma = 0.98$，得到图 8.16（c）中的高斯差图像。

高斯差（DoG）中使用较小的标准差可获得更好的高斯差图像。

(a) 原始图像　(b) k =1.5, σ =5.55

(c) k =1.5, σ =0.98

图 8.16 使用不同 k 和σ值得到的高斯差图像 ❑

例 8.12 摄影者图的高斯差图像

对于图 8.17（a）中的摄影者图，图 8.17 中的图像对显示了使用附录 A.8.6 小节中列表 A.38 的 Matlab 程序对比例因子 k 和标准差σ的两组值计算高斯差的结果。

DoG.1：使用 $k = 1.5$，$\sigma = 5.55$，得到图 8.17（b）中的高斯差图像。

DoG.2：使用 $k = 1.5$，$\sigma = 0.98$，得到图 8.17（c）中的高斯差图像。

再次注意，高斯差（DoG）中使用较小的标准差可获得更好的高斯差图像。

(a) 原始图像

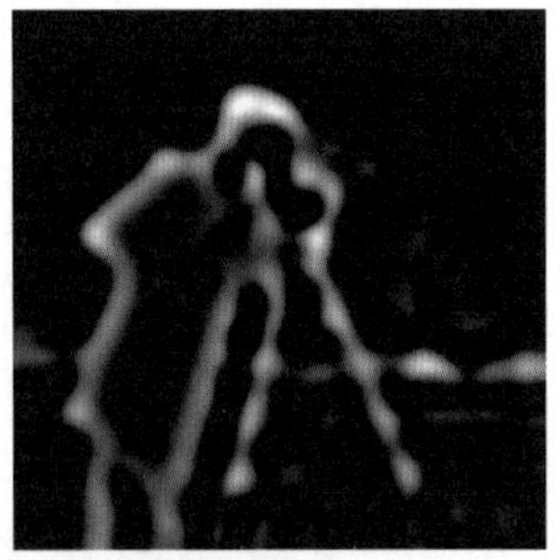

(b) $k=1.5,\ \sigma=5.55$

(c) $k=1.5,\ \sigma=0.98$

图 8.17　使用不同 k 和σ值得到的摄影者图的高斯差图像　□

8.8　图像关键点：洛韦 SIFT 方法

D. G. 洛韦引入的尺度不变特征变换（SIFT）[113，114]是解决物体识别以及物体跟踪问题的重要支柱。SIFT 在尺度空间中工作以捕获多个尺度级别和图像分辨率。在数字图像上进行 SIFT 计算有四个主要步骤。

SIFT.1：使用高斯差函数来识别对尺度和朝向不变的潜在兴趣点。

注意：使用例 8.11 和例 8.12 中的方法实施该步骤。

SIFT.2：根据稳定性的度量选择关键点。在这种情况下，使用关系≤对边缘像素强度进行部分排序。选取要选择的关键点数 k，然后选取具有最高强度的边缘像素。

注意：对强度图像使用例 8.4 中的方法，对彩色图像使用例 8.5 中的方法，对它们的说明在注释 8.1 中。

SIFT.3：每个关键点的一个特征是其梯度朝向（方向）。可基于梯度朝向区分关键点。

注意：在例 8.8 中给出了两种为寻找像素梯度朝向所需的计算偏导数的方法。

SIFT.4：在 x 和 y 方向上的局部像素梯度幅度值可用于计算像素边缘强度。

注意：参见 8.6 节的解释和示例。

注释 8.3　关键点，边缘强度和网状神经

图 8.8（b）给出像素**边缘强度**由**斜边长度**表示的示例。这是图 8.8（a）中所示的图像

几何形状的一部分，以沿着指纹轮廓的边缘像素来说明。以下是两个像素边缘强度实验结果的概况。

chipmunk.jpg：找到了 860 个关键点

cycleImage.jpg：找到了 2224 个关键点（图 8.18（b）的强度图像中显示了 144 个关键点，图 8.19（a）的强度图像中显示了 377 个关键点。）

carPoste.jpg：找到了 902 个关键点

与 2-D 图像中边缘像素强度对应的是 3-D 图像中球体半径的长度，球体中心点称为关键点。在任何一种情况下，关键点为物体识别提供了依据，并为研究 2-D 和 3-D 图像中的几何图案提供了坚实的基础。研究图像目标和图像几何的常用方法是使用关键点作为沃罗诺伊或德劳内图像镶嵌的生成器（例如，在图 8.18 中使用了 144 个关键点进行摩托车图像的沃罗诺伊镶嵌，而在图 8.19 中使用了 377 个关键点）。在任何一种情况下，结果图像网格都会显示多边形的聚类。回想一下，每个网格多边形都是网状神经的核。通常，兴趣（关键）点倾向于聚集在图像区域中的网格多边形周围，其中图像熵（和相应的信息级别）最高。这些高熵核网格簇是识别图像目标和模式的良好猎场。网状核聚类是 Edelsbrunner-Harer（哈勒尔）神经的例子[42]（还可参见[146，147]）。

(a) 摩托车图像

(b) 144个关键点

(c) 摩托车图像的沃罗诺伊网格

图 8.18　144 个关键点生成的沃罗诺伊网格

(a) 377个关键点

(b) 摩托车沃罗诺伊网格

图 8.19　377 个关键点生成的沃罗诺伊网格 □

8.9　应用：图像网格核的关键点边界

本节介绍沿图像网格核边界在多边形中找到的**关键点**的实际应用。这是对问题 7.31 中引入的不同形式的网格边缘集研究的延续。有关边缘集的更多信息参见附录 B.2 节。

回想一下，在最大核聚类（MNC）中围绕核的至少有四种不同类型的**轮廓边缘集**。核是网格聚类的核心和最重要的部分。有关轮廓边缘集的更多信息参见附录 B.10 节。对各种网状核的检测推动了网状神经的研究。网状神经是所谓的 MNC **辐条**的集合，每个辐条都是 MNC 核和相邻多边形的组合。网状神经是以网状核为中心的轮辐状投影的集合。想象一下最大核聚类（MNC），就像叠加在意大利萨勒诺火车站外的邮政车上的沃罗诺伊网格中的一个，如图 8.20 和图 8.21（b）所示那样从 MNC 核辐射出来的辐条集合。网状神经在图像目标的检测和分类中很有用。有关网状神经的更多信息参见附录 B.15 节。接下来给出四种基本类型的 MNC 轮廓边缘集。

图 8.20　最大核聚类（MNC）中的精细边缘集

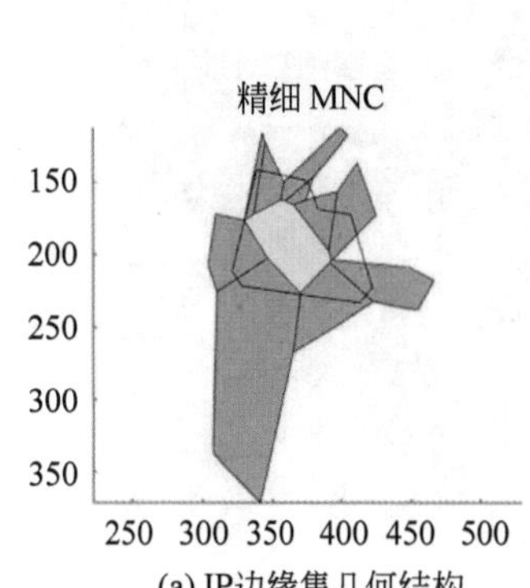

(a) IP边缘集几何结构

(b) 图像IP

图 8.21 通过 MNC 精细轮廓边缘集显示的图像几何结构

MNC 轮廓周边的种类

IP 边缘集：精细周边（起点——称为内部周边或简称为 IP）。这种形式的核周边获得了**内部**的名称，因为该边缘集周边位于 1 级粗糙周边 S1P 内部。

S1P：第 1 级 粗糙周边 1（起点——称为超 1 级周边或简称为 S1P）。这种形式的核轮廓边缘集获得名称**超 1 轮廓**，因为该边缘集由与 IP 多边形相邻的多边形的关键点（或更广泛的是网格点位置）之间的线段组成。S1P 边缘集定义了 MNC 最原始的粗略形状，即 S1P 形状。

S2P：第 2 级 粗糙周边 2（超 2 级周边或简称为 S2P），它包含了超 1 级周边。这种形式的核轮廓边缘集获得名称**超 2 轮廓**，因为该边缘集由沿着 S1P 多边形外边界的多边形的关键点之间的线段组成。S2P 边缘集定义了 MNC 中层的粗略形状，即 S2P 形状。

S3P：第 3 级 粗糙周边 3（超 3 级周边或简称为 S3P），它包含了超 1 级周边和超 2 级周边。这种形式的核轮廓边缘集获得名称**超 3 轮廓**，因为该边缘集由沿着 S2P 多边形外边界的多边形的关键点之间的线段组成。S3P 边缘集定义了 MNC 最大的粗略形状，即 S3P 形状。

最简单的核轮廓是通过连接与 MNC 核相邻的沃罗诺伊网格多边形内的关键点形成的边缘集。这是 MNC 的**精细核轮廓**（也称为**精细周边**）。精细轮廓内的子图像通常包围感兴趣目标的一部分。精细轮廓的长度（核周边）追踪小目标的形状，并且具有与目标物体的形状紧密匹配的形状，是对目标细粒度识别的有用信息的来源。

例 8.13 精细边缘集 =内部周边 IP

IP（内部周边）边缘集的一个例子如图 8.21（a）所示。该边缘集由连接核周围关键点的蓝线段●—●构成。该边缘集反映了最大核聚类的基本几何结构。该边缘的原位视图如图 8.21（b）所示。图 8.21（b）中所示的沃罗诺伊网格由 89 个关键点构成。这个图像边缘集告知了一些包含最大核的子图像的几何形状信息。此几何形状以 IP 边缘集描述的形状显示。有关形状的更多信息参见 B.18。在所有可能的世界中，这个边缘集将包围一个包含某些目标的有趣图像区域。 ❑

8.10　超（外）核轮廓

粗糙核轮廓可用于检测大图像目标的形状。通过连接沃罗诺伊网格多边形内部的关键点可找到**粗糙核轮廓**，这些关键点沿着 MNC 核的精细周边多边形的边界。在 MNC 中，粗糙轮廓也称为超轮廓或外轮廓。粗糙轮廓的长度（核周长）追踪由 MNC 覆盖的中型目标的形状。S1P（超 1 级周边）是最里面的 MNC 粗糙轮廓。

例 8.14　超 1 级 MNC 周边

围绕 MNC 核的 S1P 轮廓和 IP（内部周边）轮廓的组合如图 8.22（b）所示。在此示例中，S1P 轮廓与 IP 轮廓隔离查看。

S1P（粗糙周边）边缘集如图 8.23 所示。该边缘集由连接的蓝线段●—●构成，其中使用了围绕核多边形的精细轮廓多边形的边界上多边形的关键点。这个边缘集提供了由 MNC 多边形覆盖的区域的外形。该 S1P 边缘集的原位视图如图 8.22（c）所示。这个图像边缘集告知了一些关于由最大核多边形覆盖的子图像的几何形状信息。该几何形状以 S1P 边缘集描述的形状的形式出现。

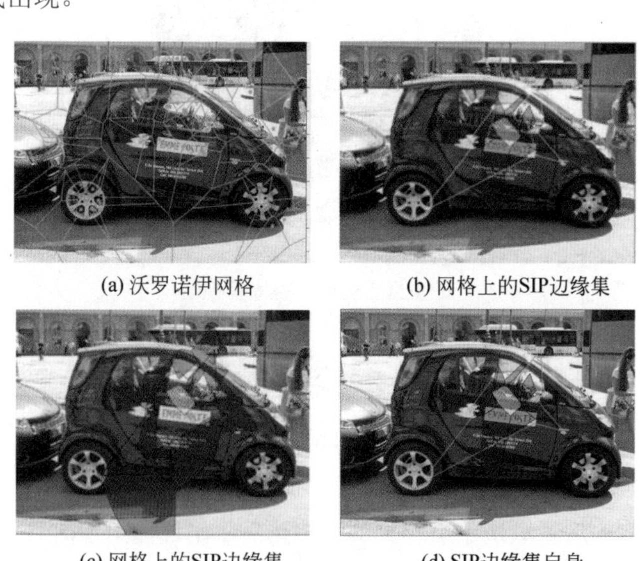

(a) 沃罗诺伊网格　(b) 网格上的SIP边缘集

(c) 网格上的SIP边缘集　(d) SIP边缘集自身

图 8.22　通过 MNC S1P 粗糙轮廓边缘集显示的图像几何结构

请注意，在图 8.22（b）中，沃罗诺伊网格里覆盖图 8.22（a）的图像的大部分多边形已被抑制。相反，只有 S1P 多边形（显示为红色多边形）显示在图 8.22（c）中。这些 S1P 多边形围绕黄色 MNC 核（对于 S1P 核的特写视图，参见图 8.24）。因为希望看到 S1P 周边覆盖了子图像的哪个部分，所以 S1P 多边形在图 8.22（d）中被抑制。现在只有 S1P 周边被显示为一系列连接的绿线段●—●，它们使用关键点作为 S1P 中每个线段的端点。显然，S1P 轮廓形状比精细的 IP 轮廓形状包围更多邮政车辆的中间部分。有关形状的更多信息参见附录 B.18 节。在所有可能的世界中，这个边缘集将包括一个包含某些目标的有趣图像区域。

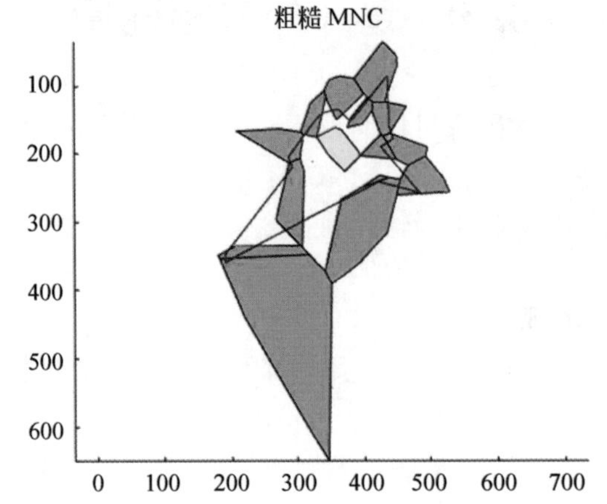

图 8.23 最大核聚类（MNC）中的 S1P 粗糙边缘集几何结构

图 8.24 S1P 核的特写视图 ❑

8.11 最大核聚类轮廓形状的质量

最大核聚类轮廓形状的质量

MNC 轮廓形状的质量取决于所选择的目标形状。在目标识别的设置中，**目标形状**是希望与单个图像或视频图像帧序列中的样本形状进行比较的目标形状。在目标形状的周长接近样本 MNC 轮廓周长的情况下，MNC 轮廓形状的质量高。换句话说，**MNC 轮廓形状的质量**与目标轮廓形状与样本轮廓形状的接近度成比例。

8.12 粗糙 S2P 和 S3P（2 级和 3 级）最大核聚类轮廓

本节通过考虑第 2 级和第 3 级的 MNC 轮廓，即 S2P 和 S3P 的 MNC 轮廓，来推动 MNC 轮廓的包络。S2P 轮廓通常紧密地结合在图像上的 MNC 聚类中的 S1P 轮廓周围，因为网点（例如，关键点或角点）通常位于图像的内部而不是沿着图像边界。如果所选网点的数量足够多，则经常发生这种情况。

例 8.15　粗糙 S1P 和 S2P 最大核聚类轮廓

在图 8.25 中的邮政汽车图像上构造沃罗诺伊网格时，关键点的数量为 89。注意关键点如何聚集在邮政车辆上的驾驶员和图标以及车轮周围。因此，可以期望在邮政汽车中部找到最大的核聚类，如图 8.22（d）所示。

图 8.25　邮政汽车网格上 89 个关键点的集合

S1P、S2P 和 S3P 轮廓边缘集的组合如图 8.26 所示。S2P 轮廓边缘集在图 8.26 中以白色显示。注意 S2P 轮廓如何围绕 S1P 轮廓紧密结合。以下是这些轮廓长度的概况：

S1P 轮廓长度： 943.2667 像素。

S2P 轮廓长度： 1384.977 像素。

图 8.26　紧密结合的 S1P 和 S2P 轮廓示例

出于目标识别的目的，将目标图像中的 S2P 轮廓与诸如视频帧的样本图像中的 S2P 进行比较是有用的。这里要注意的是，生成的 S2P 和 S1P 轮廓的紧密结合取决于所选择的关键点的数量。选择 89 个或更高数量的关键点通常会产生良好的结果。❑

例 8.16　具有 S1P、S2P 和 S3P 的最大核聚类轮廓

S1P、S2P 和 S3P 轮廓边缘集的组合如图 8.27 所示。这里将 S3P 轮廓显示为一系列连接的红线段●—●，它们使用关键点作为 S3P 中每个线段的端点。每个 S3P 线段在沿着 S2P 多边形边界在一对相邻多边形中的关键点之间绘制。以下是这些轮廓长度的概况：

S1P 轮廓长度： 943.2667 像素。

S2P 轮廓长度： 1384.977 像素。

S3P 轮廓长度： 2806.5184 像素。

图 8.27　紧密结合的 S1P、S2P 和 S3P 轮廓示例

与 S2P 轮廓不同，S3P 轮廓中的线段通常不围绕 MNC 核周围的内轮廓紧密地结合。这反映在 S3P 轮廓中的像素数量上，它是 S2P 轮廓中像素数量的两倍多。没有紧密地结合反映了沃罗诺伊网格中图像边缘和角点多边形的影响。 ❑

8.13　关键点数量的实验

到目前为止，已经考虑了仅包含一个最大核聚类的镶嵌图像。通过改变生成点的数量（角点或关键点，以及一些其他形式的网格生成器），有可能改变镶嵌图像中的 MNC 的数量。这里的目标是构建包含相邻或重叠 MNC 的图像网格，它可用作图像目标的标记。**邻接的 MNC** 是最大核聚类，其中一个 MNC 中的多边形与另一个 MNC 中的多边形有共享边。只要整个多边形对于两个 MNC 都是公共的，**重叠的 MNC** 就会产生（参见图 8.28 和图 8.29）。

在为选定数量的关键点获得具有多个 MNC 的沃罗诺伊网格之后，这些 MNC 可以分离（覆盖图像的不同部分）或重叠。接下来，对用于搜索具有紧密结合的多个重叠 MNC 的网格中的关键点数量进行小或非常大的变化实验是很有帮助的。理想的情况是找到**重叠的 MNC**，以使 S1P 和 S2P 轮廓长度的差异很小。设ε为一个正数，令 $\mathrm{S1P}_c$、$\mathrm{S2P}_c$ 为长度（以像素为单位）。例如，让$\varepsilon = 500$。然后找到一个 MNC 满足：

$$\left|\mathrm{S1P}_c - \mathrm{S2P}_c\right| < \varepsilon$$

(a) 沃罗诺伊网格

(b) 双重精细轮廓IP边缘集

图 8.28 通过双重和重叠的 MNC 来可视化图像几何结构

(a) 双重粗糙SIP和精细IP边缘集

(b) 双重粗糙SIP边缘集自身

图 8.29 通过双重 MNC 粗糙轮廓来可视化图像几何结构

请注意，MNC 可以是相邻的（在接近但既不邻接也不重叠的意义上）。**相邻的** MNC 是邻接的、重叠的或由至多一个多边形分开的 MNC。

例 8.17 相邻的 MNC

在图 8.30 中基于关键点的沃罗诺伊网格中显示了几个相邻的和非相邻的 MNC。在解决目标识别问题时，感兴趣的图像区域的形状由区域的周边限定，将其与样本图像中由 MNC 覆盖的子图像的形状进行比较。也就是说，目标 MNC 轮廓的长度将与样本图像或视频帧中 MNC 的每个轮廓的长度进行比较。类似的形状揭示了由 MNC 覆盖的类似图像区域。

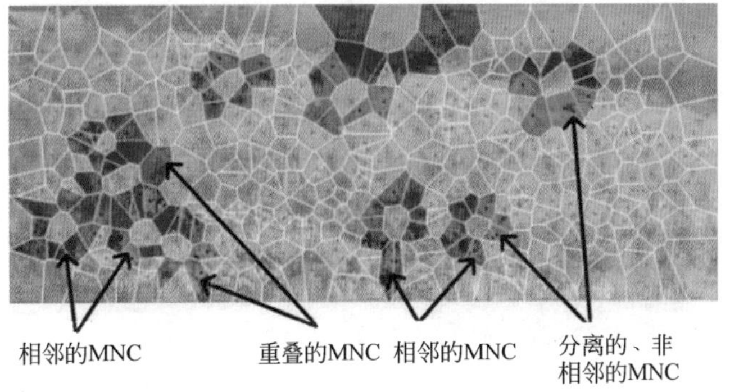

图 8.30 相邻的和非相邻的 MNC 示例 ❑

具有**相邻的 MNC** 的网格可以产生覆盖图像中感兴趣区域的轮廓。这可通过例 8.16 中关键点数量的小变化来说明，即选择 91 个而不是 89 个关键点作为沃罗诺伊图的生成器叠加在图像上。

例 8.18　双重、重叠 MNC 上的边缘集形状

围绕一对 MNC 核的 S1P 轮廓和 IP（内周边）轮廓的组合如图 8.29（a）所示。请注意，S1P 轮廓现在覆盖了邮政车辆中心区域的大部分，这更接近想要的目标识别目的。在图 8.31 中，围绕双重 MNC 核显示了与一对 S1P 边缘集重叠的一对 S2P（粗糙周边）边缘集（白色）。这些边缘集由连接的绿线段●—●（S1P 粗糙轮廓）和连接的白色 S2P 粗糙轮廓构成，后者使用了包含一些边界多边形的多边形中的关键点。这些边缘集提供了由 MNC 多边形覆盖的区域的外形。这些大多数同心的图像边缘集提供了关于双重 MNC 所覆盖的子图像的几何形状。

图 8.31　双重粗糙 S1P 和 S2P 轮廓重叠在 MNC 上

围绕 S2P 轮廓的是由连接的红线段●—●构成的一对 S3P 边缘集（S3P 粗糙轮廓）。覆盖邮政车辆的重叠 S2P 和 S3P 粗糙轮廓如图 8.32 所示。

图 8.32　双重 S1P、S2P 和 S3P 轮廓重叠在 MNC 上

请注意，图 8.22（a）中覆盖图像的沃罗诺伊网格中的大多数多边形在图 8.22（b）中被抑制了。通过选择 91 个关键点作为网格生成器，在重叠的 MNC 核中获得了双黄色核，即和（对于这些双核的特写视图，见图 8.33）。这些重叠的 MNC 核是重要的，因为它们覆盖了图像中相邻关键点靠近在一起以及熵最高的图像部分（实际上，这是该图像中信息水平最高的地方）。

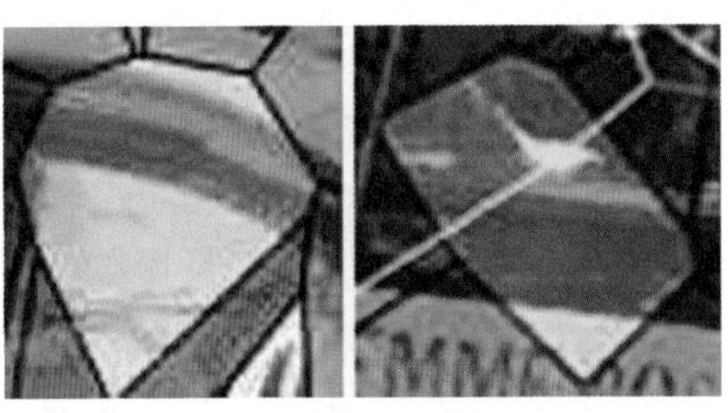

图 8.33　双重 MNC 核的特写镜头　❑

8.14　双重最大核聚类上的粗糙周边

例 8.19　围绕双重、重叠 MNC 上的粗糙轮廓

因为希望看到 S1P 周边覆盖了子图像的哪个部分，所以 S1P 多边形在图 8.22（d）中被抑制。现在，仅 S1P 周边被显示为一系列连接的绿线段●—●，其中使用关键点作为 S1P 中每个线段的端点。显然，S1P 轮廓形状比精细 IP 轮廓形状能包围邮政车辆的更多中间部分。有关形状的更多信息参见附录 B.18 节。在所有可能的世界中，这个边缘集将包括一个包含某些目标的有趣图像区域。❑

例 8.20　具有 S1P、S2P 和 S3P 最大核聚类轮廓的关键点网格

S1P、S2P 和 S3P 轮廓边缘集的组合如图 8.27 所示。这里将 S3P 轮廓显示为一系列连接的红线段●—●，它们使用关键点作为 S3P 中每个线段的端点。每个 S3P 线段在沿着 S2P 多边形边界的一对相邻多边形中的关键点之间绘制。以下是这些粗糙轮廓长度的概况：

S1P 轮廓长度： 841.8626 像素。

S2P 轮廓长度： 1292.1581 像素。

S3P 轮廓长度： 2851.7199 像素。

与 S2P 轮廓不同，S3P 轮廓中的线段通常不围绕 MNC 核周围的内轮廓紧密地结合。这反映在 S3P 轮廓中的像素数量上，它是 S2P 轮廓中像素数量的两倍多。没有紧密地结合反映了沃罗诺伊网格中图像边缘和角点多边形的影响。❑

8.15　图像最大核聚类区域的莱利熵

在本节中，将关注图像中覆盖具有**高信息水平**区域的最大核聚类的**莱利熵**。

具有高信息水平的图像区域

已知图像的 MNC **熵**高于周围所围绕的**非 MNC 熵**[150]。还已知莱利熵对应于一组数据的**信息水平**。对于莱利熵的每次增加，在数字图像上的沃罗诺伊网格的 MNC 区域中的基础信息水平会相应地增加。关于数字图像镶嵌熵的这一结果源于 E. Aiyeh 和 J.F. Peters 最近的研究[2]。在这里的例子中，MNC 的莱利熵对应于 MNC 覆盖的图像部分的信息级别。设 $p(x_1), \ldots, p(x_i), \ldots, p(x_n)$是事件序列 $x_1, \ldots, x_i, \ldots, x_n$ 的概率，令$\beta \geqslant 1$。那么，一组事件 X 的莱利熵[161]$H_\beta(X)$定义为：

$$H_\beta(X) = \frac{1}{1-\beta}\ln\sum_{i=1}^{n} p^\beta(x_i) \text{（莱利熵）}$$

莱利熵基于 R.V.L Hartley[71]和 H. Nyquist[127]关于信息传输的工作。$H_\beta(X)$在$\beta \to 1$ 时接近香农熵的证明是由 P. A. Bromiley、N. A. Thacker 和 E. Bouhova-Thacker 给出的[19]，即

$$\lim_{\beta\to 1}\frac{1}{1-\beta}\ln\sum_{i=1}^{n} p^\beta(x_i) = -\sum_{i=1}^{n} p_i \ln p_i$$

例 8.21　在具有 376 个关键点的邮政车镶嵌上的 MNC 相对非 MNC 的熵

具有 376 个关键点的沃罗诺伊网格中的单个 MNC 如图 8.34 所示。用于 MNC 和非 MNC 网格区域的具有变化β的莱利熵值分布的 3-D 图显示在图 8.35 中。图 8.36 中给出了 MNC 和非 MNC 区域的莱利熵值的比较。可观察到，MNC 区域的莱利熵值急剧增加并与非 MNC

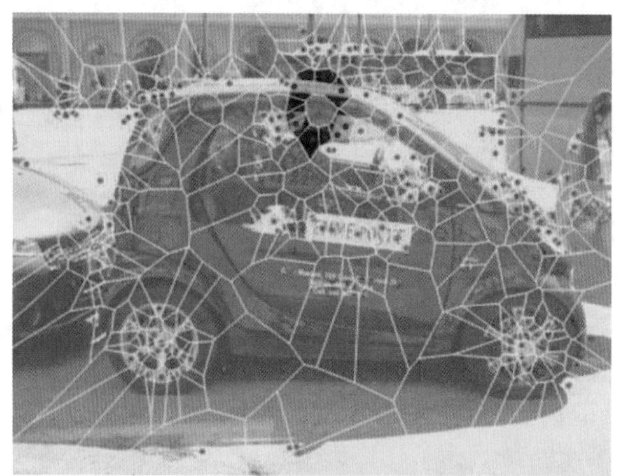

图 8.34　由 376 个关键点生成的沃罗诺伊网格中的单个 MNC

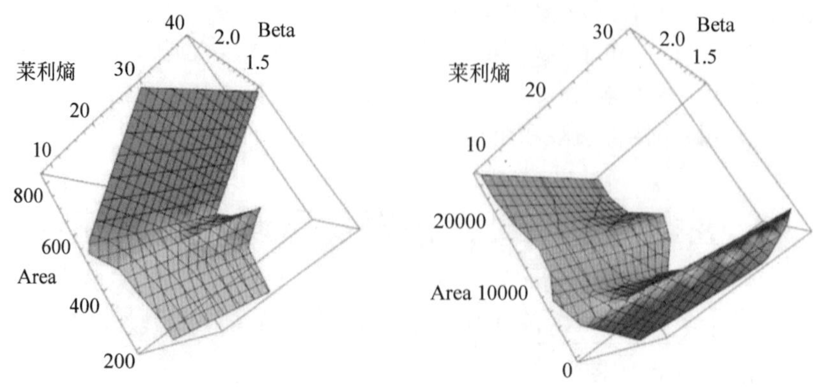

图 8.35　MNC 和非 MNC 熵的 3-D 绘图

区域偏离。这意味着在该特定沃罗诺伊网格中，由 MNC 覆盖的邮政车驾驶员头部附近的信息内容高于周围的图像区域。

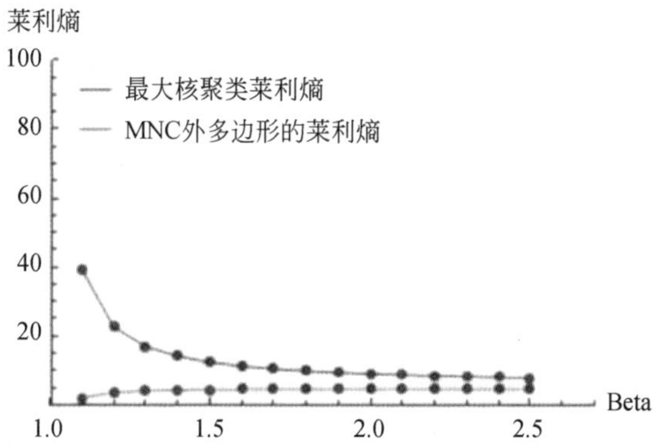

图 8.36　对基于 376 个关键点的网格中 MNC 和非 MNC 熵组合的绘图　❑

例 8.22　在具有 145 个关键点的视频帧镶嵌上的 MNC 相对非 MNC 的熵

具有 145 个关键点的沃罗诺伊网格中的双重 MNC 如图 8.37 所示。用于 MNC 和非 MNC 网格区域的具有变化β的莱利熵值分布的 3-D 图显示在图 8.38 中。图 8.39 给出了 MNC

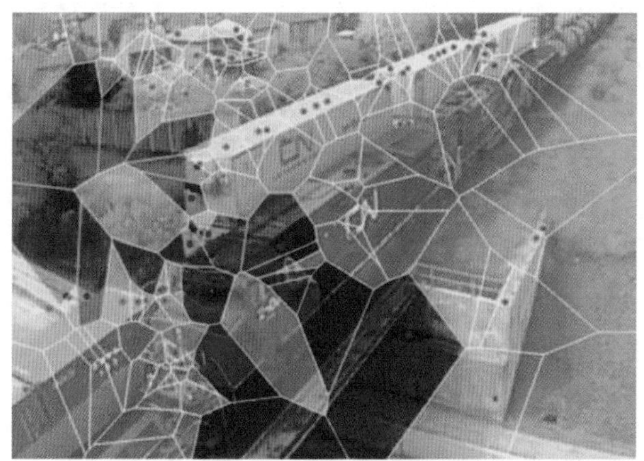

图 8.37　由视频帧上 145 个关键点生成的沃罗诺伊网格中的双重 MNC

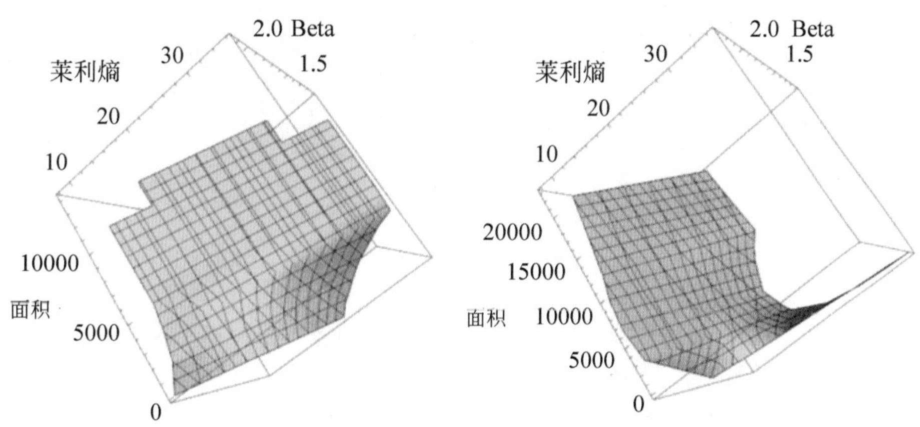

图 8.38　视频帧上基于 145 个关键点 MNC 和非 MNC 熵的 3-D 绘图

和非 MNC 区域的莱利熵值的比较。可观察到，MNC 区域的莱利熵值单调增加并且大于非 MNC 区域的熵值。这意味着在该特定沃罗诺伊网格中，由 MNC 覆盖的列车引擎前方附近的信息内容高于周围的图像区域。

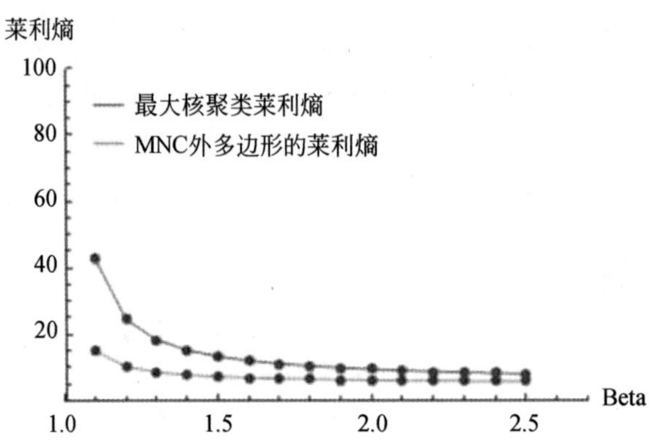

图 8.39 对基于 145 个关键点的网格中 MNC 和非 MNC 熵组合的绘图 ❑

对事件x_i相对于随机变量X的观察中所包含阶数β的信息由$H(X)$定义。在这个例子中，它是观察沃罗诺伊网格单元质量的信息水平，在本研究中被视为所考虑的随机事件。

文献[2]中报告的主要结果是不同类型的镶嵌数字图像的**图像质量**与莱利熵之间的对应关系。换句话说，网格单元的莱利熵与单元质量之间的对应关系因不同类别的图像而异。例如，考虑人类图像的沃罗诺伊镶嵌，对更高质量的网格单元，莱利熵也倾向于更高（参见如图 8.40 中针对不同莱利熵水平的绘图，范围从β = 1.5 到 2.5，以 0.5 为增量）。

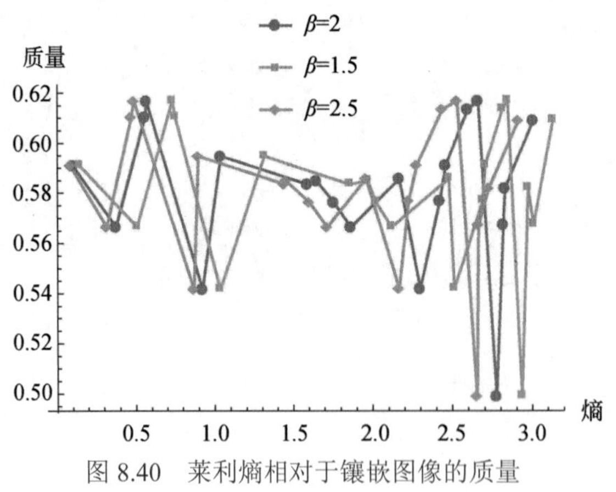

图 8.40 莱利熵相对于镶嵌图像的质量

8.16 问 题

问题 8.1

设 Img 是一个使用 SURF 关键点的沃罗诺伊镶嵌图像。执行如下操作：

（1）选择 k 个关键点，从 10 个 SURF 点开始。

（2）找到 Img 上的最大核聚类（MNC）。

（3）绘制精细的 IP 边缘集几何结构（本身，而不是在图像上）。使用蓝色表示 IP 线段。参见图 8.21（a）中的 1P 边缘集几何结构。

（4）绘制粗糙的 S1P 边缘集几何结构（本身，而不是在图像上）。使用蓝色表示 S1P 线段。例如，参见图 8.23 中的 S1P 边缘集几何结构。

（5）在图像上绘制围绕 MNC 核的精细 IP 轮廓。使用蓝色表示 IP 线段。

（6）在图像上绘制围绕 MNC 核的粗糙 S1P 轮廓。使用绿色表示 S1P 线段。

（7）在图像上绘制围绕 MNC 核的粗糙 S2P 轮廓。使用白色表示 S1P 线段。

（8）选择正数ε，并令 $S1P_c$、$S2P_c$ 分别为 1 级和 2 级 MNC 轮廓的长度（以像素为单位）。调整ε使得：

$$|S1P_c - S2P_c| < \varepsilon$$

（9）对于 $k = 13, 21, 34, 55, 89, 144, 233, 610$ 个关键点重复步骤（1），直到在 Img 上找到两个重叠或邻接的 MNC。 ❑

问题 8.2

选取 3 幅不同的图像，执行如下操作：

（1）选择 k 个关键点，从 10 个 SURF 点开始。

（2）镶嵌一幅选择的图像 Img，用沃罗诺伊网格覆盖它。

（3）找到 Img 上的最大核聚类（MNC）。

（4）计算每个 MNC 的莱利熵。

提示： 设 x 为网格多边形的面积。假设图像镶嵌中多边形区域的出现是随机事件，计算概率 $P(x)= 1/x$。

（5）计算 Img 上非 MNC 区域的莱利熵。

（6）将 MNC 与非 MNC 的图像熵从$\beta= 1.5$ 绘制到 2.5，增量为 0.5。

（7）对于 $k = 13, 21, 34, 55, 89, 144, 233, 610$ 个关键点，对每幅选择的图像重复步骤（1）。 ❑

第 9 章　后记：形状适合计算机视觉环境的地方

9.1　自然场景中的目标形状

形状是难以捉摸的生物，它们漂浮进出人们有时会感知的自然场景，存储在记忆中并被数码相机所记录。在视频帧图像的系列中，例如，图 9.1 中所示的形状有时会变形为其他形状。在图 9.1 中，存在一个变形系列（由 $\mapsto$ 表示），如图 9.2 所示。

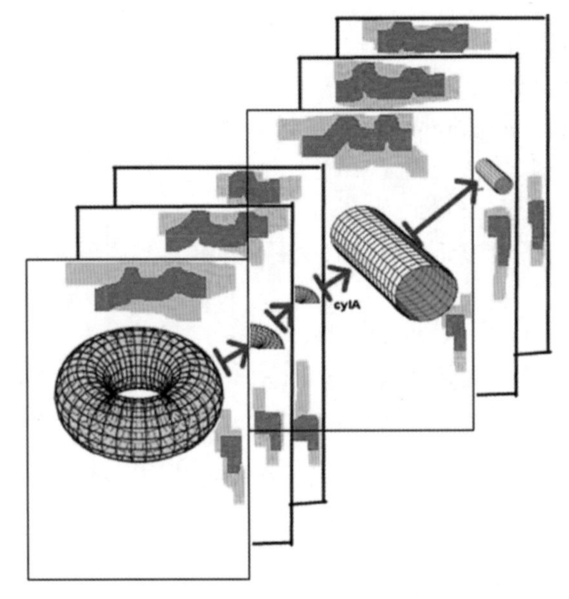

图 9.1　在视频帧系列中描绘形状的示例

图 9.2　形状变形的系列

这种形状变化的现象在检测和比较图像目标形状时会很重要，目标形状在视频中某一帧里以一种形式出现并且在同一视频中的另一帧里以或多或少改变了的形式再现。

在对**计算机视觉**基础的介绍中，使用了三个工具从数字图像中提取对图像目标及其形状的检测和分类有用的信息。使用的三个主要工具是**几何**、**拓扑**和**算法**。最终结果是 H. Edelsbrunner 和 J. L. Harer 在**计算拓扑**中称之为主题的应用[42]。

计算拓扑的内部工作

H. Edelsbrunner 和 J. L. Harer 观察到：几何为拓扑结构提供了一个具体的方面，而算法提供了一种复杂程度上超过实际应用所需阈值的构建方法[42，p.xi]。

图像几何以各种形式出现。图像中的原型几何结构是各种图像区域，**沃罗诺伊镶嵌**中的多边形（**沃罗诺伊区域**）和**德劳内三角部分**中的三角形（**德劳内三角形区域**）。图像中几何结构体系中的上一层是检测包含核和辐条的**最大核聚类**（MNC），这些核和辐条定义了网状**神经结构**（有关这方面的更多信息参见 1.23 节和附录 B.13 节）。

核多边形的隐藏轮廓存在于每个 MNC 中。在图像几何结构的体系中进一步向上，可以发现围绕每个 MNC 核的精细边缘集和粗糙边缘集。这些是现在熟悉的连接直边的集合。在**精细轮廓**中，每个直边连接沿着 MNC 核多边形的边界上的生成点。

前面已经给出了很多精细轮廓的例子。将这个图像几何体更进一步（沿着精细轮廓的边界向外移动），将可以识别围绕每个精细轮廓的路线轮廓。在**粗糙轮廓**中，每个直边连接沿着精细轮廓的边界上的生成点。

图像拓扑提供了在对图像区域的分析和分类中有用的结构。**图像拓扑**中的主要**结构**是开集。**开集**基本上是一组元素，不包括其边界上的元素。开集首先出现在 1.2 节。有关开集的更多信息参见附录 B.14 节。下面是另一个例子。

例 9.1　像素的开集

设一幅彩色图像由图 9.3 中的图像元素集合表示。图像元素（**像素**）由小方块表示。像素可以被视为胖点，即具有面积的物理点，其与欧几里得平面中的点形成对比。开放集的一个例子是 img 的内部：

X = {■，■，■，■，■，■}　（开集）

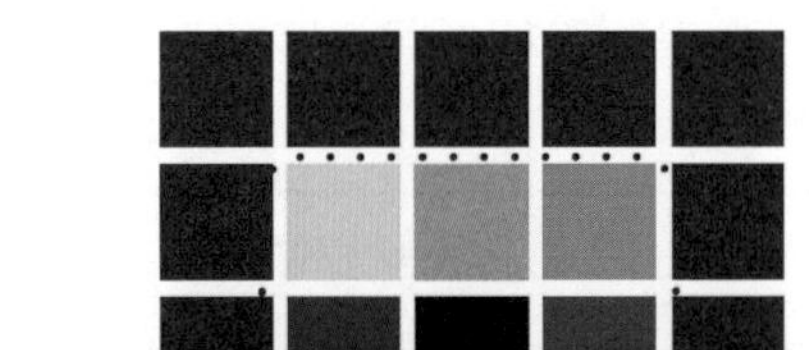

图 9.3　开集 X = {■，■，■，■，■，■}

在这种情况下，一个像素$\{p\}$（简写为 p）是一个属于 X 的开集，只要 p 的色调强度值足够接近 X 中的一个色调强度。如果 p 的色调是蓝色，那么 p =■就是 X 的边界像素。内部 int img 等于 X，而 img 中的蓝色像素不属于 X。集合 X 是数字几何中开集的示例。集合 X 是数字开集的示例。 ❑

图像拓扑定义在图像开集上。**图像拓扑**是图像开集 X 上的开集τ的集合，具有以下属性。

（1）空集$\varnothing$是开集且$\varnothing$在τ中。

（2）集合 X 是开集且 X 在τ中。

（3）如果 A 是 τ 中的开集的子集合，那么

$$\bigcup_{B\in A} B \text{是}\tau\text{中的开集}$$

换句话说，τ 中的开集的并集是 τ 中的另一个开集。

（4）如果 A 是 τ 中的开集的子集合，那么

$$\bigcap_{B\in A} B \text{是}\tau\text{中的开集}$$

实际上，τ 中的开集的交集是 τ 中的另一个开集。

在其上具有拓扑 τ 的开集 X 被称为拓扑空间。换句话说，二元组 (X,τ) 被称为**拓扑空间**。已经反复看到的拓扑空间的一个常见例子是开放的沃罗诺伊区域的集合。一个**开放的沃罗诺伊区域**是一个镶嵌数字图像上的沃罗诺伊区域，其内部包含所有像素，但不包括其边缘。可以看出，数字图像本身是一个开放的集合。此外，开放沃罗诺伊区域的集合满足拓扑所需的属性。在这种情况下，可将由沃罗诺伊镶嵌图像产生的拓扑称为数字沃罗诺伊拓扑。也就是说，镶嵌数字图像上的**数字沃罗诺伊拓扑**是开放的沃罗诺伊区域的集合，它们满足拓扑的属性。有关拓扑的更多信息参见附录 B.19 节。

拓扑学始于 19 世纪，源自许多数学家的工作，尤其是 H. Poincaré。K. Borsuk 在 20 世纪 30 年代的工作引发了拓扑学的范式转换，其中重点是形状的研究。应用形状理论是计算机视觉基础的核心部分。有关形状理论的更多信息参见附录 B.18 节。

在计算机视觉中，通常在一系列视频帧中形状会重复。这种视觉形式的一个当务之急是形状跟踪。在一帧中出现的形状很可能在一系列相邻帧中重新出现。感兴趣工作在于检测特定形状（称为目标形状），然后观察与目标形状大致相同的类似形状的出现。

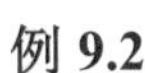  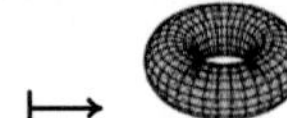

例 9.2 $\mapsto$

图 9.1 显示了**视频帧**系列中对形状的描绘。随着时间的推移，图 9.1 中第一个视频帧中的圆环面断开并伸展出来，最终呈现为**管状**形状。一种形状**变形**为另一种形状在自然界中是常见的。

> **图像目标形状检测**
>
> 图像目标形状检测中的**技巧**是将视频帧序列上的形状变化视为可能在初始视频帧图像中检测到的原始形状的近似。

在极端情况下，例如图 9.4 中的情况，某种形式的世界薄片卷起来（随着时间的推移）形成环形圆环。在拓扑学的术语中，存在从 $\mathbb{R}^2$ 中的平面世界薄片 wsh$M$ 到 $\mathbb{R}^3$ 中的环形圆环 f(wsh$M$)的连续映射。**世界薄片** D（由 wsh$D$ 表示）是覆盖自然场景中的片的弦集合。**弦**是一个摆动线段或直线段。在弦理论中，弦由粒子在空间中移动的路径定义。这种弦的另一个名称是**世界线**[128～130]。弦的概念很好地解释了视频帧中的形状序列，其中光子所遵循的路径已经由摄像机记录。

从世界薄片到**圆环**的映射如图 9.4 所示。圆环面是**环形**形状的管状表面，通过在与圆环中心距离 c 处围绕圆环面中的轴旋转半径为 r（称为管半径）的圆而获得。世界薄片 wsh$M$

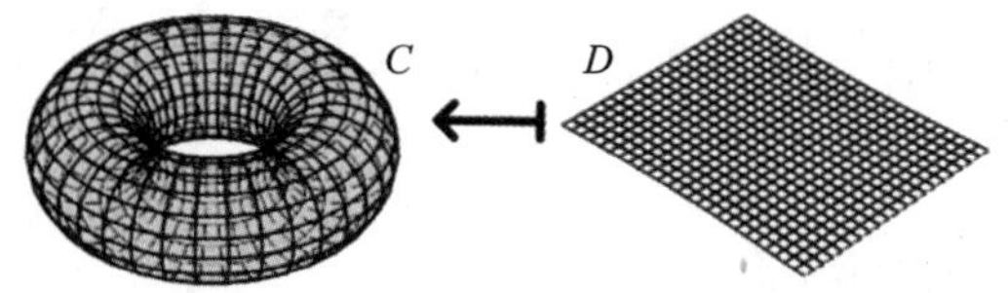

图 9.4　世界薄片 wsh$D \mapsto$ 环面 C

在 3-D 空间中映射到（卷起）环形圆环的管状表面，即，在 3-D 空间中存在从 2-D 空间中的 wsh$M$ 到环形圆环表面 f（平面 M）的连续映射。 ❑

9.2 形 状 估 计

本节简要介绍形状估计的部分内容。基本思想是双重的。首先，需要一些测量图像目标形状的方法。其次，需要确定何时一个形状与另一个形状大致相同。为简单起见，在此仅考虑 2-D 形状。

在平面中，形状以其周长和面积而为人所知。这里的重点在**周边**，它是连接直边的集合。回想一下，如果在边缘 e 和 e'之间存在通路，则边 e 和 e'是**连接的**。由**连接的直边缘**组成的周边称为**边缘集**。只要边缘集中的每对直边都连接在一起，则边缘集是**连接的边缘集**。图像区域的**形状周边**是连接的边缘集。算法 9.1 实现**基于边缘集的形状相似性**计算。

算法 9.1　比较作为边缘集的图像区域形状周边

Input : Read digital image regions *T*, *R*.

Output: shapeSimilarity (Shape perimeters similarity measurement).

/* *edgeletT* equals a shape perimeter in a target image region **1** *T* */ ;

edgeletT $\leftarrow$ *connectedT arget Edges* $\subset T$;

/* *edgelet R* equals a shape perimeter in a sample image region *R* */ ;

edgelet R $\leftarrow$ *connectedRegionEdges* $\subset R$;

/* ε = upper bound on similarity between shape edgelets */ ;

$\varepsilon \leftarrow$ *small + ve Real Number*;

/* Compare shape perimeters: */ ;

$$shapeSimilarity(edgeletT, edgelet R) = \begin{cases} 1, & \text{if } |edgeletT - edgelet R| < \varepsilon, \\ 0, & otherwise. \end{cases}$$

/* One Shape edgelet approximates another one, provided *shapeSimilari ty* = 1 */

由于图像区域通过其形状周边而被感知，因此可以将包含目标对象的图像区域的形状周边与包含未知对象的图像区域的形状周边进行比较。注意，在对图像进行镶嵌并识别出图像中的最大核聚类（MNC）之后，围绕 MNC 核多边形的每个 MNC 轮廓都是形状周边。

例 9.3　交通无人机视频帧形状周边的样本对

一对无人机拍摄的交通视频帧如图 9.5 所示。要从每个视频帧中获取形状周长，请执行以下操作：

目标无人机视频帧区域　　　　无人机视频帧中的样本区域

图 9.5　目标和样本无人机视频帧区域

（1）选取视频帧 img1、img2。

（2）选取网格生成点集合 S。

（3）选取视频帧图像 img ∈ {img1, img2}。

（4）在 img1 上叠加沃罗诺伊图 $V(S)$，即镶嵌的 img，用沃罗诺伊区域 $V(S)$覆盖 img，使用每个生成点（网点，种子点）$s \in S$。

（5）在图像图 $V(S)$中识别 MNC（称为 MNC(s)）。

（6）在 img 中识别粗糙边缘轮廓 MNCedgelet（视频帧中的目标 MNC 形状周长）。

（7）在获得 img 中的目标 MNC 形状周长（称为 MNCedgelet*T*）之后重复步骤（3），以获得样本视频帧图像 MNC 粗糙边缘轮廓 MNCedgelet*R*（视频帧中的样本 MNC 形状周边）。该步骤的结果是产生嵌入一对视频帧图像中的成对 MNC 形状周长（MNCedgelet*T* 和 MNCedgelet*R*）。嵌入目标形状周边 MNCedgeletT 如图 9.6（a）所示，嵌入式样本区域形状周边 MNCedgelet*R* 如图 9.6（b）所示。

(a) 视频帧目标形状周边　　　　(b) 区域形状周边示例

图 9.6　一对视频帧形状周边

（8）接下来从嵌入式 MNC 周边提取一对纯平面形状周长。

注意：这样做是为了引起对想要测量和比较其长度的边缘集的注意。

（9）选取形状周边 edgelet∈{MNCedgelet*T*, MNCedgelet*R*}。

（10）从 edgelet 中提取形状周边 shape（此步骤的结果是纯平面形状周边，没有考虑图像 MNC）。

（11）在获得第一个 MNC 形状周边（称之为 edgelet*T*）之后重复步骤（9），以获得样本 MNC 形状周边 edgelet*R*（视频帧中的样本 MNC 形状周边）。该步骤的结果是在沃罗诺伊镶嵌的视频帧图像中生成嵌入一对轮廓 MNC 中的成对纯平面形状周边（edgelet*T* 和 edgelet*R*）。目标形状周边 edgelet*T* 如图 9.7（a）所示，样本区域形状周边 edgelet*R* 如图 9.7（b）所示。

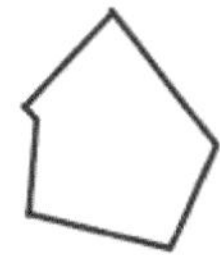

(a) 目标形状周边　　(b) 区域形状周边示例

图 9.7　一对基于纯平面边缘集的形状周边

（12）在算法 10 中使用 edgelet*T* 和 edgelet*R* 作为输入（计算目标和样本 MNC 形状周长之间的相似性）。

（13）计算 shapeSimilarity(edgelet*T*, edgelet*R*)。 ❑

有关形状边界的更多信息参见附录 B.18 节。

问题 9.1　形状变形

🚲 在视频帧系列中给出三个形状变形的例子。

提示：比较形状周长。每当由于相机位置的改变或自然场景目标的改变而导致图像目标的形状发生变化时，就会发生形状周长的变化。一个常见的例子是记录人类或其他动物或鸟类运动的视频。 ❑

问题 9.2　形状周边相似性测量

☕ 实现算法 10。 ❑

附录 A　Matlab 和 Mathematica 编程

本附录包含各章中提到的 Matlab 和 Mathematica 程序。Matlab 程序使用了 Matlab R2013b。

A.1　第 1 章的程序

A.1.1　数字图像角点

注释 A.1　查看彩色图像的角点

图像角点提供了**网格生成点**的第一眼，引导了对数字图像几何的研究。图 A.1（a）中显示了从一幅彩色图像中提取的**图像角点**和图像边界角点的样例，图 A.1（b）中还叠加了**基于角点**的沃罗诺网格，这是使用列表 A.1 的 Matlab 程序生成的。图 A.2（a）给出了 1000 个图像角点和图像边界角点的绘图。图 A.2（b）所示为基于角点的沃罗诺网格，这里也使用了列表 A.1 的 Matlab 程序。有关这方面的更多信息参见 1.22 节。

(a) 图像上的角点

(b) 图像上的角点沃罗诺伊网格

图 A.1　图像角点示例

```
% script: GeneratingPointsOnImage.m
% 图像几何：图像角点
% 第1部分：图像角点+图像上的沃罗诺伊图
% 第2部分：绘制图像角点+沃罗诺伊图自身
%
clear all; close all; clc; % housekeeping
%%
img=imread('carRedSalerno.jpg');
g = double(rgb2gray(img)); % convert to greyscale image
%
% part 1:
%
cornersMin = corner(g); % min. no. of corners
% identify image boundary corners
box_corners = [1,1;1,size(g,1);size(g,2),1;size(g,2),size(g,1)];
% concatenate image boundary corners & set of interior image corners
```

列表 A.1　显示数字图像上角点的 GeneratingPointsOnImage.m 中的 Matlab 程序

```
cornersMin = cat(1,cornersMin,box_corners);
% set up display of cornersMin on rgb image
figure, imshow(img), ...
    hold on, axis on, axis tight,  % set up corners display on rgb image
plot(cornersMin(:,1), cornersMin(:,2), 'g*');
% set up cornerMin-based Voronoi diagram on rgb image
redCarMesh = figure, imshow(img), ...
    hold on, axis on, axis tight,
voronoi(cornersMin(:,1),cornersMin(:,2),'gx'); % blue edges
% uncomment next line to save Voronoi diagram:
% saveas(redCarMesh,'imageMesh.png'); % save copy of image
%
% part 2:
%
corners = corner(g,1000); % up to 1000 corners
% concatenate image boundary corners & set of interior image corners
corners = cat(1,corners,box_corners);
% plot specified no. of corners:
figure, imshow(g), ...
    hold on, axis on, axis tight,  % set up corners plot
plot(corners(:,1), corners(:,2), 'b*');
% construct corner-based Voronoi diagram
planarMesh = figure
voronoi(corners(:,1),corners(:,2),'bx'); % blue edges
% uncomment next line to save Voronoi diagram:
% saveas(planarMesh,'planarMesh.png'); % save copy of image
```

列表 A.1（续）

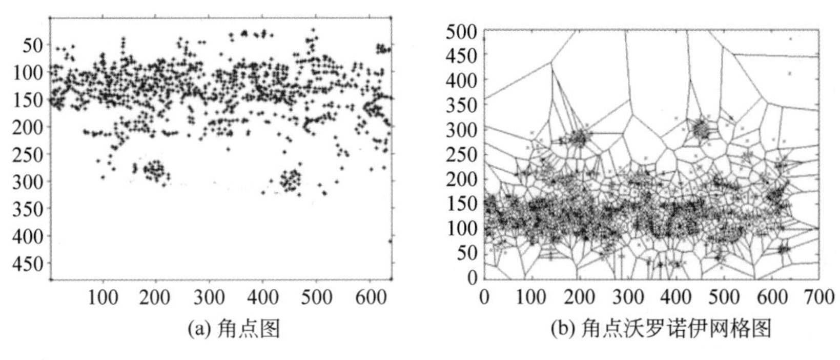

(a) 角点图　　(b) 角点沃罗诺伊网格图

图 A.2　图像角点示例 □

A.1.2　沃罗诺伊镶嵌算法的实现

注释 A.2　另一种彩色图像上基于角点的沃罗诺伊网格视图

这里给出了基于角点的数字图像几何的另一个例子。从**图像角点**获得的**沃罗诺伊网格**加上从彩色图像中提取并叠加在彩色图像上的图像边界角点如图 A.3 所示。这是使用列表 A.2 的 Matlab 程序生成的。有关这方面的更多信息参见 1.22 节。

注释 A.3　构建基于角点的沃罗诺伊网格图

图 A.4（a）显示了从默认数量的图像角点加上从彩色图像中提取的图像边界角点得到的沃罗诺伊网格图，这是使用列表 A.3 的 Matlab 程序生成的。此外，图 A.4（b）显示了基于多达 2000 个图像角点以及从彩色图像中提取的图像边界角点而得到的沃罗诺伊网格图，这也是使用列表 A.3 的 Matlab 程序生成的。在这种情况下，由 200 个内部角点构成的沃罗诺伊网格图与由 1338（1338 是此示例中 Salerno 汽车图像中找到的最大角点数）个角点构成的沃罗诺伊网格图形成对比。有关这方面的更多信息参见 1.22 节。

图 A.3 基于图像内部角点和图像边界角点的沃罗诺伊网格

```
% script: VoronoiMeshOnImage.m
% 图像几何：沃罗诺伊网格覆盖图像
%
% see http://homepages.ulb.ac.be/~dgonze/INFO/matlab.html
% revised 23 Oct. 2016
clear all; close all; clc; % housekeeping
g=imread('fisherman.jpg');
% im=imread('cycle.jpg');
% g=imread('carRedSalerno.jpg');
%%
img = g; % save copy of colour image to make overlay possible
g = double(rgb2gray(g)); % convert to greyscale image
% corners = corner(g); % min. no. of corners
k = 233; % select k corners
corners = corner(g,k); % up to k corners
box_corners = [1,1;1,size(g,1);size(g,2),1;size(g,2),size(g,1)];
corners = cat(1,corners,box_corners);
vm = figure, imshow(img),...
axis on, hold on; % set up image overlay
voronoi(corners(:,1),corners(:,2),'g'); % red edges
% voronoi(corners(:,1),corners(:,2),'g.'); % red edges
% imfinfo('carRedSalerno.jpg')
% figure, mesh(g(300:350,300:350)),...
% axis tight,zlabel('rgb pixel intensity')
% xlabel('g(300:350)'),ylabel('g(300:350)') % label axes
% saveas(vm,'VoronoiMesh.png'); % save copy of image
```

列表 A.2 构建基于角点的沃罗诺伊网格的 VoronoiMeshOnImage.m 中的 Matlab 程序 ❑

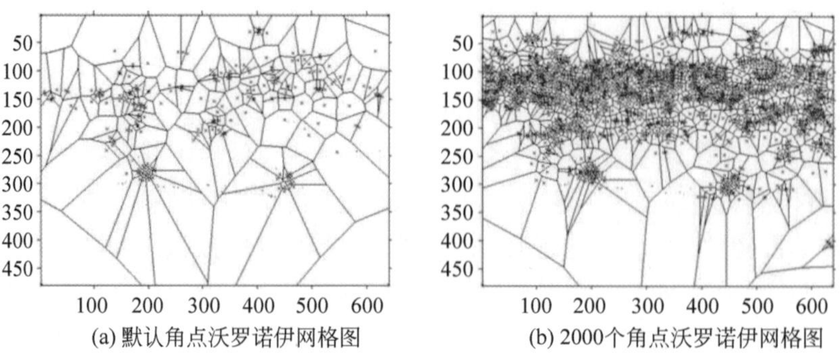

(a) 默认角点沃罗诺伊网格图 (b) 2000个角点沃罗诺伊网格图

图 A.4 图像角点示例

```
% script: VoronoiMesh1000CarPolygons.m
% 图像几何：沃罗诺伊网格图像多边形
% 基于内部+边界角点的沃罗诺伊网格图
% 注意角点聚类
%
% 第1部分：默认内部+边界角点绘图
% 第2部分：多达2000个内部+边界角点绘图
%
clear all; close all; clc; % housekeeping
%%
g=imread('carRedSalerno.jpg');
% g=imread('peppers.png');
g = double(rgb2gray(g)); % convert to greyscale image
%
% Part 1
%
corners = corner(g); % find up min. image corners
size(corners)
% get image box corners
box_corners = [1,1;1,size(g,1);size(g,2),1;size(g,2),size(g,1)];
corners = cat(1,corners,box_corners); % combine corners
figure, imshow(g), hold on; % set up polygon display
voronoi(corners(:,1),corners(:,2),'x'); % display polygons
%
% Part 2
%
corners2000 = corner(g,2000); % find up to 2000 corners
corners2000 = cat(1,corners2000,box_corners); % combine corners
size(corners2000)
figure, imshow(g), hold on; % set up polygon display
voronoi(corners2000(:,1),corners2000(:,2),'x'); % display polygons
% imfinfo('carRedSalerno.jpg')
```

列表 A.3　构建基于角点的沃罗诺伊网格的 VoronoiMesh1000CarPolygons.m 中的 Matlab 程序　❑

A.1.3　德劳内镶嵌算法的实现

注释 A.4　在图像上构建基于角点的德劳内三角化

图 A.5（a）显示了从 50 个图像角点以及彩色图像中提取的图像边界角点得到的德劳内三角化，这是使用列表 A.4 的 Matlab 程序生成的。图 A.5（b）中还显示了与图 A.5（a）相同的德劳内三角化与沃罗诺伊网格的叠加，这也是使用列表 A.4 的 Matlab 程序生成的。

(a) 图像上的50个角点德劳内三角化

(b) 图像上的50个角点德劳内三角化与沃罗诺伊网格叠加

图 A.5　图像上 50 个角点的三角化与沃罗诺伊网格叠加示例

```
% script: DelaunayOnImage.m
% 图像几何：图像上的德劳内三角化
%
% 第1部分：基于默认内部+边界角点的德劳内三角化
% 第2部分：基于多达2000个内部+边界角点的德劳内三角化
%
clear all; close all; clc; % housekeeping
%%
g=imread('carRedSalerno.jpg');
% g=imread('8x8grid.jpg');
% g=imread('Fox-2states.jpg');
img = g; % save copy of colour image
g = double(rgb2gray(g)); % convert to greyscale image
%
% Part 1
%
corners = corner(g,50); % default image corners
box_corners = [1,1;1,size(g,1);size(g,2),1;size(g,2),size(g,1)];
corners = cat(1,corners,box_corners); % combined corners
figure, imshow(img), hold on; % set up overlay of mesh on image
% voronoi(corners(:,1),corners(:,2),'x'); % identify polygons
TRI = delaunay(corners(:,1),corners(:,2)); % identify triangles
triplot(TRI,corners(:,1),corners(:,2),'b'); % meshes on image
%
% corner Delaunay triangulation with Voronoi mesh overlay:
%
figure, imshow(img), hold on; % set up overlay of mesh on image
% voronoi(corners(:,1),corners(:,2),'x'); % identify polygons
TRI = delaunay(corners(:,1),corners(:,2)); % identify triangles
triplot(TRI,corners(:,1),corners(:,2),'b'); % meshes on image
voronoi(corners(:,1),corners(:,2),'y'); % identify polygons
%
% Part 2
%
corners1000 = corner(g,2000); % find 1000 image corners
corners1000 = cat(1,corners1000,box_corners); % combined corners
figure, imshow(img), hold on; % set up overlay of mesh on image
% voronoi(corners(:,1),corners(:,2),'x'); % identify polygons
TRI = delaunay(corners1000(:,1),corners1000(:,2)); % identify triangles
triplot(TRI,corners1000(:,1),corners1000(:,2),'b'); % meshes on image
%
% corner Delaunay triangulation with Voronoi mesh overlay:
%
figure, imshow(img), hold on; % set up overlay of mesh on image
% voronoi(corners(:,1),corners(:,2),'x'); % identify polygons
TRI = delaunay(corners1000(:,1),corners1000(:,2)); % identify triangles
triplot(TRI,corners1000(:,1),corners1000(:,2),'b'); % meshes on image
voronoi(corners1000(:,1),corners1000(:,2),'y'); % identify polygons
% imfinfo('carRedSalerno.jpg')
```

列表 A.4 构建基于角点的德劳内三角化网格的 DelaunayOnImage.m 中的 Matlab 程序

此外，图 A.6（a）显示了从彩色图像中提取的多达 2000 个图像角点及图像边界角点的德劳内三角化结果，这是使用列表 A.4 的 Matlab 程序生成的。在这种情况下，由 50 个内部角点构成的德劳内三角化与由 1338 个角点构成的德劳内三角化图形成对比。虽然需要 2000 个角点，但 1338 已是此示例中从 Salerno 汽车图像中找到的最大角点数。图 A.6（b）还显示了使用列表 A.4 的 Matlab 程序生成的 1338 个强角点的德劳内三角化与图像上的沃罗诺伊网格叠加结果。有关这方面的更多信息参见 1.22 节。

注释 A.5 构建基于角点的德劳内三角化和沃罗诺伊网格图

图 A.7（a）显示了从 50 个图像角点加上从彩色图像中提取的图像边界角点得到的德劳内三角化，这是使用列表 A.5 的 Matlab 程序生成的。此外，图 A.7（b）显示了沃罗诺伊

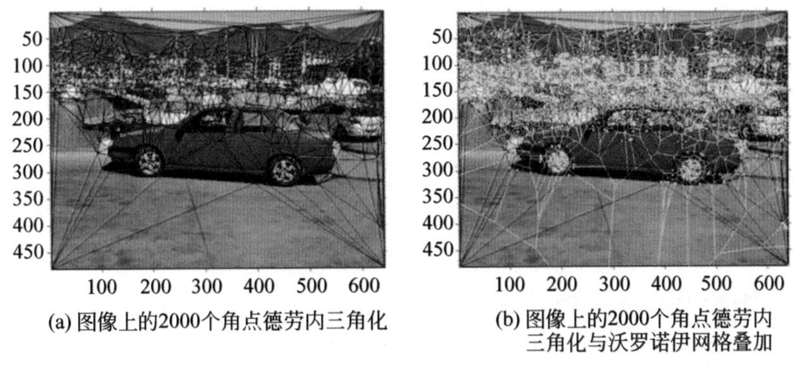

图 A.6　图像上 200 个角点的三角化与沃罗诺伊网格叠加示例 ❑

网格覆盖在相同的从 50 个图像角点加上从彩色图像中提取的图像边界角点的德劳内三角化上的结果，这也是使用列表 A.5 的 Matlab 程序生成的。

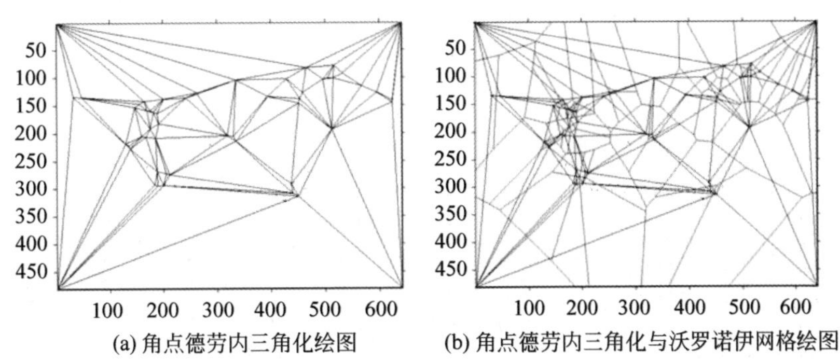

图 A.7　图像网格图示例

```
% script: DelaunayCornerTriangles.m
% 图像几何：源自图像角点的德劳内三角形加上德劳内三角化与沃罗诺伊网格的覆盖
%
clear all; close all; clc; % housekeeping
%%
g=imread('carRedSalerno.jpg');
% g=imread('Fox-2states.jpg');
img = g; % save copy of colour image
g = double(rgb2gray(g)); % convert to greyscale image
%
% Part 1
%
corners = corner(g,50); % default image corners
box_corners = [1,1;1,size(g,1);size(g,2),1;size(g,2),size(g,1)];
corners = cat(1,corners,box_corners); % combined corners
figure, imshow(g), hold on; % set up overlay of mesh on image
% voronoi(corners(:,1),corners(:,2),'x'); % identify polygons
TRI = delaunay(corners(:,1),corners(:,2)); % identify triangles
triplot(TRI,corners(:,1),corners(:,2),'b'); % meshes on image
%
% 50 corner Delaunay triangulation with Voronoi mesh overlay:
%
figure, imshow(g), hold on; % set up overlay of mesh on image
% voronoi(corners(:,1),corners(:,2),'x'); % identify polygons
TRI = delaunay(corners(:,1),corners(:,2)); % identify triangles
triplot(TRI,corners(:,1),corners(:,2),'b'); % meshes on image
voronoi(corners(:,1),corners(:,2),'r'); % identify polygons
```

列表 A.5　构建基于角点的德劳内三角化网格自身的 DelaunayCornerTriangles.m 中的 Matlab 程序

```
%
% Part 2
%
corners2000 = corner(g,2000); % find 1000 image corners
box_corners = [1,1;1,size(g,1);size(g,2),1;size(g,2),size(g,1)];
corners2000 = cat(1,corners2000,box_corners); % combined corners
figure, imshow(g), hold on; % set up overlay of mesh on image
% voronoi(corners(:,1),corners(:,2),'x'); % identify polygons
TRI2000 = delaunay(corners2000(:,1),corners2000(:,2)); % identify triangles
triplot(TRI2000,corners2000(:,1),corners2000(:,2),'b'); % meshes on image
%
% 2000-corner Delaunay triangulation with Voronoi mesh overlay:
%
figure, imshow(g), hold on; % set up overlay of mesh on image
% voronoi(corners(:,1),corners(:,2),'x'); % identify polygons
TRI2000 = delaunay(corners2000(:,1),corners2000(:,2)); % identify triangles
triplot(TRI2000,corners2000(:,1),corners2000(:,2),'b'); % meshes on image
voronoi(corners2000(:,1),corners2000(:,2),'r'); % identify polygons
% imfinfo('carRedSalerno.jpg')
```

列表 A.5（续）

类似地，图 A.8（a）显示了从多达 2000 个图像角点加上从彩色图像提取的图像边界角点得到的德劳内三角化图。之后，图 A.8（b）显示了沃罗诺伊网格覆盖在相同的从多达 2000 个图像角点加上从彩色图像中提取的图像边界角点的德劳内三角化上的结果，这也是使用列表 A.5 的 Matlab 程序生成的。有关这方面的更多信息参见 1.22 节。

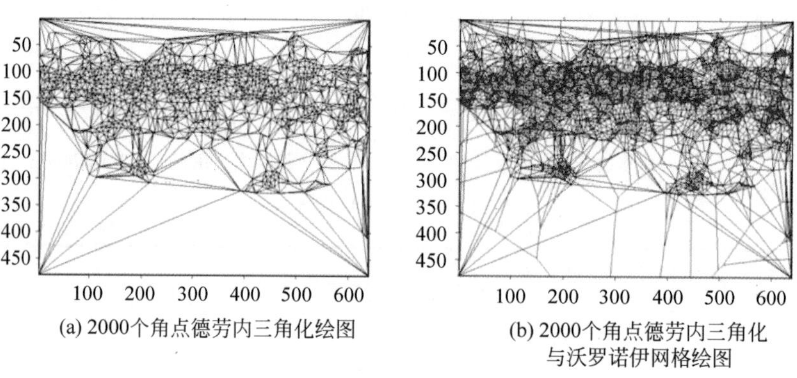

(a) 2000个角点德劳内三角化绘图

(b) 2000个角点德劳内三角化与沃罗诺伊网格绘图

图 A.8　图像三角化图示例 ❑

A.1.4　沃罗诺伊和德劳内镶嵌结合算法的实现

注释 A.6　第 2 个实验：基于角点的德劳内三角化和沃罗诺伊网格覆盖

图 A.9 显示了德劳内三角化与沃罗诺伊网格的结合，每个网格从 50 个图像角点加上从彩色图像中提取的图像边界角点得到，这是使用列表 A.6 的 Matlab 程序生成的。有关这方面的更多信息参见 1.22 节。

注释 A.7　第 3 个实验：基于角点的德劳内三角化和沃罗诺伊镶嵌覆盖

图 A.10 说明了德劳内三角化与**沃罗诺伊镶嵌**的结合，每个网格从 50 个图像角点加上从彩色图像中提取的图像边界角点得到，这是使用列表 A.7 的 Matlab 程序生成的。有关这方面的更多信息参见 1.22 节。

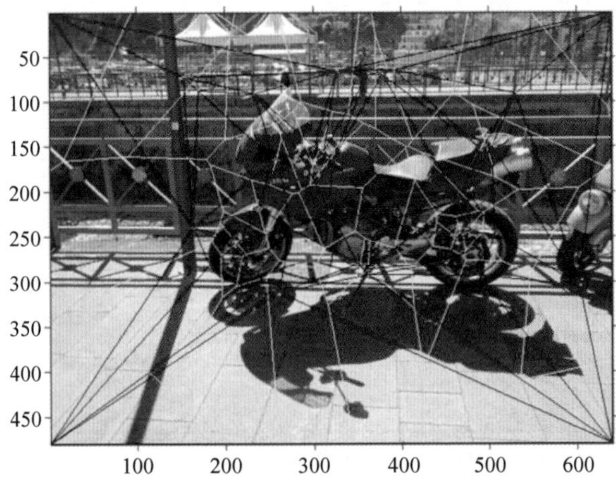

图 A.9　图像上基于 50 个角点的德劳内三角化与沃罗诺伊网格的结合

```
% script: DelaunayVoronoiOnImage.m
% 图像几何：德劳内三角形在沃罗诺伊网格多边形上
%
clear all; close all; clc; % housekeeping
%%
% Experiment with Delaunay triangulation Voronoi mesh overlays:
g=imread('cycle.jpg');
% g=imread('carRedSalerno.jpg');
img = g; % save copy of colour image
g = double(rgb2gray(g)); % convert to greyscale image
corners = corner(g,50); % find 1000 image corners
box_corners = [1,1;1,size(g,1);size(g,2),1;size(g,2),size(g,1)];
corners = cat(1,corners,box_corners); % combined corners
figure, imshow(img), hold on; % set up overlay of mesh on image
voronoi(corners(:,1),corners(:,2),'y'); % identify polygons
TRI = delaunay(corners(:,1),corners(:,2)); % identify triangles
triplot(TRI,corners(:,1),corners(:,2),'b'); % meshes on image
% imfinfo('cycle.jpg')
% imfinfo('carRedSalerno.jpg')
```

列表 A.6　构建德劳内三角化覆盖图像沃罗诺伊网格的 DelaunayVoronoiOnImage.m 中的 Matlab 程序❑

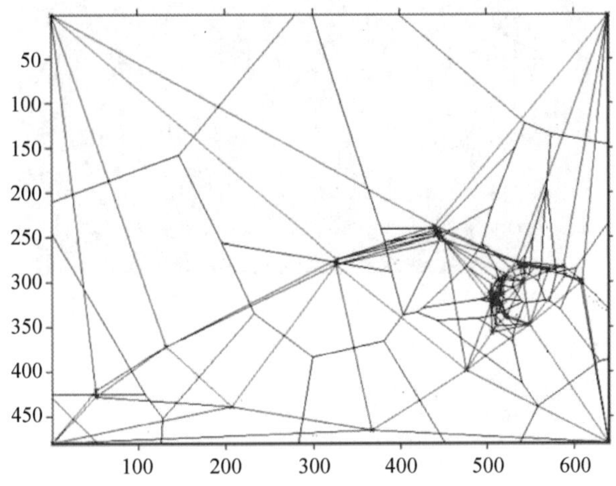

图 A.10　图像上基于角点的德劳内三角化与沃罗诺伊网格覆盖的结合

```
% script: DelaunayOnVoronoi.m
% 图像几何：德劳内三角形在沃罗诺伊网格多边形上
%
clear all; close all; clc; % housekeeping
%%
g=imread('fisherman.jpg'); % input colour image
% g=imread('carRedSalerno.jpg'); % input colour image
g = double(rgb2gray(g)); % convert to greyscale image
corners = corner(g,50); % find up to 50 image corners
box_corners = [1,1;1,size(g,1);size(g,2),1;size(g,2),size(g,1)];
corners = cat(1,corners,box_corners); % box + inner corners
figure, imshow(g), hold on; % set up combined meshes
voronoi(corners(:,1),corners(:,2),'x'); % Voronoi mesh
TRI = delaunay(corners(:,1),corners(:,2)); % Delaunay mesh
triplot(TRI,corners(:,1),corners(:,2),'r'); % combined meshes
% imfinfo('fisherman.jpg')
% imfinfo('carRedSalerno.jpg')
```

列表 A.7 构建德劳内三角化覆盖图像沃罗诺伊网格自身的 DelaunayOnVoronoi.m 中的 Matlab 程序 ❑

A.1.5 第 1 章的离线视频处理程序

注释 A.8 离线视频处理：基于角点的沃罗诺伊镶嵌覆盖在视频帧上

一幅数字图像的沃罗诺伊镶嵌是用沃罗诺伊区域多边形对图像的拼贴。每个沃罗诺伊区域多边形借助生成点（种子点或网点）构建。有关这方面的更多信息参见附录 B.18。图 A.11 显示了对视频帧的离线沃罗诺伊镶嵌，每个都是从视频帧提取出来的 300 个图像角点获得的，这里使用了列表 A.8 的 Matlab 程序。有关这方面的更多信息参见 1.24 节和 1.24.1 小节。

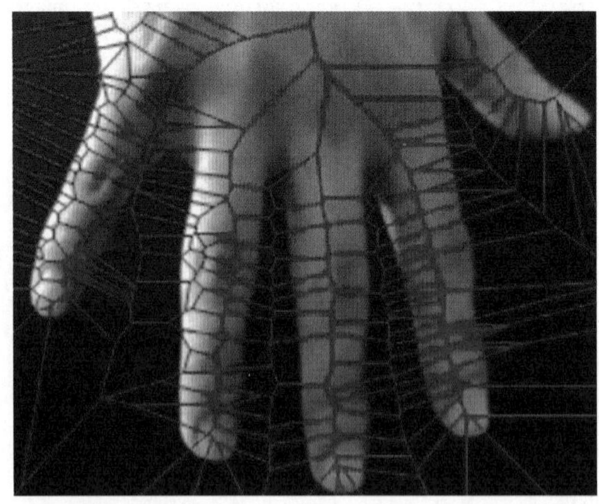

图 A.11 图像上基于角点的德劳内三角化与沃罗诺伊网格覆盖的结合

```
% script: offlineVoronoi.m
% 离线视频沃罗诺伊和德劳内网格（角点）
% 视频帧上基于角点的沃罗诺伊网格多边形镶嵌
% Example by D. Villar from August 2015 experiment
% Revised version: 15 Dec. 2015, 7 Nov. 2016.
%
close all, clear all, clc % workspace housekeeping
%%
```

列表 A.8 在视频帧上构建沃罗诺伊镶嵌的 offlineVoronoi.m 中的 Matlab 程序

```
% Initialize input and output videos
videoReader = vision.VideoFileReader('moving_hand.mp4');
videoWriter = vision.VideoFileWriter('offlineVoronoiResult1.avi', ...
    'FileFormat', 'AVI', ...
    'FrameRate',videoReader.info.VideoFrameRate);
videoWriter2 = vision.VideoFileWriter('offlineDelaunayResult1.avi', ...
    'FileFormat', 'AVI', ...
    'FrameRate',videoReader.info.VideoFrameRate);

% Capture one frame to get its size.
videoFrame = step(videoReader);
frameSize = size(videoFrame);

runLoop = true;
frameCount = 0;

disp('Processing video... Please wait.')

% 100 frame video
while runLoop && frameCount < 100
    % Get the next frame and corners
    videoFrame = imresize(step(videoReader), 0.5);
    frameCount = frameCount + 1;
    videoFrameGray = rgb2gray(videoFrame);
    videoFrameGray = medfilt2(videoFrameGray,[5 5]);
    C = corner(videoFrameGray, 300); % get up to 300 frame corners
    [a,b] = size(C);
    % Capture Voronoi tessellation of video frame
    if a > 2
        [VX,VY] = voronoi(C(:,1),C(:,2));
        % Creating matrix of line segments in the form [x_11 y_11 x_12 y_12 ...
        % ... x_n1 y_n1 x_n2 y_n2]
        A = [VX(1,:); VY(1,:); VX(2,:); VY(2,:)];
        A(A>5000) = 5000; A(A<-5000) = -5000;
        A = A';

        % Display Voronoi tessellation of video frame
        videoFrame2 = insertMarker(videoFrame, C, '+', ...
                'Color', 'red');
        videoFrame2 = insertShape(videoFrame, 'Line', A, 'Color', 'red');

        % Display the annotated video frame using the video player object.
        step(videoWriter, videoFrame2);
    else
        step(videoWriter, videoFrame);
    end
end

disp('Processing complete.')

% Clean up: video housekeeping
release(videoWriter);
disp('offlineVoronoiResult1.mp4 has been produced.')
release(videoWriter2);
disp('offlineDelaunayResult1.mp4 has been produced.')
```

列表 A.8（续）　❑

A.1.6　第 1 章的实时视频处理程序

注释 A.9　实时视频处理：基于角点的沃罗诺伊镶嵌覆盖在视频帧上

图 A.12 显示了对视频帧的**实时沃罗诺伊镶嵌**（拼贴），每个都是从视频帧提取出来的 100 个图像角点获得的，这里使用了列表 A.9 的 Matlab 程序。值得注意的是，在**实时视频帧拼贴**期间，视频帧之间通常很少或没有明显的延迟，因为大多数计算机的计算速度很高。

有关这方面的更多信息参见 1.24.2 小节。

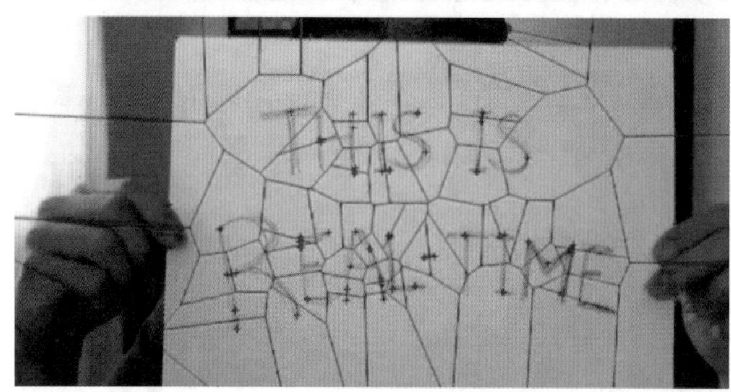

图 A.12 实时的基于角点的视频帧图像的沃罗诺伊网格镶嵌

```
% script: script:realTime1.m
% 实时沃罗诺伊网格：视频帧的基于角点的镶嵌
% See lines 32-33.
% Example from D. Villar, July 2015 Compute Vision Experiment.
% Revised 7 Nov. 2016
%
close all, clear all, clc % housekeeping
%%

% Create the webcam object.
cam = webcam(2);

% Capture one frame to get its size.
videoFrame = snapshot(cam);
frameSize = size(videoFrame);

% Create the video player object.
videoPlayer = vision.VideoPlayer('Position', [100 100 [frameSize(2), frameSize
      (1)]+30]);
videoWriter = vision.VideoFileWriter('realTimeVoronoiResult.mp4', ...
  'FileFormat', 'MPEG4', 'FrameRate', 10);

runLoop = true;
frameCount = 0;

% 100 frame video
while runLoop && frameCount < 100

    % Get the next frame.
    videoFrame = snapshot(cam);
    frameCount = frameCount + 1;
    videoFrameGray = rgb2gray(videoFrame);

    % Voronoi using corners
    C = corner(videoFrameGray, 100);
    [VX,VY] = voronoi(C(:,1),C(:,2));

    % Creating matrix of line segments in the form [x_11 y_11 x_12 y_12 ...
    % ... x_n1 y_n1 x_n2 y_n2]
    A = [VX(1,:); VY(1,:); VX(2,:); VY(2,:)];
    A(A>5000) = 5000; A(A<-5000) = -5000;
    A = A';

    videoFrame = insertMarker(videoFrame, C, '+', ...
        'Color', 'red');
    videoFrame = insertShape(videoFrame, 'Line', A, 'Color', 'red');

    % Display the annotated video frame using the video player object.
```

列表 A.9 在视频帧上实时构建沃罗诺伊镶嵌的 realTime1.m 中的 Matlab 程序

```
    step(videoPlayer, videoFrame);
    step(videoWriter, videoFrame);
end

% Clean up (video camera housekeeping)
clear cam;
release(videoWriter);
release(videoPlayer);
```

列表 A.9（续）　❑

A.2　第 2 章的程序

A.2.1　数字图像像素

注释 A.10　检查光栅图像的区域

图 A.13（a）的彩色图像为图 A.14 所示的图形用户接口（GUI）工具 `cpselect()` 提供的输入（参见列表 A.10）。使用此 GUI，可获得以下结果。

(a) 彩色图像示例　(b) 灰度图像示例

图 A.13　示例图像

图 A.14　`cpselect(g, h)` 窗示例，g = leaf.jpg，h = leafGrey.jpg

```
% script: inspectPixels.m
% 使用cpselect(g,h)检查光栅图像的像素
% comment: CTRL<r>, uncomment: CTRL<t>
% Each pixel is represented by a tiny square
clc, close all, clear all  % housekeeping
%%
% input a pair of images.
% Choices:
% 1. Input two copies of the same image
% 2. Input two different images.
% Examples:
%
% choice 1:
% g = imread('camera.jpg'); h = imread('camera.jpg');
% g = imread('peppers.png'); h = imread('peppers.png');
% choice 2:
g = imread('naturalTessellation.jpg'); h = imread('imgGrey.jpg');
% use cpselect tool
cpselect(g,h)
```

列表 A.10　inspectPixels.m 中的 Matlab 程序

（1）是显示灰度**图像区域**（放大镜头 50%）的像素检查窗口，如图 A.15（b）所示。该**检查窗口**可在图 A.15（b）中 cpselect 显示的上下文中看到。从图 A.16（a）中提取的图像区域的**特写**如图 A.17（a）所示。在这个特写镜头中，可以清楚地看到代表单个图像像素的小方块。

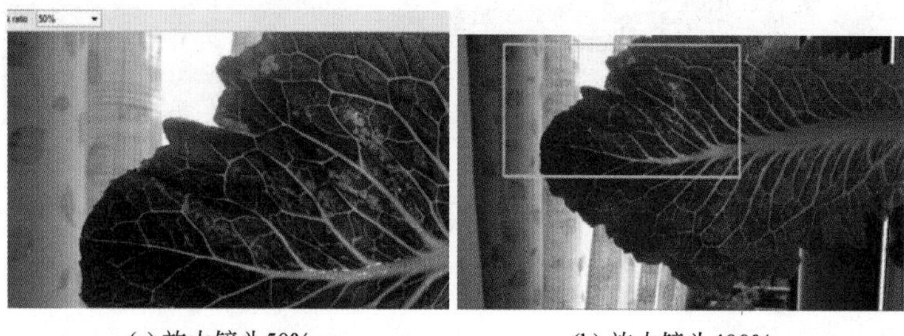

(a) 放大镜头50%　　(b) 放大镜头400%

图 A.15　图像示例

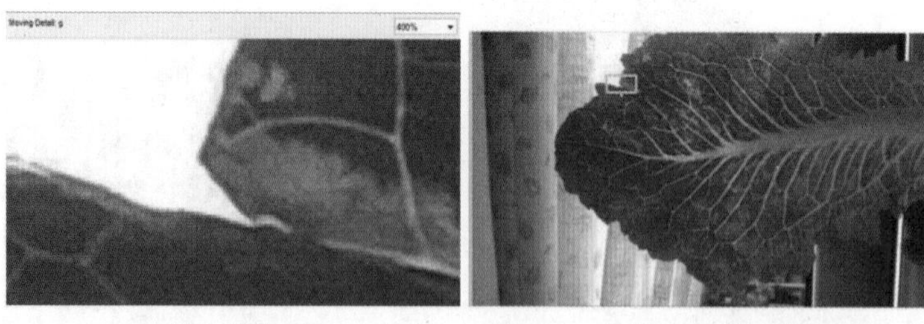

(a) 放大镜头50%　　(b) 放大镜头400%

图 A.16　图像示例

（2）是显示彩色图像区域（放大镜头 400%）的像素检查窗口，如图 A.16（b）所示。该检查窗口可在图 A.16（b）中 cpselect 显示的上下文中看到。从图 A.15（a）中提取的图像区域的特写如图 A.17（b）所示。在这个灰度图像区域的特写中，表示图像像素的微小方块并不明显。

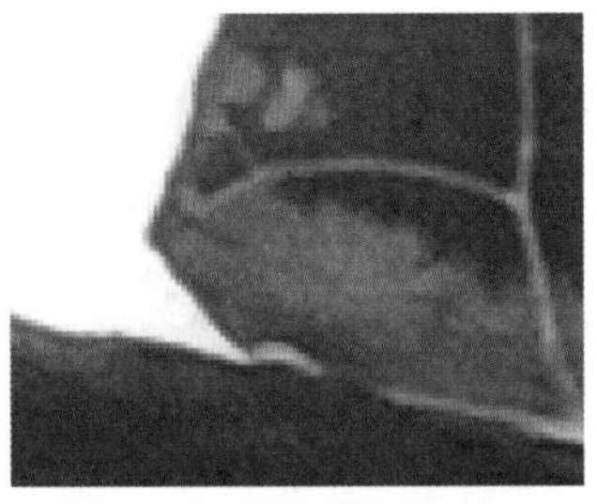
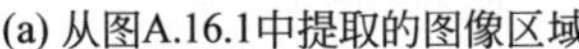
(a) 从图A.16.1中提取的图像区域

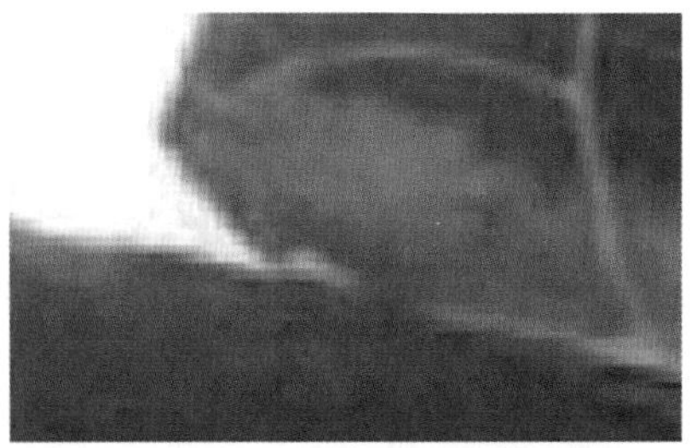
(b) 从图A.15.1中提取的图像区域

图 A.17　图像区域示例

有关这方面的更多信息参见 2.1 节。 □

A.2.2　彩色图像通道

注释 A.11　红色、绿色和蓝色彩色通道示例

图 A.18 给出像素**彩色通道**图示例，使用了列表 A.11 的 Matlab 程序。有关这方面的更多信息参见 2.1 节。

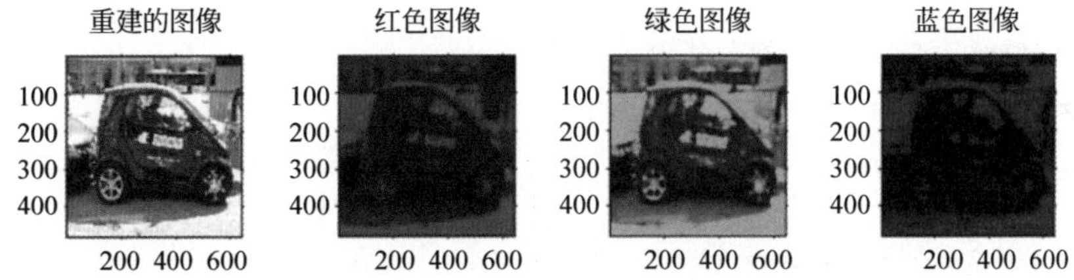

图 A.18　彩色图像的红、绿、蓝通道

```
% script: pixelChannels.m
% 显示彩色图像通道值
% Script idea from:
% http://www.mathworks.com/matlabcentral/profile/authors/1220757-sixwwwwww
clc, clear all, close all
img = imread('carCycle.jpg'); % Read image
% img = imread('carPoste.jpg'); % Read image
red = img(:,:,1); % Red channel
green = img(:,:,2); % Green channel
blue = img(:,:,3); % Blue channel
rows = size(img,1); columns = size(img,2);
rc = zeros(rows, columns);
justR = cat(3, red, rc, rc);
justG = cat(3, rc, green, rc);
justB = cat(3, rc, rc, blue);
captureOriginal = cat(3, red, green, blue);
figure, imshow(captureOriginal)~,...
    axis square, axis on;
figure,
subplot(1,4,1),imshow(captureOriginal), ...
    axis square, axis on,title('img reconstructed'),
subplot(1,4,2),imshow(justR), ...
    axis square, axis on,title('img reds'),
subplot(1,4,3),imshow(justG), ...
    axis square, axis on,title('img greens'),
subplot(1,4,4),imshow(justB), ...
    axis square, axis on,title('img blues')
```

列表 A.11　pixelChannels.m 中的 Matlab 程序 □

A.2.3 彩色向灰度的转换

注释 A.12 彩色向灰度的转换示例

图 A.19 给出**彩色图像**转换为**灰度图像**（**向灰度转换**）的示例，使用了列表 A.12 的 Matlab 程序。对彩色像素和灰度像素强度的绘图见图 A.20。有关这方面的更多信息参见 2.1 节。

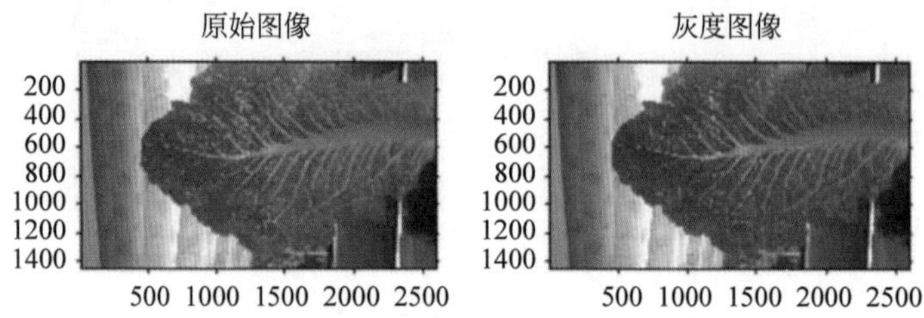

图 A.19 彩色图像↦灰度图像

```
% script: rgb2grey.m
% 彩色到灰度的转换
clc, clear all, close all
%%
img = imread('naturalTessellation.jpg');
% figure, imshow(img),axis on;
imgGrey = rgb2gray(img);
imwrite(imgGrey,'imgGrey.jpg');
figure,
subplot(1,2,1), plot(img(1,:)) ,...  % row 1 colour intensities
    axis square; title('row 1 colour values');
subplot(1,2,2),plot(imgGrey(1,:)) ,...  % row 1 greyscale intensities
    axis square; title('row 1 greyscale values');
figure,
subplot(1,2,1), imshow(img) ,...  % display colour image
    axis on; title('orginal image');
subplot(1,2,2), imshow(imgGrey) ,...  % display greyscale image
    axis on; title('greyscale image');
```

列表 A.12 rgb2grey.m 中的 Matlab 程序

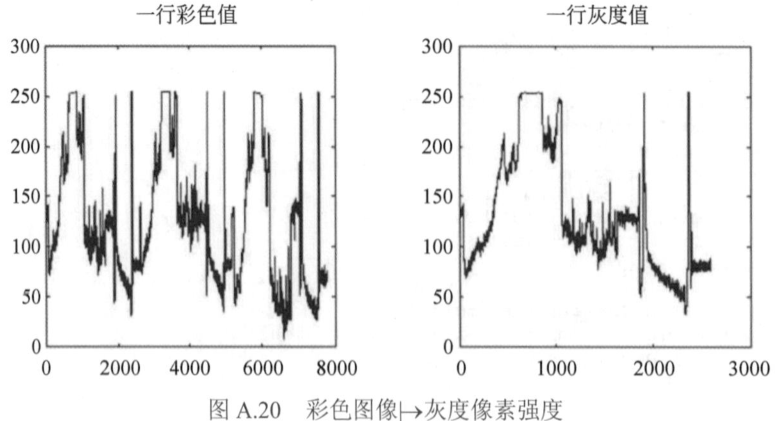

图 A.20 彩色图像↦灰度像素强度 ❑

A.2.4　对像素强度的代数操作

注释 A.13　对像素强度的代数操作示例 I

图 A.21 给出**对像素强度的代数操作**结果，使用了列表 A.13 的 Matlab 程序。有关这方面的更多信息参见 2.4 节。

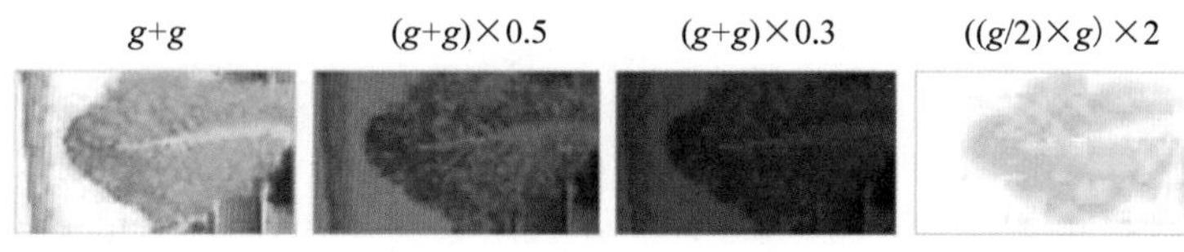

图 A.21　彩色图像↦像素强度改变

```
% script: pixelCycle.m
% 示例像素值改变I
clc, clear all, close all
%%
g = imread('leaf.jpg');
% g = imread('carCycle.jpg');
figure, imshow(g),axis on;
figure,
i1 = g + g;                        % add image pixel values
subplot(3,4,1), imshow(i1),...
    axis off; title('g + g');   % display sum
i2 = (g + g).*0.5;                      % average pixel values
subplot(3,4,2), imshow(i2),...
    axis off; title('(g + g).*0.5');  % display average
i3 = (g + g).*0.3;                 % 1/3 pixel values
subplot(3,4,3), imshow(i3),...
    axis off; title('(g + g).*0.3');  % display reduced values
i4 = ((g./2).*g).*2;               % doubled pixel value products
subplot(3,4,4), imshow(i4),...
    axis off; title('((g./2).*g).*2');  % display doubled values
```

列表 A.13　pixelCycle.m 中的 Matlab 程序　□

注释 A.14　对像素强度的代数操作示例 II

图 A.22 给出对像素强度的代数操作结果，使用了列表 A.14 的 Matlab 程序。有关这方面的更多信息参见 2.4 节。

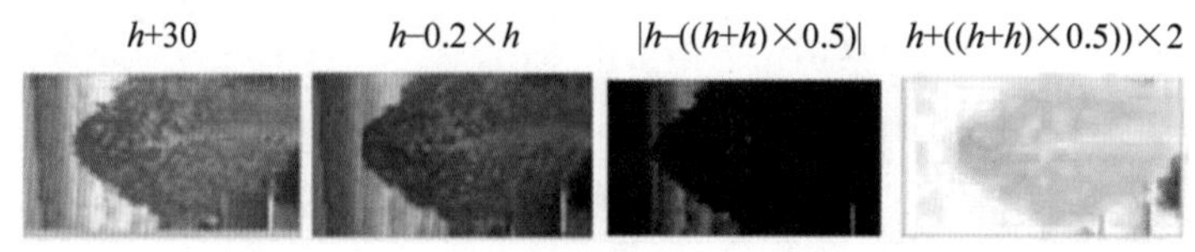

图 A.22　另一个彩色图像↦像素强度改变

```
% 示例像素值改变II
clc, clear all, close all
h = imread('naturalTessellation.jpg');
figure, imshow(h),axis on;
i5 = h + 30;                   % pixel values + 30
figure,
subplot(3,4,5), imshow(i5),...
```

列表 A.14　pixelLeaf.m 中的 Matlab 程序

```
    axis off; title('h + 30'); % display augmented image pixels
i6 = imsubtract(h,0.2.*h); % pixel value differences
subplot(3,4,6), imshow(i6) ,...
    axis off; title('h-0.2.*h'); % display pixel differences
i7 = imabsdiff(h,((h + h).*0.5)); % absolute value of differences
subplot(3,4,7), imshow(i7) ,...
    axis off; title('|h-((h + h).*0.5)|'); % display abs of differences
i8 = imadd(h,((h + h).*0.5)).*2; % summed pixel values doubled
subplot(3,4,8), imshow(i8) ,...
    axis off; title('h+((h + h).*0.5)).*2'); % display doubled sums
```

列表 A.14（续） ❑

注释 A.15 对像素强度的代数操作示例 III

图 A.23 给出对像素强度的代数操作结果，使用了列表 A.15 的 Matlab 程序。有关这方面的更多信息参见 2.4 节。

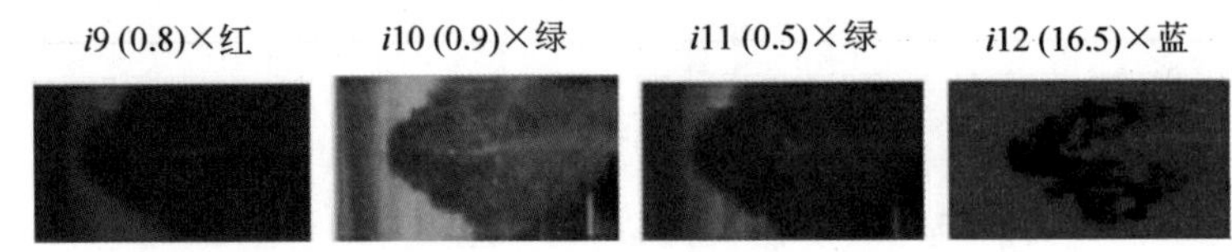

图 A.23 又一个彩色图像|→像素强度改变

```
% script: pixelR.m
% 示例像素值改变III
clc, clear all, close all
%%
img = imread('leaf.jpg');
% img = imread('CVLab-3.jpg');
figure, imshow(img),axis on;
% set up dummy image
rows = size(img,1); columns = size(img,2);
a = zeros(rows, columns);
% fill dummy image with new red brightness values
figure,
i9 = cat(3,(0.8).*img(:,:,1),a,a);   % changed red intensities
subplot(3,4,9), imshow(i9) ,...
    axis off; title('i9 (0.8).*red'); % display modified red intensities
% fill dummy image with new green brightness values
i10 = cat(3,a,(0.9).*img(:,:,2),a); % changed green intensities
subplot(3,4,10), imshow(i10) ,...
    axis off; title('i10 (0.9).*green'); % display newgreen intensities
% fill dummy image with new green brightness values
i11 = cat(3,a,(0.5).*img(:,:,2),a);  % changed green intensities
subplot(3,4,11), imshow(i11) ,...
    axis off; title('i11 (0.5).*green'); % display new green intensities
i12 = cat(3,a,a,(16.5).*img(:,:,3)); % changed blue intensities
subplot(3,4,12), imshow(i12) ,...
    axis off; title('i12 (16.5).*blue'); % display new blue intensities
```

列表 A.15 pixelR.m 中的 Matlab 程序 ❑

注释 A.16 对像素强度的代数操作示例 IV

图 A.24 给出对像素强度的代数操作结果，使用了列表 A.16 的 Matlab 程序。有关这方面的更多信息参见 2.4 节。

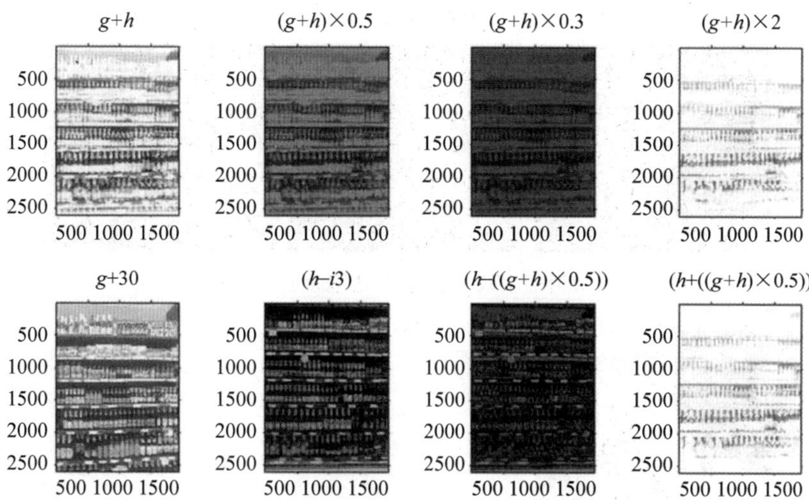

图 A.24　另外一个彩色图像↦像素强度改变

```
% script: thaiR.m
% 从旧图像构建新图像
% 示例像素值改变IV
clc, clear all, close all
%%
                                              % What's happening?
%g = imread('rainbow.jpg'); h = imread('gems.jpg');
g = imread('P9.jpg'); h = imread('P7.jpg');
i1 = g + h;                                   % add image pixel values
subplot(2,4,1), imshow(i1); title('g + h'); % display sum
i2 = (g + h).*0.5;                            % average pixel values
subplot(2,4,2), imshow(i2); title('(g+h).*0.5'); % display average
i3 = (g + h).*0.3;                            % 1/3 pixel values
subplot(2,4,3), imshow(i3); title('(g+h).*0.3'); % display reduced values
i4 = (g + h).*2;                              % doubled pixel value sums
subplot(2,4,4), imshow(i4); title('(g+h).*2'); % display doubled values
i5 = g + 30;                                  % pixel value + 30
subplot(2,4,5), imshow(i5); title('g + 30'); % display augmented image pixels
i6 = imsubtract(h,i3);                        % pixel value differences
subplot(2,4,6), imshow(i6); title('(h-i3)'); % display pixel differences
i7 = imabsdiff(h,((g + h).*0.5));             % absolute value of differences
subplot(2,4,7), imshow(i7); title('(h-((g+h).*0.5))'); % display abs of
     differences
i8 = imadd(h,((g + h).*0.5)).*2;              % summed pixel values doubled
subplot(2,4,8), imshow(i8); title('(h+((g+h).*0.5))'); % display doubled sums
```

列表 A.16　使用 thai.m 生成图 A.24 的 Matlab 程序　❑

注释 A.17　对像素强度的代数操作示例 V

图 A.25 给出对彩色通道和灰度像素强度的代数操作结果，使用了列表 A.17 的 Matlab 程序。将原始彩色强度与缩放的最大红色通道强度拼接的结果如图 A.25（a）所示。类似地，将原始灰度强度与缩放的最大灰度强度拼接的结果如图 A.25（b）所示。有关这方面的更多信息参见 2.4 节。

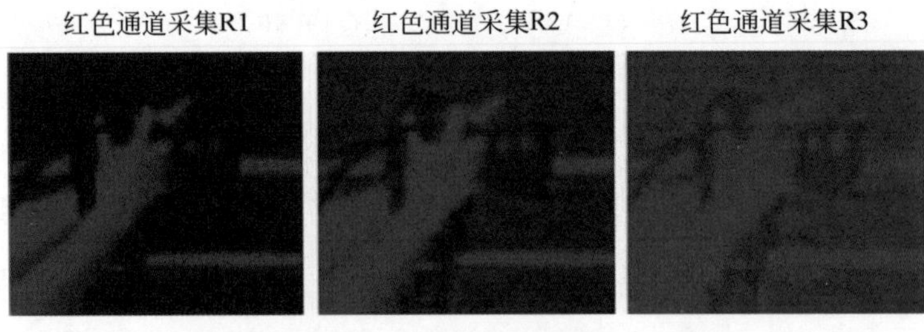

(a) 对相机图像彩色通道和灰度强度的代数操作

(b) 从图A.25.1提取出的图像区域

图 A.25 彩色通道和灰度强度改变示例

```
% script: maxImage.m
% 使用最大强度修改彩色通道像素值
clc, clear all, close all        % housekeeping
%%
g = imread('camera.jpg');        % read colour image
[r,c] = max(g(1,:,1));           % g(r,c) = max red intensity in row 1
h = g(:,:,1) + (0.1).*g(r,c);    % add (0.1)max red value to all pixel values
h2 = g(:,:,1) + (0.3).*g(r,c);   % add (0.3)max red from all pixel values
h3 = g(:,:,1) + (0.6).*g(r,c);   % add (0.6)max red from all pixels
rows = size(g,1); columns = size(g,2);
a = zeros(rows, columns);        % black image
captureR1 = cat(3, h, a, a);     % red channel image
captureR2 = cat(3, h2, a, a);     % red channel image
captureR3 = cat(3, h3, a, a);     % red channel image
figure, % internal view of a red channel is a greyscale image
subplot(1,3,1), imshow(h),title('g(:,:,1)+(0.1).*g(r,c)');
subplot(1,3,2), imshow(h2),title('g(:,:,1)+(0.3).*g(r,c)');
subplot(1,3,3), imshow(h3),title('g(:,:,1)+(0.6).*g(r,c)');
figure, % external view of a red channel is a colour image
subplot(1,3,1), imshow(captureR1),title('red channel captureR1');
subplot(1,3,2), imshow(captureR2),title('red channel captureR2');
subplot(1,3,3), imshow(captureR3),title('red channel captureR3');
```

列表 A.17 使用 naxImage.m 查找最大红色强度 ❑

A.2.5 选择和显示边缘像素的彩色像素强度

注释 A.18 坎尼彩色通道边缘示例

列表 A.18 的 Matlab 程序能产生如下结果。

```
% script: imageEdgesOnColorChannel.m
% 边缘彩色通道像素映射为新强度
clc, clear all, close all
%%
img = imread('trains.jpg');
% img = imread('carCycle.jpg');
figure,imshow(img) ,...
    axis square, axis on, title('colour image display');
gR = img(:,:,1); gG = img(:,:,2); gB = img(:,:,3);
imgRGB = edge(rgb2gray(img),'canny'); % greyscale edges in B/W
imgR = edge(gR,'canny');     % red channel edges in B/W
imgG = edge(gG,'canny');     % green channel edges in B/W
imgB = edge(gB,'canny');     % blue channel edges in B/W
figure,imshow(imgRGB) ,...
    axis square, axis on, title('BW edges');
figure,
subplot(1,3,1),imshow(imgR) ,...
    axis square, axis on, title('R channel edges');
subplot(1,3,2),imshow(imgG) ,...
    axis square, axis on, title('G channel edges');
subplot(1,3,3),imshow(imgB) ,...
    axis square, axis on, title('B channel edges');
rows = size(img,1); columns = size(img,2);
a = zeros(rows, columns);     % black image
captureR = cat(3, gR, a, a); % red channel image
captureG = cat(3, a, gG, a); % green channel image
captureB = cat(3, a, a, gB); % red channel image
edgesR = cat(3,imgR,a,a);     % red channel edges image
edgesG = cat(3,a,imgG,a);     % green channel edges image
edgesB = cat(3,a,a,imgB);     % blue channel edges image
edgesBscaled = edgesB+0.2;    % scaled blue edges
edgesRG = cat(3,imgR,imgG,a); % RG technicolor edges
figure,imshow(edgesRG) ,...
    axis square, axis on, title('technicolor RG edges');
edgesRB = cat(3,imgR,a,imgB); % RB technicolor edges
figure,imshow(edgesRB) ,...
    axis square, axis on, title('technicolor RB edges');
figure,imshow(captureR) ,...
    axis square, axis on, title('red channel pixels');
figure,imshow(edgesR) ,...
    axis square, axis on, title('red channel edge pixels');
figure,imshow(captureG) ,...
    axis square, axis on, title('green channel pixels');
figure,imshow(edgesG) ,...
    axis square, axis on, title('green channel edge pixels');
figure,
subplot(1,2,1),imshow(captureR) ,...
    axis square, axis on, title('red channel');
subplot(1,2,2),imshow(edgesR) ,...
    axis square, axis on, title('red edges');
figure,
subplot(1,2,1),imshow(captureG) ,...
    axis square, axis on, title('green channel');
subplot(1,2,2),imshow(edgesG) ,...
    axis square, axis on, title('green edges');
figure,
subplot(1,2,1),imshow(captureB) ,...
    axis square, axis on, title('blue channel');
subplot(1,2,2),imshow(edgesBscaled) ,...
    axis square, axis on, title('blue edges');
```

列表 A.18 imageEdgesOnColorChannel.m 中的 Matlab 程序

（1）从图 A.26 的彩色图像中可提取二值**坎尼边缘**（见图 A.27（a））和 RGB 坎尼边缘（见图 A.27（b））。

图 A.26 萨勒诺车站火车

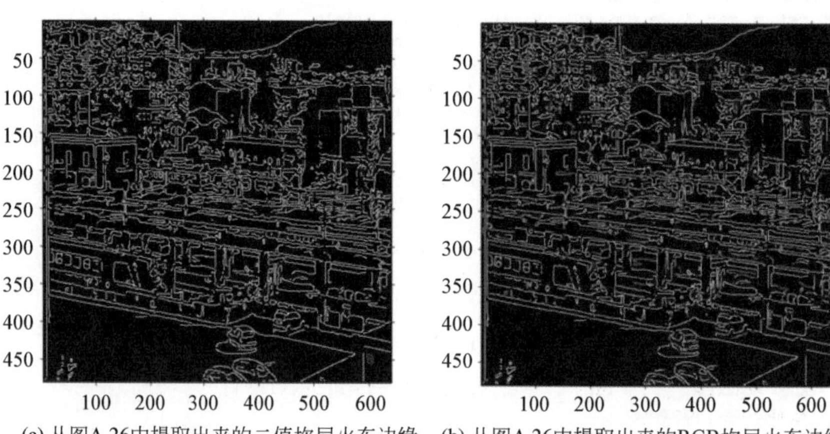

(a) 从图A.26中提取出来的二值坎尼火车边缘 (b) 从图A.26中提取出来的RGB坎尼火车边缘

图 A.27 使用列表 A.18 得到的坎尼火车二值和彩色边缘示例

（2）图 A.28 显示从图 A.25 的彩色图像中提取出来的各个彩色通道的二值坎尼边缘。

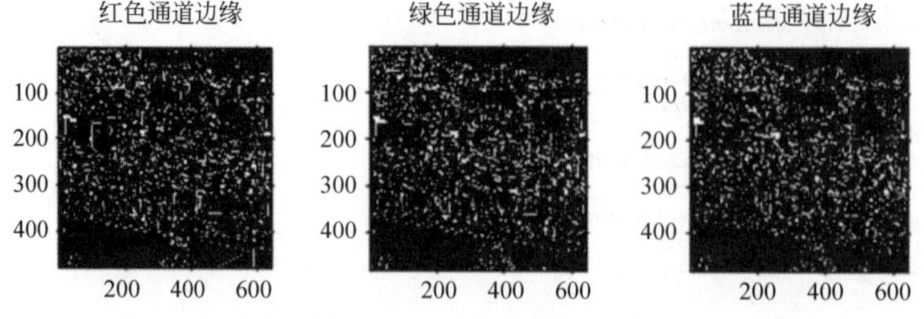

图 A.28 使用列表 A.18 对每个彩色通道得到的坎尼边缘

（3）各个彩色通道的二值坎尼边缘如图 A.28 所示。

（4）对图 A.26 中结合红色和蓝色两个彩色通道的坎尼边缘如图 A.29 所示。

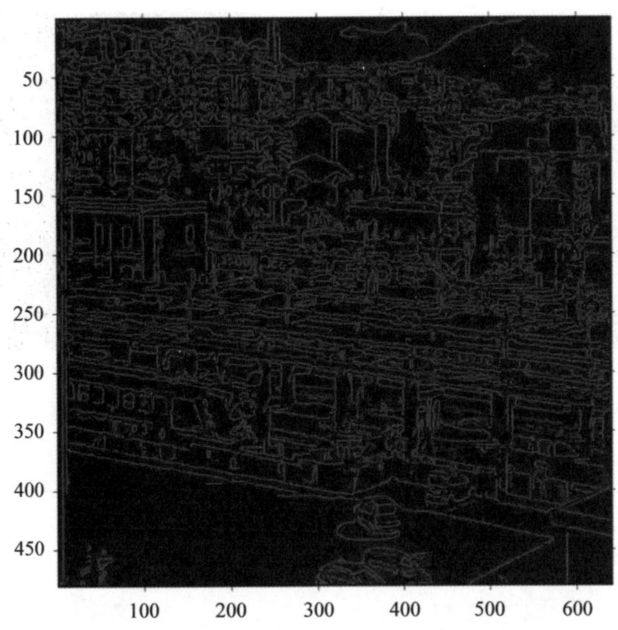

图 A.29　使用列表 A.18 结合红色和蓝色两个彩色通道得到的坎尼边缘

（5）对图 A.26 中红色通道的坎尼边缘如图 A.30 所示。

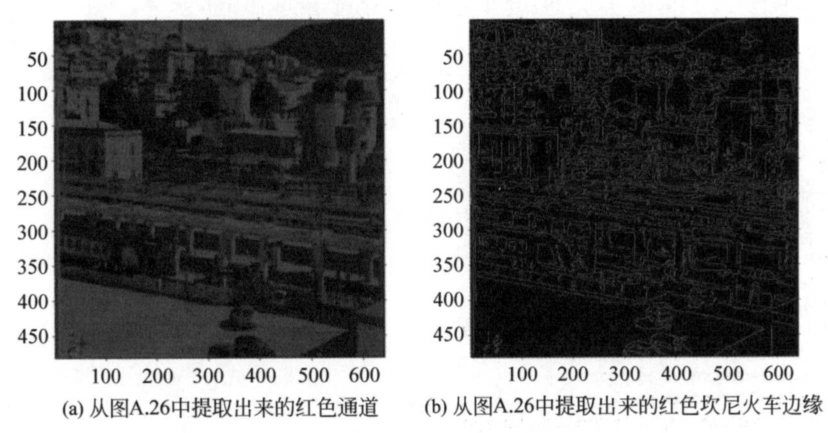

(a) 从图A.26中提取出来的红色通道　(b) 从图A.26中提取出来的红色坎尼火车边缘

图 A.30　使用列表 A.18 得到的二值和彩色坎尼火车边缘

（6）对图 A.26 中绿色通道的坎尼边缘如图 A.31 所示。

有关这方面的更多信息参见 2.5 节。 ❑

A.2.6　基于函数的像素值修改

注释 A.19　对数修改的视频帧彩色通道图像示例

列表 A.19 的 Matlab 程序能产生如下结果。

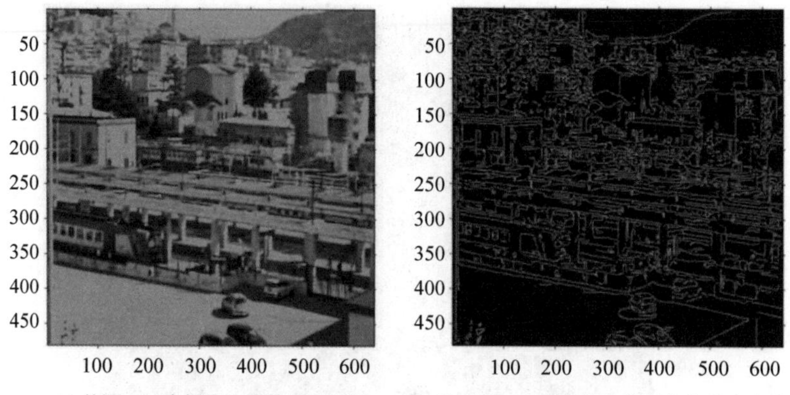

(a) 从图A.26中提取出来的绿色通道　(b) 从图A.26中提取出来的绿色坎尼火车边缘

图 A.31　使用列表 A.18 得到的各个彩色图像的坎尼边缘

```
% script: cameraPixelsModified.m
% 改变彩色通道值：
% 方法：通道强度的对数放缩
%
clc, clear all, close all
%%
img = imread('CNtrain.jpg'); % Read image
% img = imread('carCycle.jpg');
gR = img(:,:,1); gG = img(:,:,2); gB = img(:,:,3);
% g(:,:) specifies all image pixel intensities
% double(g(:,:)) converts pixel intensities to type double
% let x be a number of type double
% log(x) = natural log of x
% log(double(g(:,:))) computes log all pixel intensities
% 0.2.*log(double(g(:,:))) reduces each pixel channel intensity
% img = stores array to modified pixel channel intensities
imgR = 0.2.*log(double(img(:,:,1)));
imgB = 0.2.*log(double(img(:,:,2)));
imgG = 0.2.*log(double(img(:,:,3)));
rows = size(img,1); columns = size(img,2);
a = zeros(rows, columns);
justR = cat(3, imgR, a, a);
justG = cat(3, a, imgB, a);
justB = cat(3, a, a, imgG);
captureOriginal = cat(3, gR, gG, gB);
figure, imshow(captureOriginal),...
    axis square, axis on;
captureModifiedImage = cat(3, imgR, imgB, imgG);
figure, imshow(captureModifiedImage),...
    axis square, axis on;
figure,
subplot(1,4,1),imshow(captureModifiedImage), ...
    axis square, axis on,title('img reconstructed'),
subplot(1,4,2),imshow(justR), ...
    axis square, axis on,title('log img reds'),
subplot(1,4,3),imshow(justG), ...
    axis square, axis on,title('log img greens'),
subplot(1,4,4),imshow(justB), ...
    axis square, axis on,title('log img blues')
```

列表 A.19　cameraPixelsModified.m 中的 Matlab 程序

（1）图 A.32（a）中的单个视频帧图像被映射为如图 A.32（b）所示的对数修改的重建图像。

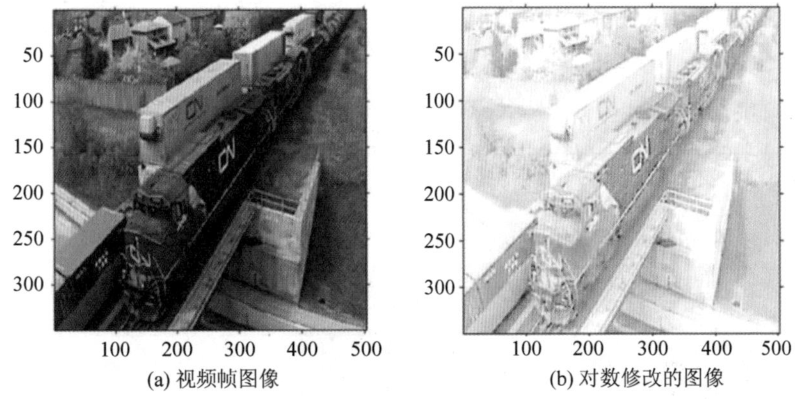

图 A.32　视频帧→对数修改的图像

（2）图 A.33 给出一系列对数修改的彩色通道图像。

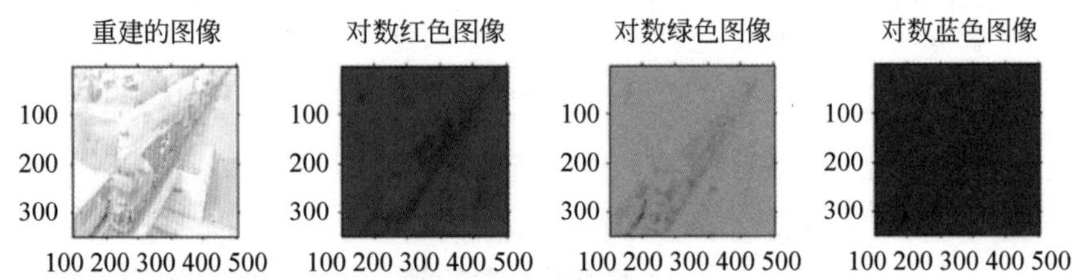

图 A.33　一系列对数修改的视频帧彩色通道图像

有关这方面的更多信息参见 2.6 节。 □

A.2.7　对图像的逻辑操作

注释 A.20　对灰度图像的求反、求非、最大强度修改示例

列表 A.20 的 Matlab 程序能产生如下结果。

```
% script: invert.m
% 灰度图像求反和二值图像的逻辑非
clc, clear all, close all          % housekeeping
%%
g = imread('cameraman.tif');       % read greyscale image
gbinary = im2bw(g);                % convert to binary image
gnot = not(gbinary);               % not of bw intensities
% gbinaryComplement = imcomplement(gbinary);
% gbinaryComplement = imcomplement(gnot);
gbinaryComplement = imcomplement(g);
figure,
subplot(1,3,1), imshow(g),...
    axis square, axis on, title('greyscale image');
h = imcomplement(g);               % invert image (complement)
subplot(1,3,2), imshow(h),...
    axis square, axis on, title('image complement');
[r,c] = max(g);                    % max intensity location
h2 = g + g(r,c);                   % max-increased intensities
subplot(1,3,3), imshow(h2),...
    axis square, axis on, title('add max intensity');
figure,
```

列表 A.20　使用 invert.m 生成图 2.24 的 Matlab 程序

```
subplot(1,3,1), imshow(gbinary) ,...
    axis square, axis on, title('binary image');
subplot(1,3,2), imshow(gnot) ,...
    axis square, axis on, title('not of image');
subplot(1,3,3), imshow(gbinaryComplement) ,...
    axis square, axis on, title(' image complement');
```

列表 A.20（续）

（1）像素**最大强度**提供了图 A.34 中修改**灰度图像强度**的基础。

图 A.34　最大强度修改的灰度图像

（2）图 A.35 给出了**逻辑补**与灰度图像**求反**的对比。

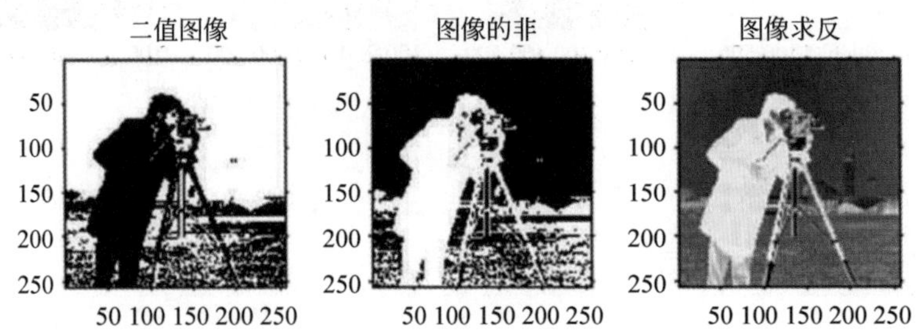

图 A.35　灰度像素强度的求反和求非

有关这方面的更多信息参见 2.6 节。 ❑

A.3　第 3 章的程序

A.3.1　像素强度直方图（分档）

注释 A.21　灰度图像和茎干图示例

列表 A.21 的 Matlab 程序产生的结果如图 A.36 所示（包括**直方图**和**茎干图**）。有关这方面的更多信息参见 3.1 节。

```
% script: histogramBins.m
% 直方图和茎干图实验
%
clc, clear all, close all % housekeeping
%%
```

列表 A.21　histogramBins.m 的 Matlab 程序展示了强度图像的分类像素强度

```
% This section for colour images
I = imread('trains.jpg'); % sample RGB image
% I = imread('CNtrain.jpg');
% I = imread('fishermanHead.jpg');
% I = imread('fisherman.jpg');
% I = imread('football.jpg');
I = rgb2gray(I);
%
% This section for intensity images
%I = imread('pout.tif');
%
% Construct histogram:
%
h = imhist(I);
[counts,x] = imhist(I);
for j=1:size(x)
  [j,counts(j)]
end
% counts
size(counts)
subplot(1,3,1), imshow(I);
subplot(1,3,2), imhist(I),
grid on,
ylabel('pixel count');
subplot(1,3,3), stem(x,counts),
grid on
```

列表 A.21（续）

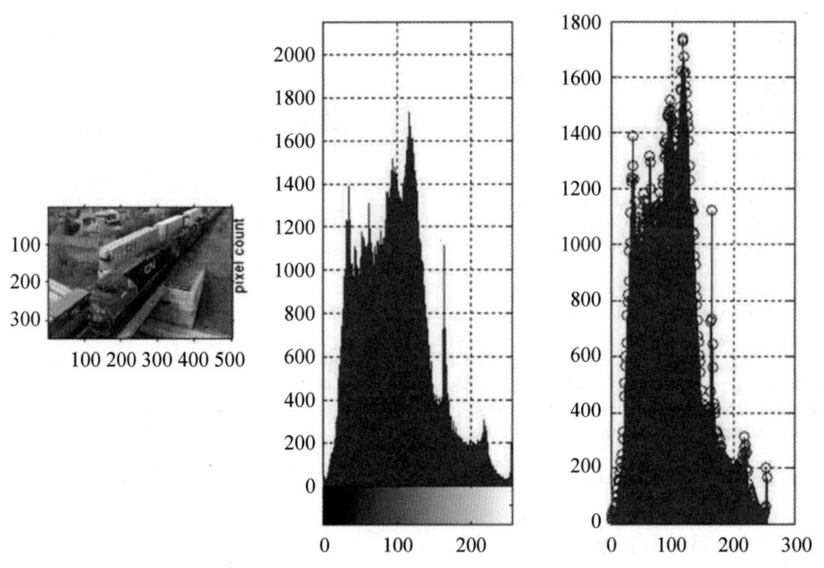

图 A.36　灰度像素强度直方图和茎干（火柴梗）图 ❑

A.3.2　像素强度分布

注释 A.22　彩色图像网格、彩色强度 3-D 网格和用于绿色通道强度图的 3-D 轮廓网格示例

列表 A.22 的 Matlab 程序对具有网格覆盖的图 A.37 所产生的结果如图 A.38(a)和 A.38(b) 所示。有关这方面的更多信息参见 3.1 节。

```
% script: imageMesh.m
% 图像几何: 可视化RGB像素分布
%
clear all; close all; clc; % housekeeping
%%
img = imread('trains.jpg'); % sample RGB image
% img=imread('carPolizia.jpg');
figure, imshow(img) ,...
  axis on, grid on, xlabel('x'),ylabel('y');
% img = imcrop(img);
% [r,c] = size(img); % determine cropped image size
% r,c
figure, imshow(img(300:360,300:380)) ,...
  axis on, grid on, xlabel('x'),ylabel('y');
% convert to 64 bit (double precision) format
% surf & surfc need double precision: 64 bit pixel values
img = double(double(img));
% Cr = gradient(img(:,:,1));
% Cg = gradient(img(:,:,2));
% Cb = gradient(img(:,:,2));
% colour channel gradients of manually crop image:
Cr = gradient(img(300:360,300:380,1));
Cg = gradient(img(300:360,300:380,2));
Cb = gradient(img(300:360,300:380,3));
figure;
% vm3D = surf(img(:,:));
vm3D = surf(img(300:360,300:380));
axis tight,zlabel('rgb pixel intensities'),
xlabel('x:gradient(img(:,:)'),ylabel('y:gradient(img(:,:)'); % label axes
saveas(vm3D,'3DcontourMesh.png'); % save copy of image
vm3Dred = figure,
% surfc(img(:,:,1),Cr),
surfc(img(300:360,300:380,1),Cr),
axis tight,zlabel('red channel pixel intensities') ,...
xlabel('x:gradient(img(:,:,1)'),ylabel('y:gradient(img(:,:,1)'); % label axes
vm3Dgreen = figure,
% surfc(img(:,:,2),Cg),
surfc(img(300:360,300:380,2),Cg),
axis tight,zlabel('green channel pixel intensities') ,...
xlabel('x:gradient(img(:,:,2)'),ylabel('y:(img(:,:,2)'); % label axes
vm3Dblue = figure,
% surfc(img(:,:,3),Cb),
surfc(img(300:360,300:380,3),Cb),
axis tight,zlabel('blue channel pixel intensities') ,...
xlabel('x:gradient(img(:,:,3)'),ylabel('y:gradient(img(:,:,3)'); % label axes
saveas(vm3D,'3DcontourMesh.png'); % save copy of image
saveas(vm3Dred,'3DcontourMeshRed.png'); % save copy of red channel contour mesh
saveas(vm3Dgreen,'3DcontourMeshGreen.png'); % save copy of red channel contour
     mesh
saveas(vm3Dblue,'3DcontourMeshRed.png'); % save copy of red channel contour
     mesh
% access and displaying (in the work space) manually cropped image:
% rgb340341 = img(340,341),
% rgb340342 = img(340,342),
% rgb340343 = img(340,343),
% red = img(340:343,1),
% green = img(340:343,2),
% blue = img(340:343,3)
```

列表 A.22 imageMesh.m 的 Matlab 程序

图 A.37　彩色图像上的网格示例

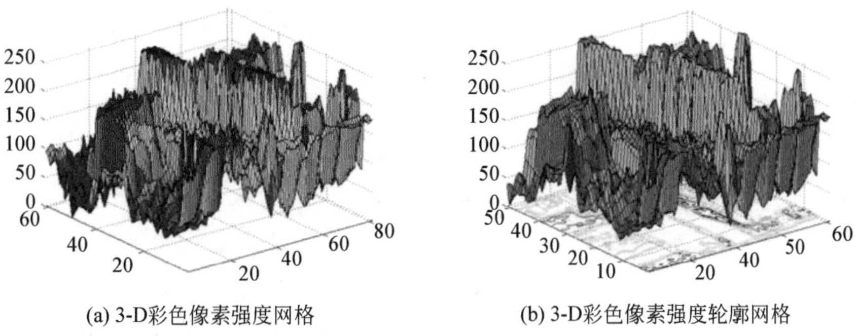

(a) 3-D彩色像素强度网格　　(b) 3-D彩色像素强度轮廓网格

图 A.38　像素强度的 3-D 视图示例　❑

A.3.3　像素强度等值线

注释 A.23　带和不带标签的彩色通道等值线示例

列表 A.23 的 Matlab 程序对具有网格覆盖的图 A.39 所产生的结果如图 A.40(a)和 A.40(b) 所示。有关这方面的更多信息参见 3.1 节。

```
% Source: isolines.m
% 等值线的可视化实验
%
clc, close all, clear all  % housekeeping
g = imread('peppers.png');  % read colour image
figure, imshow(g),axis on, grid on;
figure,
contour(g(:,:,1)); % isolines w/o values
figure,
[c,h] = contour(g(:,:,1)), % red channel isolines
clabel(c,h,'labelspacing',80); % isoline label spacing
hold on
set(h,'ShowText','on','TextStep',get(h,'LevelStep'));
colormap jet, title('peppers.png red channel isoline values');
```

列表 A.23　isoline.m 的 Matlab 码生成图 A.40 所示的彩色通道等值线

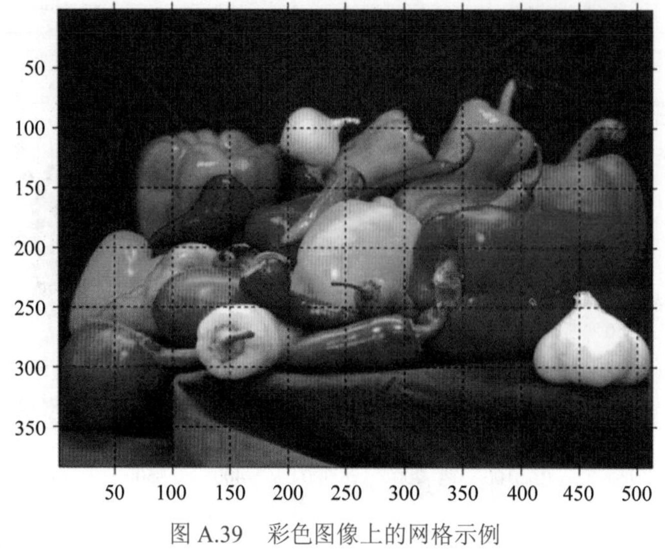

图 A.39 彩色图像上的网格示例

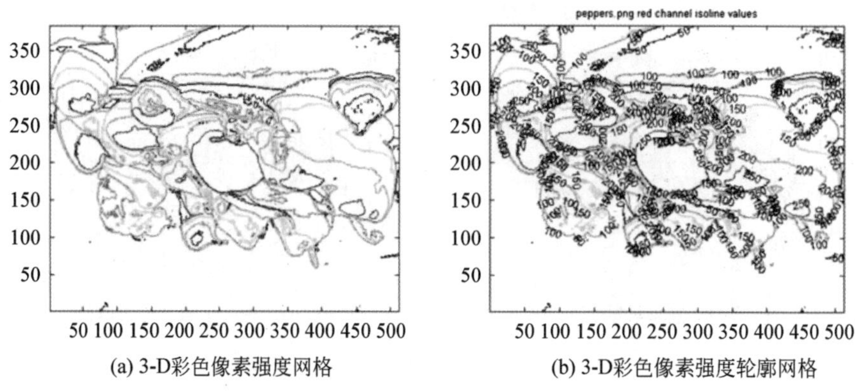

(a) 3-D彩色像素强度网格　　(b) 3-D彩色像素强度轮廓网格

图 A.40 带和不带标签的彩色通道等值线示例 ❑

A.4 第 4 章的程序

附录 A.4 的程序已嵌入在第 4 章中。

A.5 第 5 章的程序

A.5.1 1-D 高斯核绘图

注释 A.24 改变 1-D 高斯核绘图的宽度

图 A.41 给出 1-D 高斯核函数绘图的一组示例，这里使用了列表 A.24 的 Matlab 程序。有关这方面的更多信息参见附录 A.5.2 小节和第 5 章的例 5.1。

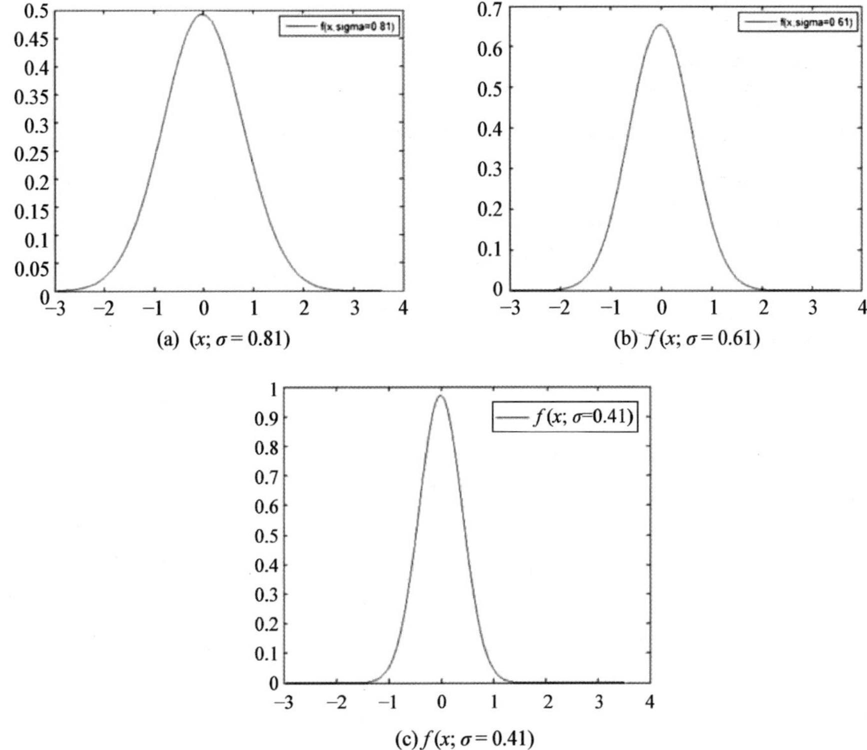

(a) $(x; \sigma = 0.81)$　(b) $f(x; \sigma = 0.61)$

(c) $f(x; \sigma = 0.41)$

图 A.41　改变 1-D 高斯核绘图的宽度

```
% gaussianSmoothing.m
% Script for 1D Gaussian kernel plots
% Original script by Matthew Brett 6/8/99
% Thanks extended to R. Hettiarachchi for nos correction.
% revised 24 Oct. 2016
clear all, close all, clc

% make vectors of points for the x axis
% minx = 1; maxx = 55; x = minx:maxx; % for discrete plots
% fineness = 1/100;
% finex = minx:fineness:maxx; % for continuous plots

% im = read('peppers.png');
% im = rgb2hsv(im); % use row of im instead of nos variable (below).

%% Let mean u = 0. The formula for 1D Gaussian kernel is defined by
%                  1              (  x^2  )
%     f(x) = ─────────── exp[− ─────────── ]
%             v*sqrt(2*pi)         (  2v^2  )
% where v (or sigma) is the standard deviation, and u is the mean.

% 1D  1-D高斯核方差
%%
sigma1 = 0.41; % 0.51,1.5;
rng('default');
nos = randn(1,100);
fineness = nos/100;
kernx = min(nos):fineness:max(nos);
skerny = 1/(sigma1*sqrt(2*pi)) * exp(-kernx.^2/(2*sigma1^2)); % v = o.51,1,3
figure
plot(kernx, skerny,'r') ,...
    legend('f(x;sigma=0.41)','Location','NorthEast');
sigma2 = 0.61; % 1.0;
```

列表 A.24　获得 1-D 高斯核图的 gaussianSmoothing.m 中的 Matlab 程序

```
skerny = 1/(sigma2*sqrt(2*pi)) * exp(-kernx.^2/(2*sigma2^2)); % v = 1,3
figure
plot(kernx, skerny,'r'),...
    legend('f(x;sigma=0.61)','Location','NorthEast');
sigma3 = 0.81; %1.2;
skerny = 1/(sigma3*sqrt(2*pi)) * exp(-kernx.^2/(2*sigma3^2)); % v = 1,3
figure
plot(kernx, skerny,'r'),...
    legend('f(x;sigma=0.81)','Location','NorthEast');
```

列表 A.24（续） ❑

A.5.2 高斯核实验

注释 A.25 关于 1-D 高斯核

图 A.42 显示了使用 Mathematica 的 Manipulate 函数所得到的 1-D **高斯核**函数的样例。尝试使用 Matlab 做同样的事情。设σ为高斯核曲线的**宽度**，以 0 为中心。宽度$\sigma > 0$称为**标准差**（距离一组数据中心的平均距离），σ^2 称为**方差**。一组数据的平均值或**均值**或**中间值**用μ表示。在这种情况下，$\mu = 0$。1-D 高斯核函数$f(x;\sigma)$，$x\in\mathbb{R}$（实数）由下式定义：

$$f(x;\sigma)=\frac{1}{\sigma\sqrt{2\pi}}\exp\left[-\frac{(x-0)^2}{2\sigma^2}\right]=\frac{1}{\sigma\sqrt{2\pi}}\exp\left[-\frac{x^2}{2\sigma^2}\right] \quad \textbf{(1-D高斯核)}$$

在 1-D 高斯核函数$f(x;\sigma)$的定义中，x是**空间参数**，σ是比例参数。x和σ之间的分号分隔两种类型的参数。对于 x，尝试让 x 在彩色或灰度图像的行或列的像素强度范围中取值，取**尺度参数**σ为较小值，例如$\sigma = 0.5$。有关这方面的更多信息参见 ter Haar Romeny [64]。有关计算机视觉、**可视化**和高斯内核的其他 ter Haar Romeny 论文，参见 http://bmia.bmt.tue.nl/people/bromeny/index.html。

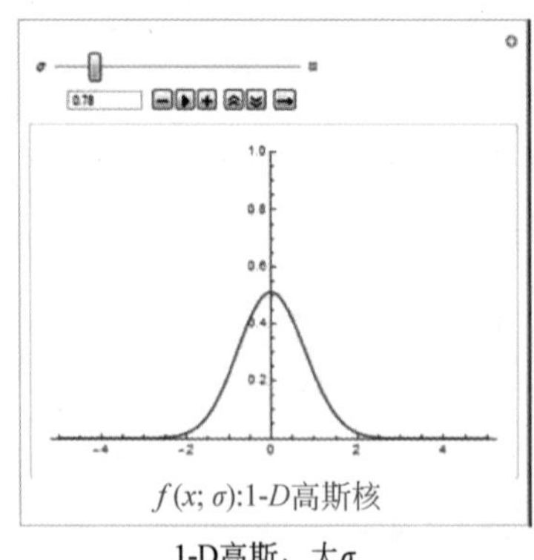

1-D高斯，大σ

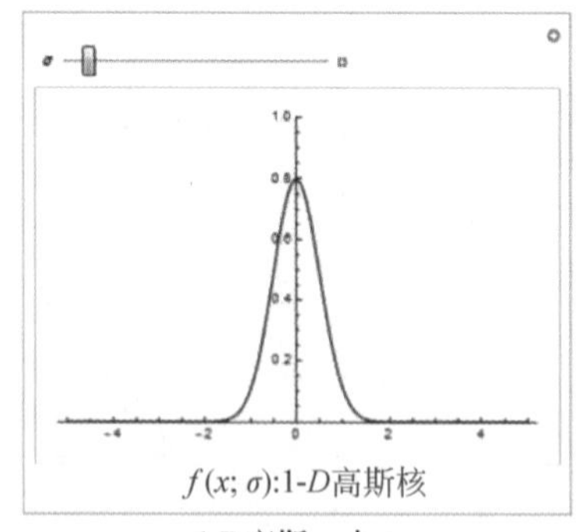

1-D高斯，小σ

图 A.42 1-D 高斯核实验 ❑

Mathematica 1 绘制 1-D 高斯核函数值

（*代尔夫特技术大学 1-D 高斯核实验，原始程序源自 2008 生物医学图像分析，埃因霍温技术大学，荷兰，2016 年 10 月 19 日修订*）

```
Manipulate[Plot[(1/(σSqrt[2π]))Exp[−x ∧2/(2σ∧2)]
{x,−5,5},PlotRange→{0,1}], {{σ,1}, .2,4}
FrameLabel→Style["f(x;σ):1D Gaussian Kernel",Large],LabelStyle→Red]
```
❑

A.5.3 2-D 高斯核绘图

注释 A.26 连续和离散 2-D 高斯核绘制

图 A.43 给出使用列表 A.25 的 Matlab 程序所绘制的 **2-D 高斯核**函数。

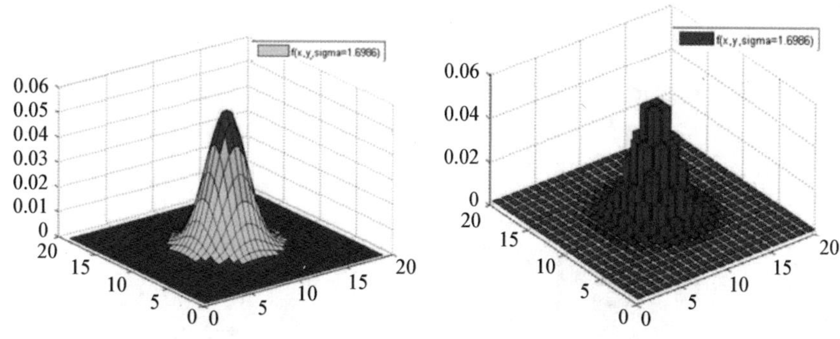

图 A.43 2-D 高斯核实验

```
% gaussian2DKernelExperiment.m
% 生成几乎连续和离散2-D高斯核绘图

% Matthew Brett 6/8/99
% revised 24 Oct. 2016

% seed random number generator

clear all, close all, clc

% parameters for Gaussian kernel
rng('default');
nos = randn(1,100);
fineness = mean(nos);
fineness = fineness*5;
%
FWHM = 4;
sig = FWHM/sqrt(8*log(2))
%
% 2d Gaussian kernel - fairly continuous
Dim = [20 20];
% fineness = 0.55; % .1
[x2d,y2d] = meshgrid(-(Dim(2)-1)/2:fineness:(Dim(2)-1)/2,...
     -(Dim(1)-1)/2:fineness:(Dim(1)-1)/2);
gf    = exp(-(x2d.*x2d + y2d.*y2d)/(2*sig*sig));
gf    = gf/sum(sum(gf))/(fineness^2);
figure
colormap hsv
surfc(x2d+Dim(1)/2,y2d+Dim(2)/2,gf),...
    legend('f(x,y,sigma=1.6986)','Location','NorthEast');
beta = 1;
brighten(beta)

% 2d Gaussian kernel - discrete
[x2d,y2d] = meshgrid(-(Dim(2)-1)/2:(Dim(2)-1)/2,-(Dim(1)-1)/2:(Dim(1)-1)/2);
gf    = exp(-(x2d.*x2d + y2d.*y2d)/(2*sig*sig));
gf    = gf/sum(sum(gf));
figure
bar3(gf,'r'),...
    legend('f(x,y,sigma=1.6986)','Location','NorthEast');
```

列表 A.25 获得连续和离散 2-D 高斯核绘图的 gaussian2DKernelExperiment.m 中的 Matlab 程序

```
axis([0 Dim(1) 0 Dim(2) 0 max(gf(:))*1.2])
axis xy
%
%
%
```

列表 A.25（续） ❑

A.5.4 高斯平滑图像

注释 A.27 连续和离散 2-D 高斯核绘制

对图 A.44 的裁剪子图像的高斯 **2-D 核滤波**使用列表 A.26 的 Matlab 程序所得到的结果绘制在图 A.45 中。

图 A.44 裁剪图像

```
% script: gaussianFilterSimple.m
% 在裁剪图像上的高斯滤波（平滑）
% See, also:
% http://stackoverflow.com/questions/2773606/gaussian-filter-in-matlab
clear all, close all, clc
%%
img = imread('CNtrain.jpg');
% img = imread('tissue.png');
img = imcrop(img); % crop image
% img = img(80 + [1:256],1:256,:);
figure, imshow(img) ,...
    grid on, title('Sample subimage');
%# Create the gaussian filter with hsize = [5 5] and sigma = 2
G = fspecial('gaussian',[5 5],2);
%# Filter (smooth) image
Ig = imfilter(img,G,'same');
%# Display
figure, imshow(Ig) ,...
    grid on, title('Gaussian smoothed image [5 5],2');
G2 = fspecial('gaussian',[3 3],1.2);
%# Filter (smooth) image
Ig2 = imfilter(img,G2,'same');
%# Display
figure, imshow(Ig2) ,...
    grid on, title('Gaussian smoothed image [3 3],1.2');
```

列表 A.26 使用高斯滤波平滑图像的 gaussianFilterSimple.m 中的 Matlab 程序

```
G3 = fspecial('gaussian',[2 2],0.8);
%# Filter (smooth) image
Ig3 = imfilter(img,G3,'same');
%# Display
figure, imshow(Ig3) ,...
    grid on, title('Gaussian smoothed image [2 2],0.8');
```

列表 A.26（续）

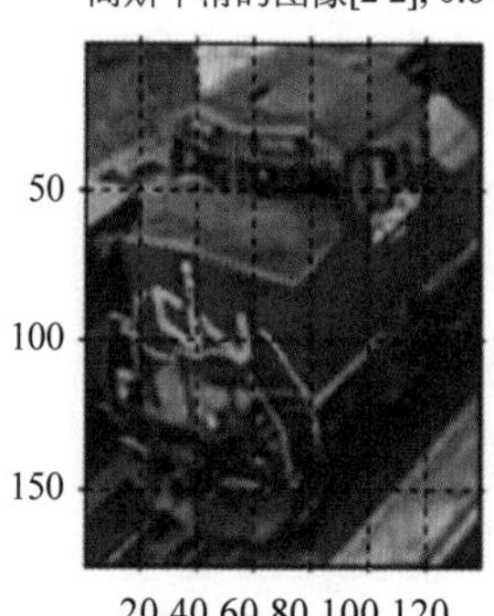

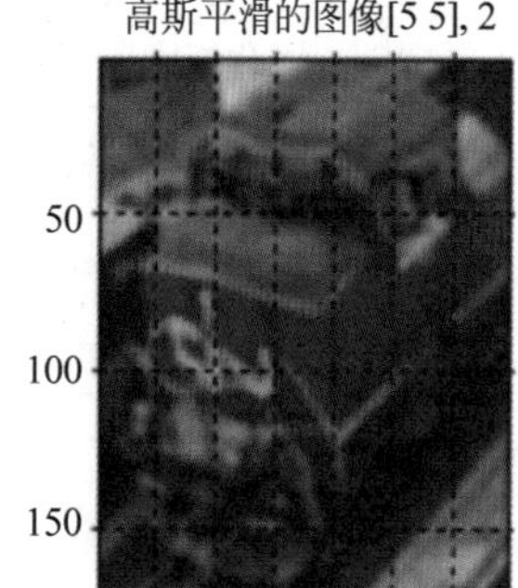

高斯平滑的图像[3 3], 1.2

图 A.45　2-D 高斯平滑子图像实验 ❑

A.5.5　图像恢复

注释 A.28　图像恢复实验

列表 A.27 的 Matlab 程序能产生如下**图像恢复**结果。

```
% script: gaussianFilter.m
% 在裁剪图像上的高斯模糊滤波器
% Image courtesy of A.W. Partin.
% Sample application of the deconvreg function.
% Try docsearch deconvreg for more about this.
clear all, close all, clc
%%
img = imread('tissue.png');
% 1 display tissue sample
figure, imshow(img) ,...
    grid on, axis tight, title('Tissue image');
% 2 crop image
img = imcrop(img); % tool-based cropping
% img = img(125 + [1:256],1:256,:); % manual cropping
figure, imshow(img) ,...
    title('Cropped tissue image');
% 3 blur: convolve gaussian smoothed image with cropped image
psf = fspecial('gaussian',11,5); % psf = point spread function
blurred = imfilter(img,psf,'conv'); %convolve img with psf
figure, imshow(blurred) ,...
    title('Convolved point spread image 1');
% 4 noise: gaussian smooth blurred image
v = 0.02; % suggested v = 0.02,0.002,0.001,0.005
blurredNoisy = imnoise(blurred,'gaussian',0.000,v); %0 vs. 0.001
figure, imshow(blurredNoisy) ,...
    title('Blurred noisy image 1');
% 5 restore image (first pass)
np = v*prod(size(img)); % noise power
% output 1: restored image reg1 & output of Lagrange multiplier
```

列表 A.27　消除图像模糊的 gaussianFilter.m 中的 Matlab 程序

```
[reg1 LAGRA] = deconvreg(blurredNoisy,psf,np);
figure, imshow(reg1) ,...
    title('Restored image reg1');
% 6 blur: convolve gaussian smoothed image and cropped image
psf2 = fspecial('gaussian',8,5); % psf = point spread function
blurred2 = imfilter(img,psf2,'conv'); %convolve img with psf
figure, imshow(blurred2) ,...
    title('Convolved point spread image 2');
% 7 noise
v2 = 0.005; % suggested v = 0.02,0.002,0.001,0.005
blurredNoisy2 = imnoise(blurred2,'gaussian',0.001,v2); %0 vs. 0.001
figure, imshow(blurredNoisy2) ,...
    title('Blurred noisy image 2');
% 8 restore image (second pass)
np2 = v2*prod(size(img)); % noise power
% output 2: restored image reg2 & output of Lagrange multiplier
[reg2 LAGRA2] = deconvreg(blurredNoisy2,psf2,np2);
figure, imshow(reg2) ,...
    title('Restored image reg2');
```

列表 A.27（续）

（1）图 A.46：选择图 A.46（a）中的图像区域和图 A.46（b）中的**裁剪图像**。

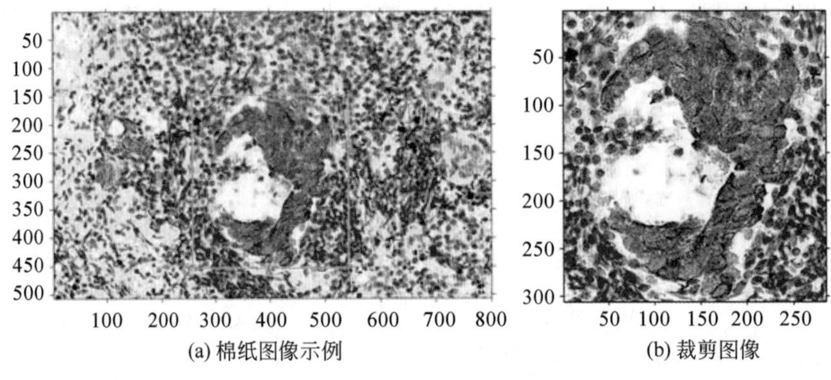

图 A.46 用于恢复实验的棉纸图像和裁剪图像

（2）图 A.47：①模糊：使用高斯平滑后的图像对裁剪后的图像进行**卷积**，②噪声：在模糊图像中**注入噪声**；③恢复结果 1。

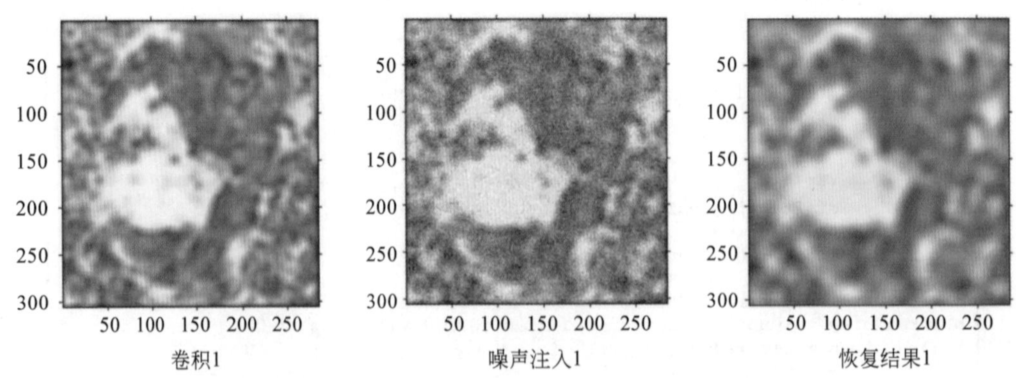

图 A.47 实验 1：卷积、噪声注入和裁剪棉纸图像恢复

（3）图 A.48：①模糊：使用高斯平滑后的图像对裁剪后的图像进行**卷积**，②噪声：在模糊图像中注入噪声；③恢复结果 2。

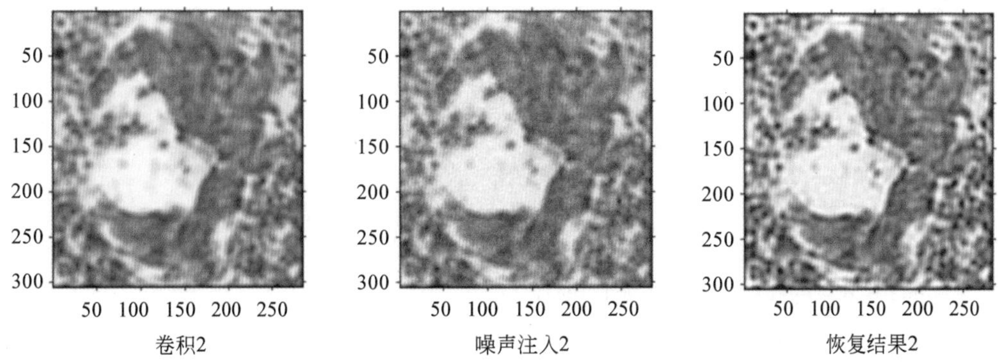

图 A.48　实验 2：卷积、噪声注入和裁剪棉纸图像恢复

有关这方面的更多信息参见 5.6 节。 ❑

A.5.6　图像角点

注释 A.29　使用相应的沃罗诺伊镶嵌在完整和裁剪后的图像上叠加角点

图 A.49 所示为 640 × 480 的萨勒诺摩托车彩色图像。使用列表 A.28 的 Matlab 程序，可以在图 A.50（a）的裁剪图像和图 A.51（a）的完整图像中找到**角点**。接下来，找到一个有 500 个角点的沃罗诺伊网格（见图 A.51（b））和一个有 50 个角点的沃罗诺伊网格（参见图 A.50（b））。请注意，可以使用多种不同的方法来裁剪图像（这些裁剪方法在列表 A.28 的注释中进行了解释）。有关这方面的更多信息参见 5.13 节。

图 A.49　使用列表 A.28 的 Matlab 程序选择区域

```
% script: imageCorners.m
% imageCorners.m
% 查找图像角点, R. Hettiarachchi , 2015
% revised 23 Oct. 2016
clear all; close all; clc;
```

列表 A.28　产生图 A.50（a）的 imageCorners.m 中的 Matlab 程序

```
%%
% im=imread('peppers.png');
% im=imread('Carabinieri.jpg');
im=imread('cycle.jpg');
%
figure, imshow(im);
% crop method 1
im2 = imcrop(im)
figure, imshow(im2) ,...
    grid on, title('cropped image');
% crop method 2
% imcrop(im,[xmin ymin width height])
% im2 = imcrop(im,[180 300 300 300]);
% crop method 3
% imcrop(im,[xmin [vertical width] ymin [horizontal width]])
% im2 = im(200 + [1:150],180 + [1:320],:); % crop image
g2=rgb2gray(im2);
[m2,n2]=size(g2);
C2 = corner(g2,50); %find up to 50 corners
%add four corners of the image to C
fc2=[1 1;n2 1; 1 m2; n2 m2];
C2=[C2;fc2];
figure,image(im2), hold on, ...
    grid on, title('corners on cropped image'),
resultOne = plot(C2(:,1), C2(:,2), 'g+');
figure,image(im2), hold on, ...
    grid on, title('Voronoi mesh on cropped image'),
result2 = plot(C2(:,1), C2(:,2), 'g+');
voronoi(C2(:,1),C2(:,2),'g.'); % red edges
% imwrite(result2,'corners2.jpg');

%%
g=rgb2gray(im);
[m,n]=size(g);
C = corner(g,500); %find up to 500 corners
%add four corners of the image to C
fc=[1 1;n 1; 1 m; n m];
C=[C;fc];
figure,image(im), hold on, ...
    grid on, title('corners on whole image'),
resultTwo = plot(C(:,1), C(:,2), 'g+');
figure,image(im), hold on, ...
    grid on, title('Voronoi mesh on whole image'),
result = plot(C(:,1), C(:,2), 'g+');
voronoi(C(:,1),C(:,2),'g.'); % red edges
% imwrite(result,'corners.jpg');
```

列表 A.28（续）

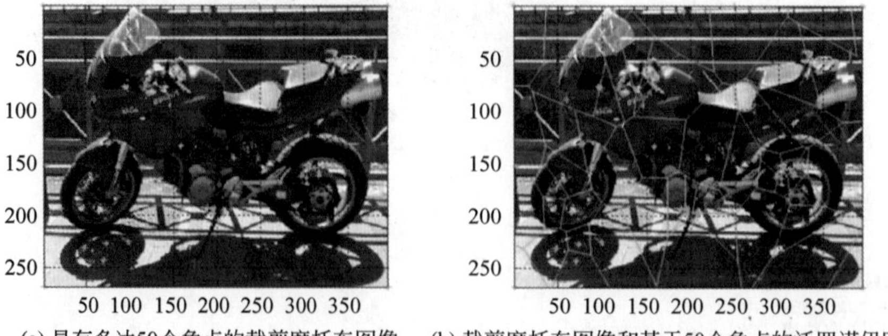

(a) 具有多达50个角点的裁剪摩托车图像　(b) 裁剪摩托车图像和基于50个角点的沃罗诺伊网格

图 A.50　裁剪摩托车图像上的图像角点和沃罗诺伊网格

(a) 具有多达500个角点的摩托车图像

(b) 摩托车图像和基于500个角点的沃罗诺伊网格

图 A.51　完整摩托车图像上的图像角点和沃罗诺伊网格 ❑

A.5.7　具有和没有图像角点的沃罗诺伊网格

注释 A.30　在完整和裁剪后的图像上叠加角点

在本节中，图 A.49 里意大利 Carabinieri 汽车的 640 × 480 彩色图像被裁剪。然后，图像角点提供了一组用于在裁剪图像上构建沃罗诺伊网格的网点。使用列表 A.29 的 Matlab 程序，将图像角点包含在内部图像角点集合中，用于构建图 A.52（a）中的沃罗诺伊网格，它演示了极端图像角点在生成细粒度图像网格时的有效性。相比之下，图 A.52（b）中的沃罗诺伊网格是从一组内部图像角点中排除极端图像角点而产生的粗粒度沃罗诺伊网格。有关这方面的更多信息参见 5.13 节。

```
% script: VoronoiMeshOnImage.m
% 图像几何：将沃罗诺伊网格叠加在图像上
%
% see http://homepages.ulb.ac.be/~dgonze/INFO/matlab.html
% revised 23 Oct. 2016
clear all; close all; clc; % housekeeping
g=imread('fisherman.jpg');
% im=imread('cycle.jpg');
% g=imread('carRedSalerno.jpg');
%%
img = g; % save copy of colour image to make overlay possible
g = double(rgb2gray(g)); % convert to greyscale image
% corners = corner(g); % min. no. of corners
k = 233; % select k corners
corners = corner(g,k); % up to k corners
box_corners = [1,1;1,size(g,1);size(g,2),1;size(g,2),size(g,1)];
corners = cat(1,corners,box_corners);
vm = figure, imshow(img),...
axis on, hold on; % set up image overlay
voronoi(corners(:,1),corners(:,2),'g'); % red edges
% voronoi(corners(:,1),corners(:,2),'g.'); % red edges
% imfinfo('carRedSalerno.jpg')
% figure, mesh(g(300:350,300:350)),...
% axis tight,zlabel('rgb pixel intensity')
% xlabel('g(300:350)'),ylabel('g(300:350)') % label axes
% saveas(vm,'VoronoiMesh.png'); % save copy of image
```

列表 A.29　产生图 A.52（a）的 VoronoiMeshOnImage.m 中的 Matlab 程序

(a) 摩托车图像角点，包括图像边界角点

(b) 摩托车图像角点，不包括图像边界角点

图 A.52 在具有和没有角点的裁剪摩托车图像上的沃罗诺伊网格 ❑

A.6 第 6 章的程序

A.6.1 查找 2-D 和 3-D 图像质心

Mathematica 2 UNISA 硬币质心

```
(*数字图像区域质心*)
img =
```

```
c = ComponentMeasurements[img,"Centroid"][[All,2]][[1]]
Show[img,Graphics[{Black,PointSize[0.02],Point[c]}]]
```

❑

Mathematica 3 斯坦福兔子质心

```
(*3-D 区域质心*)
gr = ExampleData[{"Geometry3D","StanfordBunny"}]
gm = DiscretizeGraphics[gr]
c2 = RegionCentroid[gm]
Show[Graphics3D[Prepend[First[gr],Opacity[0.6]]]
Graphics3D[{PointSize[0.03],Black,Point@c2}],Axes→True
LabelStyle→Black,AxesLabel→{x, y, z},PlotTheme->"Scientififific"
FaceGrids→All
FaceGridsStyle→Directive[Gray,Dotted]
FaceGridsStyle→Directive[Gray,Dotted]]
```

❑

注释 A.31 数字图像区域质心

使用 Mathematica 程序 2 将图 A.53（a）图像的区域**质心**显示在图 A.53（b）中。在图 A.53（a）中，数字图像显示了来自意大利萨勒诺 1982 年足球锦标赛的 UNISA 硬币。在图 A.53（b）中，UNISA 硬币的质心位置用黑点•表示。使用 Mathematica 程序 3 将图 A.54（a）中 3-D 斯坦福兔子图像的区域质心显示在图 A.54（b）中。图 A.54（b）中的兔子质心坐标是：

$$(x, y, z) = (-0.0267934, -0.00829883, 0.00941362)$$

(a) 硬币图像　　(b) 硬币质心

图 A.53　2-D 图像区域质心示例

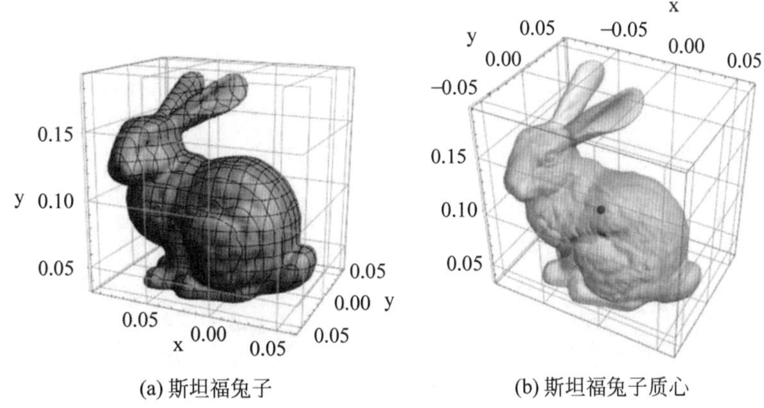

(a) 斯坦福兔子　　(b) 斯坦福兔子质心

图 A.54　3-D 图像区域质心示例

有关这方面的更多信息参见 6.4 节和附录 A.6.2 小节。 ❑

A.6.2　另一种查找图像质心的方法

注释 A.32　图像上的区域质心

使用列表 A.30 的 Matlab 程序将图 A.55（a）图像的区域质心显示在图 A.55（b）中。有关这方面的更多信息参见 6.4 节和附录 B.19 节。

```
% script: findCentroids.m
% 基于质心的图像德劳内网格
clc, clear all, close all
%%
im = imread('fisherman.jpg');
% im = imread('liftingbody.png');
figure,
imshow(im), axis on;
% if size(im,3)==3
%     g=rgb2gray(im);
% end
[m,n]=size(im);
bw = im2bw(im,0.5); % threshold at 50%
bw = bwareaopen(bw,2); % remove objects less 2 than pixels
stats = regionprops(bw,'Centroid'); % centroid coordinates
centroids = cat(1,stats.Centroid);
```

列表 A.30　将质心绘制到图像上的 findCentroids.m 中的 Matlab 程序

```
fc=[1 1;n 1; 1 m; n m]; % identify image corners
centroids=[centroids;fc];

% superimpose mesh on image
figure,
imshow(im),hold on
plot(centroids(:,1),centroids(:,2),'r+')
hold on;
X=centroids(:,1);
Y=centroids(:,2);

% constuct delaunay triangulation
% TRI = delaunay(X,Y);
% triplot(TRI,X,Y,'y');
```

列表 A.30（续）

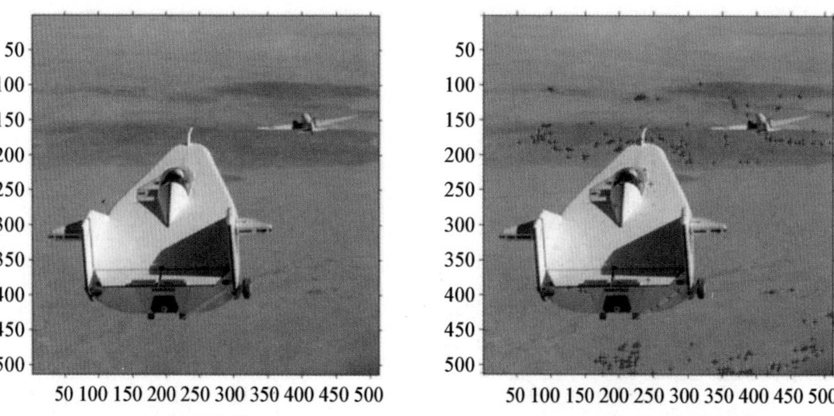

(a) 航天飞机　(b) 图像区域质心

图 A.55　图像区域质心

A.6.3　查找图像质心的德劳内网格

注释 A.33　基于区域质心的图像德劳内三角化

使用列表 A.31 的 Matlab 程序将图 A.56（a）图像中基于区域质心的德劳内三角化显示在图 A.56（b）中。有关这方面的更多信息参见 6.4 节。

```
% script: findCentroids.m
% 基于质心的图像德劳内网格
clc, clear all, close all
%%
im = imread('fisherman.jpg');
% im = imread('liftingbody.png');
figure,
imshow(im), axis on;
% if size(im,3)==3
%     g=rgb2gray(im);
% end
[m,n]=size(im);
bw = im2bw(im,0.5); % threshold at 50%
bw = bwareaopen(bw,2); % remove objects less 2 than pixels
% if size(im,3)==3
%     g=rgb2gray(im);
% end
[m,n]=size(im);
```

列表 A.31　将基于质心的图像德劳内网格绘制到图像上的 findCentroidalDelaunayMesh.m 中的 Matlab 程序

```
bw = im2bw(im,0.5); % threshold at 50%
bw = bwareaopen(bw,2); % remove objects less 2 than pixels
% if size(im,3)==3
%     g=rgb2gray(im);
% end
[m,n]=size(im);
bw = im2bw(im,0.5); % threshold at 50%
bw = bwareaopen(bw,2); % remove objects less 2 than pixels
stats = regionprops(bw,'Centroid'); % centroid coordinates
centroids = cat(1,stats.Centroid);
fc=[1 1;n 1; 1 m; n m]; % identify image corners
centroids=[centroids;fc];

% superimpose mesh on image
figure,
imshow(im),hold on
plot(centroids(:,1),centroids(:,2),'r+')
hold on;
X=centroids(:,1);
Y=centroids(:,2);

% constuct delaunay triangulation
TRI = delaunay(X,Y);
triplot(TRI,X,Y,'y');
```

列表 A.31（续）

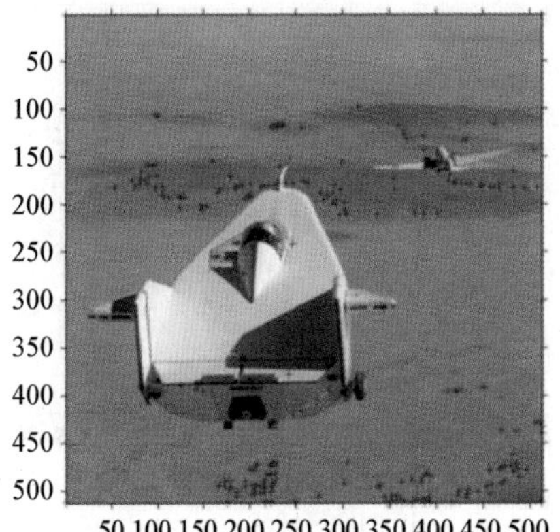

(a) 航天飞机

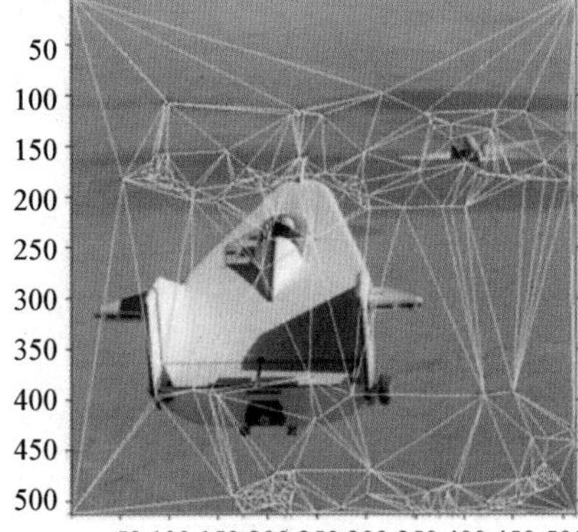

(b) 图像区域质心

图 A.56　基于图像区域质心的德劳内网格　❑

A.6.4　查找图像质心的沃罗诺伊网格

注释 A.34　基于区域质心的图像沃罗诺伊网格

使用列表 A.32 的 Matlab 程序将图 A.57（a）图像中基于区域质心的**沃罗诺伊网格**显示在图 A.57（b）中。有关这方面的更多信息参见 6.4 节。

```
% script: findCentroidalVoronoiMesh.m
% 基于质心的图像沃罗诺伊网格
clc, clear all, close all
%%
im = imread('fisherman.jpg');
% im = imread('liftingbody.png');
```

列表 A.32　将基于质心的图像沃罗诺伊网格绘制到图像上的 findCentroidalVoronoiMesh.m 中的 Matlab 程序

```
% if  size(im,3)==3
%      g=rgb2gray(im);
% end
[m,n]=size(im);
bw = im2bw(im,0.5); % threshold  at  50%
bw = bwareaopen(bw,2); % remove  objects  less  2  than  pixels
stats = regionprops(bw,'Centroid'); % centroid  coordinates
centroids = cat(1,stats.Centroid);
fc=[1  1;n  1;  1  m;  n  m]; % identify  image  corners
centroids=[centroids;fc];
% superimpose  mesh  on  image
figure,
imshow(im),hold on
plot(centroids(:,1),centroids(:,2),'r+')
hold on;
X=centroids(:,1);
Y=centroids(:,2);

% construct  Voronoi  mesh

[vx,vy] = voronoi(X,Y);
plot(vx,vy,'g-');
```

列表 A.32（续）

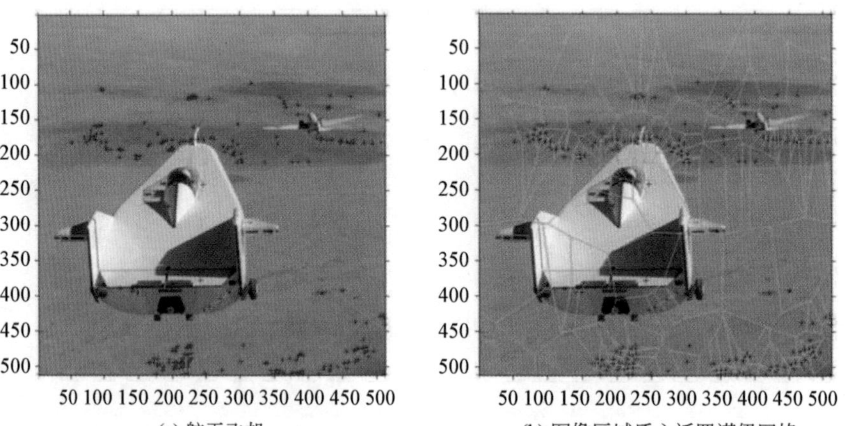

(a) 航天飞机 (b) 图像区域质心沃罗诺伊网格

图 A.57 基于图像区域质心的沃罗诺伊网格 □

A.6.5 查找覆盖在德劳内网格上的图像质心沃罗诺伊网格

注释 A.35 基于区域质心的图像沃罗诺伊网格叠加德劳内网格

使用列表 A.33 的 Matlab 程序将图 A.58（a）图像中基于区域质心的沃罗诺伊网格叠加德劳内网格显示在图 A.58（b）中。有关这方面的更多信息参见 6.4 节。

```
% script: findCentroidalVornonoiOnDelaunayMesh.m
% 基于质心的图像德劳内和沃罗诺伊网格叠加德劳内网格
clc, clear all, close all
%%
im = imread('fisherman.jpg');
% im = imread('liftingbody.png');
% if  size(im,3)==3
```

列表 A.33 将基于质心的图像沃罗诺伊网格叠加德劳内网格绘制到图像上的 findCentroidalVoronoiOnDelaunayMesh.m 中的 Matlab 程序

```
%     g=rgb2gray(im);
% end
[m,n]=size(im);
bw = im2bw(im,0.5); % threshold at 50%
bw = bwareaopen(bw,2); % remove objects less 2 than pixels
stats = regionprops(bw,'Centroid'); % centroid coordinates
centroids = cat(1,stats.Centroid);
fc=[1 1;n 1; 1 m; n m]; % identify image corners
centroids=[centroids;fc];
% superimpose mesh on image
figure,
imshow(im),hold on
plot(centroids(:,1),centroids(:,2),'r+')
hold on;
X=centroids(:,1);
Y=centroids(:,2);

% constuct delaunay triangulation

TRI = delaunay(X,Y);
triplot(TRI,X,Y,'y');

% construct Voronoi mesh

[vx,vy] = voronoi(X,Y);
plot(vx,vy,'k-');
```

列表 A.33（续）

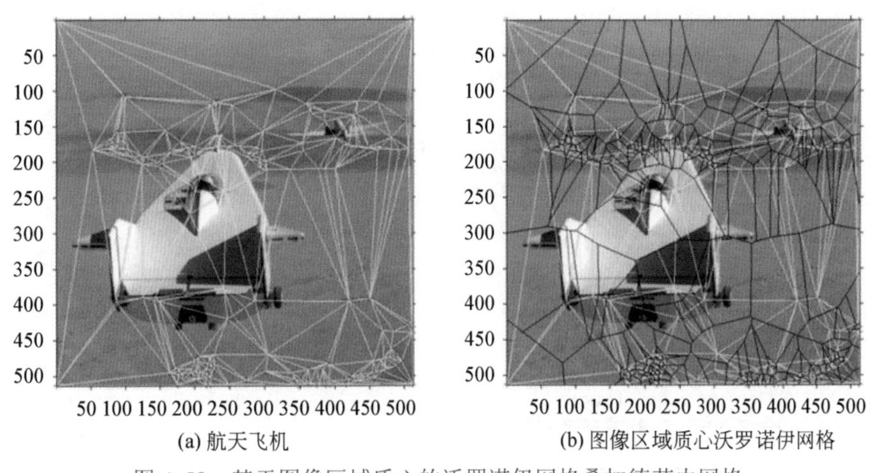

(a) 航天飞机　　(b) 图像区域质心沃罗诺伊网格

图 A.58　基于图像区域质心的沃罗诺伊网格叠加德劳内网格 ❑

A.7　第 7 章的程序

A.7.1　沃罗诺伊镶嵌视频帧中的边缘集测量

以下是对问题 7.21 的解。

```
% 裁剪沃罗诺伊镶嵌的视频帧以探索边缘集指标
% Solution by Drew Barclay, 2016
%
% Call this script with:
% -videoFile: the name of the video file to extract frames from
% (use '' for webcam)
% -numPoints: the number of corner points to use
%
% example use: Problem1('Train.mp4', 30)
%%

function Problem1(videoFile, numPoints)
    close all

    %For saving edgelets
    saveFrameNums = [10, 30];

    %Set up directory for stills, target contour, etc.
    [pathstr, name, ext] = fileparts(videoFile);
    savePath = ['./' name '/' int2str(numPoints) 'points'];
    if ~exist(savePath, 'dir')
        mkdir(savePath);
    end

    if strcmp(videoFile, '') %Make anonymous functions for frames/loop cond
        cam = webcam();
        keepGoing = @(frames) frames < 100;
        getFrame = @() snapshot(cam);
    else
        v = VideoReader(videoFile);
        keepGoing = @(frames) hasFrame(v);
        getFrame = @() readFrame(v);
    end

    % Create the video player object, purely for visual feedback.
    videoPlayer = vision.VideoPlayer();
    edgeletPlayer = vision.VideoPlayer();

    frameCount = 0;

    cropRect = [];

    edgelets = {};

    while keepGoing(frameCount)
        % Get the next frame.
        videoFrame = getFrame();

        % Find what to crop if we haven't yet.
        if length(cropRect) == 0
            [videoFrame, cropRect] = imcrop(videoFrame);
            close figure 1; %Close the imcrop figure, which stays around.
        else
            videoFrame = imcrop(videoFrame, cropRect);
        end

        videoFrameG = rgb2gray(videoFrame);
```

列表 A.34 对每个沃罗诺伊镶嵌的视频帧获得边缘集测量的 Problem734.m 中的 Matlab 程序

```
    frameCount = frameCount + 1;

    [corners, voronoiLines, MNCs] = MakeMeshAndFindMNC(videoFrameG, true,
         numPoints);

    videoFrameT = insertMarker(videoFrame, corners, '+', ...
          'Color', 'red');
    videoFrameT = insertShape(videoFrameT, 'Line', voronoiLines, ...
        'Color', 'red');

    contourFrame = 255 * ones(size(videoFrameT), 'uint8');

    for i = 1:length(MNCs)
        mnc = MNCs{i};
        % draw the fine cluster contour connecting neighbors
        x=mnc(:,1); y=mnc(:,2);
        %arrange points clockwise to get the polygon
        xy = orderPoints(x, y);
        videoFrameT = insertShape(videoFrameT, 'Polygon', ...
            {xy}, 'Color', ...
            {'green'}, 'Opacity', 1); %mark contours

        contourFrame = insertShape(contourFrame, 'Polygon', ...
            {xy}, 'Color', ...
            {'green'}, 'Opacity', 1); %mark contours on their own

        if i == 1
           edgelets{frameCount} = mnc;
        end

        if i == 1 && any(frameCount == saveFrameNums)
            %Save pics, defined above in saveFrameNums
            edgeletPic = insertMarker(videoFrame, mnc, '+', ...
            'Color', 'red');
            edgeletPic = insertShape(edgeletPic, 'Polygon', ...
                {xy}, 'Color', ...
                {'green'}, 'Opacity', 1); %mark contours
            edgeletPic = insertShape(edgeletPic, 'FilledPolygon', ...
                {xy}, 'Color', ...
                {'green'}, 'Opacity', 0.2); %mark contours
            imwrite(edgeletPic, [savePath 'frame' ...
                int2str(frameCount) '.png']);
        end
    end

    %Update video player
    pos = get(videoPlayer,'Position');
    pos(3) = size(videoFrame, 2) + 30;
    pos(4) = size(videoFrame, 1) + 30;
    set(videoPlayer,'Position',pos);
    step(videoPlayer, videoFrameT);

    %Cause contour player to 'stick' to the right of the main video
    pos(1) = pos(1) + size(videoFrame, 2) + 30;
    set(edgeletPlayer,'Position',pos);
    step(edgeletPlayer, contourFrame);
end

%We are done now, determine |e_i|
%Note: if code runs slowly, this can be optimized in a few ways
eSize = cellfun(@length,edgelets);
m = {};
for i = 1:length(eSize)
    m{i} = 1;
    %Count how many other edgelets have the same size
    for j = 1:length(eSize)
       if i ~= j && eSize(i) == eSize(j)
```

列表 A.34（续）

```
                m{i} = m{i} + 1;
            end
        end
    end
    eProb = cellfun(@(e) 1/length(e), edgelets);

    %Histogram of m_i
    figure, histogram(cell2mat(m)), title('Histogram of m_i');
    xlabel('Frequency'), ylabel('Count at that Frequency');

    %Now, do a compass plot.
    %I have modified this to try and look decent.
    mags = unique(cell2mat(m));
    zs = mags .* exp(sqrt(-1) * (2 * pi * (1:length(mags)) / length(mags)));
    %The above evenly spaces out the magnitudes by making them
    %Complex numbers with a magnitude equal to their frequency values
    %And phases equally spaced
    figure, compass(zs), title('Compass Plot of m_i');

    %TODO: log polar plot

    figure, plot(1:length(eProb), eProb), title('Pr(e_i) vs. e_i');
    xlabel('e_i'), ylabel('Pr(e_i)');

    %3d countour plot
    tri = delaunay(1:length(eSize), cell2mat(m));
    figure, trisurf(tri,1:length(eSize), cell2mat(m), eProb), title('Pr(e_i) vs
        . e_i and m_i');
    xlabel('e_i'), ylabel('m_i'), zlabel('Pr(e_i)');
end

%Take points, order them to the right angle, return [x1,y1,x2,y2...]
function xy = orderPoints(x, y)
    cx = mean(x);
    cy = mean(y);
    a = atan2(y - cy, x - cx);
    [~, order] = sort(a);
    x = x(order);
    y = y(order);
    xy = [x';y'];
    xy = xy(:); %merge the two such that we get [x1,y1,x2..]
    if length(xy) < 6
        %our polygon is a line, dummy value it
        xy = [0 0 0 0 0 0];
    end
end

function [corners, voronoiLines, MNCs]=MakeMeshAndFindMNC(videoFrameG, useSURF,
      numPoints)
    if useSURF
        points = detectSURFFeatures(videoFrameG);
        [features, valid_points] = extractFeatures(videoFrameG, points);
        corners = valid_points.selectStrongest(numPoints).Location;
        corners = double(corners);
    else
        corners = corner(videoFrameG, numPoints);
    end

    voronoiLines = [];
    MNCs = {};

    if (length(corners) < 5)
        return;
    end

    [VX,VY] = voronoi(corners(:, 1), corners(:, 2));
```

列表 A.34（续）

```
    % Creating matrix of line segments in the form
    % [x_11 y_11 x_12 y_12 ... x_n1 y_n1 x_n2 y_n2]
    A = [VX(1,:); VY(1,:); VX(2,:); VY(2,:)];
    A(A>5000) = 5000; A(A<-5000) = -5000;
    A = A';
    voronoiLines = A;

    %Now find maximal nucleus cluster
    [V,C] = voronoin(corners,{'Qbb','Qz'}); %Options added to avoid co-sperical
          error, see matlab documentation
    %Limit values, can't draw infinite things
    V(V > 5000) = 5000;
    V(V < -5000) = -5000;
    numSides=cellfun(@length,C);
    maxSides=max(numSides);
    ind=find(numSides==maxSides);
    N=size(corners,1);
    for i=1:length(ind)
        xy=[];
        for j=1:N
            if(ind(i)~=j) %Find the corner points which have this edge
                s = size (intersect(C{ind(i)},C{j}));
                if(s(2)>1)%if neighbor voronoi region
                    xy=[xy;corners(j,:)]; %keep the xy coords of adjacent
                         polygon
                end
            end
        end
        MNCs{i} = xy;
    end
end
```

列表 A.34（续）

A.8　第 8 章的程序

A.8.1　高斯金字塔方案

注释 A.36　对彩色图像进行高斯收缩和扩展的金字塔方案

使用**高斯金字塔方案**将图 A.59 中的样例彩色图像用于图 A.60（a）中的图像**收缩**序列

图 A.59　用于列表 A.35 中高斯金字塔方案的样例彩色图像

和图 A.60（b）中的图像**扩展**序列中。要试验图像的高斯收缩和扩展，请尝试使用列表 A.35 的 Matlab 程序。

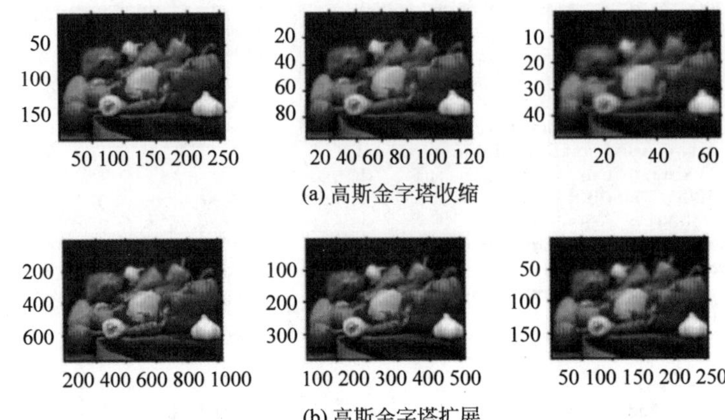

(a) 高斯金字塔收缩

(b) 高斯金字塔扩展

图 A.60　高斯金字塔方案示例

```
% pyramidScheme.m
% 一幅图像的高斯金字塔收缩和扩展
% cf. Section 8.4 on cropping & sparse representations
clear all, close all, clc

im0 = imread('flyoverTraffic.jpg');
% im0 = imread('peppers.png');
% im0 = imread('cameraman.tif');

% Crop (extract) an interestig subimage
im0 = imcrop(im0);
%%

im1 = impyramid(im0,'reduce');
im2 = impyramid(im1,'reduce');
im3 = impyramid(im2,'reduce');

im4 = impyramid(im0,'expand');
im5 = impyramid(im4,'expand');
im6 = impyramid(im5,'expand');

figure, imshow(im0);
figure,
subplot(1,3,1), imshow(im1);
subplot(1,3,2), imshow(im2);
subplot(1,3,3), imshow(im3);
figure,
subplot(1,3,1), imshow(im4);
subplot(1,3,2), imshow(im5);
subplot(1,3,3), imshow(im6);
```

列表 A.35　为获得图 A.60 所示高斯金字塔方案的两种方式的 pyramidScheme.m 中的 Matlab 程序 ❑

A.8.2　小波金字塔方案

注释 A.37　小波稀疏表示金字塔方案

使用 Mathematica 程序 4 在图 A.61 中显示用于 2-D 图像的基于小波的**稀疏表示金字塔**方案。有关这方面的更多信息参见 8.4 节。 ❑

Mathematica 4　基于小波的稀疏表示金字塔方案

(*使用小波变换的稀疏表示金字塔方案*)

dwd = WaveletBestBasis[DiscreteWaveletPacketTransform[,Padding→ "Extrapolated"]];

imgFunc[img_, {___,1|2|3}]:=

Composition[Sharpen[#,0.5]&, ImageAdjust[#, {0,1}]&, ImageAdjust, ImageApply[Abs,#1] &][img]

imgFunc[img_,wind_]:=Composition[ImageAdjust, ImageApply[Abs,#1]&][img];

WaveletImagePlot[dwd,Automatic,imgFunc[#1,#2]&,BaseStyle→Red,ImageSize→800] ❑

图 A.61　使用小波的稀疏表示示例

A.8.3　像素边缘强度

注释 A.38　像素边缘强度

令 Img 为一幅数字图像。回想一下，在位置(x, y)的像素 Img(x, y)的像素边缘强度 E(x, y)定义如下：

$$E(x,y)=\sqrt{\left(\frac{\partial \operatorname{Im}g(x,y)}{\partial x}\right)^2+\left(\frac{\partial \operatorname{Im}g(x,y)}{\partial y}\right)^2}=\sqrt{G_x(x,y)^2+G_y(x,y)^2}\quad \text{（像素边缘强度）}$$

图 A.62（a）中标有红点•的帽子像素的边缘强度用以帽子像素为中心的圆半径来表示。

多个像素边缘强度的全局视图如图 A.62（b）所示。要试验找到像素的边缘强度，请尝试使用列表 A.36 的 Matlab 程序。

(a) 像素强度　　(b) 21个强度半径

图 A.62　用圆周半径大小表示的像素边缘强度示例

```
% 像素边缘强度检测
% N.B.: each pixel found is a keypoint
clc; clear all, close all;
% g = imread('cameraman.tif');
% I = g;
g = imread('fisherman.jpg');
I = rgb2gray(g); % necessary step for colour images
points = detectSURFFeatures(I);
% acquire edge pixel strengths
[features,keyPts] = extractFeatures(I,points);
% record number of keypoints found
keyPointsFound = keyPts
% select number pixel edge strengths to display on original image
figure,
imshow(g); hold on;
plot(keyPts.selectStrongest(13),'showOrientation',true),
axis on, grid on;
figure,
imshow(g); hold on;
plot(keyPts.selectStrongest(89),'showOrientation',true),
axis on, grid on;
```

列表 A.36　为获得图 A.62 的 pixelEdgeStrength.m 中的 Matlab 程序　□

A.8.4　绘制反正切值

注释 A.39

图 A.63 绘制了一条反正切值的曲线。请尝试使用 Matlab 完成相同的工作。

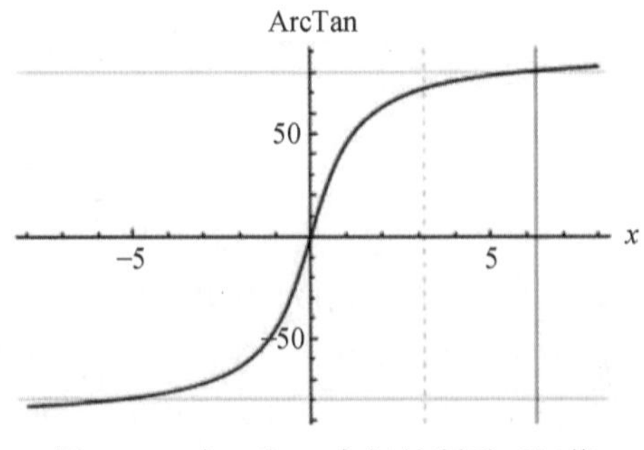

图 A.63　在 5 和−5 之间绘制反正切值　□

Mathematica 5　绘制反正切值

(*计算反正切值*)

```
ArcTan[−1]
N[ArcTan[−1]/Degree]
N[ArcTan[+50]/Degree]
N[ArcTan[−1.5]/Degree]
Plot[ArcTan[x], {x,−8,8}]
Plot[N[ArcTan[x]/Degree], {x,−8,8},AxesLabel→{x,ArcTan},
LabelStyle→Directive[Blue,Bold],
GridLines→{{{Pi,Dashed}, {2Pi,Thick}},
{{−80,Orange},−.5, .5, {80,Orange}}}]
```
❑

A.8.5　像素几何：梯度方向和梯度幅度

注释 A.40

图 A.64 中的每个像素强度对应像素的 HSB（色调、饱和度、亮度）彩色通道值，它们在指纹中表示梯度方向（角度），x 方向上的梯度幅度，y 方向上的梯度幅度。尝试使用 Mathematica6 的程序来查看像素的梯度方向如何随每个指纹而变化。Matlab 中的 HSV（色调、饱和度、值）彩色空间等同于 Mathematica 中的 HSB 彩色空间。

图 A.64　指纹像素强度的表示　❑

Mathematica 6　指纹梯度的 RGB 和 LAB 视图

```
(*可视化边缘像素梯度方向*)
i = 
```

```
;
orientation = GradientOrientationFilter[i,1]//ImageAdjust;
magnitude = GradientFilter[i,1]//ImageAdjust;
ColorCombine[{orientation,magnitude,magnitude},"HSB"]
```
❑

注释 A.41

在图 A.65（a）中，每个像素强度代表 RGB 彩色通道值，其对应于指纹中的像素梯度方向（角度），x 方向上的梯度大小，y 方向上的梯度大小。在图 A.65（b）中，每个像素强度代表 LAB 彩色通道值，其对应于指纹中的像素梯度方向（角度），x 方向上的梯度大小，y 方向上的梯度大小。尝试对不同的图像使用 Mathematica 7 的程序，以查看像素梯度如何随每个图像而变化。

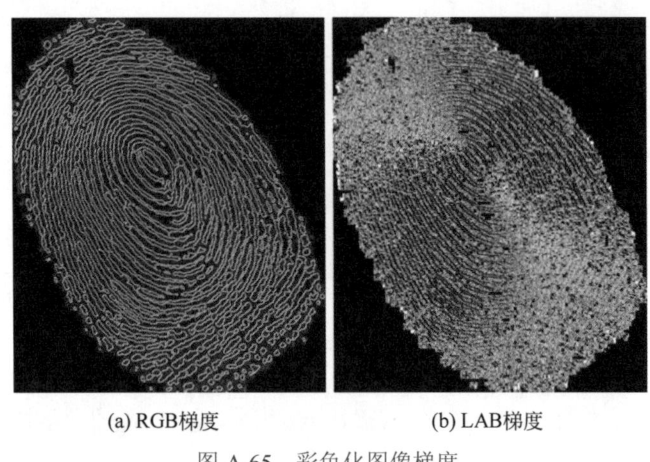

(a) RGB梯度　　(b) LAB梯度

图 A.65　彩色化图像梯度 □

Mathematica 7　RGB 和 LAB 中的指纹梯度

```
(*可视化像素梯度*)
i = [image];
orientation = GradientOrientationFilter[i,1]//ImageAdjust;
magnitude = GradientFilter[i,1]//ImageAdjust;
ColorCombine[{orientation,magnitude,magnitude},"RGB"]
ColorCombine[{orientation,magnitude,magnitude},"LAB"]
```

□

注释 A.42

图 A.66 给出了一幅图像的 LAB 彩色空间视图。要试验其他 LAB 彩色图像，请尝试使

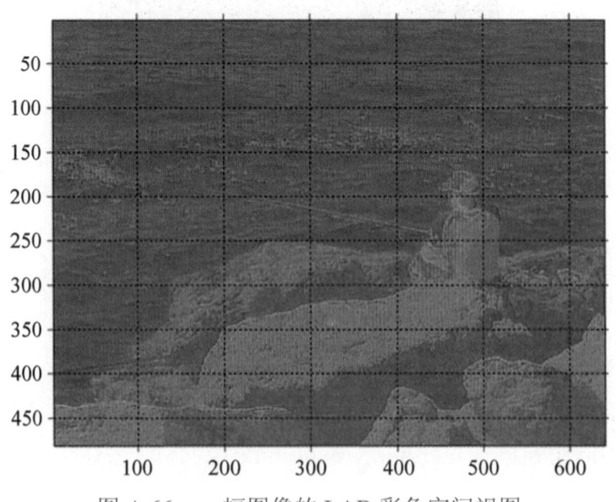

图 A.66　一幅图像的 LAB 彩色空间视图

用列表 A.37 的 Matlab 程序。

```
% LAB彩色空间：彩色化图像区域
% script: LABexperiment.m
clear all; close all; clc; % housekeeping
%%
img = imread('fisherman.jpg');

labTransformation = makecform('srgb2lab');
lab = applycform(img,labTransformation);
figure, imshow(lab), axis, grid on;
```

列表 A.37　LABexperiment.m 中的 Matlab 程序 □

A.8.6　高斯差图像

注释 A.43

将图 A.67（a）中的原始图像与高斯差卷积给出图 A.67（b）中的图像。设 Img(x, y) 为一幅强度图像，$G(x, y, \sigma)$为由下式定义的变尺度高斯函数：

$$G(x,y,\sigma)=\frac{1}{2\pi\sigma^2}\exp\left(\frac{x^2+y^2}{2\sigma^2}\right)$$

设 k 为比例因子，用*表示卷积运算。根据 D. G. Lowe [114]，可得到一个高斯差图像（记为 $D(x, y, \sigma)$，定义为：

$$D(x,y,\sigma)=G(x,y,k\sigma)*\mathrm{Img}(x,y)-G(x,y,\sigma)*\mathrm{Img}(x,y)$$

然后使用 $D(x, y, \sigma)$来识别对尺度和方向不变的潜在兴趣点。

(a) 渔夫

(b) 高斯差图像

图 A.67　彩色图像和高斯差图像 □

A.8.7　图像关键点和沃罗诺伊网格

注释 A.44

图 A.68 给出两个图像几何视图。

(a) 21个关键点　　(b) 89个关键点

图 A.68　图像关键点和沃罗诺伊网格

视图 1：关键点梯度方向视图。图 A.68（a）中 21 个关键点的每一个都是一个圆的中心。各个圆的半径等于关键点的边缘强度。图 A.68（a）中每条红色边缘——都是从一个关键点得到的沃罗诺伊镶嵌多边形的一条边。

视图 2：显示一幅图像的沃罗诺伊镶嵌的 89 个关键点。图 A.68（b）中有 89 个关键点用∘表示。在图 A.68（a）中所显示的关键点周围没有围绕的圆圈。请注意，有许多关键点紧紧聚集围绕着渔夫。这提供了对目标识别的基础，这在第 8 章中得到了应用。 ❑

例 A.1　渔夫帽子上的关键点

：例如，图 A.68（a）中的渔夫帽子近侧有一个关键点。该线段的角度——从帽子关键点圆的中心到圆周可用关键点的梯度方向来判别（见列表 A.38）。 ❑

```
% 方法：在图像中查找最强关键点，并使用关键点作为沃罗诺伊区域的生成器
% script: keypointsExpt5gradients.m
clear all; close all; clc; % housekeeping
% g=imread('peppers.png');
g=imread('fisherman.jpg');
img = g; % save copy of colour image to make overlay possible
g = rgb2gray(g);
% g = double(rgb2gray(g)); % cponvert to greyscale image
pts = detectSURFFeatures(g);
[features,keyPts] = extractFeatures(g,pts);
figure,imshow(img), axis on, hold on;
plot(keyPts.selectStrongest(21),'showOrientation',true);

%% part 1 - voronoi mesh is superimposed on the image using SURF keypoints
%plot voronoi mesh on the image
% XYLoc=keyPts.Location; %for all keypoints - uncomment this and comment lines
     14 and 15 below
strongKey=keyPts.selectStrongest(21);%use only for a selected number of
     strongest keypoints
XYLoc=strongKey.Location;
X=double(XYLoc(:,1));
Y=double(XYLoc(:,2));
voronoi(X,Y,'-r');

%% part 2 - display the keypoints without the surrounding circles and without a
     mesh
%get XY coordinates of key points
% XYLoc=keyPts.Location; %for all keypoints - uncomment this and comment lines
     23 and 24 below
strongKey=keyPts.selectStrongest(89);%use only for a selected number of
     strongest keypoints
XYLoc=strongKey.Location;
```

列表 A.38　在数字图像上显示角点的 keypointsExpt5gradients.m 中的 Matlab 程序

```
X=double(XYLoc(:,1));
Y=double(XYLoc(:,2));
figure,imshow(img), axis on, hold on;
plot(X,Y,'ro');
% plot(X,Y,'g*');
% voronoi(X,Y,'-r');
%% part 3 overlay mesh on points
voronoi(X,Y,'-g');
%% part 5 keypoints on image
figure,imshow(img), axis on, hold on;
plot(X,Y,'ro');
```

列表 A.38（续）

附录B 词 汇 表

B.1 数字与符号

- **arXiv**（arXiv）：有关物理、数学、计算机科学、定量生物学、定量金融、统计学方面的可下载文章，请访问 https://arxiv.org/上的康奈尔大学电子印刷服务。
- ***A* 内部**（Int *A*）：非空集合 *A* 的内部，不包括边界点的集合。还可参见**开集**（Open set）、**闭集**（Closed set）、**边界集**（Boundary set）。

  例 **B.1** 内部集示例

  橙子果肉（Orange pulp）：橙子除去皮。

  地球子区域（Earth subreion）：地球表面下的区域。

  子图像（Subimage）：不包括其边界的子图像（**集合的内部**）。一个罗森菲尔德 8-邻域不包括沿边界的像素。 ❑
- $\mathbb{C}$（C）：复数集的符号。另参见**复数**（Complex numbers）、**黎曼空间**（Riemann space）。
- $|e_i|$（$|e_i|$）：边缘集 e_i 中的边缘像素数。最初时，$|e_i|$将等于 MNC 轮廓中的网格生成器的数量。接下来，$|e_i|$将等于轮廓边缘集中的边缘像素总数（记为$|\max e_i|$），即

$$\left|\max e_i\right| = \text{所有轮廓边缘像素的数量，而不仅仅是端点}$$

- $\|e_i - e_j\|$（$\| e_i - e_j \|$）：计算 $D(e_i, e_j) = \max\{\|x-y\|: x\in e_i, y\in e_j\}$，因为 e_i 和 e_j 都是像素集。
- **i**(i)：虚数 $\mathrm{i} = \sqrt{-1}$。还可参见**复数平面**(Complex plane)，**黎曼表面**(Riemann surface)。
- $\boldsymbol{m_1, m_2, \ldots, m_i, \ldots, m_k}$（$m_1, m_2, \ldots, m_i, \ldots, m_k$）：$k$ 个边缘集出现的频率。
- $\boldsymbol{m_i}$ **频率**（m_i frequency）：具有与边缘集 e_i 相同边缘像素数的边缘集的出现次数。
- **MNC 辐条**（MNC spoke）：参见附录 B.15 节中**神经**。
- **MNC 核聚类**（MNC nucleus cluster）：数字图像上的沃罗诺伊网格中的**核聚类**（NC）是沃罗诺伊区域的聚类，它们是与核 *N* 相连的多边形。每个沃罗诺伊区域都是相邻多边形聚类的核心。具有最高（最大）数量相邻多边形的核是 MNC 的中心。有关详细信息参见 7.5 节。另参见 B.8 节中**基于 MNC 的图像目标形状识别方法**。

  例 **B.2**

  图 B.1(a)的 CN 火车图像上的沃罗诺伊网格样例如图 B.1(b)所示。一对网格核如图 B.2（a）所示。这些红色核中的每个都具有最多的相邻多边形。因此，这些红色核是最大核聚类（MNC）的**中心**，如图 B.2（b）所示。
- **MNC 轮廓形状的质量**（Quality of an MNC contour shape）。MNC 轮廓形状的质量与目标轮廓形状和样本轮廓形状的接近程度成比例。换句话说，如果目标 MNC 轮廓周长与样本 MNC 轮廓周长之间的差小于某个小的正数ε，则 MNC 轮廓形状质量很高。
- $\mathbb{R}$：实数集。

(a) CN火车

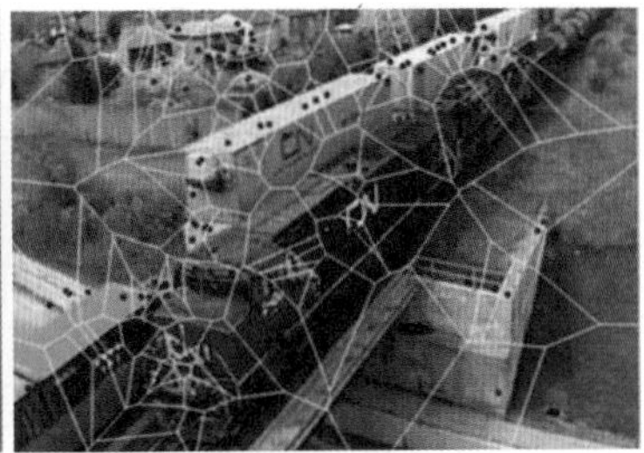
(b) CN火车网格

图 B.1　CN 火车视频帧图像上的沃罗诺伊网格

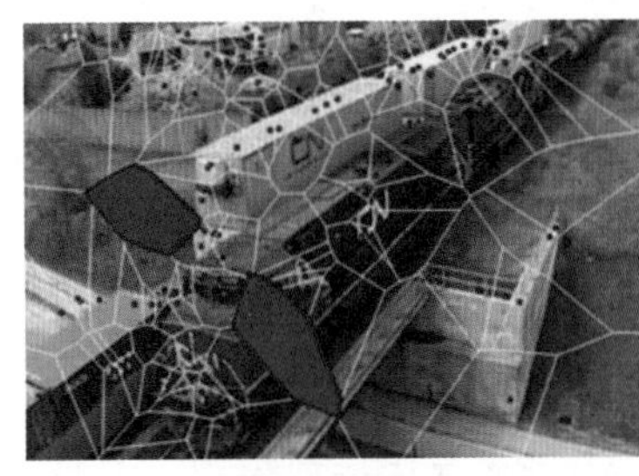
(a) CN火车

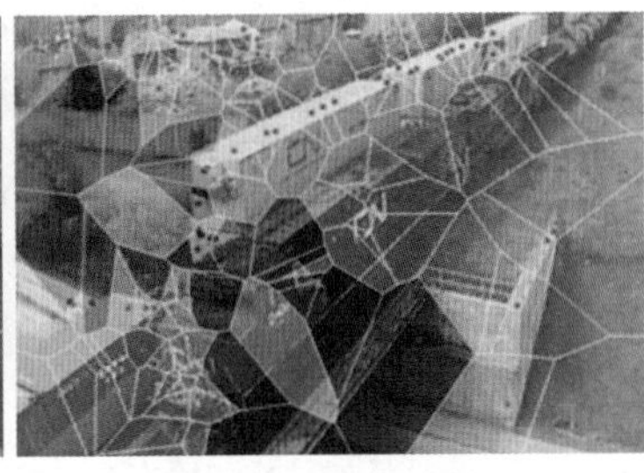
(b) CN火车最大核聚类

图 B.2　CN 火车视频帧图像上的最大核聚类

❑

- $\mathbb{R}^2$：欧几里得平面（2-D 空间）。2-D 数字图像存在于$\mathbb{R}^2$中。
- $\mathbb{R}^3$：欧几里得 3-D 空间。3-D 数字图像存在于$\mathbb{R}^3$中。
- **RGB**（RGB）：红绿蓝彩色技术模型。对于基于 1931 年 **CIE**（Commission Internationale de L'éclairage，International Commission on Illumination，**国际照明委员会**）彩色空间的 **RGB 波长**，参见 https://en.wikipedia.org/wiki/CIE_1931_color_space。
- **SI**：基于国际标准的计量单位。共有 7 个 SI 基本单位，如下：
  米（Meter）：长度。简写：m。
  千克（Kilogram）：质量。简写：kg。
  秒（Second）：时间。简写：s。
  安培（Ampere）：电流。简写：i。例如 i = 100 安培。
  开尔文（Kelvin）：温度。简写：K，1 K = 1°C = (9/5)°F = (9/5)°R。
  坎德拉（Candela）：发光强度。简写：cd。
  摩尔（Mole）：物质的量。简写：mol。如 2 摩尔水，1 摩尔氧。
- **SIFT**：D.G.洛韦[113,114]引入的尺度不变特征变换（SIFT），是解决目标识别以及目标跟踪问题的中流砥柱。
- **SSIM**：结构相似性图像测度。Z. Wang、A.C. Bovik、H. R. Sheikh、E.P. Simoncelli[201]介绍的图像结构相似性度量，它比较已针对亮度和对比度归一化后的像素强度的局部模式。SSIM 通过比较具有 n 列和 m 行图像的行 $\boldsymbol{x}$ 和列 $\boldsymbol{y}$ 中的图像强度来计算结构相似性：

$$\boldsymbol{x} = (x_1, \ldots, x_n) \quad \boldsymbol{y} = (y_1, \ldots, y_m)$$

令 μ_x、μ_y 分别是 x 和 y 方向上的平均像素强度。令 σ_x、σ_y 分别为 x 和 y 方向上的图像

信号的对比度，定义为：

$$\sigma_x = \left[\sum_{i=1}^{n} \frac{(x_i - \mu_x)}{n-1}\right]^{\frac{1}{2}} \quad \sigma_y = \left[\sum_{i=1}^{n} \frac{(y_i - \mu_y)}{n-1}\right]^{\frac{1}{2}}$$

设 σ_{xy}（用于计算 SSIM(x, y)）由下式定义：

$$\sigma_{xy} = \left[\sum_{i=1}^{n} \frac{(x_i - \mu_x)(y_i - \mu_y)}{n-1}\right]$$

设 C_1、C_2 是常数，用于避免当 x 和 y 方向上的平均强度值互相接近时的不稳定。信号 x 和 y 之间的相似性度量 SSIM 定义为：

$$\mathrm{SSIM}(\boldsymbol{x}, \boldsymbol{y}) = \frac{(2\mu_x\mu_y + C_1)(2\sigma_{xy} + C_2)}{(\mu_x^2 + \mu_y^2 + C_1)(\sigma_x^2 + \sigma_y^2 + C_2)}$$

参见 **MSSIM**、**数字图像的质量**（Quality of a digital image）。

- **SURF**：加速鲁棒特征，由 H. Bay、A. Ess、T. Tuytelaars 和 L.V. Gool [10]提出。SURF 是一种尺度和旋转不变的检测器和描述符。SURF 在图像子片中集成了图像的梯度信息。SURF 已在 Matlab 中实现了。
- **UQI**：由 Z. Wang 和 A. C. Bovik 在[200]中定义的**通用质量指数**。令 μ_x、μ_y 分别是 x 和 y 方向上的平均像素强度。令 σ_x、σ_y 分别为 x 和 y 方向上的图像信号的对比度，定义为：

$$\sigma_x = \left[\sum_{i=1}^{n} \frac{(x_i - \mu_x)}{n-1}\right]^{\frac{1}{2}} \quad \sigma_y = \left[\sum_{i=1}^{n} \frac{(y_i - \mu_y)}{n-1}\right]^{\frac{1}{2}}$$

设 σ_{xy}（用于计算 SSIM$(\boldsymbol{x}, \boldsymbol{y})$）由下式定义：

$$\sigma_{xy} = \left[\sum_{i=1}^{n} \frac{(x_i - \mu_x)(y_i - \mu_y)}{n-1}\right]$$

UQI$(\boldsymbol{x}, \boldsymbol{y})$定义为：

$$\mathrm{UQI}(\boldsymbol{x}, \boldsymbol{y}) = \frac{(4\sigma_{xy}\mu_x\mu_y)}{(\mu_x^2 + \mu_y^2)(\sigma_x^2 + \sigma_y^2)}$$

在[200，II 节，p.81]中，$\boldsymbol{x}$ 是原始图像信号，$\boldsymbol{y}$ 是测试图像信号。请注意，在灰度图像中，$\boldsymbol{x}$ 是一行像素强度，$\boldsymbol{y}$ 是一列像素强度。当在结构相似性图像测量 SSIM$(\boldsymbol{x}, \boldsymbol{y})$中取 $C_1 = C_2 = 0$ 时，则 UQI$(\boldsymbol{x}, \boldsymbol{y})$与 SSIM$(\boldsymbol{x}, \boldsymbol{y})$相同。参见 **SSIM**。

- **X**：希腊字母，发音为 Kai，如在 Kailua（kai lua），Hawaii 中。
- z：$z = a + bi$，$a, b \in \mathbb{R}$，复数。参见**复数**（Complex number）、**复平面**（Complex plane）。
- $\mathbb{Z}$：整数集。

B.2 B

- **斑块**（Blob）：斑块（二值大目标）是二值图像中的一组通路连接的像素。有关的详细信息参见 7.1.3 小节。另参见**连接的**（Connected）、**通路连接的**（Path-connected）。
- **半空间**（Halfspace）：给定 n-D 矢量空间$\mathbb{R}^n$ 中的线 L，半空间是包括边界线 L 的一侧

的那些点的一组点。线 L 上的点包括在半空间中，假设半空间是闭合的。否则，半空间是开放的。参见**边界区域**（Boundary region）、**边界集**（Boundary set）、**开集**（Open set）、**多面体**（Polytope）、**闭半空间**（Closed half space）、**闭下半空间**（Closed lower half space）、**闭上半空间**（Closed upper half space）、**开半空间**（Open half space）、**开下半空间**（Open lower half space）、**开上半空间**（Open upper half space）。

➢ **饱和度**（Saturation）：饱和度是来自光源的可见光输出的相对带宽的表达式[66，1.4 节]。请注意，饱和度是彩色的间隔特征，要在一个间隔内确定，而不是在一个点上确定。饱和度由图 B.3 中彩色曲线的陡度表示。请注意，蓝色的饱和度最高。随着饱和度的增加，颜色的色调变得更加纯净。

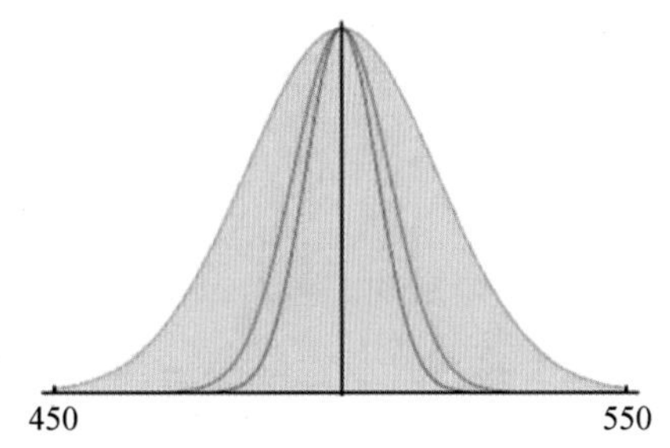

图 B.3　亮度、饱和度和色调的单调性[66]

➢ **比特深度**（Bit depth）：比特深度量化了图像调色板中有多少种可用的独特颜色，以 0 和 1 或“比特”的数量表示，用于指定每种颜色。

例 B.3　比特深度

数码相机彩色图像的比特深度通常为 24 位，每种颜色为 8 位[1]。 ❑

➢ **闭半空间**（Closed halfspace）：给定 n 维空间中的直线 L，闭半空间是一组封闭的点，包括直线 L 上的那些点以及 L 上方的所有点。这样的半空间是封闭的，因为它包括在直线 L 上的边界点。这个半空间也称为**上半空间**。如果半空间包括直线 L 上的所有点以及 L 以下的所有点，则得到一个**下半空间**。还可参见**边界区域**（Boundary region）、**边界集**（Boundary set）、**闭集**（Closed set）、**多面体**（Polytope）、**闭下半空间**（Closed lower half space）、**闭上半空间**（Closed upper half space）。

例 B.4　2-D 闭半空间

2-D 闭半空间如图 B.4 所示。这种半空间形式存在于由$\mathbb{R}^2$中的所有矢量表示的欧几里德平面中。尝试绘制包含所有点$-\infty < x < +\infty$且 $5 \leqslant y \leqslant +\infty$的闭合半平面。

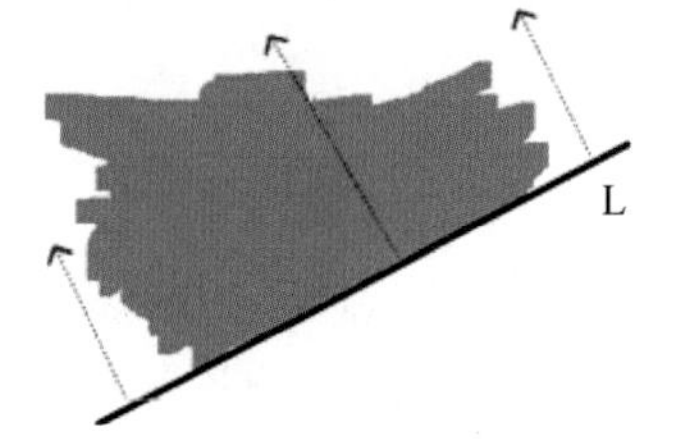

图 B.4　闭半空间$=L\cup\{$所有 L 上的点$\}$ ❑

1　http://www.cambridgeincolour.com/tutorials/bit-depth.htm。

- **闭集**（Closed set）：一组包括其边界和内部点的点。设 A 是非空集，int$A$ 是 A 的内部，bdy$A$ 是 A 的边界。如果 A =int$A \cup$ bdy$A$，那么 A 是一个闭集。即如果 A 是其内部和边界上点集的并集，则 A 是闭合的。

  例 B.5　闭集示例

  整个橙子（Whole orange）：橙子的皮加上它的果肉。

  鸡蛋（Egg）：蛋壳加上蛋黄。

  窗框（Window frame）：固定玻璃窗格的窗架。

  平面子集（Plane subset）：平面集边界上和内部的点集。

  子图像（Subimage）：2-D 或 3-D 子图像的内部加上边界像素。罗森菲尔德 8-邻域加上沿其边界的像素。 ❑

- **闭上半空间**（Closed upper halfspace）：一个闭上半空间是线上方及线上所有点的集合。
- **闭下半空间**（Closed lower halfspace）：一个闭下半空间是线下方及线上所有点的集合。

  例 B.6　2-D 闭上半和下半空间

  图 B.5 所示为两种类型的 2-D 闭半空间。图 B.5（a）中的半空间是闭上半空间的示例。该半空间是封闭的，因为它包括上方的所有平面点以及作为半空间边界的直线上的点。图 B.5（b）中的半空间是闭下半空间的示例。在这种情况下，半空间由直线上的和下方的所有平面点组成。封闭的下半空间中的直线构成半空间的边界。在这两种情况下，每个半空间在直线的一侧是无界的。

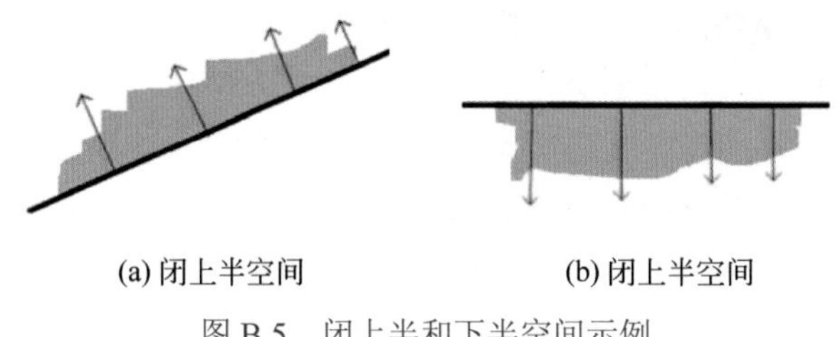

(a) 闭上半空间　　(b) 闭上半空间

图 B.5　闭上半和下半空间示例 ❑

- **边界集**（Boundary set）：非空集 A（记为 bdy$A$）的边界集是沿着该集边界并与该集邻接的点集。即 bdy$A$ 是那些最接近 A 而不在 A 中点的集合。换句话说，令 A 为欧几里德平面 X 中的任何集合，则点 $p \in X$ 是 A 的边界点，只要 p 的邻域 $N(p)$与 A 和 X 中所有不在 A 中的点的集合相交[98，1.2 节，p.5]。几何上，p 是在 A 和平面上 A 的**补集** A^c 之间的边缘上。参见**边界区域**（Boundary region）、**点的邻域**（Neighbourhood of a point）、**孔**（Hole）。

  例 B.7　边界集示例

  橙子果肉外部（Orange pulp exterior）：橙子的皮是橙子内部（橙子果肉）的边界。

  鸡蛋外壳（Egg exterior）：蛋壳是蛋黄的边界。

  窗框（Window frame）：围绕玻璃窗的窗框是玻璃的边界。

  空盒子（Empty box）：空盒子每边都有一面壁。例如：没有鞋子或其他任何东西的鞋盒。

  平面子集边界（Plane subset boundary）：平面集边界上的点集，构成集合内部的边界。

  子图像（Subimage）：包含其边界像素的任何子图像。罗森菲尔德 8-邻域加上沿其边界

的像素。 ❑

- **边界集 A**（bdy$A$）：集合 A 的边界点集合。还可参见**开集**（Open set）、**闭集**（Closed set）。
- **边缘集**（Edgelet）：边缘像素集。术语边缘集来自 S. Belongie、J. Malik 和 J. Puzicha [13，p.10]。在这里，边缘集的概念被扩展到轮廓边缘集（MNC 轮廓中的边缘像素集）。参见**轮廓**（Contour）、**轮廓边缘集**（Contour edgelet）、**MNC**。特别参见附录 B.3 节。

B.3　C

- **采样**（Sampling）：以适当的间隔从模拟信号中提取样本。以时间间隔 t 去捕获连续模拟信号 $x_a(t)$，例如来自数码相机或网络摄像机中的光学传感器的信号。令 $T>0$ 表示**采样周期**（采样之间的持续时间），并且令 n 为采样数。满足下式，则 $x(n)$是对应时间 t 的模拟信号 $x_a(t)$的数字样本：

$$x_a(n)=x(nT),\text{采样周期}T>0\text{的第}n\text{个采样}$$

$$\frac{2\pi}{T}=\textbf{采样频率或采样率}$$

例 B.8　光传感器信号示例

时间 t 随时间变化的模拟信号 $x(t)$如图 B.6（a）所示。n 个数字信号样本 $x(n)$的集合如图 B.6（b）所示。这里，采样周期是 T（采样信号之间的持续时间）。图 B.6（b）中的每个尖峰表示采样信号（图像或视频帧）。

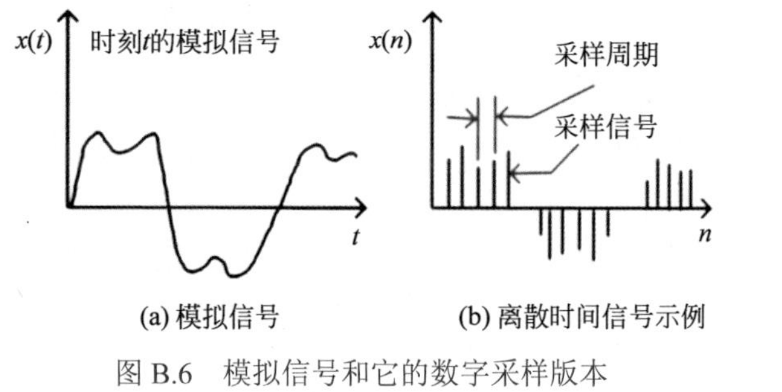

图 B.6　模拟信号和它的数字采样版本 ❑

- **彩色像素值**（Colour pixel value）：像素的彩色强度或亮度。参见**伽马校正**（Gamma γ correction）、**RGB**、**HSV**。

B.4　D

- **大地测量图**（Geodetic graph）：图 G 是大地测量图，则对于 G 上的任意两个顶点 p，q，在 p 和 q 之间最多有一条最短路径。**大地测量线**是直线，因为直线端点之间的最短路径是直线本身。有关这方面的更多信息参见 J. Topp [191]。另参见**凸包**（Convex hull）。

例 B.9　大地测量图

在地图上的点（顶点）之间绘制边缘的大地测量图如图 B.7（a）所示。设 p，q_1，q_2，....，

q_8是图 B.7（b）中的大地测量图中的顶点。顶点对 p，q_i之间的虚线是大地测量线的示例，因为在端点之间绘制的虚线是可以在端点之间绘制的最短线。举一个大地测量图的例子，它是沃罗诺伊 MNC 中核周围的**轮廓边缘集**。

> 当大地测量图是一组地图点的凸包时变得有趣，因为大地测量的凸包近似于凸包所覆盖的地图区域的形状。尝试通过连接局部区域的城市重心来寻找大地测量的凸包。

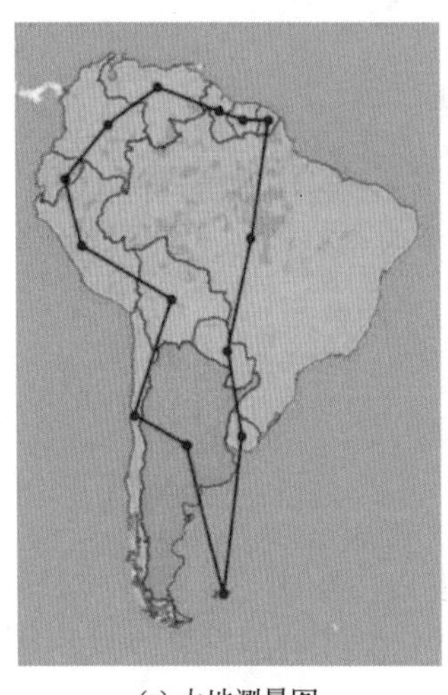

(a) 大地测量图

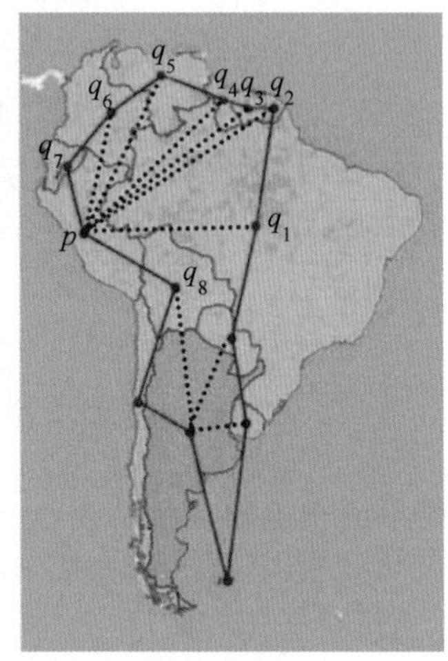

(b) 大地测量线

图 B.7　大地测量图的大地测量线 □

- **点**（Point）：数字图像像素的另一个名称。
- **点邻域**（Neighbourhood of a point）：令ε为正实数和下确界（inf$A$）。平面中点 p 的点邻域（记为 $N(p, \varepsilon)$）由下式定义：

  $$N(p,\varepsilon)=\{x\in\mathbb{R}^2:\|x-p\|<\varepsilon\}\ (p\text{的开邻域})$$

  请注意，$N(p, \varepsilon)$是一个**开邻域**，因为它排除了平面中 x 的边界点。**闭邻域**（记为 cl$N(p, \varepsilon)$）包括其内部点和边界点的定义为：

  $$N(p,\varepsilon)=\{x\in\mathbb{R}^2:\|x-p\|\leqslant\varepsilon\}\ (p\text{的闭邻域})$$

  有关此内容的更多信息参见 J. F. Peters [140, 1.14 节]。还可参见**开集**（Open set）、**闭集**（Closed set）。
- **多面体**（Polytope）：设$\mathbb{R}^n$是 n-D 欧几里得矢量空间，多面体定义在其中。多面体是一组点 $A\subseteq\mathbb{R}^n$，它是点集 K 的**凸包**（记为 convh$A(K)$）或$\mathbb{R}^n$中有限多个闭半空间的交点。

  这种多面体的观点基于[216，p.5]。请注意，非凸多边形是可能的，因为有限多个半空间的交集可能不是包含一组点的最小凸集。多面体通常存在于数字图像的沃罗诺伊镶嵌中。另见**凸包**（Convex hull）、**凸集**（Convex set）、**半空间**（Half space）。

  例 B.10　多面体

  两种类型的多面体如图 B.8 所示。图 B.8（a）中的多面体是 9 个点的凸包（用黑色点•表示）。图 B.8（b）中的多面体是 5 个闭半空间的交点。

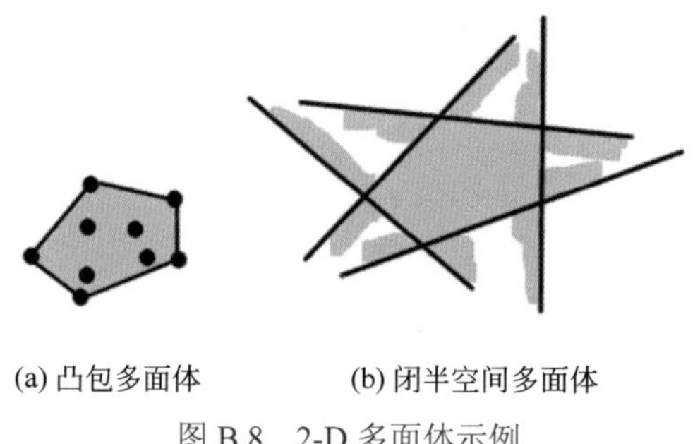

(a) 凸包多面体　　(b) 闭半空间多面体

图 B.8　2-D 多面体示例

□

B.5　F

➢ **复平面**ℂ（Complex plane ℂ）：复平面ℂ是复数的平面，也称 z-平面。参见图 B.9 中的图 B.9（a）。点 z 在复平面上具有 $z = a + b\mathrm{i}$，$a, b \in \mathbb{R}$，$I = \sqrt{-1}$ 的形式。复平面原点在 $z = = 0 = 0 + 0\mathrm{i}$。**黎曼表面**是具有无穷大的复平面的并集（记为 $\mathbb{C} \cup \{\infty\}$）。从复平面到黎曼球的投影，其在 $z = 0 = 0 + 0\mathrm{i}$ 处的点 S 处接触复 z-平面，并且其中心轴是连接球顶部 N（过直径与 S 相对）的线。一条连接 N（在无穷远处）到点 z 的线在点 P 处刺穿球体的表面（见图 B.9（b））。对于复平面和黎曼球的**视觉透视**，它们提供了对计算机视觉重要的见解，可参见 E. Wegert [202]。还可参见**黎曼表面**（Riemann surface）、ℂ、z。

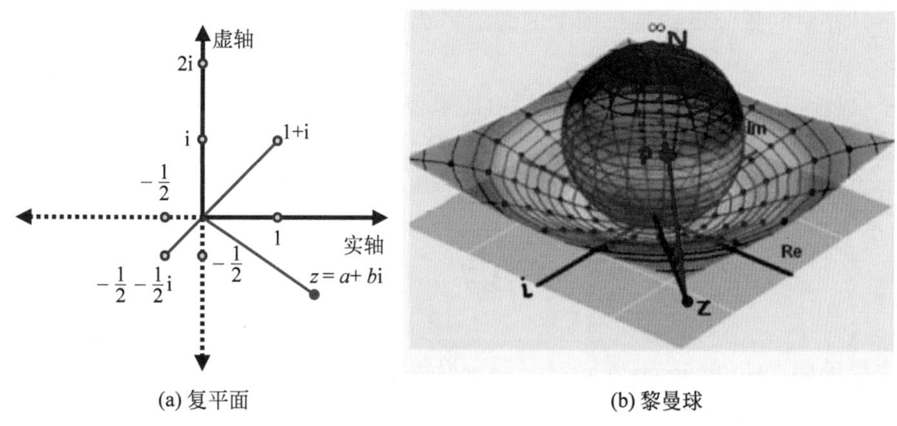

(a) 复平面　　(b) 黎曼球

图 B.9　投影到黎曼球的复平面

➢ **复数**（Complex numbers）：ℂ是复数的**集合**。设 a、$b \in \mathrm{R}$ 是实数，$\mathrm{i} = \sqrt{-1}$，复数 $z \in \mathbb{C}$ 具有如下形式：

$$a + b\mathrm{i}\text{（复数）}$$

➢ **覆盖**（Cover）：参见**集合的覆盖**。

➢ **辐条**（Spoke）：参见附录 B.15 节中的**神经**（Nerve）。

B.6 G

- **伽马校正**（Gamma γ correction）：设 R 是对入射光响应的相机信号，令 γ、a、b 为实数。通常，相机使用由如下定义的**伽马变换**来调整 R 以实现伽马校正：

$$R \mapsto aR^{1/\gamma} + b \text{（伽马变换）}$$

  有关详细信息参见 2.11 节。有关此内容的更多信息参见 Z.-N. Li、M. S. Drew 和 J. Liu [109，4 节]。
- **关键点**（Keypoint）：关键点是一种数字图像中曲线（边缘集）的特征。关键点检测的目的是识别显著的数字图像区域，例如角点和斑块。基于关键点的方法根据 R. Fabbri 和 B. B. Kimia [47]的观察能提取随视角变化稳定的点特征。L. Baroffio、M. Cesana、A. Redondi 和 M. Tagliasacchi [9]使用 S. Leutenegger、M. Chli 和 R. Y. Siegwart 给出的二元鲁棒不变可伸缩关键点（BRISK）算法[106]，给出了一种在视频序列中快速检测关键点的方法。参见 **SIFT**、**SURF**。
- **关键帧选取**（Key frame selection）：选取具有最大变化的视频帧。

  例 B.11 自适应关键帧选取

  自适应关键帧选取是 J. Jun 等人在[119]中提出的一种有效视频编码的方法。例如，通过选择图像镶嵌多边形中存在显著变化的视频帧，可以实现自适应视频帧选取。例如，在由网络摄像头记录的变化场景中，在时间接近的视频帧上的叠加多边形通常仅略微变化。相比之下，在时间上分离的视频帧上的叠加多边形的面积在记录变化的场景时通常会有显著改变。 ❑
- **光子**（Photon）：光子是一种电磁辐射能量包，由爱因斯坦于 1917 年创制，用于解释光电效应。有关这方面的更多信息参见 M. Orszag[132]。另参见**量子光学**（Quantum optics）。

B.7 H

- **哈夫曼编码**（Huffman coding）：一种无损数据压缩算法，它使用少量位数来编码常见字符[1]。要查看对数字图像的哈夫曼编码示例，请尝试使用附录 A.1 节中列表 A.2 的 Matlab 程序和任何彩色数字图像。
- **核**（Nucleus）：核是网格聚类的核心和最重要的部分。另参见附录 B.15 节中的**神经**（nerve）和附录 B.19 节中的**最大核聚数**（**MNC**）。

B.8 J

- **基于 MNC 的图像目标形状识别方法**（MNC-based image object shape recognition

1 有关哈夫曼编码的详细信息参见 E.W. Weisstein，网址为 http://mathworld.wolfram.com/HuffmanCoding.html。

methods)：有三种基本方法可用于实现图像目标形状识别，即，

方法 1：MNC 轮廓中的内切圆周边。**内切圆**周边方法的灵感来自 V. Vakil [194]。首先，选取基于关键点的沃罗诺伊镶嵌查询图像 Q，如图 B.10 中所示，以及沃罗诺伊镶嵌视频帧测试图像 T。识别 Q 中的一个 MNC 和 T 中的一个 MNC。测量刻在粗粒度和细粒度核轮廓中的圆的周长，这些轮廓以每个图像 **MNC 核**的生成点为中心。例如，参见图 B.10 中 MNC 上的粗粒度圆。

图 B.10　MNC 圆示例

方法 2：边缘强度。再次选取基于关键点的沃罗诺伊镶嵌查询图像 Q，如图 B.10 中所示，以及沃罗诺伊镶嵌视频帧测试图像 T。使用具有生成点 q 的核 $N_Q(q)$识别 Q 中的一个 MNC，使用具有生成点 t 的核 $N_T(q)$识别 T 中的一个 MNC。测量和比较 q 和 t 的边缘强度。

方法 3：圆周边-边缘强度。结合方法 1 和方法 2。即，比较如图 B.10 中基于关键点的沃罗诺伊镶嵌的查询图像 Q 的圆周边和边缘强度与沃罗诺伊镶嵌的视频帧测试图像 T 的圆周边和边缘强度。

下面是细节。

方法 1：MNC 轮廓中的内切圆周边

（1）方法 1：随机选取关于图像 MNC 的细粒度边界中的关键点之一。

（2）使用选定的细粒度边界关键点和核关键点作为圆半径的端点（称之为 r_{fine}）。

（3）在查询图像 Q 和测试图像 T 中的 MNC 上，绘制半径为 r_{fine} 的圆。使圆形边框的颜色为鲜红色。

（4）设○Q_{fine}是以查询图像 Q 中的 MNC 核关键点为中心的细粒度圆，并且○T_{fine}是以测试图像 T 中的 MNC 核关键点为中心的细粒度圆。设 P_Q、P_T 分别为○Q_{fine}、○T_{fine}的周长。选择目标识别阈值$\varepsilon>0$，令 ObjectRecognized 为布尔变量。则

$$\text{ObjectRecognized}=\begin{cases}1 & \text{如果}\left|P_Q-P_T\right|<\varepsilon \\ 0 & \text{其他}\end{cases}$$

换句话说，如果$|P_Q-P_T|<\varepsilon$，ε足够小，则在查询图像中的目标就找到了。

（5）用亮绿色突出显示包含已识别目标的视频帧中的 MNC 圆。

（6）在 zip 文件中，保存查询图像和包含已识别目标的视频帧图像。

（7）对于 MNC 的粗粒度边框，重复步骤（1）到步骤（6）。然后，对于以查询图像和测试图像 MNC 为中心的粗粒度圆○Q_{coarse}、○T_{coarse}，计算周长差值$|P_Q - P_T|<\varepsilon$。将得到的结果保存在表格中（参见表 B.1）。

方法 2：MNC 核生成点的边缘强度

（1）设关键点(x, y)是 MNC 核中位置(x, y)处的关键点。令 $G_x(x, y)$、$G_y(x, y)$分别表示 x 方向和 y 方向上的边缘像素梯度幅度。

表 B.1 MNC 边界圆周边比较

图像 Q	图像T	精细P_Q	精细P_T	$\|P_Q - P_T\|$	ε
		……	……	……	……
图像Q	图像T	粗糙P_Q	粗糙P_T	$\|P_Q - P_T\|$	ε
		……	……	……	……

（2）像素 $\mathrm{Img}(x, y)$的边缘强度（也称为像素梯度幅度）记为 $E(x, y)$并如下定义：

$$E(x,y)=\sqrt{\left(\frac{\partial \mathrm{Img}(x,y)}{\partial x}\right)^2+\left(\frac{\partial \mathrm{Img}(x,y)}{\partial y}\right)^2}=\sqrt{G_x(x,y)^2+G_y(x,y)^2}\text{（像素边缘强度）}$$

设 Q_E，T_E 分别是查询图像 Q 和测试图像 T 的核关键点的边缘强度。然后计算

$$\text{ObjectRecognized}=\begin{cases}1 & \text{如果}\left|P_E - P_E\right|<\varepsilon\\ 0 & \text{其他}\end{cases}$$

换句话说，如果$|P_E - P_E|<\varepsilon$，ε足够小，则图像 Q 和图像 T 中的 MNC 目标是相似的，即识别出来了。

（3）将得到的结果保存在表格中（参见表 B.2）。

表 B.2 MNC 关键点边缘强度比较

图像Q	图像T	P_E	T_E	$\|P_E - T_E\|$	ε
		…	…	…	…

- **集合的边界区域**（Boundary region of a set）：集合的边界区域是集合 A 的边界区域中所有点的集合（记为 re$A$），其包括边界集合 bdy$A$，即 bdy$A \subset$ re$A$。参见**边界集**（Boundary set）、**开集**（Open set）、**闭集**（Closed set）、**集内部**（Interior of a set）。

例 B.12　集合的边界区域示例

地球大气层（Earth atmosphere）：地球表面以上的空间区域。

树莓派板（Raspberry pi board）：树莓派的边界区域是它的板，可参见：https://www.raspberrypi.org/blog/raspberry-pi-3-on-sale/。例如，二进制钟的边界区域是它的外壳。

窗户玻璃外部（Window glass exterior）：玻璃窗玻璃周围的区域空间是玻璃的边界区域。

可见光外的电磁波谱（Electromagnetic spectrum outside visible light）：已知光子在 400nm 以下（紫外线，X 射线和伽马辐射）和 700nm 以上（红外、太赫兹、微波、无线电波辐射）的电磁波谱。回想一下光子是一种基本粒子，它是所有形式的电磁辐射的量子。

闭合半空间外的区域（Region outside a closed half space）：平面集合边缘上的点集合，构成集合内部的边界。见参见半空间（Half space）、多面体（Polytope）。

2-D 图像外部区域（2D Image exterior region）：平面上任何 2-D 图像之外的区域。罗森菲尔德 8-邻域加上沿边界的像素。

2-D 图像罗森菲尔德邻域的外部区域（Exterior region of a 2D image Rosenfield neighbourhood）：所有在开放的罗森菲尔德 8-邻域之外的 2-D 图像像素。 ❑

➢ **集合的补**（Complement of a set）：设 A 是 X 的子集。A 的补（记为 A^c）是 X 中不在 A 里的所有点的集合。

例 B.13

设 A 是 2-D 数字图像。那么，A^c 是平面中所有不在 A 中的点的集合。 ❑

➢ **集合的覆盖**（Cover of a set）：空间 X 中非空集 A 的覆盖是 X 中非空子集的集合，其并集是 A。换句话说，设 $C(A)$是 A 的封面，则

$$C(A) = \bigcup_{B \subset X} B\text{（非空集合}A\text{的覆盖）}$$

例 B.14　2-D 数字图像的有限覆盖

设 Img 是一幅 2-D 数字图像，$S \subset \text{Img}$ 是一组网格生成点，$V(S)$是 Img 上的沃罗诺伊网格。请注意，Img 中的每个点都属于沃罗诺伊区域 $V(s)$，$s \in S$。这意味着 $\text{Img} \subseteq \bigcup_{s \in S} V(s)$。可见，$V(S)$覆盖 Img。所以，总能找到一个子集 $S' \subseteq S$，使得 $V(S') \subseteq V(S)$。也就是说，每个沃罗诺伊网格 $V(S')$都是 $V(S)$的子覆盖。设 s'是 S'的生成点，则

$$\text{Img} \subseteq \bigcup_{s' \in S} V(s') \subseteq \bigcup_{s \in S} V(s)$$

换句话说，每个覆盖 Img 的网格有一个有限的子网格是 Img 的覆盖。 ❑

➢ **计算机视觉**（Computer Vision）：计算机视觉是研究将**人眼**执行的任务自动化以及数字图像和视频的获取、处理、分析与理解。要下载有关计算机视觉的文章，请访问 https://arxiv.org/list/cs.CV/recent 上的康奈尔大学电子打印服务。

参见，例如 H. Rhodin、C. Richart、D. Casas、E. Insafutdinov、M. Shafiei、H-P. Seidel、B. Schiele 和 C. Theobalt 使用两个**鱼眼相机**进行**动作捕捉**[162]。再如：

http://camerapedia.wikia.com/wiki/Lomographic_Fisheye_Camera 和

https://en.wikipedia.org/wiki/Fisheye_lens。

使用**卷帘门方法**也可以进行动作捕捉，其中借助静态相机（例如**手机相机**）或摄像机通过快速扫描场景以便不将场景的所有部分同一时刻进行记录。例如，参见：

http://wikivisually.com/wiki/Rolling_shutter/wiki_ph_id_7。在回放过程中，将整个场景显示为单幅图像，给人以场景的所有方面都在一个瞬间被捕获的印象。这种场景捕捉方法与普通**全局快门**方法形成对比，后者同时捕获整个图像帧。

例 B.15　防撞视觉系统

视觉系统被设计成具有特定的视场。**视觉系统**的**视场**是在任何给定时刻可观察到自然场景的程度。**视角**和自然场景深度都是重要的视场测量。例如，斯巴鲁 EyeSight 视觉系统中的双摄像头（见图 B.11（a））设计来在如图 B. 11（b）所示情况下避免碰撞。EyeSight 视觉系统的视角为 30°，其视场**深度**为 112m（见图 B.12）。

(a) 斯巴鲁EyeSight相机

(b) EyeSight运动目标跟踪

图 B.11　斯巴鲁 EyeSight 图像，Winnipeg Subaru 提供

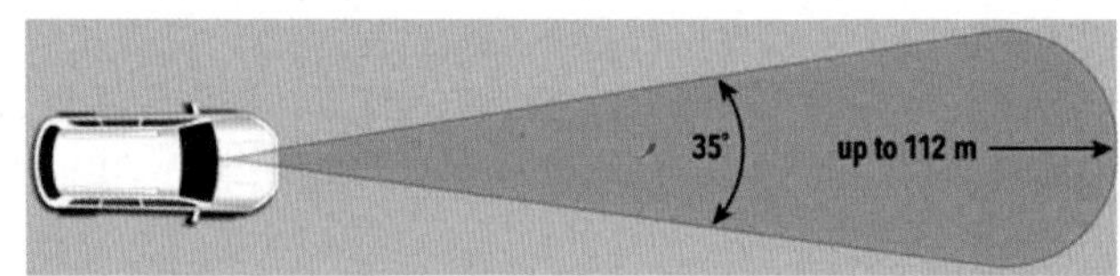

图 B.12　斯巴鲁 EyeSight 视场，Winnipeg Subaru 提供[1] □

- **计算摄影**（Computational photography (CPh)）：**CPh** 使用相机来捕捉，记录和分析自然场景，以便进行可能的后续行动，例如避免碰撞。CPh 使用具有微小变化的多幅图像记录场景，或者用某种形式的**摄像机**（例如网络摄像头）在视频中记录变化的场景。例如，参见 https://www.microsoft.com/accessories/en-au/products/webcams/。CPh 还通过在记录中改变数码**相机**参数（例如，缩放、聚焦、风景、尼康 CoolpixAW300 相机中的肖像）来记录场景，或者通过在记录中改变数码相机参数（例如视场，景深，照明）来记录变化的场景（参见[46，2.1 节，p.445]）。
- **紧凑集**（Compact set）：设 X 是一个拓扑空间，令 $A\subseteq X$。简单地说，空间 X 中非空集 A 的**覆盖**是 X 中非空子集的集合，其并集为 A。换句话说，设 $C(A)$为 A 的覆盖，则

$$C(A)=\bigcup_{B\subset X} B\text{（非空集合}A\text{的覆盖）}$$

集合 A 是**紧凑集**，只要 A 的每个开放覆盖具有有限的子覆盖[98，1.5 节，p.17]。参见**覆盖**（Cover）、**拓扑空间**（Topological space）。

例 B.16　紧凑图片集

欧几里德平面中每个非空图片点集 A 的内部都是紧凑的，因为 int$A$ 有一个**覆盖**

1　非常感谢 Kyle Fedoruk 提供斯巴鲁 EyeSight®视觉系统图像。

$C(\text{int}\,A)=\bigcup_{X\in 2^{\text{int}\,A}} X$ 总是包含一个有限的集合，也覆盖 int$A$，即一个有限的子覆盖，也是 int$A$ 的开放覆盖。 ❑

B.9 K

- **开集**（Open set）：没有边界点的点集合。

例 **B.17** 开集示例

橙子果肉（Orange pulp）。

鸡蛋内部（Egg interior）：不算壳的鸡蛋。

玻璃窗（Window glass）：不算框的玻璃窗。

集合内部（Set interior）：任何不包括边界的集合。

子图像（Subimage）：任何不包含其边界像素的子图像。罗森菲尔德的 8-邻域是一个开集，因为它不包括沿其边界的像素。 ❑

引理 B.1 每幅 2-D 图像都是一个开集

证明：具有整数坐标的$\mathbb{R}^2$中的每个点都是数字图像像素的潜在位置。每幅 2-D 数字图像都限制在其边界内的那些像素。数字图像的边界不包括其边界外的那些像素。数字图像 A 的边界是在 X 外部并且与 A 相邻的点集合。即，数字图像不包括其边界像素。因此，数字图像是开集。 ❑

定理 B.1 2-D 数字图像中的每幅子图像都是一个开集

证明：2-D 数字图像中的每个子图像也是欧几里得平面中的数字图像。因此，根据引理 B.1，每个子图像都是一个开集。 ❑

定理 B.2 2-D 数字图像中的每个罗森菲尔德 8-邻域都是一个开集

证明：一个罗森菲尔德 8-邻域是 2-D 数字图像中的一个子图像。因此，根据定理 B.1，每个罗森菲尔德 8-邻域都是一个开集。 ❑

- **开上半空间**（Open upper halfspace）：开上半空间是边界线上面但不在边界线上的所有点的集合。
- **开下半空间**（Open lower halfspace）：开下半空间是边界线下面但不在边界线上的所有点的集合。

例 B.18 2-D 开上半空间和开下半空间示例

两种类型的 2-D **开半空间**如图 B.13 所示。图 B.13（a）中的半空间是开上半空间的示例。该半空间是开放的，因为它不包括作为半空间边界的虚线但包括边界上面的所有平面点。图 B.13（b）中的半空间是开下半空间的示例。在这种情况下，半空间由下面的所有平面组成，但不包含所指示的虚线。开下半空间中的虚线构成半空间的边界。在这两种情况下，每个半空间在一条线的一侧是无界的。

- **坎德拉**（Candela）：坎德拉是发光强度的国际标准（SI）基本单位，即点光源在特定方向上发射的每单位立体角的发光功率。每个波长的贡献由如下定义的标准**光度函数**[205]加权：

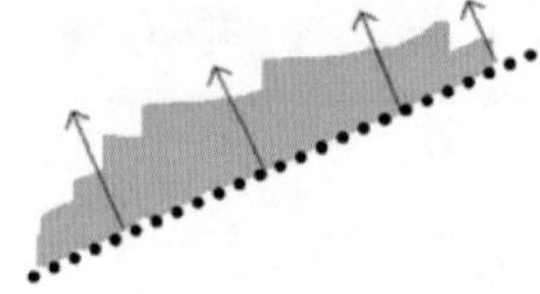

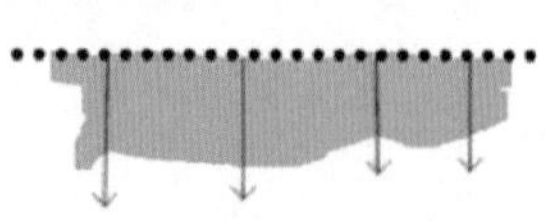

(a) 开上半空间　　　　(b) 开下半空间

图 B.13　开上半空间和开下半空间示例 ❑

E_v = 照度测量

r_1 = 有限孔径的半径

r_2 = 光源的半径

d = 光源和孔径之间的物理距离

D = 孔径平面和光度计之间的距离 $= r_1^2 + r_2^2 + d$

A = 源孔径的面积

$L_v(E_v, D, A) = \frac{E_v D^2}{A}$（亮度函数）

例 B.19　白炽灯泡的发光强度分布示例

有关白炽灯泡的样品发光强度分布，参见：

http://www.pozeen.com/support/lighting_basics.html#.WDWH6bIrJXU。每个光束的亮度用坎德拉测量。光强度的分布为每个光源提供了指纹。 ❑

➢ **孔**（Hole）：孔是内部空的集合。在平面中，平面的一部分有一些缺失，即平面的一部分在其中具有穿孔（平面中的空腔）。一种不能连续缩小到某一点的几何结构，因为总有一部分结构缺失。参见**内部**（Interior）、**开集**（Open set）。

例 B.20　孔示例

甜甜圈（Donut）：甜甜圈的中心，圆环的中心。

穿孔的**环**（Punctured annulus）：环（环形区域）在其中心有一个孔。例如，参见图 B.14 中的重叠环。同源理论提供了一种检测拓扑空间中的空洞的方法（参见[99，3.2 节，p.108]）。

图 B.14　重叠环带

空橙皮（Empty orange skin）：橙皮里面没有果肉的空间。

空蛋壳（Empty egg shell）：没有蛋轭的蛋壳内的空间。

空窗框（Empty window frame）：没有玻璃窗格的窗框内的空间。

内部空的集合（Empty interior set）：具有空的内部的平面集的边界上的点集。

二值图像岛（Binary image island）：二值图像中由白色像素环绕的暗区域。

空子图像（Empty subimage）：一种 2-D 或 3-D 子图像，包括其边界像素，内部没有像素。孔的子图像可看作是由白色区域围绕的完全黑色。在**数学形态学**（**MM**）中[1]，**孔**是包含暗像素的前景区域（与孔相邻的白色像素是边界像素）。罗森菲尔德 8-邻域定义了一个带有黑色中心的洞，周围有 7 个白色像素。请注意，孔定义了一个形状，一个孔周围的轮廓。**问题**：可以说圆形和披萨盘有形状吗？又如是一个矩形和一把尺子？有关数学形态学中孔的更多信息参见 M. Sonka、V. Hlavac 和 R. Boyle [181，第 13 章]。从拓扑角度对孔的介绍，参见 S. G. Krantz [98，1.1 节]和[99，pp. 1, 95, 108]。 ❑

例 B.21 从图像前景中移除孔的数学形态学闭合操作

数学形态学闭合操作用于从图像的前景去除孔（胡椒噪声）。设 Img 为带孔的 2-D 图像。实际上，可通过闭合图 Img 获得没有孔的新图像。以下 Mathematica 程序使用 MM 闭合操作来填充嘈杂图像中的孔（参见图 B.15）。

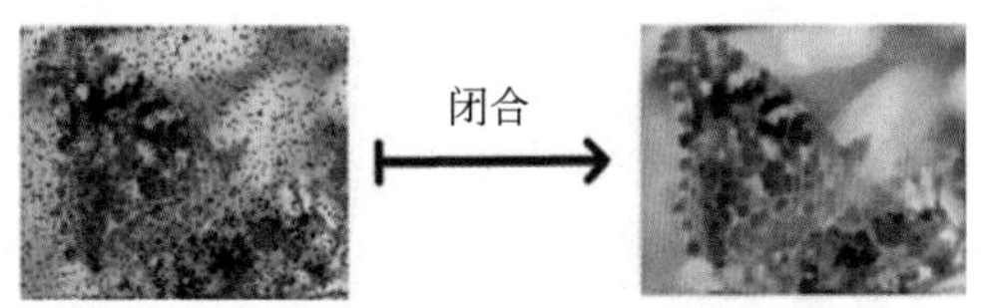

图 B.15 将有孔的图像映射为孔填充了的图像

Mathematica 8 从彩色图像中去除孔（暗斑点）

（* 填充图像前景中的孔*）

Img = 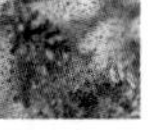

Closing[Img,1]

尝试编写一个 Matlab 程序以从彩色（非二值）图像中删除黑孔。 ❑

B.10 L

- **离散**（Discrete）：离散的意思是数字图像中对象的强度是不同的，具有分离的值。HSV 彩色空间中的数字图像是离散对象的示例，因为其值是不同的且是分离的。有关离散性的另一个例子，参见 5.5 节中的例 5.5。离散值与连续值形成对比，例如函数 $f(x)=x^2$ 的值。参见附录 B.10 中的**连续的**（Continuous）。
- **黎曼表面**（Riemann surface）：黎曼表面是由薄片覆盖的复平面（z-平面或 z-球面）的表面。见**复平面**（Complex plane），ℂ。
- **连通的多边形**（Connected polygons）：如果一些多边形共享一个或多个点，则这些多边形是连通的（连通的多边形）。参见**不连通的**（Disconnected）、**通路连通的**（Path-connected）。

1 例如，参见 http://www.cs.uu.nl/docs/vakken/ibv/reader/chapter6.pdf 的 6.6.2 小节，p.146。

例 B.22　连通的沃罗诺伊区域

例如，图 B.16 中的一对沃罗诺伊区域 A 和 B 是连通的（**连通的沃罗诺伊区域**），因为 A 和 B 具有共同的边缘。类似地，图 B.16 中的一对沃罗诺伊区域 B 和 C 也是连通的。然而，图 B.16 中的一对沃罗诺伊区域 A 和 C 不是连通的多边形，因为 A 和 C 没有共同的点，即 A 和 C 是不相交的集合。

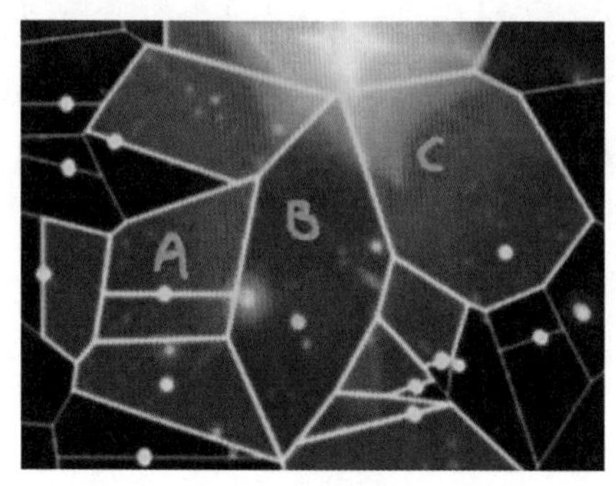

图 B.16　连通的沃罗诺伊区域 □

- **连通的线段**（Connected line segments）：如果一些线段具有公共端点，则这些线段是连通的。例如，在图 B.17 中，线段 p、q 和 q、r 是连通的（连通的线段）。参见**不连通的**（Disconnected）、**通路连通的**（Path-connected）。

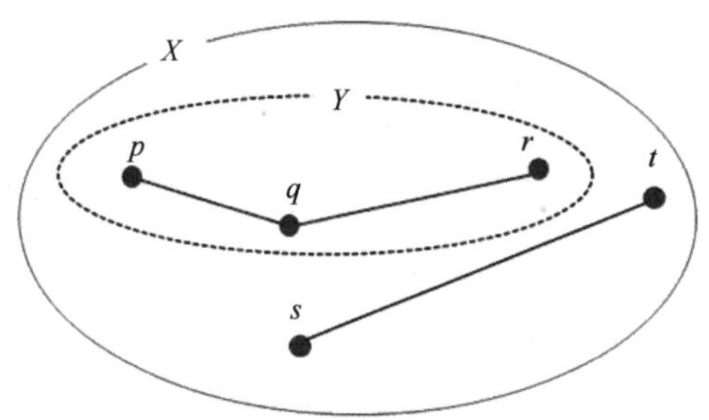

图 B.17　不连通的集合 □

例 B.23　不连通的集合

考虑图 B.17 表示的一组线段。线段 $\overline{pr}$ 上的点集合等于线段 $\overline{pq}$ 和线段 $\overline{qr}$ 上点的并集（即图 B.17 中的集合 Y）。设 B 为线段 s，t 中的点集。从图 B.17 可知，$X=Y\cup B$。因此，X 是**不连通的**集合。

例 B.24　沃罗诺伊区域的不连通集合

让沃罗诺伊区域 A 和 C 由图 B.16 中的多边形表示。请注意，多边形 A 和 B 具有共同的边。实际上，A 和 C 并不是不相交的。设 $X=A\cup C$。因为 A 和 C 是不相交的，所以集合 X 是**不连通的**。

例 B.25　连通的集合

考虑图 B.17 中包含一对线段的集合 Y。设集合 C 为线段 $\overline{pq}$ 中的点，D 为线段 $\overline{qr}$ 中的点。由于 $Y=C\cup D$，因此集合 Y 是连通的。 □

例 B.26　沃罗诺伊区域的连通集合

让沃罗诺伊区域 A 和 C 由图 B.16 中的多边形表示。请注意，多边形 A 和 B 具有共同的边。实际上，A 和 B 并不是不相交的。令 $Y=A\cup B$。因为 A 和 B 是相交的，所以集合 Y 是连通的。 ❑

- **连通性**（Connectedness）：共享点集合的一个属性。如果存在不相交的开集 A 和 B 使得 $X=A\cup\mathrm{B}$，即 X 是不相交集 A 和 B 的并集，则集合 X 是不连通的。集合 X 被**连通**（具有连通性）的条件是 X 不是不相交集合的并集。
- **连续的**（Continuous）：如果数学对象 X 的所有元素都在附近点的邻域内，则 X 是连续的[170]。令 X 为非空集，x、$y\in X$。例如，函数 $f:X\rightarrow\mathrm{R}$ 是连续的，如果每当 x 接近 y 时，$f(x)$就接近 $f(y)$。再看一个例子，令

$$f(x)=\frac{\exp\left(-\frac{x}{2\sigma^2}\right)}{\sigma\sqrt{2\pi}}\text{（具有标准方差}\sigma\text{）}$$

在$-6\leqslant x\leqslant 6$ 的区间内，$f(x)$的值是连续分布的。该分布如图 B.18（a）所示，$f(x)$值的连续累积密度函数如图 B.18（b）所示。参见**离散**（Discrete）。

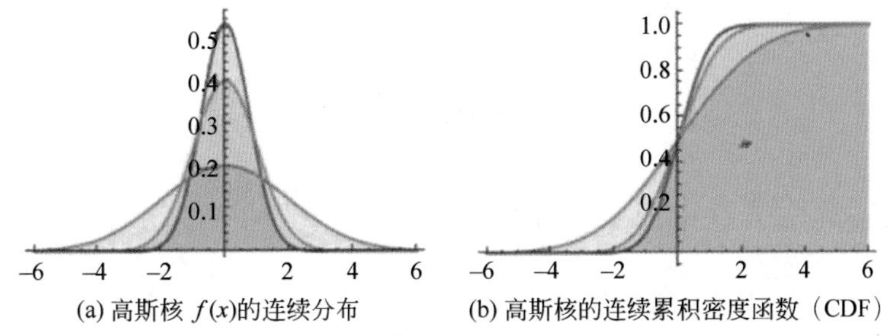

(a) 高斯核 $f(x)$的连续分布　(b) 高斯核的连续累积密度函数（CDF）

图 B.18　连续分布示例

- **亮度，明度**（Brightness）：亮度是可见光源能量输出强度的相对表达式[66，1.4 节]。它表示为总能量值或强度最大的可见光波长处的振幅。在 Matlab 的 HSV 彩色空间中，值（HSL 彩色空间中的亮度或 HSI 彩色空间中的强度）与 Mathematica 中 HSB 彩色空间中的亮度相同。**HSB 彩色模型**中的亮度（或 HSV 中的值）是视觉感觉的属性，其中可见区域看起来发出或多或少的光[67]。另参见**色调**（Hue）、**色调-饱和度-值**（HSV）。
- **亮度**（Luminance）：从物体**表面**反射的**光**（记为 $L(\lambda)$）。设 E 是入射照度，λ是波长，$R\in[0,1]$ 是表面的**反射率**或表面的**反射系数**。那么 $L(\lambda)$具有由下式给出的光谱：

$$L(\lambda)=E(\lambda)R(\lambda)\ \mathrm{cdm}^{-2}$$

亮度以每平方米坎德拉（cd/m^2）的 SI（国际标准）单位测量。坎德拉是发光强度的 SI 基本单位，即点光源在特定方向上发射的每单位立体角中的发光功率。参见**坎德拉**（Candela）、**光子**（Photon）、**量子光学**（Quantum optics）。
- **量子光学**（Quantum optics）：量子光学微观层面对光以及光和物质之间的相互作用信息研究。有关此问题的更多信息参见 C. Fabre [48]。参见**光子**（Photon）。
- **轮廓**（Contour）：轮廓是围绕 MNC 核的连通直边的集合。轮廓直边的端点是用于构造围绕 MNC 核的多边形的生成点。参见**边缘集**（Edgelet）、**轮廓边缘集**（Contour edgelet）、**MNC**。

- **轮廓边缘集**（Contour edgelet）：轮廓边缘集是围绕 MNC 核的一组点。最初，边缘集仅包含生成点，这些生成点是 MNC 的粗糙（外）或精细（内）轮廓中的边缘的端点。通过用线段将 MNC 轮廓多边形中最接近的每对生成点连接起来，边缘集将获得每个轮廓线段上的点（像素）。在镶嵌视频帧中，边缘集是帧 **MNC 轮廓**中的一组点。

B.11 M

- **目标跟踪**（Object tracking）：在数字视频序列中，识别运动目标并逐帧对目标跟踪。在实践中，每个帧被分割成具有相似颜色和强度并且可能具有某些运动的区域。这可以通过对每个视频帧进行镶嵌，用沃罗诺伊区域的多边形覆盖每个帧，然后比较帧与帧之间特定多边形的变化来实现。有关这方面的更多信息参见 S.G. Hoggar [81，12.8.3 小节，p.441]。
- **模数转换**（A/D）：通过以适当的间隔对模拟信号进行采样来完成模数转换。A/D 过程称为采样。有关示例可参见图 B.6。

B.12 N

- **纳米**（Nanometer）：$1\ \text{nm} = 1 \times 10^{-9}\ \text{m}$ 或 3.937×10^{-8} in 或 10Å（埃）。RGB 彩色波长以纳米为单位测量。

B.13 P

- **拼贴**（Tiling）：拼贴是用多边形（传统上是正多边形）来覆盖表面。参见**覆盖**（Cover）。
- **平均 SSIM 图像质量指数**（MSSIM）。设 X、Y 为 $n \times m$ 数字图像的行和列，行 $x_i \in X$，$1 \leqslant i \leqslant n$，列 $y_j \in Y$，$1 \leqslant j \leqslant m$，即

  $$\boldsymbol{x} = (x_1, \ldots, x_n) \quad \boldsymbol{y} = (y_1, \ldots, y_m)$$

  平均 SSIM 值，即整体图像质量的度量，由下式定义：

  $$\text{MSSIM}(X, Y) = \sum_{\substack{i=1 \\ j=1}}^{n,m} \frac{\text{SSIM}(x_i, y_j)}{nm}$$

  有关此内容的更多信息参见 **SSIM**。
- **普朗克常数 $\boldsymbol{h}$**（Planck's constant h）：普朗克常数 $h = 6.6262 \times 10^{-27}$ 尔格秒$= 6.6262 \times 10^{-34}$Js。频率为 v 的**光子能量** E 为 $E = hv$。设 T 为光源的绝对温度，λ为波长，光速 $c = 2.998 \times 10^{-23}\ \text{ms}^{-1}$，玻尔兹曼常数 $k = 1.381 \times 10^{-23}\ \text{K}^{-1}$。普朗克关于**黑体辐射**的定律（记为 $B_v(T)$）定义为：

  $$B(\lambda) = \frac{2h}{c^2} \frac{\lambda^5}{\exp\left(\frac{hc}{k\lambda T} - 1\right)} \text{Wm}^{-2}\text{m}^{-1}$$

这是由诸如白炽灯泡的灯丝之类的光源发出的功率：
https://en.wikipedia.org/wiki/Incandescent_light_bulb。
有关详细信息，参见 P. Corke [31]。

B.14　Q

- **期望值**（Expected value）：设 $p(x)$为 x 的概率。设 N 是数字样本值的数量。对于第 i 个数字信号值 $x(i)$，$p(x(i)) = 1/n$ 是其概率。$x(i)$的期望值（记为$\langle x(i)\rangle$或 $E[x(i)]$）是

$$\langle x(i)\rangle = \sum_i x(i)p(x(i)) \text{（}x(i)\text{的期望值）}$$

注意：数字信号的近似值是其期望值。在视频信号分析的上下文中，$x(i)$表示来自数码相机或摄像机中的光学传感器的模拟信号的第 i 个数字样本的期望值。

B.15　S

- **色调**（Hue）：彩色的色调是能量输出最大的可见光谱内的**彩色波长**[66，1.4 节]。色调是彩色的点特征，在可见光谱中的特定点处是确定的并且以纳米测量。设 R、G、B 为红色、绿色、蓝色。A. Hanbury 和 J. Serra [67，2.2.1 小节，p.3]按以下方式定义饱和度 S 和色调 H'的表达式。

$$S = \begin{cases} \dfrac{\max\{R,G,B\} - \min\{R,G,B\}}{\max\{R,G,B\}} & \text{如果} \max\{R,G,B\} \neq 0 \\ 0 & \text{其他} \end{cases}$$

和

$$H' = \begin{cases} \text{无定义} & \text{如果} S = 0 \\ \dfrac{G-B}{\max\{R,G,B\} - \min\{R,G,B\}} & \text{如果} R = \max\{R,G,B\} \neq 0 \\ 2 + \dfrac{G-B}{\max\{R,G,B\} - \min\{R,G,B\}} & \text{如果} G = \max\{R,G,B\} \neq 0 \\ 4 + \dfrac{G-B}{\max\{R,G,B\} - \min\{R,G,B\}} & \text{如果} B = \max\{R,G,B\} \neq 0 \end{cases}$$

可见，60° 的 H'等于以度为单位的色调值。参见**饱和度**（Saturation）、**值**（Value）、**HSV**。

- **色调-饱和度-值（HSV）**（Hue Saturation Value (HSV)）：**HSV**（色调、饱和度、值）理论通常用于表示 RGB（红绿蓝）彩色技术模型[66]。**HSV 彩色空间**由 A. Munsell 于 1905 年引入[125]并于 1978 年由 G.H. Joblove 和 D. Greenberg 详细阐述[87]以弥补彩色显示系统应用中的技术和硬件限制。色调是一个角度分量，饱和度是一个径向分量，值（亮度）是 3-D 彩色模型中沿垂直方向的彩色强度，https://en.wikipedia.org/wiki/HSL_and_HSV 显示了 HSV 彩色空间的几何形状。完整、详细的 HSV 彩色模型视图由 J. Haluska [66]和 A. Hanbury 和 J. Serra [67]给出。
- **色域映射**（Gamut mapping）：将源信号映射到满足显示要求的显示器（例如，LCD）。

保持目标色域边界内的彩色饱和度以保持相对彩色强度，来自源的色域外彩色被压缩到目标色域中。目标色域（最近的颜色）和外部色域（真彩色）的图形表示见 https://en.wikipedia.org/wiki/Gamut。基本上，这在实践中使用伽马校正来实现。参见**伽马 γ 校正**（Gamma γ correction）。

- **神经**（Nerve）：网格神经是网格核上的轮辐状突起的集合。将最大核聚类（MNC）视为辐条的集合。每个**辐条**是 **MNC** 核和相邻多边形的组合。两个 MNC 辐条的样例如图 B.19 所示，即辐条 NA_1 和轮辐 NA_2。两个样例辐条都共用一个网格核 N。对 MNC 辐条的研究朝着数字图像几何形状的更深层次的方向发展，这是由叠加在图像上的沃罗诺伊网格中的基于关键点的核所揭示的。基于辐条的网格神经是 Edelsbrunner-Harer 神经的一个例子[42，147]。

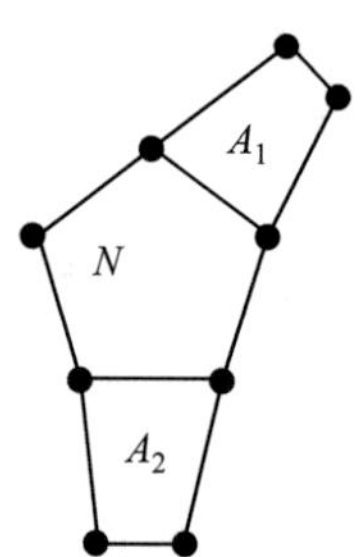

图 B.19 网格神经中的 MNC 辐条

- **生成点**（Generating point）：生成点是用于构造沃罗诺伊区域的点。**网点**和**生成器**是网格生成点的其他名称。设 S 是一组网点，$s \in S$，X 是用于构造沃罗诺伊网格的一组点，$V(s)$由沃罗诺伊区域定义：

$$V(s) = \{x \in X : \| x - s \| \leqslant \| x - q \| \text{对所有} q \in X\} \text{（沃罗诺伊区域）}$$

例 B.27

用于在 2-D 数字图像上构建沃罗诺伊区域的生成点是像素。样例如角点和边缘像素。

❑

- **视点**（Viewpoint）：提供良好视野的位置。
- **视觉质量**（Visual quality）：与原始场景相比，测量输出视频中的感知视觉恶化情况。视觉恶化是由有损图像（例如，.jpg）或视频压缩技术引起的。
- **视频信号处理**（Video signal processing）：使用图像处理和计算机视觉方法最小化噪声，离线以及在线分析视频帧，并利用视频帧的几何和时间特性。
- **数据压缩**（Data compression）：减少存储数据（文本、音频、语音、图像和视频）所需的位数。
- **数字视频**（Digital video）：由数码相机捕获的随时间变化的图像序列称为数字视频（参见 S. Akramaullah [4，p.2]）
- **数字图像质量**（Quality of a digital image）：平均 SSIM（MSSIM）指标。参见 **MSSIM**、**SSIM**。

B.16 T

- **通路**（Path）：n 个像素或体素的序列 $p_1,..., p_i, p_{i+1},..., p_n$ 是一条通路，假设 p_i，p_{i+1} 是相邻的（p_i 和 p_{i+1} 之间没有像素或体素）。
- **通路连通的**（Path-connected）：像素 p 和 q 是通路连通的，前提是存在以 p 和 q 作为端点的通路。如果存在 n 个相邻形状的序列 $S_1,..., S_i, S_{i+1}, ..., S_n$，则图像形状 A 和 B（任何多边形）是通路连通的，如果 $A = S_0$，$B = S_n$。参见**斑块**（Blob）。
- **凸包**（Convex hull）：设 A 为非空集。包含 A 中点集的最小凸集是 A 的凸包（记为 **convh*A***）。G. M. Ziegler[216，p.3]介绍了一种对一组点 K（convh$K$）构建凸包的方法（**Zieglen 方法**），由包含 K 的所有凸集的交定义。实际中，让 convh$K$ 为具有 $K\subset\mathbb{R}^2$ 的 2-D 凸包。

  则 2-D 凸包 convh$K$ 定义为：

$$\mathrm{convh}K = \bigcap\{K' \subseteq \mathbb{R}^2 : K \subseteq K' \ \mathrm{with\ convh}K'\} \text{（Ziegler方法）}$$

  有限非空集 A 的凸包称为多面体[11]。凸包的一个重要应用是确定一组点的**形状**。R.A. 贾维斯介绍了形状凸包[88]。有关这方面的更多信息参见 H. Edelsbrunner、D. G. Kirkpatrick 和 R. Seidel[43]。另参见**凸集**（Convex set）、**凸组合**（Convex set, Convex combination）、**多面体**（Polytope）、**形状**（Shape）。

  例 **B.28　2-D 和 3-D 凸包形状示例**

  一些点的 **2-D 凸包**和 **3-D 凸包**样例如图 B.20 所示。图 B.20（a）中显示了在图像平面中随机选择的 55 个点的有 7 条边的凸包。该凸包表现出所有凸包的一个重要特性，即

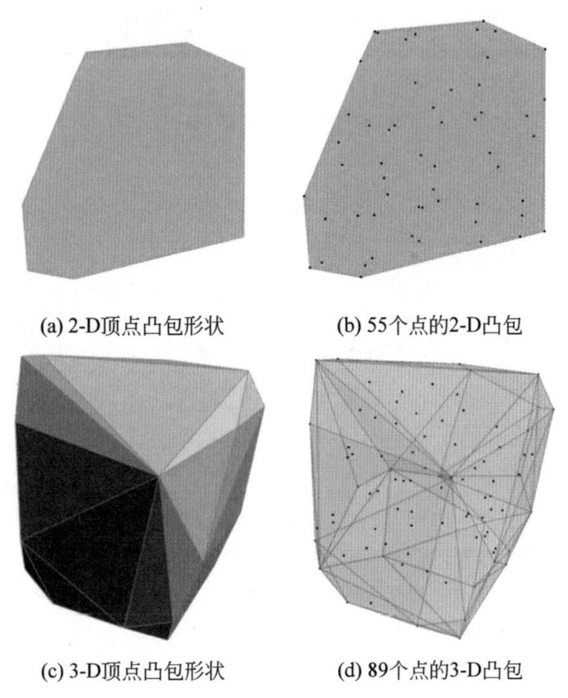

(a) 2-D顶点凸包形状　(b) 55个点的2-D凸包

(c) 3-D顶点凸包形状　(d) 89个点的3-D凸包

图 B.20　点集的 2-D 和 3-D 凸包示例 ❑

凸包是闭合的。例如，2-D 凸包是其边界集和内部集中所有点的并集。在平面中，每个凸集包含无穷多个点。图 B.20（b）所示为 7 边形凸包顶点、边缘和内部的 55 个点。一个包括 89 个点的 3-D 凸包如图 B.20（c）所示。图 B.20（d）所示为处在 3-D 凸包表面和内部的 89 个点。

例 B.29　沃罗诺伊凸包示例

精细 MNC 轮廓通常是一组点的凸包，即 **MNC 核**中的点加上精细轮廓集内部的剩余点。一个**精细 MNC 轮廓**凸包的样例如图 B.21（a）所示。请注意，MNC 轮廓凸包的形状接近凸包所覆盖的数字图像区域的形状。每个 MNC 核都是其顶点及其内部点的凸包。图 B.21（b）所示为一个核凸包样例。有时**粗糙 MNC 轮廓**是凸包。尝试找到是凸包和不是凸包的粗糙 MNC 轮廓的样例。

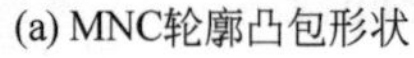

(a) MNC轮廓凸包形状

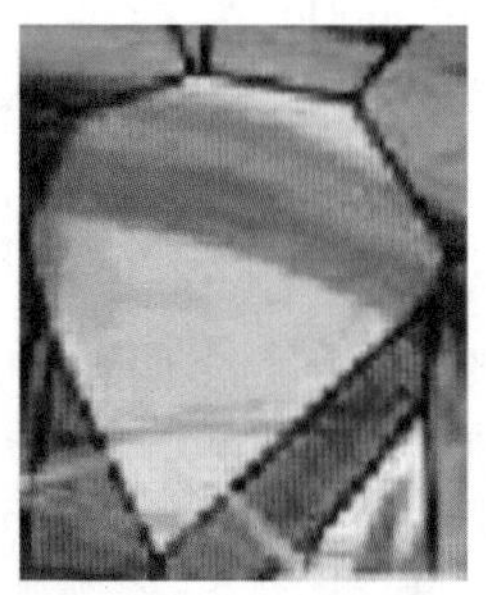

(b) 沃罗诺伊区域凸包形状

图 B.21　点集的 MNC 轮廓和沃罗诺伊区域凸包示例 ❑

在使用**沃罗诺伊图**对数字图像进行镶嵌的**计算几何**设置中，也是凸包的粗糙 MNC 轮廓提供了粗糙轮廓所覆盖目标的识别标记。

➢ **凸集**（Convex set）：*n*-D 欧几里得空间中的非空集 A 是凸集（记为 **conv*A***）的条件是集合中任意两点之间的每个直线段也包含在集合中。例如，设 A 是欧几里得平面中的一组非空点。集合 A 是凸集，如果

$$(1-\lambda)x+\lambda x\in A，\text{对所有}x,y\in A，0\leqslant\lambda\leqslant 1（\textbf{凸性}）$$

一个非空集 A 是**严格凸**的，如果 A 是闭集且

$$(1-\lambda)x+\lambda x\in A，\text{对所有}x,y\in A，x\neq y，0<\lambda<1（\textbf{严格凸性}）$$

最早的凸性出现出约公元前 250 年对凸面的定义中，由阿基米德在他的球体和圆柱体描述中。在抛物面上，双曲面上和椭圆面上[7]的阿基米德对凸面的定义由 P. M. 格鲁伯[60，3.1 节]给出。T. L. 希思在[7]中对阿基米德给予了很好的介绍。有关凸集的完整介绍，参见 P. Mani-Levitska[117]。有关凸几何的介绍，参见 P. M. Gruber 和 J. M. Wills[61]。有关数字图像背景下对凸性的介绍，参见 J. F. Peters [142]。

定理 B.3　欧几里得平面中的沃罗诺伊区域是一个严格的凸体

证明：参见 J. F. Peters [142，11 节，p.307]。 ❑

例 B.30　严格凸集

令 p 为网格生成点，并且让 V_p（也写为 $V(p)$）为沃罗诺伊区域。在图 B.22 中，沃罗

诺伊区域 $A = V_p$ 是严格凸集，因为 A 是闭合的且它具有严格凸性。

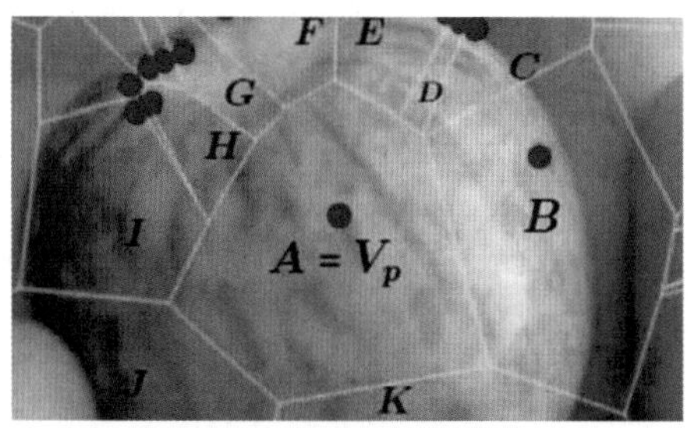

图 B.22　在苹果沃罗诺伊网格中的凸区域 ❑

定理 B.4　每个沃罗诺伊区域都是一个严格凸集 ❑

注释 B.1　证明草图

要开始证明，请先使用铅笔和纸张在沃罗诺伊网格中绘制多边形的草图。根据草图，证明沃罗诺伊区域 $V(s)$是每个网格生成点 s 的闭集。在沃罗诺伊区域 $V(s)$中取任意两点 p、q。绘制以 p、q 为端点的线段。根据沃罗诺伊区域的定义，可认为线段 $\overline{pq}$ 上的所有点都在 $V(s)$中。由于 $V(s)$是闭集，并且 $V(s)$中每个线段上的所有点都包含 $V(s)$，因此 $V(s)$是严格凸集。 ❑

- **凸体**（Convex body）：凸体是一个紧凑的凸集[60，3.1 节，p.41]。**真凸体**具有非空的内部。否则，凸体是非真的。参见**凸集**（Convex set）、**紧凑集**（Compact set）。
- **凸性**（Convex property）：一族凸集具有凸性，只要该族中任意数量的集的交都属于该族[179]。参见**凸集**（Convex set）。

> **Zelins'kyi-Kay-Womble凸结构**
>
> Y. B. Zelins'kyi [212]观察到 Solan 的凸性视图意味着一个集合的所有子集组成的集合是凸的。来自 Solan 和 Zelins'kyi 的**公理凸性**的概念起源于 D. C. Kay 和 E. W. Womble [89]在 1971 年发表的论文中，由 V. V. Tuz 详细阐述[193]。有关数字图像背景下该内容的更多信息参见 J. F. Peters [142，1.7 节，pp.24-26]。

- **凸组合**（Convex combination）：独特的直线段 $\overline{p_0p_1}$，$p_0 \neq p_1$ 由两个点 p_0 和 p_1 定义，该线段穿过这两个点[42，I.4 节，p.20]。对于某些 $t \in \mathrm{R}$，$x \in \overline{p_0p_1}$ 上的每个点可写为 $x = (1-t)p_0 + tp_1$。请注意，$\overline{p_0p_1}$ 是包含线上所有点的凸集（见图 B.23（a））。**Edelsbrunner-Harer 凸组合方法**：据此可以构造一个凸集，其包含将第三点 p_2 加入原始集$\{p_0, p_1\}$之后由三个点形成的三角面上的所有点。也就是说，可构造一个线段凸集，这是一个带有三角形填充面的三角形。

$$\text{对}t = 0，\text{得到}x = p_0$$
$$\text{对}t = 1，\text{得到}x = p_1$$
$$\text{对}0 < t < 1，\text{得到}p_0\text{和}p_1\text{之间的一个点}$$

线段凸集也是两点的凸包，因为它是包含这两个点的最小凸集。在具有两个以上点的情况下，可对$\{p_0, p_1, p_2\}$重复上述构造，对某些 $0 \leqslant t \leqslant 1$ 加入所有点 $y = (1-t)p_0 + tp_1$。

结果是三角形状的具有填充三角形面的凸包（参见图 B.23（b））。在一组 4 个点上使用凸组合方法，就得到了图 B.23（c）所示的凸包。对一组 5 个点上使用这种方法，就得到了图 B.23（d）所示的凸包。

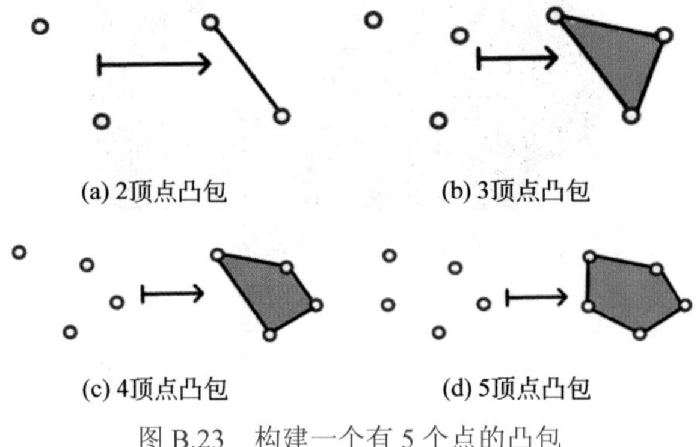

图 B.23 构建一个有 5 个点的凸包

通常，从包含 $k+1$ 个点的集合$\{p_0, p_1, p_2, ..., p_k\}$开始，凸组合构造方法可以一步完成。调用点 p_i 的凸组合 $x=\sum_{i=0}^{l} t_i p_i$，满足对所有 $0 \leqslant i \leqslant k$ 有 $\sum_{i=0}^{l} t_i = 1$ 和 $t_i \geqslant 0$。在这种情况下，凸组合的集合是点 p_i 的凸包。

- **图像质量**（Image quality）：参见 **SSIM**、**UQI**。
- **拓扑**（Topology）：一个非空开集 X 上的开集τ的集合是 X 上的拓扑 [124，12 节，p.76]、[98，1.2 节，p.1]、[126，1.6 节，p.11]，如果

（1）空集∅是开的，且∅在τ中。

（2）集 X 是开的，且 X 在τ中。

（3）如果 A 是τ中开集的子集合，那么

$$\bigcup_{B \in A} B \text{是}\tau\text{中开集}$$

换句话说，τ中开集的并是τ中另一个开集。

（4）如果 A 是τ中开集的子集合，那么

$$\bigcap_{B \in A} B \text{是}\tau\text{中开集}$$

换句话说，τ中开集的交是τ中另一个开集。

参见**拓扑空间**（Topological space）、**开集**（Open set）。

拓扑简史

有关四个阶段（时代）拓扑的详细历史，参见 J. Milnor [121]。这段历史的第一部分可追溯到 1736 年的拓扑结构，以及欧拉解决柯尼斯堡问题中七座桥梁的第一个拓扑声明。第二部分覆盖了对 19 世纪 2-D 流形的介绍，从 S. L'Huiler 在 1812～1823 年的工作开始，在欧几里得 3-D 空间的多角体表面上钻了 n 个孔。这段历史的第三部分涵盖了 3-D 流形的研究，它从 P. Heegard 在 1898 年的工作，即关于闭合可定向 3-D 流形的分解作为同一类的两个手柄体的结合开始，这些类仅沿边界相交。第四部分介绍了 4-D 流形，从 1958 年 A. A. Markov 的工作和 1949 年 J. H. C. Whitehead 的工作开始。

➢ **拓扑空间**（Topological space）：一个其上有拓扑τ的非空集合 X 是一个**拓扑空间**。参见**拓扑**（Topology）、**开集**（Open set）。

B.17　W

➢ **网络摄像机**（Webcam）：将所采集图像实时流式地传输到计算机网络的摄像机。有关应用，参见 E. A. Vlieg [196]。

➢ **维**（Dimension）：空间 X 是 n-D 空间（记为$\mathbb{R}^n$），条件是 X 中的每个矢量具有 n 个分量。例如，$\mathbb{R}^2$ 是 **2-D 欧几里得空间**（2-D 图像平面），$\mathbb{C}^2$ 是 **2-D 黎曼空间**。

例 B.31　2-D、3-D、5-D 和 6-D 欧氏空间

图 B.6（a）中的模拟信号属于 2-D 欧几里得空间（平面中的每个矢量 $\boldsymbol{v} = (x, y)$具有两个分量）。图 B.24 中的绘图属于 3-D 欧几里得空间。每个矢量 $\boldsymbol{v} = (x, y, z)$具有从 RGB 彩色图像 g（栅格图像，其中每个像素是红色，绿色和蓝色通道强度的混合）得到的 3 个分量。

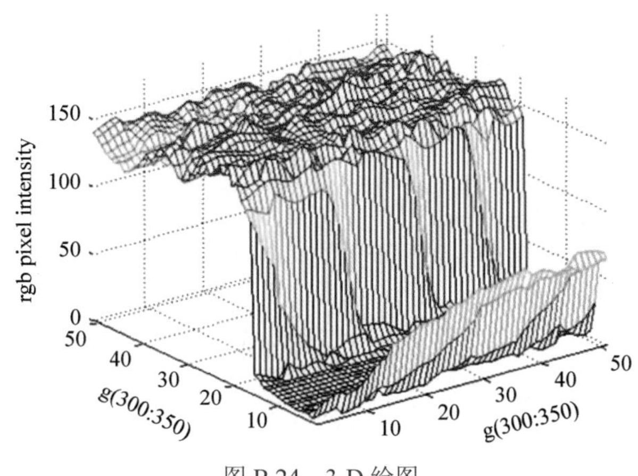

图 B.24　3-D 绘图

在静态 RGB 彩色图像的基于角点的镶嵌中，每个几何区域由具有至少 5 个分量的矢量（r、g、b、cm、area）描述：r（红色强度）、g（绿色强度）、b（蓝色强度）、cm（质心）和 area（形状面积）。换句话说，彩色图像上的基于角点的网格属于 5-D 空间。RGB 视频帧图像中的每个几何区域由矢量（r、g、b、cm、area、t）描述，具有 6 个分量：r（红色强度）、g（绿色强度）、b（蓝色强度）、cm（质心）、area（形状面积）和 t（时间）。实际上，视频中的形状属于时空 6-D 空间。 ❑

➢ **沃罗诺伊区域的质量**（Quality of an Voronoï region）：回想一下，**沃罗诺伊区域**是一个有 n 个边的多边形。设 $V(s)$为沃罗诺伊区域，设 $Q(V(s))$为 $V(s)$的质量。当多边形各边长度相等时，$Q(V(s))$的质量最高。

例 B.32

令 A 为 $V(s)$的面积，其中 4 个边分别具有长度 l_1、l_2、l_3、l_4。则

$$Q(V(s)) = \frac{4A}{l_1^2 + l_2^2 + l_3^2 + l_4^2}$$

$Q(V(s))$将根据沃罗诺伊区域多边形中的面积和边数而变化。令 $Q_i(V(s_i))$（简称 Q_i）为多边形 i 的质量，其中 $1 \leqslant i \leqslant n$，$n \geqslant 1$。设 S 为生成点集合，$V(S)$为沃罗诺伊镶嵌。则

$$Q(V(s)) = \frac{1}{n}\sum_{i=1}^{n} Q_i \quad \text{（全局网格质量指标）}$$ ❑

定理 B.5 [1]

对于任何沃罗诺伊镶嵌平面，存在一组生成点使网格单元的质量最大。 ❑

B.18 X

- **下确界**（Infimum）：集合 A 的下确界（记为 inf$A$）是集合 A 的最大下界。
- **现实**（Reality）：我们作为人类所经历的。
- **相似距离**（Similarity distance）：设 A 是样本目标轮廓上的点集，让 B 为已知目标的轮廓。在点 x 和集合 A 之间的**豪斯道夫距离**[74，22 节，p.18]（记为 $D(x, A)$）定义为：

  $$D(x, A) = \min\{\| x - a \| : a \in A\} \quad \text{（豪斯道夫点-集距离）}$$

  两个轮廓 A 和 B 之间的相似距离 D(A, B)，由 A 和 B 中的一组均匀采样点表示[59，2 节，p.29]，定义为：

  $$D(A, B) = \max\left\{\max_{a \in A} D(a, B), \max_{b \in B} D(b, A)\right\} \quad \text{（相似距离）}$$
- **镶嵌**（Tessellation）：对图像的镶嵌是用多边形平铺图像。多边形可以具有不同数量的边。见例 8.1。
- **像素**（Pixel）：栅格图像中最小的组件。像素的尺寸由光学传感器和场景几何模型确定。通常像素是图像场景分析中的最小组件。在非常精细的图像场景视图中可以进行子像素分析。对于子像素分析，参见 T. Blashke、C. Burnett 和 A. Pekkarinen [16，12.1.3 小节，p.214]。
- **像素强度**（Pixel intensity）：像素强度值或像素发出的光量。在灰度图像中，白色像素发出最大量的光，黑色像素发出零光量。在彩色图像中，彩色通道像素的强度是其彩色亮度。
- **信号质量**（Signal Quality）：信号的期望值与实际信号的比较。

  例 B.33 信号质量测量

  均方误差（MSE）。令 $\hat{x}(n)$表示第 n 个数字信号的近似值，并且令 N 为样本数。第 i 个数字信号值 x_i（记为 $\hat{x}_i$）的期望值是 x_i 的近似值。如此，MSE(x)是对信号 $\boldsymbol{x} = (x_1, \ldots, x_n)$ 的质量度量，定义为：

  $$\text{MSE}(x) = \frac{1}{N}\sum_{i=1}^{N}(x_i - \hat{x}_i)$$

  这里，信号是像素强度的矢量，例如灰度数字图像中的行强度或列强度。 ❑
- **形状**（Shape）：形状是某种东西的外在形式或外观。在数字图像的上下文中，形状是

图像区域的轮廓。在子图像方面，子图像的形状用其称为形状**边缘集**的边缘像素集来识别，例如沿着覆盖未知形状的多边形边界的边缘像素（参见图 B.25）。识别子图像形状 A 的直接方法是将轮廓边缘 e_A 或 A 的边界与已知形状 B 的轮廓边缘 e_B 进行比较。详细信息参见 7.7 节。有关形状上下文描述符的介绍，参见 M. Eisemann、F. Klose 和 M. Magnor [44，p.10]。比较多边形覆盖的形状的另一种方法是比较覆盖一个形状的多边形的总**面积**与覆盖另一个形状的多边形的总面积（参见 D. R. Lee 和 G. T. Sallee 在[104]中给出的形状**测量**）。

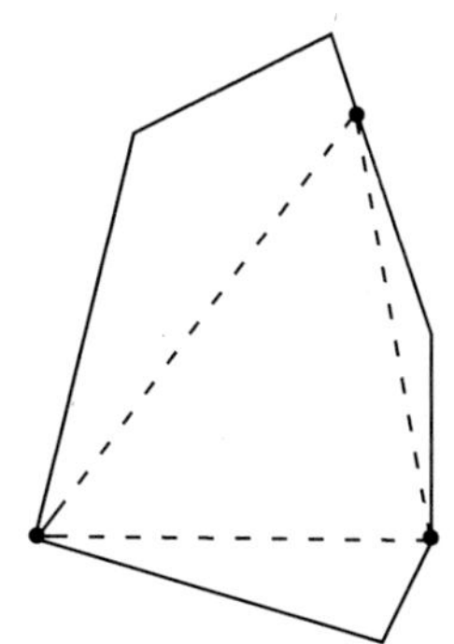

图 B.25 围绕三角形的多边形边缘

例 B.34 MNC 形状

在数字图像的沃罗诺伊镶嵌中 MNC 的精细（或粗糙）轮廓是一组边缘像素，属于沿着核的边界（精细轮廓的情况）或 MNC 边界多边形的成对网格生成器之间的线段。这种线段称为边缘集。例如，让边缘集 MNC 成为数字图像的沃罗诺伊镶嵌中的 MNC 的精细轮廓。将 MNC 覆盖的目标形状用边缘集 MNC 来近似。 ❑

➢ **形状边界**（Shape boundary）：在用于图像目标形状识别的**最大核聚类**（MNC）方法中，形状边界由 MNC 核的**粗糙轮廓**或**精细轮廓**来近似。这种方法基于 T. M. Apostol 和 M. A. Meratsakanian 的观察[6]，即任何平面区域都可以被切割成较小的片段，并可以重新排列以构成相等面积的任何其他多边形区域。对相对于查询**图像目标形状**和测试图像目标形状的**图像目标形状识别**存在一个**基本要求**，即形状是近似相同的，只要它们具有相等的面积和相等的周长。这种要求的一个弱化形式是形状大致相同，只要形状具有大致相同的周长或大致相同的区域。当 **MNC 轮廓** K 是该组 MNC 内部点的**凸包** C 的边界时，情况变得更有趣。设 $p(K)$、$p(C)$分别为 K 和 C 的周长。根据 G. D. Chakerian [26]，给定 $p(K)$和 $p(C)$，可以知道 $C = K$。扩展 Chakerian 的结果，令 K_Q、C_Q 分别为查询图像形状 Q 的边界和 MNC 的凸包，它们的**周长**为 $p(K_Q)$和 $p(C_Q)$；令 K_T、C_T 为视频帧测试图像形状 T 的边界和 MNC 的凸包，它们的周长为 $p(K_T)$和 $p(C_T)$。那么，形状 Q 接近于形状 T，当且仅当：

$$Q \approx T \text{只要} p(K_Q) \approx p(K_T) \text{和} p(C_Q) \approx p(C_T)$$

即，边界周长 $p(K_Q)$和 $p(K_T)$是接近的并且凸包周长 $p(C_Q)$和 $p(C_T)$也是接近的。

还可参见**形状**（Shape）、**凸包**（Convex Hull）、**凸集**（Convex Set）、**MNC**、**集合的边界区域**（Boundary region of a set）、**边界集**（Boundary Set）以及 Jeff Weeks 关于**空间**

形状以及宇宙如何成为庞加莱十二面体空间的讲座[1]：https://www.youtube.com/watch?v= j3BlLo1QfmU。

例 B.35 比较查询和测试图像形状的凸包和边界

在图 B.26 中，查询图像和测试图像形状的边界和凸包分别由 $p(K_Q)$、$p(C_Q)$和 $p(K_T)$、$p(C_T)$表示。在每种情况下，形状边界包含形状凸包。基本方法是比较边界的长度 $p(K_Q)$和 $p(K_T)$以及凸包周长 $p(C_Q)$和 $p(C_T)$。设ε为正数。那么，测试图像形状将近似于提供的查询图像形状，如果：

$$\| p(K_Q) - p(K_T) \| < \varepsilon \text{ 和 } \| p(C_Q) - p(C_T) \| < \varepsilon$$

最终结果是一种图像目标形状识别的简单方法，假设**边界长度**和凸包周长足够接近。

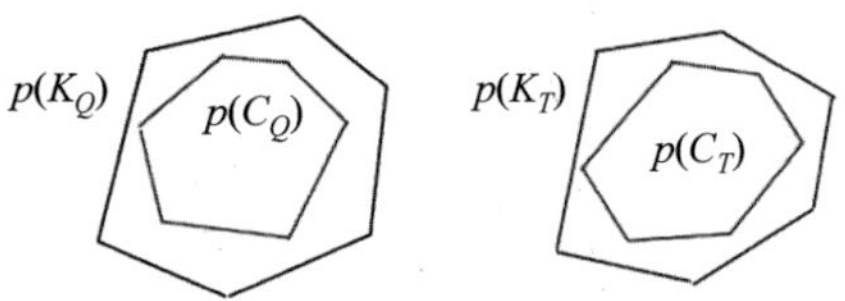

图 B.26 查询图像 Q 和测试图像 T 形状的边界和凸包周边 ❑

- **形状边缘集**（Shape Edgelet）：参见例 B.34 和 B.15 节。
- **性能**（Performance）：视频编码处理的速度。
- **虚拟**（Virtual）：几乎或近乎与描述相同但并非完全基于对所描述内容的严格定义。
- **虚拟现实**（Virtual reality）：虚拟世界，人类 3-D 现实观的写照。参见 L.Valente、E. Clua、A.R.Silva 和 R.Feijó [195]基于混合现实模型的真人虚拟现实游戏。例如，参见 https://en.wikipedia.org/wiki/Category:Mixed_reality 和 https://en.wikipedia.org/wiki/Mixed_reality 和 http://www.pokemongo.com/fr-ca/。

B.19 Z

- **噪声**（Noise）：对数字视频的压缩可能引入失真或噪声（也称为视觉伪像）。噪声影响最终用户对数字图像或视频所感知的视觉质量。
- **帧**（Frame）：来自传统非摄像机的单个图像，或帧是视频中的单个数字图像。
- **正多边形**（Regular polygon）：一种 n-边多边形，其中所有边都具有相同的长度并围绕公共中心对称排列，这意味着正多边形是等角的和等边的。有关这方面的更多信息参见 E. W. Weisstein [203]。
- **值**（Value）：颜色的值（亮度）是可见光源的能量输出强度的相对表达式[66，1.4 节]。
- **质心**（Centroid）：令 X 为一组随机事件，$x \in X$，$P(x)$=事件 x 发生的概率，设 $D(x)$为描述 X 取值小于或等于 x 的概率的**累积分布函数**（**CDF**），即

$$D(X) = P(X \leqslant x) = \sum_{X \leqslant x} P(x)$$

$$P(x) = D'(x)\text{（}D(x)\text{的导数）}$$

1 非常感谢 Zubair Ahmad 指出这一点。

令ρ: $X\rightarrow$ (R)为 X 上的概率密度函数，$x\in X$。**质心**是区域 V 的质量中心 s^*。它对应于区域中心位置的度量，如下定义：

$$s^* = \frac{\int_V x\rho(x)\mathrm{d}x}{\int_V \rho(x)\mathrm{d}x}$$

有关区域质心的更多详细信息参见 Q. Du、V. Faber 和 M. Gunzburger [38，p.638]。对于离散形式的质心，参见 6.4 节。

- **最大核聚类（MNC）**（Maximal Nucleus Cluster (MNC)）：最大核聚类是连通多边形的聚类，其中核 N 是最大的，条件是 N 在镶嵌表面中具有最高数量的相邻多边形[145]。参见**核**（Nucleus）。

参考文献

1. A-iyeh, E.: Point pattern voronoï tessellation quality and improvement, information and processing: applications in digital image analysis. Ph.D. thesis, University of Manitoba, Department of Electrical and Computer Engineering's (2016). Supervisor: J.F. Peters
2. A-iyeh, E., Peters, J.: Rényi entropy in measuring information levels in Voronoï tessellation cells with application in digital image analysis. Theory Appl.Math. Comput. Sci. **6**(1), 77–95 (2016). MR3484085
3. Aberra, T.: Topology preserving skeletonization of 2d and 3d binary images. Master's thesis, Technische Universität Kaiserslautern, Kaiserslautern, Germany (2004). Supervisors: K. Schladitz, J. Franke
4. Akramaullah, S.: Digital Video Concepts, Methods and Metrics. Quality, Compression, Performance, and Power Trade-Off Analysis, Springer, Apress, Berlin (2015)
5. Allili, M., Ziou, D.: Active contours for video object tracking using region, boundary and shape information. Signal Image Video Process. **1**(2), 101–117 (2007). doi:10.1007/s11760-007-0021-8
6. Apostol, T., Mnatsakanian, M.:Complete dissections: converting regions and their boundaries. Am. Math. Mon. **118**(9), 789–798 (2011)
7. Archimedes: sphere and cylinder. On paraboloids, hyperboloids and ellipsoids, trans. and annot. by A. Czwalina-Allenstein. Cambridge University Press, UK (1897). Reprint of 1922, 1923, Geest&Portig, Leipzig 1987, TheWorks of Archimedes, ed. by T.L. Heath, Cambridge University Press, Cambridge (1897)
8. Baerentzen, J., Gravesen, J., Anton, F., Aanaes, H.: Computational Geometry Processing. Foundations, Algorithms, and Methods. Springer, Berlin (2012). doi:10.1007/978-1-4471-4075-7, Zbl 1252.68001
9. Baroffio, L., Cesana, M., Redondi, A., Tagliasacchi, M.: Fast keypoint detection in video sequences, pp. 1–5 (2015). arXiv:1503.06959v1 [cs.CV]
10. Bay, H., Ess, A., Tuytelaars, T., Gool, L.: Speeded-up robust features (surf). Comput. Vis. Image Underst. **110**(3), 346–359 (2008)
11. Beer, G.: Topologies on Closed and Closed Convex Sets. Kluwer Academic Publishers, The Netherlands (1993)
12. Beer, G., Lucchetti, R.: Weak topologies for the closed subsets of a metrizable space. Trans. Am. Math. Soc. **335**(2), 805–822 (1993)
13. Belongie, S., Malik, J., Puzicha, J.: Matching shapes. In: Proceedings of the IEEEInternational Conference on ComputerVision (ICCV2001), vol. 1, pp. 454–461. IEEE (2001). doi:10.1109/ICCV.2001.937552
14. Ben-Artzi, G., Halperin, T., Werman, M., Peleg, S.: Trim: triangulating images for efficient registration, pp. 1–13 (2016). arXiv:1605.06215v1 [cs.GR]
15. Benhamou, F.,Goalard, F., Languenou, E., Christie, M.: Interval constraint solving for camera control and motion planning. ACMTrans. Comput. Logic **V**(N), 1–35 (2003). http://tocl.acm.org/accepted/goualard.pdf
16. Blashke, T., Burnett, C., Pekkarinen, A.: Luminaires. In: de Jong, S., van der Meer, F. (eds.) Image Segmentation Methods for Object-Based Analysis and Classification, pp. 211–236. Kluwer, Dordrecht (2004)
17. Borsuk, K.: Theory of Shape. Monografie Matematyczne, Tom 59. [Mathematical Monographs, vol. 59] PWN—Polish Scientific Publishers (1975). MR0418088, Based on K. Borsuk, Theory of Shape, Lecture Notes Series, vol. 28, Matematisk Institut, Aarhus Universitet, Aarhus (1971). MR0293602

18. Borsuk, K., Dydak, J.: What is the theory of shape? Bull. Aust. Math. Soc. **22**(2), 161–198 (1981). MR0598690
19. Bromiley, P., Thacker, N., Bouhova-Thacker, E.: Shannon entropy, Rényi's entropy, and information. Technical report, TheUniversity ofManchester, U.K. (2010). http://www.tina-vision.net/docs/memos/2004-004.pdf
20. Broomhead, D., Huke, J., Muldoon, M.: Linear filters and non-linear systems. J. R Stat. Soc. Ser. B (Methodol.) **54**(2), 373–382 (1992)
21. Burger, W., Burge, M.: Digital Image Processing. An Algorithmic Introduction Using Java, 2nd edn, Springer, Berlin (2016). doi:10.1007/978-1-4471-6684-9
22. Burt, P., Adelson, E.: The Laplacian pyramid as a compact image code. IEEE Trans. Commun. **COM–31**(4), 532–540 (1983)
23. Camastra, F., Vinciarelli, A.: Machine Learning for Audio, Image and Video Analysis, Springer, Berlin (2015)
24. Canny, J.: Finding edges and lines in images. Master's thesis, MIT, MIT Artificial Intelligence Laboratory (1983). ftp://publications.ai.mit.edu/ai-publications/pdf/AITR-720.pdf
25. Canny, J.: A computational approach to edge detection. IEEE Trans. Pattern Anal. Mach. Intell. **8**, 679–698 (1986)
26. Chakerian, G.: A characterization of curves of constant width. Am. Math. Mon. **81**(2), 153– 155 (1974)
27. Chan,M.: Topical curves and metric graphs. Ph.D. thesis, University of California, Berkeley, CA, USA (2012). Supervisor: B. Sturmfels
28. Chaudhury, K., Munoz-Barrutia, A., Unser, M.: Fast space-variant elliptical filtering using box splines, pp. 1–42 (2011). arXiv:1003.2022v2
29. Chen, L.M.: Digital Functions and Data Reconstruction. Digital-Discrete Methods, Springer, Berlin (2013). doi:10.1007/978-1-4614-5638-4
30. Christie, M., Olivier, P., Normand, J.M.: Camera control in computer graphics. Comput. Graph. Forum **27**(8), 2197–2218 (2008). https://www.irisa.fr/mimetic/GENS/mchristi/Publications/2008/CON08/870.pdf
31. Corke, P.: Robitics, Vision and Control. Springer, Berlin (2013). doi:10.1007/978-3-642-20144-8
32. Danelljan, M., Häger, G., Khan, F., Felsberg, M.: Coloring channel representations for visual tracking. In: Paulsen, R., Pedersen, K. (eds.) SCIA 2015. LNCS, vol. 9127, pp. 117–129. Springer, Berlin (2015)
33. Delaunay, B.D.: Sur la sphère vide. Izvestia Akad. Nauk SSSR, Otdelenie Matematicheskii i Estestvennyka Nauk **7**, 793–800 (1934)
34. Deza, E., Deza, M.M.: Encyclopedia of Distances. Springer, Berlin (2009)
35. Dirichlet, G.: Über die reduktion der positiven quadratischen formen mit drei unbestimmten ganzen zahlen. Journal für die reine und angewandte **40**, 221–239 (1850). MR
36. Drucker, S.: Intelligent camera control for graphical environments. Ph.D. thesis, Massachusetts Institute of Technology, Media Arts and Sciences (1994). http://research.microsoft.com/pubs/68555/thesiswbmakrs.pdf. Supervisor: D. Zeltzer
37. Drucker, S.: Automatic conversion of natural language to 3d animation. Ph.D. thesis, University of Ulster, Faculty of Engineering (2006). http://www.paulmckevitt.com/phd/mathesis.pdf. Supervisor: P. McKevitt
38. Du, Q., Faber, V., Gunzburger, M.: Centroidal voronoi tessellations: applications and algorithms. SIAM Rev. **41**(4), 637–676 (1999). MR1722997
39. Eckhardt, U., Latecki, L.J.: Topologies for the digital spaces Z2 and Z3. Comput. Vis. Image Underst. **90**(3), 295–312 (2003)

40. Edelsbrunner, H.: Geometry and Topology of Mesh Generation, Cambridge University Press, Cambridge (2001)
41. Edelsbrunner, H.: AShortCourse in ComputationalGeometry andTopology, Springer, Berlin (2014)
42. Edelsbrunner, H., Harer, J.: Computational Topology. An Introduction, American Mathematical Society, Providence (2010). MR2572029
43. Edelsbrunner, H., Kirkpatrick, D., Seidel, R.: On the shape of a set of points in the plane. IEEE Trans. Inf. Theory **IT-29**(4), 551–559 (1983)
44. Eisemann, M.,Klose, F., Magnor,M.: Towards plenoptic raumzeit reconstruction. In:Cremers, D., Magnor, M., Oswald, M., Zelnik-Manor, L. (eds.) Video Processing and Computational Video, pp. 1–24. Springer, Berlin (2011). doi:10.1007/978-3-642-24870-2
45. Escolano, F., Suau, P., Bonev, B.: Information Theory in Computer Vision and Pattern Recognition. Springer, Berlin (2009)
46. Nielson, F. (ed.): Emerging Trends in Visual Computing, Springer, Berlin (2008)
47. Fabbri, R., Kimia, B.: Multiview differential geometry of curves, pp. 1–34 (2016). arXiv:1604.08256v1 [cs.CV]
48. Fabre, C.: Basics of quantum optics and cavity quantum electrodynamics. Lect. Notes Phys. **531**, 1–37 (2007). doi:10.1007/BFb0104379
49. Favorskaya, M., Jain, L., Buryachenko, V.: Digital video stabilization in static and dynamic situations. In: Favorskaya, M., Jain, L. (eds.) Intelligent Systems Reference, vol. 73, pp. 261–310. Springer, Berlin (2015)
50. Fechner, G.: Elemente der Psychophysik, 2 vols. E.J. Bonset, Amsterdam (1860)
51. Fontelos, M., Lecaros, R., López-Rios, J., Ortega, J.: Stationary shapes for 2-d water-waves and hydraulic jumps. J. Math. Phys. **57**(8), 081,520, 22 pp. (2016). MR3541857
52. Frank, N., Hart, S.: A dynamical system using the Voronoi tessellation. Am. Math. Mon. **117**(2), 92–112 (2010)
53. Gardner, M.: On tessellating the plane with convex polygon tiles. Sci. Am. 116–119 (1975)
54. Gaur, S., Vajpai, J.: Comparison of edge detection techniques for segmenting car license plates. Int. J. Comput. Appl. Electr. Inf. Commun. Eng. **5**, 8–12 (2011)
55. Gersho, A., Gray, R.: Vector Quantization and Signal Compression. Kluwer Academic Publishers, (1992).
56. Gonzalez, R., Woods, R.: Digital Image Processing. Prentice-Hall, Upper Saddle River, NJ 07458 (2002).
57. Gonzalez, R.,Woods, R.: Digital Image Processing, 3rd edn, Pearson Prentice Hall, Upper Saddle River (2008)
58. Gonzalez, R., Woods, R., Eddins, S.: Digital Image Processing Using Matlab®, Pearson Prentice Hall, Upper Saddle River (2004)
59. Grauman, K., Shakhnarovich, G., Darrell, T.: Coloring channel representations for visual tracking. In: Comaniciu, R.M.D.S.D., Kanatani, K. (eds.) Statistical Methods in Video Processing (SMVP) 2004. LNCS, vol. 3247, pp. 26–37. Springer, Berlin (2004)
60. Gruber, P.: Convex and discrete geometry, Grundlehren der MathematischenWissenschaften, vol. 336, Springer, Berlin (2007).
61. Gruber, P.M.,Wills, J.M. (eds.): Handbook of Convex Geometry. North-Holland, Amsterdam (1993)
62. Grünbaum, B., Shephard, G.: Tilings and Patterns, W.H. Freeman and Co., New York (1987). MR0857454
63. Grünbaum, B., Shepherd, G.: Tilings with congruent tiles. Bull. (New Ser.) Am. Math. Soc. **3**(3), 951–973 (1980)
64. terHaar Romeny, B.: Computer vision andmathematica. Comput.Vis. Sci. **5**(1), 53–65 (2002). MR1947476

65. Hall, E.: The Silent Language. Doubleday, Garden City (1959)
66. Haluˇska, J.: On fields inspired with the polar HSV – RGB theory of colour, pp. 1–16 (2015). arXiv: 1512.01440v1 [math.HO]
67. Hanbury, A., Serra, J.: A 3d-polar coordinate colour representation suitable for image analysis. Technical report, Vienna University of Technology (2003). http://cmm.ensmp.fr/~serra/ notes_internes_pdf/NI-230.pdf
68. Haralick, R.: Digital step edges from zero crossing of second directional derivatives. IEEE Trans. Pattern Anal. Mach. Intell. **PAMI-6**(1), 58–68 (1984)
69. Haralick, R., Shapiro, L.: Computer and Robot Vision. Addison-Wesley, Reading (1993)
70. Harris, C., Stephens, M.: A combined corner and edge detector. In: Proceedings of the 8th Alvey Vision Conference, pp. 147–151 (1988)
71. Hartley, R.: Transmission of information. Bell Syst. Tech. J. **7**, 535 (1928)
72. Hassanien, A., Abraham, A., Peters, J., Schaefer, G., Henry, C.: Rough sets and near sets in medical imaging: a review. IEEE Trans. Info. Technol. Biomed. **13**(6), 955–968 (2009). doi:10.1109/TITB.2009.2017017
73. Hausdorff, F.: Grundzüge derMengenlehre, Veit and Company, Leipzig (1914)
74. Hausdorff, F.: Set Theory, trans. by J.R. Aumann, AMS Chelsea Publishing, Providence (1957)
75. Henry, C.: Near sets: theory and applications. Ph.D. thesis, University of Manitoba, Department of Electrical and Computer Engineering (2010). http://130.179.231.200/cilab/. Supervisor: J.F. Peters
76. Henry, C.: Arthritic hand-finger movement similarity measurements: tolerance near set approach. Comput. Math. Methods Med. **2011**, 1–14 (2011). doi:10.1155/2011/569898
77. Herran, J.: Omnivis: 3d space and camera path reconstruction for omnidirectional vision. Master's thesis, Harvard University, Mathematics Department (2010). Supervisor: Oliver Knill
78. Hettiarachchi, R., Peters, J.: Voronoï region-based adaptive unsupervised color image segmentation, pp. 1–2 (2016). arXiv:1604.00533v1 [cs.CV]
79. Hidding, J., van de Weygaert, R., G. Vegter, B.J., Teillaud, M.: The sticky geometry of the cosmic web, pp. 1–2 (2012). arXiv:1205.1669v1 [astro-ph.CO]
80. Hlavac, V.: Fundamentals of image processing. In: Cristóbal, H.T.G., Schelkens, P. (eds.) Optical and Digital Image Processing. Fundamentals and Applications, pp. 25–48. Wiley-VCH, Weinheim (2011)
81. Hoggar, S.: Mathematics of Digital Images. Cambridge University Press, Cambridge (2006).
82. Holmes, R.: Mathematical foundations of signal processing. SIAM Rev. **21**(3), 361–388 (1979)
83. Houit, T., Nielsen, F.: Video stippling, pp. 1–13 (2010). arXiv:1011.6049v1 [cs.GR]
84. Jacques, J., Braun, A., Soldera, J., Musse, S., Jung, C.: Understanding people in motion in video sequences using Voronoi diagrams. Pattern Anal. Appl. **10**, 321–332 (2007). doi:10. 1007/s10044-007-0070-1
85. Jähne,B.: Digital Image Processing, 6th revised, extended edn. Springer, Berlin (2005).
86. Jarvis, R.: Computing the shape hull of points in the plane. In: Proceedings of the Computer Science Conference on Pattern Recognition and Image Processing, pp. 231–241. IEEE (1977)
87. Joblove, G., Greenberg, D.: Color spaces for computer graphics. In: Proceedings of the 5th Annual Conference on Computer Graphics and InteractiveTechniques, pp. 20–25. Association for Computing Machinery (1978)
88. Karimaa, A.: A survey of hardware accelerated methods for intelligent object recognition on camera. In: Świątek, J., Grzech, A., Świątek, P., Tomczak, J. (eds.) Advances in Systems Science, vol. 240, pp. 523–530. Springer, Berlin (2013)
89. Kay, D.,Womble, E.:Automatic convexity theory and relationships between the caratheodory, helly and radon numbers. Pac. J. Math. **38**(2), 471–485 (1971)

90. Kim, I., Choi, H., Yi, K., Choi, J., Kong, S.: Intelligent visual surveillance-A survey. Int. J. Control Autom. Syst. **8**(5), 926–939 (2010)
91. Kiy, K.: A new real-time method of contextual image description and its application in robot navigation and intelligent control. In: Favorskaya, M., Jain, L. (eds.) Intelligent Systems Reference, vol. 75, pp. 109–134. Springer, Berlin (2015)
92. Klette, R., Rosenfeld, A.: Digital Geometry. Geometric Methods for Digital Picture Analysis. Morgan Kaufmann Publishers, Amsterdam (2004)
93. Knee, P.: Sparse representations for radar with Matlab examples. Morgan & Claypool Publishers (2012). doi:10.2200/S0044ED1V01Y201208ASE010
94. Kohli, P., Torr, P.: Dynamic graph cuts and their applications in computer vision. In: Cipolla, G.F.R., Battiato, S. (eds.) Computer Vision, pp. 51–108. Springer, Berlin (2010)
95. Kokkinos, I., Yuille, A.: Learning an alphabet of shape and appearance for multi-class object detection. Int. J. Comput. Vis. **93**(2), 201–225 (2011). doi:10.1007/s11263-010-0398-7
96. Kong, T., Roscoe, A., Rosenfeld, A.: Concepts of digital topology. Special issue on digital topology. Topol. Appl. **46**(3), 219–262 (1992). Am. Math. Soc. MR1198732
97. Kong, T., Rosenfeld, A.: Topological Algorithms for Digital Image Processing. North-Holland, Amsterdam (1996)
98. Krantz, S.: A Guide to Topology, The Mathematical Association of America, Washington (2009)
99. Krantz, S.: Essentials of topology with applications, CRC Press, Boca Raton (2010).
100. Kronheimer, E.: The topology of digital images. Special issue on digital topology. Topol. Appl. **46**(3), 279–303 (1992). MR1198735
101. Lai, R.: Computational differential geometry and intinsic surface processing. Ph.D. thesis, University of California,Los Angeles, CA,USA(2010). Supervisors:T.F. Chan, P.Thompson, M. Green, L. Vese
102. Latecki, L.: Topological connectedness and 8-connectedness in digital pictures. Comput. Vis. Graph. Image Process. **57**, 261–262 (1993)
103. Latecki, L., Conrad, C., Gross, A.: Preserving topology by a digitization process. J. Math. Imaging Vis. **8**, 131–159 (1998)
104. Lee, D., Sallee, G.: A method of measuring shape. Geogr. Rev. **60**(4), 555–563 (1970)
105. Leone, F., Nelson, L., Nottingham, R.: The folded normal distribution. TECHNOMETRICS **3**(4), 543–550 (1961). MR0130737
106. Leutenegger, S., Chli, M., Siegwart, R.: Brisk: binary robust invariant scalable keypoints. In: Proceedings of the 2011 IEEE International Conference on Computer Vision, pp. 2548–2555. IEEE (2011)
107. Li, L., Wang, F.Y.: Advanced Motion Control and Sensing for Intelligent Vehicles. Springer, Berlin (2007)
108. Li, N.: Retrieving camera parameters from real video images. Master's thesis, The University of British Columbia, Computer Science (1998). http://www.iro.umontreal.ca/~poulin/fournier/theses/Li.msc.pdf
109. Li, Z.N., Drew, M., Liu, J.: Color in Image and Video. Springer, Berlin (2014). doi:10.1007/978-3-319-05290-8_4
110. Lin, Y.J., Xu, C.X., Fan, D., He, Y.: Constructing intrinsic Delaunay triangulations from the dual of geodesic Voronoi diagrams, pp. 1–32 (2015). arXiv:1605.05590v2 [cs.CG]
111. Lindeberg, T.: Edge detection and ridge detection with automatic scale selection. Int. J. Comput. Vis. **30**(2), 117–154 (1998)
112. Louban, R.: Image Processing of Edge and Surface Defects. Materials Science, vol. 123. Springer, Apress (2009).

113. Lowe, D.: Object recognition from local scale-invariant features. In: Proceedings of the 7th IEEE International Conference on Computer Vision, vol. 2, pp. 1150–1157 (1999). doi:10. 1109/ ICCV.1999. 790410

114. Lowe, D.: Distinctive image features from scale-invariant keypoints. Int. J. Comput. Vis. **60**(2), 91–110 (2004). doi:10.1023/B:VISI.0000029664.99615.94

115. Maggi, F., Mihaila, C.: On the shape of capillarity droplets in a container. Calc. Var. Partial Differ. Equ. **55**(5), 122 (2016). MR3551302

116. Mahmoodi, S.: Scale-invariant filtering design and analysis for edge detection. R. Soc. Proc.: Math. Phys. Eng. Sci. **467**(2130), 1719–1738 (2011)

117. Mani-Levitska, P.: Characterizations of convex sets. Handbook of Convex Geometry, vol. A, B, pp. 19–41. North-Holland, Amsterdam (1993). MR1242975

118. Marr, D., Hildreth, E.: Theory of edge detection. Proc. R. Soc. Lond. Ser. B **207**(1167), 187–217 (1980)

119. Mery, D., Rueda, L. (eds.): Advances in Image andVideo Technology, Springer, Berlin (2007)

120. Michelson, A.: Studies in Optics. Dover, New York (1995)

121. Milnor, J.: Topology through the centuries: low dimensional manifolds. Bull. (New Ser.) Am. Math. Soc. **52**(4), 545–584 (2015)

122. Gavrilova,M.L. (ed.): GeneralizedVoronoi Diagrams:AGeometry-BasedApproach to Computational Intelligence, Springer, Berlin (2008)

123. Moselund, T.: Introduction toVideo and Image Processing. Building Real Systems and Applications, Springer, Heidelberg (2012)

124. Munkres, J.: Topology, 2nd edn., Prentice-Hall, Englewood Cliffs (2000), MR0464128

125. Munsell, A.: A Color Notation. G. H. Ellis Company, Boston (1905)

126. Naimpally, S., Peters, J.: Topology with Applications. Topological Spaces via Near and Far, World Scientific, Singapore (2013). American Mathematical Society. MR3075111

127. Nyquist, H.: Certain factors affecting telegraph speed. Bell Syst. Tech. J. **3**, 324 (1924)

128. Olive, D.: Algebras, lattices and strings 1986. Unification of fundamental interactions. Proc. R. Swed. Acad. Sci. Stockh. **1987**, 19–25 (1987). MR0931580

129. Olive, D.: Loop algebras, QFT and strings. Proc. Strings Superstrings,Madr. **1987**, 217–2858 (1988). World Scientific Publishing, Teaneck, NJ. MR1022259

130. Olive, D., Landsberg, P.: Introduction to string theory: its structure and its uses. Physics and mathematics of strings. Philos. Trans. R. Soc. Lond. 329, pp. 319–328 (1989). MR1043892

131. Opelt, A., Pinz, A., Zisserman, A.: Learning an alphabet of shape and appearance for multiclass object detection. Int. J. Comput. Vis. **80**(1), 16–44 (2008). doi:10.1007/s11263-008-0139-3

132. Orszag, M.: Quantum Optics. Including Noise Reduction, Trapped Ions, Quantum Trajectories, and Decoherence. Springer, Berlin (2016). doi:10.1007/978-3-319-29037-9

133. Ortiz, A., Oliver, G.: Detection of colour channels uncoupling for curvature-insensitive segmentation. In: F.P. et al. (ed.) IbPRIA 2003. LNCS, vol. 2652, pp. 664–672. Springer, Berlin (2003)

134. Over, E., Hooge, I., Erkelens, C.: A quantitativemethod for the uniformity of fixation density: the Voronoi method. Behav. Res. Methods **38**(2), 251–261 (2006)

135. Pal, S., Peters, J.: Rough Fuzzy Image Analysis. Foundations andMethodologies. CRC Press, Taylor & Francis Group, London: (2010)

136. Paragios, N., Chen, Y., Faugeras, O.: Handbook of Mathematical Models in Computer Vision. Springer, Berlin (2006)

137. Perona, P., Malik, J.: Scale-space and edge detection using anisotropic diffusion. IEEE Trans. Pattern Anal. Mach. Intell. **12**(7), 629–639 (1990)

138. Peters, J.: Proximal Delaunay triangulation regions, pp. 1–4 (2014). arXiv:1411.6260 [math-MG]

139. Peters, J.: Proximal Voronoï regions, pp. 1–4 (2014). arXiv:1411.3570 [math-MG]

140. Peters, J.: Topology of Digital Images - Visual Pattern Discovery in Proximity Spaces. Intelligent Systems Reference Library, vol. 63, Springer, Berlin (2014). Zentralblatt MATH Zbl 1295 68010

141. Peters, J.: Proximal Voronoï regions, convex polygons, & Leader uniform topology. Adv. Math. **4**(1), 1–5 (2015)

142. Peters, J.: Computational Proximity. Excursions in the Topology of Digital Images. Intelligent Systems Reference Library, vol. 102, Springer, Berlin (2016). doi:10.1007/978-3-319-30262-1

143. Peters, J.: Two forms of proximal physical geometry. axioms, sewing regions together, classes of regions, duality, and parallel fibre bundles, pp. 1–26 (2016). To appear in Adv. Math.: Sci. J., vol. 5 (2016). arXiv:1608.06208

144. Peters, J., Guadagni, C.: Strong proximities on smoothmanifolds and Voronoi diagrams. Adv. Math. Sci. J. **4**(2), 91–107 (2015). Zbl 1339.54020

145. Peters, J., İnan, E.: Rényi entropy in measuring information levels in Voronoï tessellation cells with application in digital image analysis. Theory Appl.Math. Comput. Sci. **6**(1), 77–95 (2016). MR3484085

146. Peters, J., İnan, E.: Strongly proximal Edelsbrunner-Harer nerves. Proc. Jangjeon Math. Soc. **19**(2), 563–582 (2016)

147. Peters, J., İnan, E.: Strongly proximal Edelsbrunner-Harer nerves in Voronoï tessellations, pp. 1–10 (2016). arXiv:1604.05249v1

148. Peters, J., Naimpally, S.: Applications of near sets. Notices Am. Math. Soc. **59**(4), 536–542 (2012). doi:10.1090/noti817.MR2951956

149. Peters, J., Puzio, L.: Image analysis with anisotropic wavelet-based nearness measures. Int. J. Comput. Intell. Syst. **2**(3), 168–183 (2009). doi:10.1016/j.ins.2009.04.018

150. Peters, J., Tozzi, A., İnan, E., Ramanna, S.: Entropy in primary sensory areas lower than in associative ones: the brain lies in higher dimensions than the environment. bioRxiv **071977**, 1–12 (2016). doi: 10.1101/071977

151. Poincaré, H.: La Science et l'Hypothèse. Ernerst Flammarion, Paris (1902). Later ed.; Champs sciences, Flammarion, 1968 & Science and Hypothesis, trans. by J. Larmor, Walter Scott Publishing, London, 1905; cf. Mead Project at Brock University. http://www.brocku.ca/ MeadProject/Poincare/Larmor_1905_01.html

152. Poincaré, J.: L'espace et la géomètrie. Revue de m'etaphysique et de morale **3**, 631–646 (1895)

153. Poincaré, J.: Sur la nature du raisonnement mathématique. Revue de méaphysique et de morale **2**, 371–384 (1894)

154. Pottmann, H., Wallner, J.: Computational Line Geometry. Springer, Berlin (2010). doi:10.1007/978-3-642-04018-4. MR2590236

155. Preparata, F.: Convex hulls of finite sets of points in two and three dimensions. Commun. Assoc. Comput. Mach. **2**(20), 87–93 (1977)

156. Preparata, F.: Steps into computational geometry. Technical report, Coordinated Science Laboratory, University of Illinois (1977)

157. Prewitt, J.: Object Enhancement and Extraction. Picture Processing and Psychopictorics. Academic Press, New York (1970)

158. Prince, S.: Computer Vision. Models, Learning, and Inference, Cambridge University Press, Cambridge

(2012)

159. Pták, P., Kropatsch, W.: Nearness in digital images and proximity spaces. In: Proceedings of the 9th International Conference on Discrete Geometry, LNCS **1953**, 69–77 (2000)

160. Ramakrishnan, S., Rose, K., Gersho, A.: Constrained-storage vector quantization with a universal codebook. IEEE Trans. Image Process. **7**(6), 785–793 (1998). MR1667391

161. Rényi, A.: On measures of entropy and information. In: Proceedings of the 4th Berkeley Symposium on Mathematical Statistics and Probability, vol. 1, pp. 547–547. University of California Press, Berkeley, California (2011). Math. Sci. Net. Review. MR0132570

162. Rhodin, H., Richart, C., Casas, D., Insafutdinov, E., Shafiei, M., Seidel, H.P., Schiele, B., Theobalt, C.: Egocap: egocentric marker-less motion capture with two fisheye cameras, pp. 1–11 (2016). arXiv: 1609.07306v1 [cs.CV]

163. Roberts, L.: Machine perception of three-dimensional solids. In: Tippett, J. (ed.) Optical and Electro-Optical Information Processing. MIT Press, Cambridge (1965)

164. Robinson, M.: Topological Signal Processing, Springer, Heidelberg (2014). doi:10.1007/978-3-642-36104-3. MR3157249

165. Rosenfeld, A.: Distance functions on digital pictures. Pattern Recognit. **1**(1), 33–61 (1968)

166. Rosenfeld, A.: Digital Picture Analysis, Springer, Berlin (1976)

167. Rosenfeld, A.: Digital topology. Am. Math. Mon. **86**(8), 621–630 (1979). Am. Math. Soc. MR0546174

168. Rosenfeld, A., Kak, A.: Digital Picture Processing, vol. 1, Academic Press, New York (1976)

169. Rosenfeld, A., Kak, A.: Digital Picture Processing, vol. 2, Academic Press, New York (1982)

170. Rowland, T., Weisstein, E.: Continuous. Wolfram Mathworld (2016). http://mathworld.wolfram.com/Continuous.html

171. Ruhrberg, K.: Seurat and the neo-impressionists. In: Art in the 20th Century, pp. 25–48. Benedict Taschen Verlag, Koln (1998)

172. Shamos, M.: Computational geometry. Ph.D. thesis, Yale University, New Haven, Connecticut, USA (1978). Supervisors: D. Dobkin, S. Eisenstat, M. Schultz

173. Sharma, O.: A methodology for raster to vector conversion of colour scanned maps. Master's thesis, University of New Brunswick, Department of Geomatics Engineering (2006). http://www2.unb.ca/gge/Pubs/TR240.pdf

174. Shimizu, Y., Zhang, Z., Batres, R.: Frontiers in Computing Technologies for Manufacturing Applications. Springer, London (2007).

175. Slotboom, B.: Characterization of gap-discontinuities in microstrip structures, used for optoelectronic microwave switching, supervisor: G. Brussaard. Master's thesis, Technische Universiteit Eindhoven (1992). http://alexandria.tue.nl/extra1/afstversl/E/394119.pdf

176. Smith, A.: A pixel is not a little square (and a voxel is not a little cube), vol. 6. Technical report, Microsoft (1995). http://alvyray.com/Memos/CG/Microsoft/6_pixel.pdf

177. Sobel, I.: Camera models and perception. Ph.D. thesis, Stanford University, Stanford (1970)

178. Sobel, I.: An Isotropic 3x3 Gradient Operator, MachineVision for Three-Dimensional Scenes, pp. 376–379. Freeman, H., Academic Press, New York (1990)

179. Solan, V.: Introduction to the axiomatic theory of convexity [Russian with English and French Summaries], 224 pp. Shtiintsa, Kishinev (1984). MR0779643

180. Solomon, C., Breckon, T.: Fundamentals of Digital Image Processing. A Practical Approach with Examples in Matlab, Wiley-Blackwell, Oxford (2011)

181. Sonka, M., Hlavac, V., Boyle, R.: Image Processing, Analysis and Machine Vision. Springer, Berlin (1993). doi:10.1007/978-1-4899-3216-7
182. Sonka, M., Hlavac, V., Boyle, R.: Image Processing, Analysis, and Machine Vision, Cengage Learning, Stamford (2008).
183. Stahl, S.: The evolution of the normal distribution. Math. Mag. **79**(2), 96–113 (2006). MR2213297
184. Stijns, E., Thienpont, H.: Fundamentals of photonics. In: Cristóbal, H.T.G., Schelkens, P. (eds.) Optical and Digital Image Processing. Fundamentals and Applications, pp. 25–48. Wiley-VCH, Weinheim (2011)
185. Sya, S., Prihatmanto, A.: Design and implementation of image processing system for lumen social robot-humanoid as an exhibition guide for electrical engineering days, pp. 1–10 (2015). arXiv:1607.04760
186. Szeliski, R.: Computer Vision. Algorithms and Applications, Springer, Berlin (2011)
187. Takita, K., Muquit, M., Aoki, T., Higuchi, T.: A sub-pixel correspondence search technique for computer vision applications. IEICE Trans. Fundam. **E87-A**(8), 1913–1923 (2004). http://www.aoki.ecei.tohoku.ac.jp/research/docs/e87-a_8_1913.pdf
188. Tekdas, O., Karnad, N.: Recognizing characters in natural scenes. A feature study. CSci 5521 Pattern Recognition, University of Minnesota, Twin Cities (2009). http://rsn.cs.umn.edu/images/5/54/Csci5521report.pdf
189. Thivakaran, T., Chandrasekaran, R.: Nonlinear filter based image denoising using AMF approach. Int. J. Comput. Sci. Inf. Secur. **7**(2), 224–227 (2010)
190. Tomasi, C.: Cs 223b: introduction to computer vision. Matlab and images. Technical report, Stanford University (2014). http://www.umiacs.umd.edu/~ramani/cmsc828d/matlab.pdf
191. Topp, J.: Geodetic line, middle and total graphs. Mathematica Slovaca **40**(1), 3–9 (1990). https://www.researchgate.net/publication/265573026_Geodetic_line_middle_and_ total_graphs
192. Toussaint, G.: Computational geometry and morphology. In: Proceedings of the First International Symposium for Science on Form, pp. 395–403. Reidel, Dordrecht (1987).MR0957140
193. Tuz, V.: Axiomatic convexity theory [Russian]. Rossiĭskaya Akademiya Nauk. Matematicheskie Zametki [Math. Notes and Math. Notes] **20**(5), 761–770 (1976)
194. Vakil, V.: The mathematics of doodling. Am. Math. Mon. **118**(2), 116–129 (2011)
195. Valente, L., Clua, E., Silva, A., Feijó, R.: Live-action virtual reality games, pp. 1–10 (2016). arXiv: 1601.01645v1 [cs.HC]
196. Vlieg, E.: Scratch by Example. Apress, Berlin (2016). doi:10.1007/978-1-4842-1946-1_10.
197. Voronoi, G.: Sur une fonction transcendante et ses applications à la sommation de quelque séries. Ann. Sci. Ecole Norm. Sup. **21**(3) (1904)
198. Voronoï, G.: Nouvelles applications des paramètres continus à la théorie des formes quadratiques: I. J. für die reine und angewandte Math. **133**, 97–178 (1907). JFM 38.0261.01
199. Voronoï, G.: Nouvelles applications des paramètres continus à la théorie des formes quadratiques: II. J. für die reine und angewandte Math. **134**, 198–287 (1908). JFM 39.0274.01
200. Wang, Z., Bovik, A.: A universal image quality index. IEEE Signal Process. Lett. **9**(3), 81–84 (2002). doi:10.1109/97.995823
201. Wang, Z., Bovik, A., Sheikh, H., Simoncelli, E.: Image quality assessment: from error visibility to structural similarity. IEEE Trans. Image Process. **13**(4), 600–612 (2004)
202. Wegert, E.: Visual Complex Functions. An Introduction to Phase Portraits, Birkhäuser, Freiburg (2012). doi:10.1007/978-3-0348-0180-5
203. Weisstein, E.: Regular polygon.WolframMathworld (2016). http://mathworld.wolfram.com/Regular

Polygon.html

204. Weisstein, E.: Wavelet.WolframMathworld (2016). http://mathworld.wolfram.com/Wavelet. html
205. Wen, B.J.: Luminance meter. In: Luo, M. (ed.) Encyclopedia ofColor Science and Technology, pp. 824–886. Springer, New York (2016). doi:10.1007/978-1-4419-8071-7
206. Wildberger, N.: Algebraic topology: a beginner's course. University of South Wales (2010). https://www.youtube.com/watch?v=Ap2c1dPyIVo&index=40&list= PL6763F57A61FE6FE8
207. Wirjadi, O.: Models and algorithms for image-based analysis of microstructures. Ph.D. thesis, Technische UniversitätKaiserslautern, Kaiserslautern,Germany (2009). Supervisor:K. Berns
208. Witkin, A.: Scale-space filtering. In: Proceedings of the 8th International Joint Conference on Artificial Intelligence, pp. 1019–1022. Karlsruhe, Germany (1983)
209. Xu, L., Zhang, X.C., Auston, D.: Terahertz beam generation by femtosecond optical pulses in electo-optic materials. Appl. Phys. Lett. **61**(15), 1784–1786 (1992)
210. Yung, C., Choi, G.T., Chen, K., Lui, L.: Trim: triangulating images for efficient registration, pp. 1–13 (2016). arXiv:1605.06215v1 [cs.GR]
211. Zadeh, L.: Theory of filtering. J. Soc. Ind. Appl. Math. **1**(1), 35–51 (1953)
212. Zelins'kyi, Y.: Generalized convex envelopes of sets and the problem of shadow. J.Math. Sci. **211**(5), 710–717 (2015)
213. Zhang, X., Brainard, D.: Estimation of saturated pixel values in digital color imaging. J. Opt. Soc. Am. A **21**(12), 2301–2310 (2004). http://color.psych.upenn.edu/brainard/papers/Zhang_Brainard_04.pdf
214. Zhang, Z.: Affine cameral. In: Ikeuchi, K. (ed.) Computer Vision. A Reference Guide, pp. 19–20. Springer, Berlin (2014)
215. Zhao, B., Xing, E.: Sparse output coding for scalable visual recognition. Int. J. Comput. Vis. **119**, 60–75 (2016). doi:10.1007/s11263-015-0839-4
216. Ziegler, G.: Lectures on Polytopes. Springer, Berlin (2007). doi:10.1007/978-1-4613-8431-1

主 题 索 引

数字和字母

A

B

C

Y

Z